计 算 机 科 学 丛 书

数据库管理
基础教程

杰弗里 A. 霍弗（Jeffrey A. Hoffer）
[美] 海基·托皮（Heikki Topi） 著 岳丽华 张怡文 等译
拉梅什·文卡塔拉曼（Ramesh Venkataraman）

Essentials of Database Management

机械工业出版社
China Machine Press

图书在版编目（CIP）数据

数据库管理基础教程/（美）霍弗（Hoffer, J. A.），（美）托皮（Topi, H.），（美）拉梅什（Ramesh, V.）著；岳丽华等译 . —北京：机械工业出版社，2016.1
（计算机科学丛书）
书名原文：Essentials of Database Management

ISBN 978-7-111-52623-0

I. 数… II.① 霍… ② 托… ③ 拉… ④ 岳… III. 数据库系统 - 教材 IV. TP311.13

中国版本图书馆 CIP 数据核字（2016）第 010376 号

本书版权登记号：图字：01-2013-6489

本书是在已出版了 11 版的《现代数据库管理》（Modern Database Management，MDM）教材基础之上，为满足那些不需要深入讨论数据库技术高级内容的课程而编写的数据库管理导论教材。全书共分四部分，第一部分（第 1 章）介绍数据库环境和开发过程，第二部分（第 2、3 章）介绍组织中的数据建模和增强的 E-R 模型，第三部分（第 4、5 章）介绍逻辑数据库设计和关系模型、物理数据库设计和性能，第四部分（第 6 ～ 9 章）介绍 SQL、高级 SQL、数据库应用开发和数据仓库。此外，为便于读者学习，还提供了大量难度不同的经过测试的复习题、问题和实践材料等。

本书适合作为工商学院、信息学院等相关专业数据库导论课程的教材。

出版发行：机械工业出版社（北京市西城区百万庄大街 22 号　邮政编码 100037）
责任编辑：迟振春　　　　　　　　　　责任校对：董纪丽
印　　刷：北京文昌阁彩色印刷有限责任公司　　版　　次：2016 年 3 月第 1 版第 1 次印刷
开　　本：185mm×260mm　1/16　　　　印　　张：24.5
书　　号：ISBN 978-7-111-52623-0　　　定　　价：79.00 元

凡购本书，如有缺页、倒页、脱页，由本社发行部调换
客服热线：（010）88378991　88361066　　　投稿热线：（010）88379604
购书热线：（010）68326294　88379649　68995259　　读者信箱：hzjsj@hzbook.com

版权所有·侵权必究
封底无防伪标均为盗版
本书法律顾问：北京大成律师事务所　韩光/邹晓东

文艺复兴以来，源远流长的科学精神和逐步形成的学术规范，使西方国家在自然科学的各个领域取得了垄断性的优势；也正是这样的优势，使美国在信息技术发展的六十多年间名家辈出、独领风骚。在商业化的进程中，美国的产业界与教育界越来越紧密地结合，计算机学科中的许多泰山北斗同时身处科研和教学的最前线，由此而产生的经典科学著作，不仅擘划了研究的范畴，还揭示了学术的源变，既遵循学术规范，又自有学者个性，其价值并不会因年月的流逝而减退。

近年，在全球信息化大潮的推动下，我国的计算机产业发展迅猛，对专业人才的需求日益迫切。这对计算机教育界和出版界都既是机遇，也是挑战；而专业教材的建设在教育战略上显得举足轻重。在我国信息技术发展时间较短的现状下，美国等发达国家在其计算机科学发展的几十年间积淀和发展的经典教材仍有许多值得借鉴之处。因此，引进一批国外优秀计算机教材将对我国计算机教育事业的发展起到积极的推动作用，也是与世界接轨、建设真正的世界一流大学的必由之路。

机械工业出版社华章公司较早意识到"出版要为教育服务"。自1998年开始，我们就将工作重点放在了遴选、移译国外优秀教材上。经过多年的不懈努力，我们与 Pearson，McGraw-Hill，Elsevier，MIT，John Wiley & Sons，Cengage 等世界著名出版公司建立了良好的合作关系，从他们现有的数百种教材中甄选出 Andrew S. Tanenbaum，Bjarne Stroustrup，Brain W. Kernighan，Dennis Ritchie，Jim Gray，Afred V. Aho，John E. Hopcroft，Jeffrey D. Ullman，Abraham Silberschatz，William Stallings，Donald E. Knuth，John L. Hennessy，Larry L. Peterson 等大师名家的一批经典作品，以"计算机科学丛书"为总称出版，供读者学习、研究及珍藏。大理石纹理的封面，也正体现了这套丛书的品位和格调。

"计算机科学丛书"的出版工作得到了国内外学者的鼎力相助，国内的专家不仅提供了中肯的选题指导，还不辞劳苦地担任了翻译和审校的工作；而原书的作者也相当关注其作品在中国的传播，有的还专门为其书的中译本作序。迄今，"计算机科学丛书"已经出版了近两百个品种，这些书籍在读者中树立了良好的口碑，并被许多高校采用为正式教材和参考书籍。其影印版"经典原版书库"作为姊妹篇也被越来越多实施双语教学的学校所采用。

权威的作者、经典的教材、一流的译者、严格的审校、精细的编辑，这些因素使我们的图书有了质量的保证。随着计算机科学与技术专业学科建设的不断完善和教材改革的逐渐深化，教育界对国外计算机教材的需求和应用都将步入一个新的阶段，我们的目标是尽善尽美，而反馈的意见正是我们达到这一终极目标的重要帮助。华章公司欢迎老师和读者对我们的工作提出建议或给予指正，我们的联系方法如下：

华章网站：www.hzbook.com

电子邮件：hzjsj@hzbook.com

联系电话：（010）88379604

联系地址：北京市西城区百万庄南街1号

邮政编码：100037

华章科技图书出版中心

译者序

Essentials of Database Management

当今大数据时代，数据处理是各行各业须臾不可或缺的重要需求。数据库技术作为 20 世纪 60 年代发展起来的数据管理与处理技术，仍然是该领域非常重要的技术。目前，国内大学几乎所有专业都有关于数据库内容的课程。但是，除了计算机科学与技术和软件工程专业需要将数据库作为系统软件学习外，一般信息处理专业更关注数据建模和数据库应用技术。Jeffrey A. Hoffer 等人编著的这本书不失为一本较好满足更多信息处理专业需求的教材。

本书是作者在已出版了 11 版的《现代数据库管理》（Modern Database Management，MDM）教材基础之上，为满足那些不需要深入讨论数据库技术高级内容的课程而编写的数据库管理导论教材。这本新教材不是对《现代数据库管理》教材的简单裁减，而是吸收了 30 年来使用《现代数据库管理》教材的教师、学生的经验和建议后重新编写的，特别适合工商学院、管理学院、信息学院、计算机技术专业等使用。该教材不仅包括传统数据库系统课程关注的数据库设计和 SQL 主题，而且介绍了数据库应用开发和数据仓库主题，更通过实例强调了现代信息系统中数据组成的发展，以及数据资源的管理，并对数据建模给出了更多的叙述和讨论。与已有的数据库教材比较，该书每一章后面不仅有与教学内容相关的复习题，还提供了与实际组织、企业信息处理需求相关的丰富多彩的问题与练习，这些对于学生利用课程内容解决实际问题有很好的帮助。

本书主要由岳丽华和张怡文负责翻译和审校，参加翻译的还有张晓翔、王倩、李璐、桑若新、徐娇等。

限于水平，译文中难免有错误与不足之处，欢迎读者批评指正。

译　者
2015 年 12 月

　　很高兴向读者介绍这本新的有关数据库管理的教材。这本书从概念和技术上讲述了大多数数据和数据库管理课程的核心内容。我们特别关注数据库开发生命周期中较深入的问题，从使用（增强的）实体－联系模型的概念数据建模开始，经过逻辑层面的关系建模，到使用结构化查询语言（SQL）的数据库实现。基于最新的教学法和数据管理方向的技术发展，我们逐步深入地介绍这个核心领域。

　　本书以《现代数据库管理》（Modern Database Management，MDM，目前该书已出版到第 11 版）为基础，去掉了其中深入和广泛讨论的高级内容，目标是作为数据库管理导论课程教材。实现这个目标并不意味本书不注重质量和严密性。使本书更加成功的几个外部因素是：特别是在工商学校，其课程体系中有较少的信息系统课程，这也就意味着所有独立领域的论题（包括数据库管理）都必须丢弃一些内容。数据库导论课程的非专业比例在上升，那些核心内容之外的高级技术知识对他们来说没有意义。很多综合课程中数据库模块的授课时数不足一个完整学期，本教材非常适合这样的课程使用。

　　与市场上的数据库教材比较，本教材具有如下优点：

- 建立在不断发展的领先教材（《现代数据库管理》）的坚实基础之上，讨论了最新的数据库管理核心议题。
- 所有内容都保持了概念的严密性。
- 非常敏锐地关注了集成的数据库开发周期。
- 为专业设计者和开发者（而不是终端用户）提供了工具和技术。
- 提供了大量难度不同的经过测试的复习题和实践材料。
- 结合了作者多年在不同大学的教学经验以及在主导产业和课程组的研究成果。

　　本教材特别适合作为工商学院、信息学院、计算机技术专业及应用计算机科学系的信息系统或信息技术课程体系的一部分使用。信息系统协会（Association for Information Systems，AIS）、计算机协会（Association for Computing Machinery，ACM）和信息处理协会国际联盟（International Federation of Information Processing Societies，IFIPS）的课程体系指南中都列出了这种类型的数据库管理课程。例如，本书涵盖了 IS 2010⊖建议的绝大多数数据库核心内容，IS 2010 是最新的信息系统本科生课程体系。另外，除了 4 年制的本科专业外，该教材还可以满足社区学院信息和计算机技术专业教学大纲和研究生基础课程中数据管理模块的需求。如上面所讨论的，本书也适用于非 IS 专业学生，这些学生的兴趣是广泛的信息利用领域。例如，该教材可以为研究生或本科生层次的商业分析专业学生奠定良好的数据管理课程基础。

本书特色

- 本书覆盖了最新的原理、概念和技术，系统、全面、详细地介绍了关键主题。从《现

⊖　Topi, Heikki; Valacich, Joseph S.; Wright, Ryan T.; Kaiser, Kate; Nunamaker, Jr., Jay F.; Sipior, Janice C.; and de Vreede, Gert Jan (2010) "IS 2010: Curriculum Guidelines for Undergraduate Degree Programs in Information Systems," Communications of the Association for Information Systems: Vol. 26, Article 18.

代数据库管理》一书中获得的经验和专门知识，使得本书虽是第 1 版，但有很坚实的基础。数据库开发周期核心内容是数据库环境，以及与组织数据管理相关的上下文主题，如基于互联网应用的数据库开发、现代数据仓库概念、新的基础设施技术（如云计算）。

- 本书重点介绍领先实践者所说的对于数据库开发者和资深数据库用户来说最重要的内容。我们与很多实践者一起工作，包括数据管理协会（Data Management Association，DAMA）和数据仓库研究所（The Data Warehousing Institute，TDWI）的专家、高级咨询师、技术主管以及具有广泛读者的专业出版物的专栏作家。我们提及这些专家是为了保证本书所覆盖的内容都是重要的，不仅包括重要的入门知识和技能，而且包括引领职业生涯成功的基本原则和思维模式。

- 本书是从方便学生学习的角度组织编写的，书中的内容、复习题、问题与练习都直接得益于 MDM 30 年来持续的市场反馈。总而言之，本书的教学法是合理的，我们使用了很多图来清晰地说明重要的概念和技术，并且使用了最新的符号。本书的组织是灵活的，因此可以按照学生的情况安排书中章节的顺序。我们还为本书增补了可以动手实践学习的数据集，并使用新的媒体资源使那些更有挑战的议题更具吸引力。

- 你可能乐意在课程中较早地讲授 SQL，该教材适合这样做。首先，第 6 章和第 7 章逐渐深入地介绍 SQL 这一数据库领域的核心技术。其次，在前面的章节中包含了很多 SQL 例子。再次，已有很多教师在较早的课程中成功地使用了这两章 SQL 内容。虽然逻辑上这两章是本书实现部分，但很多教师是在第 1 章之后就开始讲授这两章的内容，或者并行地与前面其他几章一起讲授。最后，SQL 是本书通篇使用的语言，例如，第 8 章中关于 Web 应用与关系数据库的联系的讲解以及第 9 章中的联机分析处理。

- 本书有最新的内容补充和配套网站。

- 本书是为现代信息系统课程体系的一部分编写的，重点关注商业系统开发。书中所包含的内容和讨论的议题都是对其他典型课程中原理的加强，如系统分析和设计、网络、Web 站点设计与开发、MIS 原理以及计算机程序设计等。本书更强调现代信息系统中数据库组件的开发以及数据资源的管理。因此，本书理论与实践结合，支持课程项目和其他实际动手的课堂练习，鼓励学生将贯穿专业课程体系所学的概念与数据库概念相关联。本书的两位作者是发展全球信息系统本科生和研究生层面样本课程体系的主要参与者，他们在本书中体现了该课程体系的意图。

与《现代数据库管理》之间的主要区别

这两本书之间的最主要区别是，MDM 第 10 ~ 14 章和附录 A ~ C 的内容都不包括在本教材中。但是一些关键内容，如数据质量和集成（MDM 第 10 章）以及数据和数据库管理（MDM 第 11 章）在本书第 1 ~ 9 章中有介绍。分布式数据库（MDM 第 12 章）、面向对象数据建模（MDM 第 13 章）以及利用关系数据库提供对象持久性（MDM 第 14 章）在本书中完全没有涉及。另外，第 1 ~ 9 章按照更好地满足本书读者需求的方式组织，包括如下几点改变：

- 缩减了如下内容：
  - 业务规则

- ➤ 时间相关数据建模
- ➤ 实时数据仓库
- ➤ 缓变维
- ➤ SQL 联机分析处理查询
- 删除了如下内容：
  - ➤ 实体簇
  - ➤ 超过 3NF 的范式
  - ➤ 企业密钥
  - ➤ 数据卷和使用分析
  - ➤ 分区
  - ➤ 簇文件
  - ➤ 特定的专用 SQL 命令
  - ➤ 视图上的某些特有内容
  - ➤ 某个数据库管理系统上的专有内容
  - ➤ PHP
  - ➤ 无事实的事实表

我们的重要意图是让 MDM 和本教材同时持续发展，作为课本它们是紧密相连的，但是又各有清晰的思路和目标读者。

章节安排

下面分章给出每一章的目标及其核心内容。

第一部分　数据库管理的上下文

第 1 章　数据库环境和开发过程

本章讨论组织中数据库的作用（role），简要介绍本书其他章节的主要内容。在对数据存储和检索相关的基本术语进行简要介绍后，将传统的文件处理系统和现代数据库技术做了很好的比较。然后，介绍数据库环境的核心组成，以及数据库应用的范围，这些应用都是当前组织正在使用的，如个人、二层、多层和企业级应用。企业级数据库的描述包括已经成为部分企业资源规划系统和数据仓库的数据库。数据库技术的演化，从早期数据库文件到现代的对象关系技术，都有所呈现。接下来，在结构化生命周期、原型系统、敏捷方法学上下文中讨论数据库开发过程，表达方式与 Hoffer、George 和 Valacich 编写的系统分析教材保持一致。本章还讨论了数据库发展中的重要问题和理解数据库体系结构与技术的框架（包括三级模式体系结构）。审阅者通常认为该章对于学生学习系统分析和设计课程很有益处。

第二部分　数据库分析

第 2 章　组织中的数据建模

本章介绍用实体－联系（E-R）模型实现概念数据建模。章名强调了选择实体－联系模型的理由：那些影响数据库设计的业务规则要无二义性地记录下来。多个小节详细地解释了如何命名和定义数据模型的元素，这是无二义开发 E-R 图的基本要求。本章中的例子从简单到复杂，最后给出一个描述 Pine Valley 家具公司的综合 E-R 图。

第 3 章　增强型 E-R 模型

本章讨论几个高级 E-R 数据模型结构。特别地，全面讨论了超类型 / 子类型联系，并且给出了一个描述 Pine Valley 家具公司的扩展 E-R 数据模型的完整例子。

第三部分　数据库设计

第 4 章　逻辑数据库设计和关系模型

本章描述将概念数据模型转换成关系数据模型的过程，讨论如何将新关系合并到已有的规范化数据库中，提供了规范化的概念基础和实践过程，并且强调了在规范化中使用函数依赖和决定因子的重要性。本章还讨论了外键，强调了关系数据模型的基本概念，以及在逻辑设计过程中数据库设计者的任务。

第 5 章　物理数据库设计和性能

本章描述完成一个有效的数据库设计的基本步骤，重点放在数据库设计和实现方面，这些都是现代数据库环境中需要数据库专家专门控制的。本章另一个重点是改进数据库性能，特别是参照 Oracle 和其他数据库管理系统（DBMS）中的技术改进数据库处理性能。不同的索引类型是数据库技术中提高查询处理速度的技术。

第四部分　实现

第 6 章　SQL 导论

本章介绍在大多数 DBMS 中使用的 SQL（SQL:1999），同时还介绍最新版 SQL（SQL:2008）中的一些变动。本章和下一章都是有关 SQL 的内容。本章包括 SQL 代码举例，大多使用 SQL:1999 和 SQL:2008 的语法，还有的使用 Oracle 11g 与微软 SQL Server 的语法。MySQL 的某些独有特征和动态视图在此也有介绍。本章介绍建立和维护数据库的 SQL 命令与单表查询编程。另外，还介绍了双表编程、IS NULL/IS NOT NULL、更多的嵌入函数、导出表以及聚集函数和 GROUP BY 子句。本章仍然以 Pine Valley 家具公司为例来解释各种查询和查询结果。

第 7 章　高级 SQL

本章继续介绍 SQL，内容包括多表查询、事务完整性、数据字典、触发器和存储过程（它们之间的区别有清晰的解释），以及与其他编程语言结合的嵌入式 SQL，还讨论了 OUTER JOIN 命令。本章使用标准 SQL。本章介绍了如何在导出表中存储查询结果，以及如何使用 CAST 命令转换不同数据类型。为了解释什么时候使用 EXISTS（NOT EXISTS）和 IN（NOT IN），还介绍了自连接。本章还包括 SQL 中最复杂和功能最强的子查询和相关子查询。

第 8 章　数据库应用开发

本章讨论最新的客户端 / 服务器体系结构与应用、中间件以及在当代数据库环境中的数据库访问等概念，介绍创建二层和三层应用的通用技术。本章给出了一些应用实例，说明如何在流行的编程语言（如 Java、VB.NET、ASP.NET 和 JSP）中访问数据库。本章还介绍了可扩展标记语言（XML）以及相关数据存储和检索技术，内容包括 XML 模式基础、XQuery 和 XSLT。本章以 Web 服务的综述、相关标准和技术以及如何利用它们在基于 Web 的应用中无缝地、安全地移动数据结束。本章还简单介绍了面向服务的体系结构（SOA）。

第 9 章　数据仓库

本章介绍数据仓库的基本概念，解释为什么数据仓库被认为是很多组织保持竞争优势的决定性技术，以及为实现数据仓库所需要的数据库设计步骤和结构。本章还复习了决定维模型需求的最佳实践，介绍了正在兴起的列式数据库技术，这些都是专门为数据仓库应用而开发的技术。本章包括了一些支持数据管理的重要新方法，它们都是目前的热点议题，如大数据概念以及与此相关联的工具和技术。本章还提供了一些使用 SQL 和称作微策略的 BI 工具的数据集市实践性练习。这些都可以从 Teradata 大学网络上得到。附加的议题有可选择的数据仓库体系结构和适于数据仓库的维数据模型（或星模式）。有关如何处理缓变维数据也有深入讨论，并定义了操作数据存储、独立性、相关性、逻辑数据集市和各种联机分析处理（OLAP）格式。用户接口包括 OLAP、数据可视化、商业成果管理和仪表盘，以及数据挖掘等。数据质量和治理也在本章有介绍。

教学法

本教材包括了广泛的技术资源以支持各种教学方法。各章都独立成篇，这样可以按教师喜欢的方式以不同的次序使用。如前面已讨论的，某些教师可能喜欢在课程中较早地介绍 SQL 和可以动手练习的数据库作业，而不是按本书的章节顺序上课。另一些教师可能喜欢在课程最后才介绍物理数据库设计和数据库实现。

每章中都包含几个标准特征，以支持教和学按某种一致的方式使用。

1）**学习目标**放在每一章的开始，预先列出了该章中学习者将要掌握的主要概念和技能，也为学习者提供了很好的有助于其准备练习和考试复习的综述。

2）**引言**和**总结**部分给出了每一章的主要概念，以及与相关章的连接，为学生提供了有关课程的概念框架。

3）每一章都给出了**关键术语**、**复习题**、**问题与练习**等。

- **关键术语**　为学生检查对重要概念、基本事实和有意义议题的掌握提供方便的参考。
- **复习题**　覆盖了本章的关键内容，为学生掌握本章的概念提供了一个综合工具。
- **问题与练习**　难度逐渐增加，方便教师和学生从中发现合适的题目。重点关注每一章中涉及技能的系统开发。在多个章节里，提供了本教材使用的大量数据集。
- **Web 资源**　每一章都提供了包含本章补充内容的一组网站的有效 URL。这些 Web 网站含有在线发表文档、提供商、电子文献、工业标准组织和很多其他资源。利用这些网站学生和教师可以找到本书出版后不断出现的最新产品信息、便于更深入学习的背景资料和撰写研究论文的资源。

鼓励教师灵活使用本书，以适应自己的课程体系和学生职业需求。本书模块化的特点、覆盖内容广泛、大量的解释以及对高级议题和最新话题的涵盖使得定制很方便。对当前文献和网站的很多引用，能帮助教师拓展补充的阅读列表，或扩展超出本教材内容的课堂讨论。

配套网站（www.pearsonhighered.com/hoffer）[⊖]

本书提供一个可用的综合且灵活的技术支持工具箱以增强教学和学习体验。

对学生

下面是为学生提供的在线资源：

- Web 资源模块包括网站链接，可以帮助学生进一步考察数据库管理的内容。
- 按首字母缩写排序给出的完整术语表。
- 与数据集相关的网站链接。虽然我们提供的数据集的格式很容易在大学的计算机上或学生自己的 PC 上装载，但教师并不需要负责支持本地数据集。应用服务提供者（见 www.teradatauniversitynetwork.com）提供了到 SQL 编码环境的瘦客户端接口。
- 提供配套的数据库。建立了两个版本的 Pine Valley 家具公司案例。第一个版本是为了匹配本书的举例。第二个版本具有更多的数据和表以及样本表单、报告和 Visual Basic 代码块。可是，这个版本并不完整，学生可以将缺失的表、附加的表单、报告和模块补齐。数据库以多种格式（ASCII 表、Oracle 脚本以及微软 Access）提供，但是格式在这两个版本中有变化。还提供了某些数据库文档。两个版本的 PVFC 数据库也在 Teradata 大学网络中心给出。
- 多个读者开发的短视频。这些视频针对书中不同章节中的关键概念和能力要求，有助于学生对这些难理解内容的学习。这些视频集成了练习和短的讲座。

对教师

下面是为教师提供的在线资源：

- 教师手册逐章给出了教学目标、课堂思路和对复习题、问题与练习的解答。
- 测试题库和测试生成（TestGen），包括一组多选题、判断题和简短的答案，根据难易程度排列，按照书中页码（指英文书页码，与书中页边标注的页码一致）和标题引用。测试题库按 Microsoft Word 格式提供，且是计算机化的测试生成。测试生成是 PC/Mac 兼容的，且预装了全部的测试题库。你可以手工或随机地查看测试题，然后抽取得到一份测验。你也可以根据需要增加或修改测试题库的题目。
- PPT，给出了关键术语和概念。教师可以通过增加或编辑定制需要的 PPT。
- 影像库按教材的章节汇集，包括所有的图片、表格、截屏，能够用来增强课堂教学效果和完善 PPT。

致谢

每一本书的完成除了作者外都得到了一组人的帮助，深深地感谢支持和参与本书第 1 版出版工作的人员。我们特别感谢执行编辑 Bob Horan 的指导以及他热诚地与我们共同确立本书的创意，从而使该书既不同于 MDM 也不同于其他同类教材，我们相信本书的读者对象更广泛。同样重要的是来自世界各地同行的贡献，他们用过 MDM，为我们提供了高价值的反馈意见，这些意见使得我们可以持续地修订 MDM，并促使我们编写此书。我们还特别感谢

⊖ 关于本书教辅资源，用书教师可向培生教育出版集团北京代表处申请，电话：010-5735 5169/5735 5171，电子邮件：service.cn@pearson.com。——编辑注

那些帮助梳理本书核心思路且给出了指导和反馈的同事，他们是：Indiana 大学的 Hillol Bala，Arizona 大学的 Sue Brown，Bentley 大学的 Monica Garfield，Indiana 大学的 Vijay Khatri，Massachusetts 大学 Amherst 分校的 Ryan Wright，以及 Bentley 大学的 Jennifer Xu。

我们也感谢本书的审阅者给出有深刻见解的详细建议，他们是：Gonzaga 大学的 Jason Chen，Minnesota 大学 Morris 分校的 Jinzhu Gao，American 大学的 Rick Gibson，Franklin 大学的 William Hochstettler，Michigan-Dearborn 大学的 Barbara Klein，Marist 学院的 Alan Labouseur，加州理工大学 Pomona 分校的 Lara Preiser-Huoy，Alabama 大学的 Uzma Raja。

我们也感谢 Pearson 出版社的工作人员对这本书出版过程中的支持和指导。除了执行编辑 Bob Horan 之外，还要感谢高层执行项目主管 Kelly Loftus，他总是确保每件事情完美；产品项目主管 Jane Bonnell；执行市场主管 Anne Fahlgren；编辑助理 Kaylee Rotella。我们还要特别感谢 PreMediaGlobal 的 Katy Gabel，他对产品生产过程的监控非常优秀。

最后，对我们的配偶致以最诚挚的感谢，她们不仅接受而且支持这项新任务。特别是 Patty Hoffer，她见证了 11 版 MDM 和本教材的编写过程，长达 30 多年。诚挚地感谢 Anne Louise Klaus，她支持 Heikki 参与本书写作项目。同样，非常感谢 Gayathri Mani 的持续支持和理解。这本书有她们的忍耐、鼓励和爱，书中的任何错误和不足都是我们的责任。

Jeffrey A. Hoffer

Heikki Topi

V. Ramesh

第四部分　实现

数据库管理的上下文

第一部分包括第 1 章。

第 1 章给出了贯穿本书的基本数据库概念和定义。数据库管理作为一个活跃的、具有挑战性的和正在发展的领域，为信息学院学生创造了巨大的就业机会。数据库已成为我们日常生活的必需品，并且是商业运作的更重要的核心。数据库可以是仅仅在个人数字助理（PDA）和智能手机中存储的通信信息，也可以是支持企业级信息系统的非常大的数据库。数十年前，数据库就已成为数据存储的中心点。近年来发展起来的客户关系管理和网上购物是两个数据库相关活动的例子。数据仓库的发展为管理者更深入和广泛地分析历史数据提供了机会，而且它还将持续得到关注。

本部分首先定义数据、数据库、元数据、数据库管理系统（DBMS）、数据仓库和其他有关的术语。通过仔细地规划数据库的使用，我们将数据库与早期的文件管理系统进行对比，并描述其几个重要的优点。

第 1 章还描述了数据库分析、设计、实现和管理所遵循的一般步骤，用示意图说明了数据库开发过程如何融进整个信息系统开发过程中。然后，讨论了数据库开发中的结构化生命周期和原型方法。我们引入企业数据建模，该模型设定了组织数据库的范围和一般内容。这一步常常是数据库开发中的第一步。本章介绍模式以及三级模式体系结构的概念，这是现代数据库系统中的主要方法。本章介绍数据库环境的主要成分和应用类型以及两层、多层和企业数据库。企业数据库包含用于支持企业资源规划系统和数据仓库的内容。最后，讨论在数据库开发项目中涉及的主要人员的职责。引入 Pine Valley 家具公司案例来解释数据库管理的原则和概念，这个案例将贯穿全书。

数据库环境和开发过程

学习目标

学完本章后，读者应该能够：

- 准确地定义如下关键术语：数据库，数据，信息，元数据，数据库应用，数据模型，实体，关系数据库，数据库管理系统（DBMS），数据独立，用户视图，数据库管理，数据管理，约束，计算机辅助软件工程（CASE）工具，知识库（repository），企业数据建模，系统开发生命周期（SDLC），概念模式，逻辑模式，物理模式，原型方法，敏捷软件开发，企业资源规划（ERP），数据仓库。
- 给出传统文件处理系统的几个局限性。
- 与传统文件处理相比，列举 10 个使用数据库方法的优点。
- 列出几个使用数据库方法的代价和风险。
- 列举并简洁地描述典型数据库环境的 9 个组成成分。
- 列举出 4 类使用数据库的应用例子，并给出它们的关键特征。
- 描述系统开发项目的生命周期，重点在数据库分析、设计和实现活动上。
- 解释在数据库和应用开发中使用的原型系统开发方法和敏捷开发方法。
- 解释在数据库设计、实现、使用和管理中人员的职责。
- 解释外模式、概念模式和内模式之间的差别，并说明数据库三级模式体系结构。

引言

在过去的 20 年里，数据库应用的重要性和数量都得到了很大的发展。几乎在任何一种类型的组织中数据库都被用于存储、操作和检索数据。这些组织包括商业、医疗卫生、教育、政府和图书馆等。数据库技术持续不断地在个人计算机上的单用户、网络服务器上的群体用户以及使用企业级分布应用的雇员中被使用。数据库还被客户和其他远程用户通过各种技术使用，例如，自助取款机、网络浏览器、智能手机以及智能居家和办公环境。大多数基于 Web 的应用都依赖于数据库功能。

紧接着这样迅速发展的时期之后，对数据库和数据库技术是否就没有需求了呢？当然不是！在当今激烈竞争的环境下，数据库技术将更显其重要性。管理者寻求使用从数据库中得到的知识以获取竞争优势。例如，详细的销售数据库能被挖掘出客户购买模式用于广告和市场竞争。企业将称作"警示"的过程嵌入数据库中，以警示一些不寻常的条件。例如不足的仓库存储量或销售附加产品的机会以及对适合行为的触发处理。

虽然数据库的将来已经确定，但仍然有很多工作要做。很多组织具有一个不完全合适的数据库，这些数据库都是为了适应当时需求，而不是基于规划或是基于良好管理进化的方式开发。大量数据在老旧、"遗留"的系统中受限，而且这些数据质量很差。

为了设计和管理数据仓库和整合互联网应用，需要一些新的技能，这些缺失的技能有数据库分析、数据库设计、数据管理以及数据库管理等。在本教材中，我们将讨论这些和其他一些重要的问题，以使读者可以为将来的职业需求做准备。

数据库管理课程已是当今信息系统专业课程体系中最重要的课程之一。很多学校已经添加了数据仓库或数据库管理选修课，以覆盖这个领域的更高级议题。作为信息系统专业人员，在信息系统开发工作中必须要考虑分析数据库需求以及设计和实现数据库。你还需要与终端用户协商讨论，并且向他们展示如何在决策支持系统和执行信息系统展现竞争优势中使用数据库（或数据仓库）。在 Web 站点上广泛应用数据库，这些网站给用户返回动态信息，需要用户不仅仅能理解基于 Web 的应用如何链接数据库，而且需要知道如何保护这些数据库，使得这些数据库的内容可以被浏览，但不能暴露给外部用户。

在这一章中，我们介绍数据库和数据库管理系统（DBMS）的基本概念。讨论传统文件管理系统及其不足之处，从而导致数据库方法的出现。然后，还要讨论使用数据库方法的益处、代价以及风险。讨论在数据库的创建、使用和管理中的技术，描述使用数据库的类型——个人数据库、二层、三层以及企业级数据库，并且介绍过去 50 年中数据库的发展。

因为数据库是信息系统的一部分，所以这一章也讨论数据库开发过程如何适应整个信息系统开发过程。本章强调数据库开发与完整的信息系统开发环境中的所有其他活动互相合作的需求。这包括强调假想的 Pine Valley 家具公司数据库开发过程。通过这个实例，本章介绍在 PC 上开发数据库的工具以及为独立应用从企业数据库中抽取数据的过程。

有几个理由决定在此讨论数据库开发。首先，虽然读者可能已经使用过数据库管理系统的基本功能，例如微软的 Access，但你可能还没有了解这些数据库是如何开发的。利用简单的例子，本章简洁地解释你在完成了本教材的数据库课程之后能学会什么。因此，本章帮助你对后续章节中涉及的议题建立一个框架。

其次，很多学生能从充满具体例子的教材中获得更好的学习。显然在本教材的所有章节中都含有很多例子、图示以及实际的数据库设计与编码。每一章都重点讨论数据库管理的某个特定问题。本章用来帮助读者用最少的技术细节理解这些数据库管理的各个方面是如何关联在一起的，并且理解数据库开发任务和技能与其他信息系统课程是如何相关联的。

最后，很多讲授者希望读者在数据库课程的早期就启动数据库开发的最初步骤。本章给出了一点建议，即如何构建一个数据库开发项目满足课程练习的拓展。显然，这只是第一章，使用的很多例子和标记比实际项目、其他的课程作业以及真实的组织需求都要简单。

一点提醒是，在本章中你并不能学到如何设计或开发数据库。我们必须保持本章内容仅仅是引言和简介，本章中用到的一些标记与其他章节中的不一样。本章的目的是给读者关于能力的关键步骤和类型有一个一般性的理解，但读者也会学习到基本概念与定义，并获得一个直观的动力去学习后面章节中展现的能力和知识。

1.1　基本概念和定义

我们定义**数据库**（database）是一个组织起来的逻辑相关的数据的集合。这个定义字不多，但是请注意看看本书的页数。因此，对该定义仍有很多事情需要补充完成。

数据库可大可小，也可以复杂和简单。例如，一个销售员可以在其笔记本电脑上维护一个很小的客户合同数据库——仅仅只含有几兆字节的数据。而一个大的公司可以在一个大型主机上建立一个大型数据库，含有几 TB 的数据（1TB 等于一万亿字节），该数据库用于决策支持应用（Winter，1997）。大型数据仓库可以包含 PB 级的数据（1PB 是千的 5 次方字节）。（我们假定，本教材的数据库都是计算机化的数据库。）

1.1.1　数据

历史上，术语数据（data）是指可以记录和存储在计算机介质上的关于对象和事件的事实。例如，在销售员的数据库中，数据将包括客户的名字、地址及电话号码等事实。这种数据类型被称为结构化数据（structured data）。最重要的结构化数据类型是数值型、字符型和日期型。结构化数据以表格形式存储（表、关系、数组、电子表格等），这些在传统的数据库和数据仓库中很普遍。

有关传统的数据的定义现在需要扩展以反映新的现实。当今的数据库除了存储结构化数据外，还被用于存储对象，如文档、电子邮件、地图、照片、图像、声音和视频等。例如，销售人员的个人数据库中可以包含客户合同的照片，它也可以包含最新产品的声音记录和视频片段。这种类型的数据被称作是非结构化（unstructured）数据，或者是称作多媒体数据。当今结构化和非结构化数据经常被组合存储在同一个数据库中，以创建一个真实的多媒体环境。例如，汽车修理店的结构化数据（有关客户和汽车的描述）与多媒体数据（汽车损毁的照片和保险文件的扫描图像）。

包括结构化和非结构化类型的**数据**的扩展定义是"在用户环境中具有意义和重要性的对象和事件的存储表示"。

4

1.1.2　数据与信息

术语数据（data）和信息（information）密切相关，而且事实上它们也常常被互换使用。可是，区别它们之间的不同很有意义。这里定义**信息**是这样一类数据：它们是人们按照知识的方式处理后得到的数据。例如，考虑如下一组事实：

Baker,kenneth D.　　　　324917628

Doyle,Joan E.　　　　　 496193248

Finkle,Clive R.　　　　　548429344

Lewis,John C.　　　　　 551742186

McFerrn,Debra R.　　　　409723145

这些事实满足数据的定义，但大多数人同意这个数据以现在的格式是无意义的。即使我们猜测这是一个有关人名和他们的社保号码对的列表，但是因为不知道这些条目的实际意义这些数据仍然是没有用处。但如果将这些数据按图 1-1a 方式给出时，其意义就不同了。

通过附加不多的数据项和提供一个结构，就可以认识到这是一类特殊的课程。对于某些用户来说这是一些有用的信息，例如课程的老师和注册的办公室。当然，一般来说，出于对较强的数据安全性的重要性认识的增加，现在很少有组织仍然使用社保号码作为标识，大多数组织都是使用内部生成的号码来标识。

另外一种将数据转换为信息的方法是对数据进行汇总，或加以处理将其按人们理解的方式呈现。例如，图 1-1b 将学生注册数据汇总，并以图形化的数据呈现。这个数据将被作为学校决定是否增加新课程或雇佣新的教员的依据。

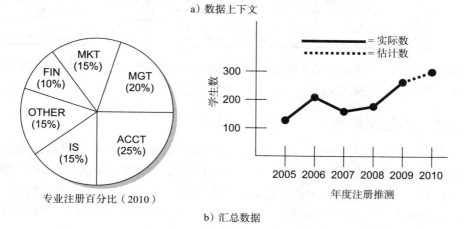

a）数据上下文

专业注册百分比（2010）

b）汇总数据

图 1-1 转换数据到信息

实际中，根据我们的定义，现今的数据库可以包含数据或信息，或者二者都有。例如，数据库可以含有如图 1-1a 中那样的有关课程的图片，同时，数据又可以被预处理成汇总形式存储，以用于决策支持。在本教材中，如果没有特别的说明，那么数据库中既可以是数据也可以是信息。

1.1.3 元数据

如前所述，数据之所以有用，是因其附加有上下文。为数据提供上下文的方法是用元数据。**元数据**（metadata）是用于描述终端用户数据的特征或性质以及该数据的内容。典型的描述数据特征的是数据名称、定义、长度（或大小）和可以有的值。元数据描述数据上下文的是数据的来源、数据的存储位置、数据的拥有者以及使用方式。尽管它看起来是间接的数据，但很多人将元数据认为是"数据的数据"。

图 1-1 中课程表的一些元数据例子在表 1-1 中给出。对于在课程表中出现的每个数据，元数据给出了数据项的名称、数据类型、长度、允许出现的最小和最大值、每个数据项的简洁描述以及数据来源（有时也称作记录系统）。注意数据与元数据之间的区别。元数据是从数据中得出的数据。也就是说，元数据描述数据的性质，但是与数据独立。这样，表 1-1 中的元数据不包含任何图 1-1a 中课程表中的样本数据。元数据可以使数据库设计者和用户理解存在哪些数据、数据的意义以及如何区分那些初看起来很类似的数据项之间的不同。元数据管理至少应该与其相关联的数据管理一样重要，因为数据如果没有清晰的意义将是模糊

的、被误解的或是错误的。典型情况是，很多元数据都是作为数据库的一部分，且可以用与检索数据或信息一样的方式来检索元数据。

表 1-1   课程表的元数据举例

数据项			元数据			
名称	类型	长度	最小值	最大值	描述	来源
Course	Alphanumeric	30			Course ID and name	Academic Unit
Section	Integer	1	1	9	Section number	Registrar
Semester	Alphanumeric	10			Semester and year	Registrar
Name	Alphanumeric	30			Student name	Student IS
ID	Integer	9			Student ID（SSN）	Student IS
Major	Alphanumeric	4			Student major	Student IS
GPA	Decimal	3	0.0	4.0	Student grade point average	Academic Unit

数据可以存储在文件或数据库中。在下面的小节中，将展示从文件处理系统到数据库系统的过程以及它们各自的优缺点。

1.2   传统文件处理系统

当计算机化的数据处理来源首次可用时，还没有数据库。为了商业应用可以使用，计算机必须要存储、操作和检索大型数据文件。计算机文件处理系统就是为此而诞生。图 1-2 给出了一个在 Pine Valley 家具公司使用的文件处理系统中的三个计算机应用的例子。它是订购（Order Filling）、进销存（Invoicing）以及工资管理（Payroll）系统。图中也给出了每个应用所关联的主要数据文件。

文件是相关记录的集合。例如，图 1-2 给出了有三个文件的订单系统，它们是：客户主文件（Custom Master），库存主文件（Inventory Master），后台订单文件（Back Order）。注意，这三个应用中的文件有冗余出现，这也是文件处理系统的典型特征。

当商业应用变得更加复杂时，传统的文件处理系统的缺点和局限性就显现出来（下面详细描述）。结果是，如今这些文件处理系统都被数据库处理系统所代替。毫无疑问，读者应该了

表 1-2   文件处理系统的缺点

程序 – 数据相关
数据冗余
有限的数据共享
冗长的开发周期
过多的程序维护

解一些文件处理系统的缺点。因为，对于文件处理系统固有的问题和局限的理解将有助于在设计数据库系统时去避免它们。

文件处理系统的缺点

与传统文件处理系统相关联的几个缺点被列举在表 1-2 中，并且在下面将简洁地对其加以解释。

1. 程序 – 数据相关

文件描述被存储在每个访问该文件的**数据库应用**（database application）程序中。例如，在图 1-2 的 Invoicing 系统中，程序 A 访问库存定价文件（Inventory Pricing File）和客户主文件（Customer Master File）。因为程序中含有关于这些文件的详细描述，所以对于文件结构的任何改变，所有访问这些文件的程序都需要相应地修改对这些文件的描述。

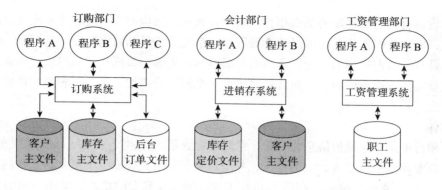

图 1-2 Pine Valley 家具公司中老的文件处理系统

2. 数据冗余

在文件处理系统中应用常常是互相独立地开发，因此无计划的冗余数据文件常常会出现而不是例外情况。例如，在图 1-2 中，订购系统含有一个库存主文件，进销存系统中含有一个库存定价文件。这些文件中都含有描述 Pine Valley 家具公司产品的描述数据，如产品描述、单价以及库存量。而这些冗余是浪费的，因为既需要有更多的存储空间，同时还要增加保持这些数据更新的代价。

3. 有限的数据共享

在传统文件处理方法中，每个应用都有其私有文件，用户几乎不能共享其应用之外的数据。注意在图 1-2 中，例如会计部门的用户需要访问进销存系统和它的文件，但是他们不能访问订购系统或工资管理系统以及它们的文件。

4. 冗长的开发周期

使用传统的文件处理系统，每个新的应用都需要开发者从最基础做起，包括设计新的文件格式并描述它们，然后对每个新的程序编写访问这些文件的存取逻辑。这样长的开发周期与当今快捷的商业环境不匹配，这里时间周期对于市场（或信息系统的生产）都是成功的关键因素。

5. 过多的程序维护

所有上述因素合起来对于依赖于传统的文件处理系统的组织都构成了沉重的程序维护负担。事实上，在这样的组织中，信息系统开发成本的 80% 都被用于程序维护。这也就意味着，组织的资源（时间、人员及资金等）都没有用于开发新的应用。

克服上述问题的一种途径就是使用数据库方法，如下面将要叙述的，该方法是通过提供一组定义、创建、维护和使用这些数据的技术来管理组织数据。

1.3 数据库方法

如何克服文件处理的缺陷呢？我们并不是调用魔法，但我们做得更好：我们遵循数据库方法。首先定义一些对于理解用数据库方法来管理数据的最基本的核心概念，然后再描述数据库方法如何克服文件处理方法的问题。

1.3.1 数据模型

合适地定义数据库是建立数据库并令该数据库能适应用户需求的基础。**数据模型**（data model）抓住了数据之间关联的本质，并且应用在数据库概念化和设计的不同抽象层次中。

数据库的效益直接与数据库的结构相关。承载着数据库结构的不同图形化系统可以用于产生数据模型，而这些图形化系统可以被终端用户、系统分析员和数据库设计者理解。第 2 章和第 3 章都是有关数据建模的讨论。典型的数据模型由实体、属性和联系组成，最常用的数据建模方式是实体－联系模型。下面首先对此有一个简洁的描述，第 2 章和第 3 章将对此做更深入的讨论。

1. 实体

客户和订单是商业维护信息的对象。它们被看成是"实体"，**实体**（entity）类似于名词，它描述了商业环境中一个人、一个地点、一个对象、一个文件或一个概念，这些信息是商业活动中必须被记录和维持的。在图 1-3a 中 CUSTOMER 和 ORDER 是实体。刻画实体的数据（如 Customer Name）被称作属性（attribute）。有很多客户数据被记录，而每一个客户的信息被看成是 CUSTOMER 的一个实例（instance）。

2. 联系

数据库建立组织数据中存在的实体之间的联系（relationship），这样可以检索到期望的信息。大多数联系是 1 对多（1:M）或多对多（M:N）。一个客户可以与一个公司有多个订单（Place 联系）。可是，每个订单通常只能与一个具体的客户关联（Is Placed By 联系）。图 1-3a 描述了这种客户可以订购 1 个或多个订单的 1:M 联系，1:M 联系的特征是通过标记为 ORDER 的矩形（实体）上的连线末端的多线条标示。该联系在图 1-3a 和图 1-3b 中是相同的。可是，订单与产品之间的联系是 M:N。即一张订单可以含有一个或多个产品，而一种产品可以被包含在一个或多个订单中。值得说明的是，图 1-3a 是企业级的模型，它仅仅包含了客户、订单、产品之间的高层联系。工程级的图显示在图 1-3b 中，它包含了附加的细节，如订单的进一步细节。

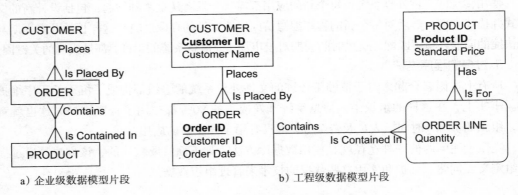

a）企业级数据模型片段　　　　　　　　　b）工程级数据模型片段

图 1-3　企业和工程级数据模型比较

1.3.2　关系数据库

关系数据库（Relational Database）是通过在文件（称作关系）中的公共字段建立实体之间的联系。图 1-3 中客户和客户订单之间的联系是通过在客户订单中包含客户号码来实现的。这样，客户的标识号码被包含在含有客户信息的文件（或关系中），其客户信息有姓名、地址等。每次客户产生一个订单，该客户的标识也被包含在含有订单信息的关系中。关系数据库通过标识号码建立客户和订单之间的联系。

1.3.3　数据库管理系统

数据库管理系统（Database Management System，DBMS）是一个软件系统，它使数据库方法可以被应用。DBMS 的主要目的是提供一个创建、更新、存储和检索存储在数据库中的数据的系统性方法。它使用户和应用程序员共享数据，并使数据在多个应用之间被共享，而不是为每个新的应用重复存储为新的数据文件（Mullins，2002）。DBMS 也提供一种控制数据访问的能力、强制数据完整性、管理并发控制和恢复数据库。

既然我们对数据库方法的基本要素有了一些了解，那么再来看看数据库方法与基于文件的方法之间的差别。比较图 1-2 和图 1-4。图 1-4 中描述了数据如何在数据库中存储（实体）。与图 1-2 不同，图 1-4 中 CUSTOMER 信息只是在一个地方存储，而不是有两个客户主文件（Customer Master File）。订购系统（Order Filling System）和进销存系统（Invoicing System）都是对这单个 CUSTOMER 实体中数据的访问。进一步说，存储哪些 CUSTOMER 信息、如何存储以及如何访问都不是紧密地与这两个系统绑定。所有这些使得下一节列出的那些优点可以实现。当然，要指出的是，在实际数据库中含有数千个实体和实体间的联系。

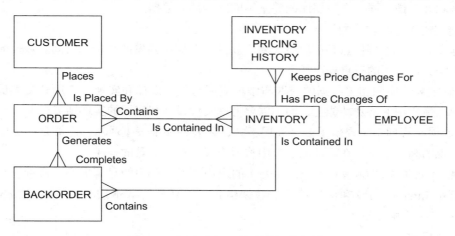

图 1-4　对应于图 1-3 的企业级数据模型

1.3.4　数据库方法的优点

DBMS 提供的数据库方法的主要优点总结在表 1-3 中，并描述如下。

1. 程序 – 数据独立

将数据描述（元数据）与使用该数据的应用程序分离称作**数据独立**（data independence）。利用数据库方法，数据描述集中存储在知识库（repository）中。数据库系统的这个特征使该组织的数据的修改和演化（在一定范围内）不用修改处理这些数据的应用程序。

2. 计划的数据冗余

好的数据库设计企图将以前单独的（冗余的）数据文件整合成一个单独的逻辑结构。理想情况下，一个基本事实仅仅只在数据库中存放一次。例如，产品的事实，如 Pine Valley 松木计算机

表 1-3　数据库方法的优点

程序 – 数据独立
计划的数据冗余
改进的数据一致性
改进的数据共享
增强的应用开发能力
强化标准
改进的数据质量
改进的数据访问和响应能力
减少程序维护
改进的决策支持

柜，它的完成时间、价格等只在 Product 表中记录，该表包含了 Pine Valley 的每一个产品数据。数据库方法并不完全清除冗余，而是允许设计者控制冗余的类型和数量。在后面的章节中，将讨论通过包含有限的冗余来提高数据库性能的方法。

3. 改进的数据一致性

通过清除和控制数据冗余，可以极大地减少数据不一致的机会。例如，客户的住址只在一个地方存储，这就不会产生客户住址不同的问题。当客户住址改变时，由于只在一个地方存储，这样住址的修改就很容易。另外，还带来了节省数据存储空间的好处。

4. 改进的数据共享

数据库被设计为一个共享的合作资源。授权的内部和外部用户被允许使用数据库，每个用户（或用户组）通过一个或多个数据库用户视图的方式使用数据库。**用户视图**（user view）是数据库某个部分的逻辑描述，这部分数据是用户为完成某个任务所需要的。用户视图常常是在一般基础上开发出的用户需要的表格或报告。例如，工作在人力资源部的职员需要访问数据库以确认职员数据；客户需要访问 Pine Valley 的网站上提供的有效产品目录。这里人力资源职员和客户访问同一个数据库的完全不同的两部分数据。

5. 增强的应用开发能力

数据库方法的主要优点是可以极大减少新的企业应用开发的代价和时间。数据库应用开发快于传统文件应用的三点理由如下：

1）假定数据库和相关数据的获取与维护应用已经被设计和实现，应用开发人员就可以集中精力在新应用的特殊功能上，而不需要考虑文件设计和底层的实现细节。

2）数据库管理系统提供了多个高层工具，如表格和报表生成器，能够自动完成数据库设计与实现的高级语言。在后面的章节中将给出多个这样工具的描述。

3）估计高于原来 60%（Long，2005）的应用开发生产力的显著提高，最近已经通过利用基于标准 Internet 协议和广泛接受的数据格式（XML）的 Web 服务被实现。Web 服务和XML 将在第 8 章中介绍。

6. 强化标准

当数据库方法在管理的完全支持下实现时，**数据库管理**（database administration）功能将被授权以统一的权威和责任来建立和强化数据标准。这些标准包括命名惯例、数据质量标准以及用统一过程对数据进行访问、更新和保护。数据库给数据库管理员提供一套强大工具来开发和强化这些标准。不幸的是，强大的数据库管理功能实现的失败也许是组织中数据库失败的最主要来源。同样重要的是**数据管理**（data administration）是对组织中所有数据资源的整体管理负责的高层功能，包括全面的数据定义和标准化。

7. 改进的数据质量

当今的策略规划和数据库管理时代，关心数据质量是共同的主题。事实上，数据仓库研究所（Data Wharehousing Institute，TDWI）最新报道，每年 U.S 商业用于数据质量问题的代价是 600 亿美元（http://tdwi.org/research/2002/02/tdwis-data-quality-report.aspx?sc_lang=en）。数据库方法给出了多个工具和处理来改进数据质量。最重要的是如下两点：

1）数据库设计者可以说明完整性约束，该约束被 DBMS 强制。完整性**约束**（constraint）是一组数据库用户不可侵犯的规则。在第 2 章和第 3 章中将给出多种类型的完整性约束（也称作"商业规则")。如果客户给出一个订单,约束将保证客户和订单间的"联系完整性约束",该约束将防止存入的订单是没有人订购的订单。

2)数据仓库环境的目标是在将数据放入数据仓库之前清洗(或说是" scrub")操作数据(Jordan,1996)。你是否接受了多份目录?如果数据被清洗了,那么公司给你邮寄的三份目录就可以被阻止,从而节约邮费,如果能更精确地计数已存在的客户,那么公司也可以增强其对客户的理解。第 9 章中将讨论数据仓库。

12

8. 改进的数据访问和响应能力

使用关系数据库,一个没有编程经验的终端用户也能常常检索和显示数据,即使他们跨越了传统的部门界限。例如,职工可以用如下查询显示有关 Pine Valley 家具公司的计算机桌的信息:

```
SELECT *
FROM Product_T
WHERE ProductDescription = "Computer Desk";
```

该查询使用了结构化查询语言(或称 SQL,第 6 章和第 7 章中将要学习该语言)。虽然该查询结构可以更复杂,但查询的基本结构非常容易,即使是新手或非程序员也能掌握。如果用户理解了其在数据库中的视图的名字和结构,他们很快就能获得检索提问的答案,而不需要依赖专业的应用开发者。这当然也有危险,查询应该在确保它们获取正确数据之前被测试,而初学者可能不理解这个挑战。

9. 减少程序维护

有多个理由来经常地改变存储的数据:增加新的数据项类型,数据格式被改变,等等。该问题的一个典型的例子是知名的"千年虫"问题,也就是年份的表示从 2 位数字更改为 4 位数字,以适应 1999 年到 2000 年的过渡。

在文件处理环境,数据描述和对数据访问的逻辑都是存在于单个的应用程序中(这就是早前描述的程序 – 数据相关)。数据格式和访问方式改变的结果导致了应用程序的修改。在数据库环境,数据与使用它的程序更加独立。在一定的范围内,无论是修改数据或是修改使用数据的应用程序都不需要修改另外一个要素。因此,现代数据库环境中能有效地减少程序的维护工作。

10. 改进的决策支持

有些数据库是为决策支持应用而设计。例如,有些数据库是为支持客户关系管理,还有的是为支持金融分析,或者是支持供应链管理。第 9 章中将讨论如何为不同的决策支持应用和分析类型裁剪数据库。

1.3.5 数据库优点的警告

前一节中给出了数据库方法的 10 个主要潜在优点。可是,必须提醒读者,很多组织在试图实现其中的一些益处时遭受挫折。例如,数据独立的目标(因此,减少程序维护)已经被排除,这是由于较早的数据模型和数据库管理软件的局限性所致。所幸关系模型和更新的面向对象模型提供了更好的环境来获得这些益处。而另外使该收益不能成功的原因是组织的规划和数据库实现不够好。即使是最好的数据管理软件也不能克服这样的缺陷。因此,在本教材中强调数据库规划和设计。

1.3.6 数据库方法的代价和风险

数据库并不是银弹,它没有哈里-波特的神奇力量。当实现数据库时,与其他商业决策一样,要认识到数据库方法也有附加的成本代价和风险(参见表1-4)。

13

1. 新的专业化人员

通常准备采用数据库方法的组织要雇佣和培训设计和实现数据库的人员,提供数据库管理服务和增设对新人管理的职员。进一步讲,由于技术上的迅速变革,这些新人要不断培训和升级。这些人员的增加可能多于其他生产利润的补偿,但是组织必须认识到这些专门技能的必要性,它们是为了能获得最大潜在收益所需要的。

2. 启动和管理开销以及复杂度

多用户的数据库管理系统是一个很大很复杂的软件,其启动开销很高,需要经过培训的职员去安装和操作,而且还要有周期性的维护和支持开销。安装这样一个系统可能还需要升级组织中原有的硬件和数据通信系统,还需要常规的培训以适应系统新版本和升级。另外需要更成熟的、高代价的数据库软件以提供安全功能,保证共享数据的升级正确。

3. 转换开销

遗留系统(legacy system)是指组织中原有的基于文件处理和/或最早数据库技术之上的应用。将遗留系统转换到更现代的数据库技术的开销——用美元、时间和组织承诺等指标计算——可能常常抑制组织。利用数据仓库是既使用老系统而同时又能开拓现代数据库技术的策略之一(Ritter,1999)。

4. 显式的备份和恢复需求

共享的数据库必须总是正确的和可用的。这就需要开发综合的过程以提供数据的备份复制和故障后的数据库恢复。在目前严重的安全环境下,这一点就更显得重要和紧急,现代数据库管理系统通常比文件系统提供更多备份和恢复任务。

5. 组织冲突

共享数据库需要对数据定义和数据拥有者有一致的意见,并且要负责做精确的数据维护。经验表明,在数据定义、数据格式和编码、更新共享数据的权力以及相关联的一些观点上的冲突常常发生,并且通常也很难解决。这些问题的处理需要组织委员会对数据库方法的坚持、组织级别的数据库管理员和坚实的革命方式去完成数据库开发。

如缺少强劲的高层管理对数据库方法的支持,单个数据库终端用户的开发将扩散。这样得到的数据库不是本章描述的数据库方法,它们不可能提供早前提到的那些好处,最终它将导致制定差的决策,从而吓住了运行良好的或已存在的组织。

表1-4 数据库方法的代价和风险
新的专业化人员
启动和管理的开销以及复杂度
转换代价
显式的备份与恢复需求
组织的冲突

1.4 数据库环境的组成

至此已经描述了利用数据库方法管理数据的优点和风险,现在来讨论典型的数据库环境的主要组成成分以及它们之间的关系(参见图1-5)。前面小节中对图中的某些成分已有介绍,但不是全部。下面是图1-5中9个组成的简要描述:

1)**计算机辅助软件工程(CASE)工具** CASE是用于设计数据库和应用程序的自助工

具。这些工具有助于创建数据模型，有些还可以帮助自动地生成创建该数据库的"代码"。本教材建议使用这些工具来完成数据库的设计和开发。

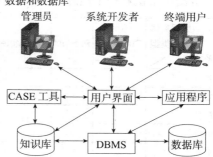

图 1-5   数据库环境组成

2）**知识库**   知识库是一个集中的含有所有数据定义、数据关系、屏幕和报告格式以及其他系统组成的知识库。知识库含有扩展的元数据集，它对于管理数据库和信息系统其他组成很重要。

3）**DBMS**   DBMS 是一个软件系统，它用于创建、维护和提供对用户数据库的控制访问。

4）**数据库**   数据库是一个有组织的逻辑相关数据的集合，通常设计用于满足该组织中多用户的信息需求。区别数据库和知识库非常重要。知识库包含数据的定义，而数据库包含数据的值。第 4 章和第 5 章将描述数据库设计的活动，第 6 章到第 9 章将讨论实现的活动。

5）**应用程序**   基于计算机的应用程序用于创建和维护数据库，并且给用户提供信息。第 6 章到第 9 章将讨论数据库相关的应用程序设计的关键技能。

6）**用户界面**   用户界面包括语言、菜单和其他与各个系统组成相交互的设施，如 CASE 工具、应用程序、DBMS 以及知识库。本教材中全部使用用户界面来做解释。

7）**数据和数据库管理员**   数据管理员是组织中全面负责数据资源管理的人员。数据库管理员负责物理数据库设计和数据库环境中的管理技术问题。

8）**系统开发者**   系统开发者是指设计新应用程序的系统分析员和程序设计人员。系统开发者常常使用 CASE 类工具完成系统需求分析和程序设计。

9）**终端用户**   终端用户是组织中对数据库中的数据完成添加、删除和修改的人员，他们需要向数据库申请信息和从数据库中获取信息。所有带有数据库的用户界面都必须通过 DBMS。

14 ~ 15

总而言之，图 1-5 中给出的数据库操作环境是一个有关硬件、软件及人员的综合系统，这个系统被设计得具有存储、检索和控制信息资源并且改进组织的生产力的能力。

1.5   数据库开发过程

一个组织如何开始开发数据库呢？在很多组织中，数据库的开发是从**企业数据建模**（enterprise data modeling）开始的。企业数据建模建立组织数据库的范围和一般的内容，它的目的是创建一个有关组织数据的整体图画或解释，而不是设计为一个特定的数据库。一个特定的数据库为一个或多个信息系统提供数据，而企业数据模型可以包含多个数据库，描述一个由组织维护的数据范围。在企业数据建模中，需要概述当前的系统，分析将要支持的业务领域的性质，描述在较高抽象层次的数据，规划一个或多个数据库开发项目。

图 1-3a 给出了 Pine Valley 家具公司企业数据模型的一个片段，使用的是将在第 2 章和第 3 章中学习的简化标记版本。除了这里给出的实体模型的图形描述外，一个完整的企业数据模型还要包括每个实体类型面向业务的描述以及各种如何实施业务操作的纲要语句，这些语句也称作业务规则（business rule），它们规范了数据的合法性。业务对象（业务功能、

单位、应用等）和数据之间的关系通常使用矩阵方式获取，以补充企业数据模型中的信息。图 1-6 给出了这样一个矩阵的例子。

业务功能＼数据实体类型	Customer	Product	Raw Material	Order	Work Center	Work Order	Invoice	Equipment	Employee
业务规划	×	×						×	×
产品开发		×	×		×			×	
材料管理		×	×	×	×	×		×	
订单执行	×	×		×	×	×	×		×
订单装运	×	×		×			×		×
销售综述	×	×		×			×		×
生产作业		×	×		×	×		×	×
财务会计	×	×	×	×		×	×		×
×＝用于商业功能的数据实体									

图 1-6　业务功能 – 数据实体矩阵举例

　　企业数据建模作为自顶向下的信息系统规划和开发方法的组成成分，表示了数据库项目的一个来源。这样的项目常常开发成一个新的数据库，以适应某种企业决策目标，如改进客户支持，更好的生产和库存管理，或者是更精确的销售预测。但是数据库项目的产生更多是以自底向上的方式。在这种情况下，项目是由信息系统用户提出，他们在工作中需要某些信息，或者是其他信息系统的专业人员认识到组织中的数据管理需要改进。

　　典型的自底向上方式的数据库开发项目常常聚焦在某一个数据库创建上。某些数据库项目仅仅集中在定义、设计和实现一个数据库，该数据库是后续信息系统开发的基础。可是，在大多数情况下，数据库和其关联的信息处理功能是一起开发的，是综合信息系统开发项目的一部分。

1.5.1　系统开发生命周期

　　正如你在其他信息系统课程中已学习到的，传统信息系统开发项目的实施过程被称作**系统开发生命周期**（System Development Life Cycle，SDLC）。SDLC 是一个完整的过程步骤集合，包括数据库设计者和程序员在内的信息系统专业人士组成的团队针对一个组织完成说明、开发、维护和置换信息系统处理。教科书和组织中使用各种生命周期方法，可能有 3 到 20 种不同的阶段。

　　图 1-7 给出了 SDLC 中的各个步骤及与其相关联的目标（Hoffer et al., 2011）。这个处理过程看起来是循环的，它承载了系统开发项目的迭代性质。在时间上，这些步骤可以是重叠的，它们可以并行地实施；当前一个步骤需要重新考虑时，这些步骤也可以回溯。人们相信，最公共的开发过程是周期性地通过图 1-7 中的步骤，但随着系统需求变得更加具体，每一遍的循环将变得更加详细。

　　图 1-7 也给出了 SDLC 每一阶段中数据库开发活动的概况。注意，SDLC 阶段和数据库开发步骤并不一一对应。例如，概念数据建模在规划和分析阶段中都出现。本章的较后部分将结合 Pine Valley 家具公司简要描述数据库开发步骤。

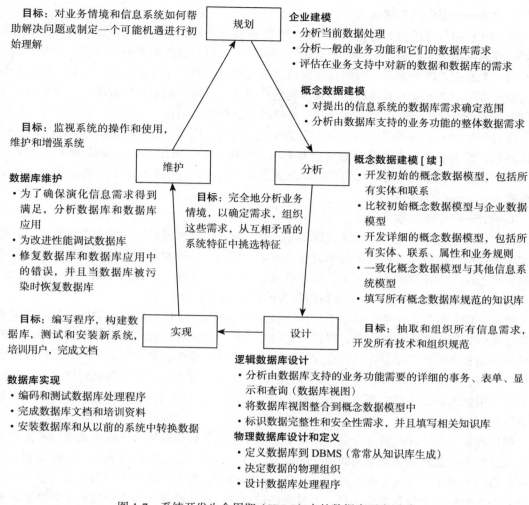

图 1-7 系统开发生命周期（SDLC）中的数据库开发活动

1. 规划——企业建模

数据库开发过程从信息系统规划过程期间开发企业建模组件开始。在这个阶段，分析人员重新审视当前的数据库和信息系统，分析商业领域的特点（这是该开发项目的目标），用常用的术语描述要开发的信息系统的数据需求。确定在已存在的数据库中有哪些数据可用，还有哪些数据需要加入数据库中以支持新项目。根据每个项目对组织的价值，仅仅选择那些有价值的项目进入下一阶段。

2. 规划——概念数据建模

对于一个已开始的信息系统项目而言，必须分析信息系统的全局数据需求。这个工作在两个阶段内完成。首先是在规划阶段，分析人员产生一个类似于图 1-3a 的图及其他文档，勾画出这个特定开发项目所涉及的数据范围，而不考虑是否已存在有数据库。在这时仅仅是高层类别的数据（实体）和主要的关联被包含在内。这一步在 SDLC 中对于改进后续开发过程是关键的一步。这时组织的特定需求定义得越好，那么据此给出的概念模型就与组织需求贴合得越紧密，贯穿 SDLC 的返回重设计的需求就越少。

3. 分析——概念数据建模

在 SDLC 的分析阶段，分析人员产生一个详细的数据模型，该模型标识了所有该信息系统要管理的该组织的数据。每一个数据属性都被定义，所有的数据类别被列出，数据实体之间的每一个商业关联被表示，刻画数据完整性的规则被说明。在分析阶段，还要检查概念数据模型与目标信息系统的其他目标的其他类型模型的一致性，例如处理阶段、处理数据的规则以及事件的时间性等。可是，即使这个详细的概念数据模型被仔细建立，在设计特定的事务、报告、显示和查询等后续的 SDLC 活动中也可能发现某些元素缺失或者出现某些错误。依据经验，数据库开发者会获得通常的商业功能的构思（mental）模型，例如销售、财务记录，但是必须保留修改的能力以适应组织对通常业务的例外情况处理。概念建模的产品是**概念模式**（conceptual schema）。

4. 设计——逻辑数据库设计

逻辑数据库设计从两个方面完成数据库开发。首先，概念模式要转换为逻辑模式，就是用实现该数据库的数据管理技术的术语描述数据。例如，如果使用关系技术，概念数据模型将被转换为用关系模型的元素表示，它包括表、列、行、主键、外键和约束（第 4 章将讨论这个重要的处理过程）。这个表示被称作**逻辑模式**（logical schema）。

然后，设计信息系统中的每一个应用，包括程序的输入 / 输出格式，分析人员将详细地重新审视该数据库要支持的事务、报告、显示和查询。在这种自底向上的分析过程中，分析人员明确地验证哪些数据要在该数据库中维护，验证每个事务、报告等需求的数据特征。随着每个报告、商业事务和其他用户视图被分析，这个概念数据模型可能要被精炼。在这种情形下，逻辑数据库设计就将原来的概念数据模型与这些独立的用户视图结合，综合成一个复杂的设计。

逻辑数据库设计的最后一步是遵循基于好的结构化数据规范所建立的合适规则将协调组合起来的数据规范转换成基本的或原子的元素。对于目前大多数数据库而言，这些规则来自于关系数据库理论，其过程称作规范化（normalization），在第 4 章中将详细对此讨论。其结果是一个完整的有关数据库的图片，不包含任何对管理这些数据的特定的数据库管理系统的引用。随着逻辑数据库设计的产生，分析人员开始对特定计算机程序逻辑及维护和报告数据库内容所需要的查询进行说明。

5. 设计——物理数据库设计和定义

物理模式（physical schema）是一组规范，它描述了来自逻辑模式的数据如何被一个特定的数据库管理系统存储在计算机二级存储器中。每个逻辑模式对应一个物理模式。物理数据库设计需要有关实现数据库的特定 DBMS 的知识。在物理数据库设计和定义中，分析人员决定物理记录的组织、文件组织的选样以及索引的应用等。为此，数据库设计者需要总结出程序来处理事务，并生成预测的管理信息和决策支持报告。其目的是设计一个数据库来安全有效地管理所有在其上的数据处理任务。这样，物理数据库设计将与物理信息系统的所有其他方面紧密合作，如程序、计算机硬件、操作系统和数据通信网络等。

6. 实现——数据库实现

在数据库实现中，设计者要编写、测试和安装程序 / 脚本来访问、创建或修改数据库。设计者可以应用标准的程序设计语言（如 Java、C# 或 Visual Basic.NET），或者应用特定的数据库处理语言（如 SQL），或者应用专用的非过程语言产生具有特定风格的报告和显示，也可能是图形。在实现的过程中，设计者还要完成所有数据库文档，培训用户，并且要将过程置入正在实施的信息系统（和数据库）用户支持中。最后一步是从已存在的信息源中加载数据（即来自于原有应用中的文件和数据库，并加上新需要的数据）。加载通常是先卸载已有的文件和数据库为中间格式（如二进制或文本文件），然后将这些数据装入新数据库。最终，数据库和它相关的应用放入生产环节中，被实际的最终用户维护和检索。在生产过程中，数据库要周期性地备份，并且能在毁坏时恢复。

7. 维护——数据库维护

在数据库维护期间数据库获得演化。在这一步中，设计者添加、删除或修改数据库结构的特征，以适应商业环境的改变，更正数据库设计中的错误，改进数据库应用的处理速度。如果数据库被污染或者由于计算机系统或程序故障使得数据库被毁坏，设计者还要重新构建数据库。这是数据库开发步骤中最长的一步，因为它持续地贯穿于数据库以及与其相关联的应用的生命周期。数据库每次演化，可以将其看成一个缩简的数据库开发过程，这个过程中包含概念数据建模、逻辑和物理数据库设计、数据库实现，以处理商业应用提出的改变。

19

1.5.2 信息系统开发方法的选择

SDLC 或其轻微的改进方法常常被用于指导信息系统或数据库的开发。SDLC 是一个方法学的高结构化的方法，该方法中包含有很多验证和平衡以确保每步过程都能准确地产生，并且新的或置换的信息系统与已存在的系统一致，为此必须要有沟通和需要一致的数据定义。这就有很多工作。另外，SDLC 常常被批评的是它的开发时间。它需要一直到一个工作系统被产生，而这只有到了整个过程的终点才能完成。作为可替换的选择，组织者逐渐地使用快速应用开发（RAD）方法，它遵循的是迭代的快速重复分析、设计和实现步骤的过程，一直到用户想要的系统产生。当大多数需要的数据结构已经存在时，RAD 方法是最好的方法。因此，对于系统而言，重要的是检索数据，而不是发布和修正数据库。

最普遍的 RAD 方法是**原型法**（prototyping）。它是一个迭代的系统开发过程，其中需求被转换为工作系统，然后它就不断地在分析人员和终端用户之间的紧密工作中被修正。图 1-8 给出了原型方法的处理过程。该图中包含了明显的标记，这些标记大致说明了在每一个原型开发阶段数据库开发活动的哪一步会出现。例如，当信息系统问题被确定的时候，你可以仅仅关注概念数据建模。在初始原型开发期间，你同时设计用户需要的显示和报告，以帮助用户理解该原型将要使用的任何新的数据库需求和数据库定义。这完全是一个崭新的数据库，它是部分已存在数据库的复制，也可能具有一些新内容。如果需要新内容，它们一般是来自于外部数据源，例如市场调研数据、一般经济学指标或工业标准等。

数据库实现与维护活动一直重复地伴随着新的原型版本的产生。这期间安全性和完整性一般不是重点，因为这时强调的是尽可能快地产生出一个可以工作的原型版本。同样，文档也趋向于在项目结束时给出，用户培训就是从手把手的应用开始。最后，当一个接受的原型创建后，开发者和用户将确定它是否是最终的原型，并且该原型和它的数据库是否可以投入到生产环节之中。如果该系统及其相连的数据库不太有效，则系统和数据库必须重新编写和组织，以适应期望的性能。当然，无效率必须与违反健壮的数据库设计的基本原则相权衡。

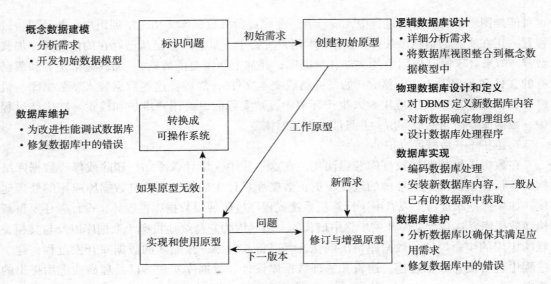

图 1-8   原型方法和数据库开发过程

随着可视化程序设计工具（如 Visual Basic、Java 或 C#）的逐渐普及，用户和系统界面的修改变得容易，原型方法正成为可选的系统开发方法，以开发新的应用。使用原型方法对于改变用户报告和显示的内容及格式相对来说比较容易。

RAD 和原型方法演示迭代式系统开发获得的好处已激发人们更努力地创建更具展现能力的开发方法。2001 年 2 月，17 个感兴趣支持该方法的个人组成的小组创建了"敏捷软件开发联盟"，对于他们而言，**敏捷软件开发**（agile software development）实践的价值包括（www.agilemanifesto.org）：

- 在处理和工具上的个性化和交互性
- 处理综合文档的工作性软件
- 合同协商上的客户协作
- 跟随规划对改变的响应

这些措辞中显然强调了人的重要性，包括软件开发者和客户双方人员。对比来自于更加保守的工程开发项目的环境（早期软件开发方法学的环境），软件开发处于混乱环境。在 SDLC 中建立的实践的重要性持续地被软件开发者认识和接受，这也包括敏捷软件开发联盟的创建者们。可是，这些实践要能快速反映项目修改需求的环境变化是不可行的。

当一个项目涉及不可预测的和 / 或改变的需求、负责的和协作的开发者以及能够理解并对处理有贡献的客户时，需要使用敏捷和自适应方法（Fowler，2005）。如果你有兴趣学习更多有关敏捷软件开发的知识，那么要调研敏捷方法学，如极限编程、Scrum、DSDM 联盟和特征驱动的开发等。

1.5.3   数据库开发的三级模式体系结构

本章前面介绍的数据库开发过程提到多个不同但是有关联的关于系统开发项目的数据库开发模型。这些模型以及 SDLC 中开发这些模型的主要阶段总结如下：

- 企业数据模型（信息系统规划阶段）
- 外模式或用户视图（分析和逻辑设计阶段）

- 概念模式（分析阶段）
- 逻辑模式（逻辑设计阶段）
- 物理模式（物理设计阶段）

1978 年，工业协会普遍知道 ANSI/SPARC 发布了一个重要的文件，该文件描述了三级模式体系结构（外、概念和内模式）的数据结构。图 1-9 给出了在 SDLC 开发过程中这些模式和 ANSI 三级模式体系结构之间的关联。要记住的是，这些模式只是用不同的框架来刻画同一个数据库结构的不同方法。

20
~
21

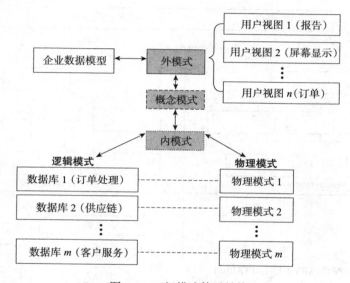

图 1-9 三级模式体系结构

ANSI 定义的三级模式（图 1-9 的中间部分）描述如下：

1）**外模式** 这是数据库用户（如管理员或职工）的视图（或视图集合）。如图 1-9 所示，外模式可以表示为企业数据模型的组合（自顶向下视图）和详细的（自底向上）用户视图的集合。

2）**概念模式** 该模式是将不同的外部视图组合在一起形成一个单个的、互相协作的、综合的企业数据定义。概念模式代表了数据架构或数据管理员的视图。

3）**内模式** 如图 1-9 所示，如今内模式是由两个独立的模式组成：逻辑模式和物理模式。逻辑模式是某种类型的数据管理技术（如关系）的数据表示，物理模式描述在一个特定的 DBMS（如 Oracle）中数据如何表示和在二级存储器中存储。

1.6 数据库系统的演化

数据库管理系统产生于 20 世纪 60 年代，在这几十年中一直在不断变革。图 1-10 给出了每十年中数据库技术的变革进程。在大多数情况下，技术引入的时期都比较长，且技术的引入都在每个十年的初始时期。例如，关系模型是由 IBM 的研究者 E. F. Codd 在 1970 年发表的研究论文（Codd，1970）中首次定义。但是关系模型一直到 20 世纪 80 年代才开始在商业中广泛实现。例如，20 世纪 70 年代程序员需要编写复杂的访问数据库数据的程序的挑战一直到 20 世纪 80 年代结构化查询语言（SQL）出现才得到解决。

22

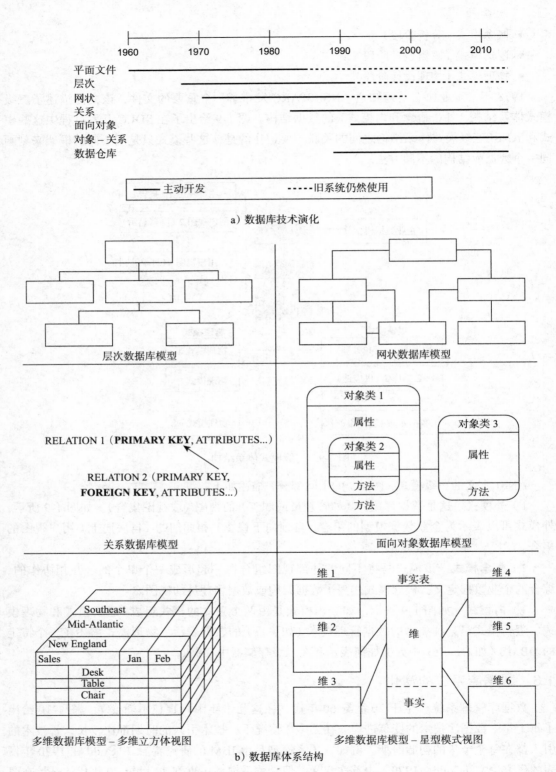

a) 数据库技术演化

关系数据库模型

面向对象数据库模型

多维数据库模型－多维立方体视图

多维数据库模型－星型模式视图

b) 数据库体系结构

图 1-10   数据库技术的分类：过去和现在

图 1-10 显示了一个可视化的每种主要数据库技术的基本组织原理。例如，在层次模型

中，文件按自顶向下的结构组织，称作树或者谱系图，而在网状模型中，每一个文件可以与任意数量的其他文件相关。关系模型（也是本教材主要讨论的模型）将数据组织成表的形式或它们之间的联系的形式。面向对象模型是基于对象类和它们之间的联系。如图 1-10b 所示，对象类封装了属性和方法。对象关系数据库是面向对象和关系数据库的混合。最后，多维数据库是数据仓库的基础，是将数据组织成立方体或星型模式，对此将在第 9 章中讨论。

当前，数据库被广泛使用的主要类型是关系数据库。可是面向对象和对象关系数据库持续获得关注，特别是随着非结构化内容的持续生长，另一个最近出现的趋势是 NoSQL（Not Only SQL）数据库。NoSQL 是一个宽泛概念，它是指那些专门为可能存储在不同地域的大数据（结构和非结构数据）设计的数据库技术集合。流行的 NoSQL 数据库例子是 Apache Cassandra（http://cassandra.apache.org /）和 Google 的 Big Table（http://research.google.com/archive/big table.html）。对非关系型数据库技术的需求产生了 Web 2.0 应用，如博客、wikis 和社交网站（Facebook、MySpace、Twitter、Linked In）等。另外，也是由于要能方便地创建非结构化数据，如图片和影像。随着时间的推移，开发有效的数据库以便处理这些类型多样的数据正在持续地变得更加重要。由于更大的计算机内存芯片越来越便宜，因此出现了新的管理内存数据库的数据库技术。这种趋势开启了更快速的数据库处理技术的可能性。有关这方面的新趋势将在第 9 章讨论。

最近的法案（如萨班斯 – 奥克斯利（Sarbanes-Oxley）法案，健康保险携带和责任法案（HIPAA）以及巴赛尔公约（Basel Convention））都关注好的数据管理实践的重要性，并且重构历史地位的能力也已经获得了重视。随着电子证据的发现的强调和期望的增加，计算机取证也得到了发展。由于有效的灾难恢复和充分安全被这些法案强制执行，因此好的数据库管理能力的重要性持续上升。

正在出现的更加方便地使用数据库技术（和此处处理一些法案挑战）的趋势是云计算。在云中最常见的技术之一是数据库。关系的或非关系的数据库正在通过服务提供者提供的技术被创建、使用和管理。有关云数据库及相关的议题在第 8 章中讨论。

1.7 数据库应用范围

数据库能为人们做些什么呢？回忆图 1-5 所示的内容，那里给出了多种令用户与数据库中数据交互的方法。首先，用户可以利用 DBMS 提供的界面直接与数据库交互。这种方式下，用户可以向数据库发出命令（称作查询），然后获得结果，或者将结果存放在微软 Excel 表格中，或者是 Word 文档中。这种与数据库交互的方法也称作 ad-hoc 查询，并且需要用户具有一定的理解查询语言的能力。

由于大多数商业用户不具有这种能力，因此第二种或更加普遍的方式是使用应用程序来访问数据库。一个应用程序由两个关键成分组成，一个是图形的用户界面用于接收用户的请求（例如输入、删除或修改数据），另一个是提供一种方式显示从数据库中获得的数据。商业逻辑包含需要作用在用户命令上的程序逻辑。运行用户界面（有时是商业逻辑）的机器称作是客户端（client）DBMS 和包含数据库的机器称作是数据库服务器（database server）。

理解应用和数据库不一定在同一台计算机上（在大多数情况下它们是不在一起的）这一点很重要。为了更好地理解数据库应用的领域，基于客户端（应用）和数据库软件本身的地

23
~
24

点将领域分成三类：个人数据库、二层数据库和多层数据库。下面通过一个典型案例以及在每一类别应用中出现的一些问题来介绍这三个类别。

1.7.1 个人数据库

仅支持一个用户的数据库为个人数据库。个人数据库位于个人电脑（PC 机）上，包括笔记本电脑，现在又可以是在智能终端和个人数字助手（PDA）上。这些数据库的目标是为个人提供对少量数据的有效管理（存储、修改、删除和检索）。一些简单的数据库应用（如存储客户信息以及与每个客户相关的详细联系方式）能在 PC 机上使用，且为了备份和工作可以方便地从一个设备转移到另一个设备上。例如，一个有很多销售人员的公司，这些销售人员直接与实际的或预期的客户联系。客户和价格数据库应用可以使销售人员为客户订单确定最好的产品数量和类型的组合。

由于可以增进个人生产力，个人数据库被广泛地使用。但是它们也引入了风险：数据不能方便地与其他用户共享。例如，假设销售经理想要获得客户合同的整体视图，但是该视图不能快速和方便地从单个的销售人员数据库中获得。该例解释了一个普遍的问题：如果是个人有兴趣的数据，那么这些数据很快也会被其他人感兴趣。因此，个人数据库应被局限于特定的应用情形（即在一个非常小的组织范围内）。在这种情形中，没有与其他人共享数据的需求。

1.7.2 二层客户端/服务器数据库

如 1.7.1 节所讨论的，个人（单个用户）数据库的应用非常有限。通常情况是，当一个单用户的数据库演化成被多个用户之间需要共享的数据库时，个人数据库就结束了。一个相对小的工作小组（典型情况少于 25 个人）工作在同一个项目或应用之上，或者是工作在一组相似项目或应用上。这些人员可能参与一个项目的构建，或者是开发一项新的计算机应用，他们需要在工作组中共享数据。

这种类型的最普遍的共享数据方法是如图 1-11 所示的基于二层客户端/服务器应用。每个工作组成员都拥有计算机，这些计算机通过网络（有线的或无线的局域网 [LAN]）连接。在大多数情况下，每个计算机有专用应用（客户端）的副本，该应用副本提供了用户界面和业务逻辑，通过这个界面和业务逻辑数据被操作。数据库本身和 DBMS 都存储在称为数据库服务器的中心设备上，该服务器也与网络连接。这样，工作组的每个成员都可以访问共享数据。

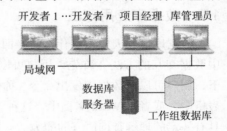

图 1-11 局域网中的二层数据库

不同的工作组成员（如开发者和项目经理）对这个共享数据库拥有不同的用户视图。这种安排克服了 PC 数据库的基本对象，即 PC 数据库的数据不易于共享。可是，这样的安排也带来了很多在个人（单用户）数据库中不存在的数据管理的问题，例如当多个用户试图同时修改或更新数据时数据的安全和数据完整性问题。

25

1.7.3 多层客户端/服务器数据库

二层数据库体系结构的一个缺点是，由于客户端需要安装用户界面逻辑和业务逻辑，从而客户端的工作量很大。这当然意味着，客户端计算机功能要足够大以支撑应用需求。另外一个缺点是，无论是对用户界面还是业务逻辑进行修改，安装了该应用的客户端计算机都需要更新。

　　为了克服上述缺点，目前那些需要支持大量用户的大多数应用都使用多层体系结构的方法。大部分组织中，这些应用都是打算支持一个部（如市场部、财务部），或一个部门（如业务生产线），这些都是大于工作组的（典型状态下是 25 ～ 100 个人）。

　　图 1-12 给出了一个有多个多层应用的公司的例子。在三层体系结构中，各个用户计算机上有可访问的用户界面。该界面可以是基于 Web 浏览器或者是使用 VB.Net，VC# 或 Java 等程序设计语言编写。应用层 /Web 服务器层包含有业务逻辑，完成用户提出的业务事务。然后应用层再与数据库服务器交互。对于数据库开发来说使用多层客户端 / 服务器体系结构的最大好处是易于将数据库开发和维护数据的模块与维护信息系统中业务逻辑和 / 或表示逻辑这样的模块分离。另外，该体系结构也可以改进应用与数据库的性能和维护。第 8 章中将更详细地讨论二层和多层客户端 / 服务器体系结构。

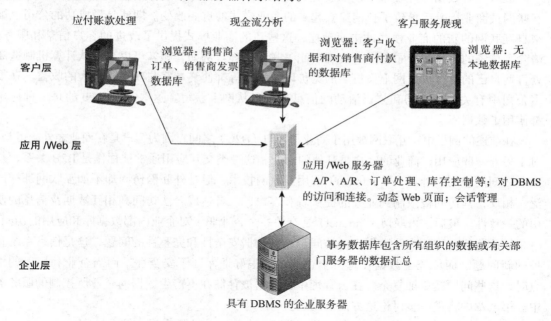

图 1-12   三层客户端 / 服务器数据库体系结构

1.7.4   企业级应用

　　企业应用或数据库是有关于一个组织或企业的全部领域（或者，至少是涉及很多不同部门）。这样的数据库是打算支持组织范围的操作和决策制定。注意，一个组织可以有多个企业数据库，因此这样的数据库不包含所有组织的数据。对于很多中等或大型组织只设计一个单独的操作型企业数据库不现实，这是因为对于一个非常大型数据库的性能而言，要满足不同用户的很多不同的需求非常困难，而对所有数据库用户完成一个单独的（元）数据定义也非常复杂。但一个企业数据库确实要支持来自很多部门和地区的信息需求。企业数据库的演化导致了两项主要开发：

1）企业资源规划（ERP）系统

2）数据仓库实现

企业资源规划（Enterprise Resource Planning，ERP）系统的发展源于 20 世纪 70 年代和 80 年代的材料需求计划（MRR）和制造资源计划（MRP-Ⅱ）系统。这些系统调度制造过程中的原材料、组件和组装需求，也调度车间和产品分布活动。另外，扩展到业务功能的其他部分就产生了企业范围的管理系统，或 ERP 系统。所有 ERP 系统都是非常依赖于存储了综合 ERP 应用需求数据的数据库。除了 ERP 系统之外，一些专门应用（如客户关系管理（CRM）系统和供应链管理（SCM）系统等）也都是依赖于存储在数据库中的数据。

ERP 系统工作在企业的当前可操作数据之上，而**数据仓库**（data warehouse）收集各种可操作数据库中的内容，包括人员、工作组、部门以及 ERP 数据库。数据仓库给用户提供操作有关历史数据的机会，以获取模式和趋势信息，为决策性业务问题提供答案。第 9 章中将详细讨论数据仓库。

最后，对数据库环境带来剧烈变化的是互联网的出现，从此应用开发被众多用户使用。互联网被商业接受后导致了长期建立起来的商业模式的重要改变。即使是最成功的公司也被来自互联网的新的商业模式冲击而动摇，这些新的商业模式提供了改进的客户信息和服务，清除了传统的市场和分布通道，实现了职工联系管理。例如，顾客可以直接从计算机制造商处订购自己的计算机。网上飞机票的竞价以及秒杀等都使终端客户获得了很大的收益。在很多公司中有关职位招聘和公司活动的信息都可以从网上获得。这些基于 Web 的每一种应用都使用了数据库。

在前述的例子中，互联网被用于商业与客户（B2C）之间，因为客户是在商业之外。可是，对于另外一些应用，商业的客户是其他的商业。这一类交互应用通常被称作是 B2B 关系，是商业之间的应用。外联网（extranet）使用互联网技术，但是外联网访问却不如互联网那样广泛。相反，其访问被限制到业务的提供者和客户，二者达成合法访问和相互数据及信息的使用的一致性。最后，内联网（intranet）是有关一个企业职工对企业内部数据库和应用的访问。

如此这般允许的商业数据库的访问带来了数据安全性和完整性的问题，这是信息系统管理的新问题。而传统上数据在每一个企业内部很好地保证了安全性。而当企业利用云的优点时，这些问题就更加复杂。在云管理中，数据被存储在不产生数据的企业所控制的服务器中。第 8 章中将进一步讨论这方面的问题。

表 1-5 对本节描述的数据库应用类型做了一个简要总结。

表 1-5 数据库应用汇总

数据库 / 应用类型	典型的用户数量	典型的数据库大小
个人	1	MB
二层	5 ～ 100	MB ～ GB
三层	100 ～ 1000	GB
企业资源规划	>100	GB ～ TB
数据仓库	>100	TB ～ PB

1.8 Pine Valley 家具公司数据库应用开发

本章前面已经介绍了 Pine Valley 家具公司。到 20 世纪 90 年代后期，家具制造业的竞争愈演愈烈，新的竞争者们比 Pine Valley 反应更快，获得了新的商业机遇。虽然这种发展趋势可能有很多原由，但管理者相信他们使用的计算机信息系统（基于传统的文件处理）已经过时了。在 Fred McFadden 和 Jeff Hoffer 主持的协作开发会议后，公司启动了采用数据库方法的应用开发项目。以前存储在独立文件中的数据被综合进一个单个的数据库结构中。而描述这些数据的元数据也是在这同一个结构中。DBMS 为组织用户和数据库（或多个数据库）提供了各种数据库之间的界面。DBMS 允许用户共享这些数据，并且可以对其进行查询、访问和更新。

为了实现对数据和信息的共享，Pine Valley 家具公司使用了局域网（LAN），LAN 将各个部门中的职工工作站与数据库服务器链接，如图 1-13 所示。在 2000 年的初期，公司通过两个阶段引入了互联网技术。首先，为改进公司之间的通信和决策制定，使用了内联网，从而允许职工快速地基于 Web 访问公司信息，包括电话目录、家具设计说明、e-mail 等。进一步，Pine Valley 家具公司添加了对它的业务应用的 Web 界面，例如订单入口，这样更多需要访问数据库服务器数据的内部业务活动也可以被职工通过内联网使用。可是，大部分需要使用数据库服务器的应用仍然没有 Web 界面，这些应用还需要被存储在职工的工作站上。

28

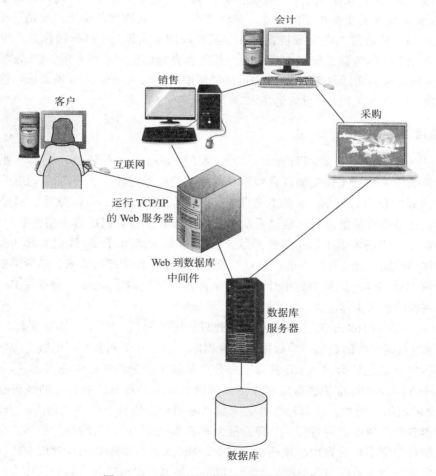

图 1-13 Pine Valley 家具公司的计算机系统

1.8.1　Pine Valley 家具公司数据库的演化

好的数据库本身是可以演化的！ Helen Jarvis 这位 Pine Valley 家庭办公家具产品的主管了解到该产品线竞争已经很激烈。于是，Hellen 能够更加细致地分析出它的产品销售状况对 Pine Valley 家具公司非常重要。通常这些分析是特殊（ad hoc）类型，是由迅速变化而且没有预期的业务条件、来自于家具库存管理员的解释、商业部门的新闻或个人经验所驱动。Helen 需要以方便使用的界面直接访问销售数据，这样她就能查找对她所需要的各种市场问题的回答。

Chris Martin 是 Pine Valley 家具公司信息系统开发领域的系统分析员。Chris 已经在 Pine Valley 家具公司工作了 5 年，具有了 Pine Valley 中多个业务领域信息系统的工作经验。

由于 Pine Valley 家具公司在它的系统开发中很小心，特别是在采用了数据库方法之后，该公司已经拥有支持其可操作业务功能的数据库。这样，Chris 就可以从已存在的数据库中为 Helen 抽取数据。Pine Valley 的信息系统体系结构调用 Helen 需要的系统，创建成为一个独立的数据库。这样，非结构化的或非预期的数据使用不影响对支持有效事务处理系统的可操作数据库的访问。

进一步说，由于 Helen 的需要是数据分析而不是创建和维护，是个性化的而不是企业性的，所以 Chris 决定采用原型和生命周期相结合的方法来开发 Helen 需求的系统。这就意味着 Chris 将遵循所有生命周期的步骤，但将重点关注整合原型的步骤。于是，他将快速地进入项目规划，然后使用重复分析、设计与实现周期紧密地与 Helen 协作，开发她需要的系统的工作原型。因为该系统是个性化的，其所需要的数据库内容有限，Chris 希望该原型能与 Helen 所希望的实际系统匹配。Chris 选择使用微软的 Access 来开发系统，这也是 Pine Valley 喜欢使用的创建个人数据库的技术。

1.8.2　项目规划

Chris 从访问 Helen 开始项目开发。Chris 询问 Helen 的业务领域，记录其业务领域的目标、业务功能、数据实体类型以及她涉及的相关的业务对象。这一阶段，Chris 更多的是倾听，从而集中精力理解 Helen 的业务领域，偶尔插话中断 Helen 的叙述，只是为了确认 Hellen 的叙述是否讲清她需要从信息系统中获取的报告和计算机屏幕上的内容。Chris 尽可能地使用业务和市场术语提出一般性问题。例如，Chris 询问 Helen 管理家庭办公产品时会面临什么样的问题，什么样的人群、地点以及事情是她工作中感兴趣的，她所需要的分析数据的反馈时间是多少，她对业务中什么样的事件是有兴趣的。Chris 特别关注 Helen 的目标以及她感兴趣的数据实体。

Chris 再一次与 Helen 谈话之前必须做出两个快速分析。首先，他需要标识所有包含 Helen 提到的数据实体的数据库。根据这些数据库，给出一个列表，列出数据实体的所有数据属性，这些都是他认为 Helen 在其家庭办公产品的市场分析工作中感兴趣的。Chris 在以前开发 Pine Valley 的标准销售跟踪和预测系统以及成本计算系统项目中的经历有助于理解 Helen 需要的数据。例如，从对每个办公家具产品超越销售目标的目的猜测，Helen 希望在其系统中包含产品年度销售目标。同样，至少完成 8% 的年度销售增长的目标意味着前一年每个产品的订单需要包含在内。他还得出结论，Helen 的数据库必须包含所有产品，而不仅仅是办公家具，因为她要与其他产品比较。可是，他也可以清除每个数据实体上的很多数据属性。例如，Helen 不需要各种客户数据，如地址、电话号码、联系人、商店大小以及销售人员。Chris 要包含少量附加属性，如客户类型和邮政编码，他相信这些在销售预测系统中很重要。

其次，从这个列表中，Chris 绘制出概念数据模型（图 1-14），表示数据实体以及这些实体间的主要联系。数据模型用实体 – 联系（E-R）模型的标记方法给出。有关这个模型的标记方法在第 2 章和第 3 章中还要进一步讨论。

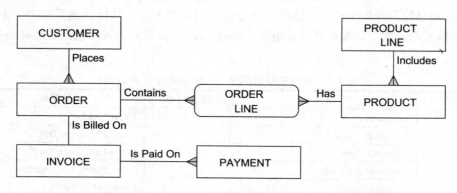

图 1-14　家庭办公产品线市场支持系统的初始数据模型

1.8.3　数据库需求分析

在举行下一次讨论会议之前，Chris 将给 Helen 发送一份粗略的项目计划，该计划列出了他实施计划的步骤以及每一步预计要花费的时间。因为原型是用户驱动的过程，是由用户确定什么时候终止新原型版本的迭代，所以 Chris 仅仅能提供项目的关键步骤中大致估计的时间。

在第二次会议上，Chris 说了很多，但他主要关注 Helen 对他提出的有关数据库应用初步思考的反应。他技术性地对图 1-14 中的每个数据实体做出解释，说明它的含义，解释在实体之间的每条连线所表达的业务原则和处理过程。

他总结的几条规则列举如下：

1）每个 CUSTOMER 将设置（Places）任意数量的 ORDER。反过来，每个 ORDER 只能对应某一个 CUSTOMER。

2）每一个 ORDER 包含（Contains）有任意数量的 ORDER LINE。反之，每个 ORDER LINE 仅仅被包含在某一个 ORDER 中。

3）每个 PRODUCT 可以有（Has）任意数量的 ORDER LINE。反之，每个 ORDER LINE 仅仅只能服务于某一个 PRODUCT。

4）每个 ORDER 只能开一张收据发票（INVOICE），并且，每张 INVOICE 也只能对应一个 ORDER。

这里 Places、Contains 以及 Has 被称作一对多联系，因为，例如，一个客户可能潜在地有多个订单，而每个订单只对应具体某一个客户。

除了联系之外，Chris 还向 Helen 详细展示每个实体具有的数据属性。例如，订单号码（ORDER Number）唯一地标识一个订单。此外，Chris 认为 Helen 想要在 ORDER 中含有关于订单何时开始的日期以及订单何时被供应的日期（这也是订单上商品被运送的最新日期）。Chris 还将解释付款日期（Payment Date）属性是指客户付款的最新日期，这个款额也许是该订单的全额，也可能是部分金额。

对于 Helen 对该数据模型的反应，Chris 询问 Helen 将打算如何使用她想要的数据。Chris 此时并不试图能完全清楚，因为他知道 Helen 还没有在正在开发的信息集合上工作过，因此，她还不能确定她所要的数据是什么，或者说她也不清楚将对这些数据做什么。此时，Chris 的目标是理解 Helen 打算使用这些数据的几种方式，这样他能开发出一个初始原型，包括数据库和数个计算机显示或报表。Helen 和 Chris 最后一致同意的属性列表如表 1-6 所示。

30
～
31

表 1-6   实体的数据属性（Pine Valley 家具公司）

实体类型	属性	实体类型	属性
Customer	Customer Identifier	Order	Order Number
	Customer Name		Order Placement Date
	Customer Type		Order Fulfillment Date
	Customer Zip Code		Order Number of Shipments
	Customer Years		Customer Identifier
Product	Product Identifier	Ordered Product	Order Number
	Product Description		Product Identifier
	Product Finish		Order Quantity
	Product Price	Invoice	Invoice Number
	Product Cost		Order Number
	Product Prior Year Sales Goal		Invoice Date
	Product Current Year Sales Goal		Invoice Number
	Product Line Name	Payment	Payment Date
Product Line	Product Line Name		Payment Amount
	Product Line Prior Year Sales Goal		
	Product Line Current Year Sales Goal		

1.8.4   数据库设计

因为 Chris 遵循的是原型开发方法，并且前两次与 Helen 的会话很快确定了 Helen 可能需要的数据，所以 Chris 准备建立一个原型系统。他的第一步是创建一个如图 1-15 所示的项目数据模型。注意这个项目数据模型的特征如下：

1）这是一个组织模型，它给出了有关该组织功能的有价值信息以及重要的约束。

2）该项目数据模型聚焦在实体、联系和业务规则。它也包含了每个数据片段的属性标记，这些将存储在每个实体中。

32

第二步，Chris 将该数据模型转换为一组表，表中的列是数据属性，行是这些属性值的不同集合。表是关系数据库的基本组成（在第 4 章中将学习有关概念），这里使用微软Access 的数据库描述方式。图 1-16 给出了 4 个表的样本数据：Customer，Product，Order，Orderline。这些表代表了图 1-15 中的 4 个实体。表中的每一列代表了实体的一个属性（或特征）。例如，Customer 的属性 CustomerID 和 CustomerName。表中的每一行代表了实体的一个实例（或值）。数据库设计还需要 Chris 指明格式或性质，对于每一个属性（微软 Access 称为属性字段（field））。这里的这些设计的决定是容易的，因为大多数属性都已经在相应的数据字典中说明。

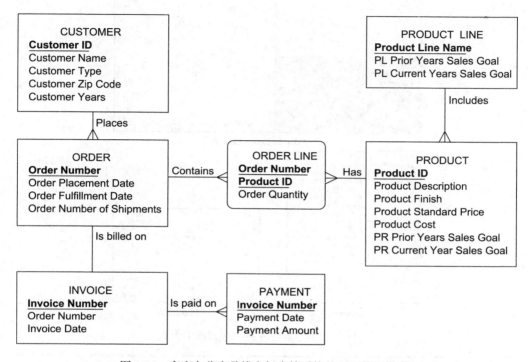

图 1-15　家庭办公产品线市场支持系统的项目数据模型

图 1-16 中显示的表是用 SQL 创建的（第 6 章和第 7 章中将学习 SQL）。图 1-17 和图 1-18 给出了 Chris 可能使用的创建 ProductLine 和 Product 表结构的 SQL 语句。习惯上，表名后加后缀 _T。另外要注意的是，Access 不允许在名字中加空格，来自数据模型的属性此时都被拼接成一个单个的字。因此，数据模型中的 Product Description 在表中变成了 ProductDescription。Chris 在完成这样的转换时要使每个表有一个属性，称作表的"主键"，它能够区分表中的每一行。表的其他主要性质是表中每一行的每个属性仅有一个值，如果知道了标识符属性的值，那么就能确定一行中其他属性的值。例如，对于任何一条产品线，仅仅有一个值对应当前年的销售目标。

关系模型的最后一个关键特征是它通过存储在对应表中列的值来表示实体之间的联系。例如，CustomerID 是表 Customer 和表 Order 中的共有属性。这样，就可以方便地将订单与其关联的客户链接。例如，OrderID 1003 与 CustomerID 1 关联。你能确定哪一个 ProductID 与 OrderID 1004 关联吗？在第 6 章和第 7 章中，将学习如何用 SQL 在这些表中检索数据。

Chris 对数据库设计还要做出的决策是，如何物理地组织数据库以便能尽快响应 Helen 将要给出的查询。SQL 中允许数据库设计者可以做的关键的物理数据库设计决策是在哪个属性上创建索引。所有主键属性（如表 Order_T 中的 OrderNumber）——表中各行具有唯一性的值——都建索引。除此之外，Chris 使用一般性的指导规则：对于任何具有 10 个以上不同值的属性且 Helen 有可能用它分段数据库的属性创建索引。

33

a) Order 和 Order Line 表

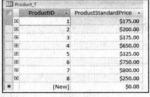

b) Customer 表   c) Product 表

34

图 1-16 Pine Valley 家具公司的四个关系

```
CREATE TABLE ProductLine_T
(ProductLineID        VARCHAR (40) NOT NULL PRIMARY KEY,
PlPriorYearGoal       DECIMAL,
PlCurrentYearGoal     DECIMAL);
```

图 1-17 ProductLine 表的 SQL 定义

```
CREATE TABLE Product_T
(ProductID               NUMBER(11,0) NOT NULL PRIMARY KEY
ProductDescription       VARCHAR (50),
ProductFinish            VARCHAR (20),
ProductStandardPrice     DECIMAL(6,2),
ProductCost              DECIMAL,
ProductPriorYearGoal     DECIMAL,
ProductCurrentYearGoal   DECIMAL,
ProductLineID            VARCHAR (40),
FOREIGN KEY              (ProductLineID)  REFERENCES ProductLine_T (ProductLineID));
```

图 1-18 Product 表的 SQL 定义

1.8.5　使用数据库

Helen 将使用 Chris 创建的数据库，主要目的是解决特殊（ad hoc）问题。于是 Chris 对 Helen 进行培训，以使她能够访问数据库，且构建查询以回答她的特殊问题。Helen 已经给出了一些标准的她期望周期性提出的问题。Chris 将开发数个预编写类型的程序（表格、报告、查询）以方便地回答 Helen 的这些标准问题（这样她不需要再为这些问题从头编写程序）。Helen 想要的标准信息集之一是，在家庭办公产品线中每个产品的列表，显示出每个产品相对于当前年销售目标的日期的总销售量。Helen 可能想让这个查询结果按更加时尚的风格展示，如使用报表，但此时 Chris 仅仅以查询的方式提供给 Helen。

```
SELECT Product.ProductID, Product.ProductDescription, Product.PRCurrentYearSalesGoal,
        (OrderQuantity  * ProductPrice)  AS  SalesToDate
FROM Order.OrderLine, Product.ProductLine
WHERE Order.OrderNumber = OrderLine.OrderNumber
AND Product.ProductID = OrderedProduct.ProductID
AND Product.ProductID = ProductLine.ProductID
AND Product.ProductLineName = “Home Office”;
```

图 1-19　家庭办公销售与目标比较的 SQL 查询

产生这个产品列表的查询在图 1-19 中给出，图 1-20 给出了这个查询结果的输出样本。图 1-19 的查询是用 SQL 编写的，该查询中你可见到 6 个标准 SQL 语句中的 3 个： 35
SELECT，FROM 和 WHERE。SELECT 表明在结果中要显示的属性。这里对应于 "Sales to Date" 标签的是一个计算公式。FROM 表明检索数据将要访问的表。WHERE 定义了表之间的链接，并表明其结果数据仅仅来自于家庭办公产品线上的数据。对于这个例子，仅仅只包括有限的数据，因此在图 1-20 中的总销售结果是相当小的，但是这个格式展示的是图 1-19 中的查询结果。

Home Office Sales to Date : Select Query

Product ID	Product Description	PR Current Year Sales Goal	Sales to Date
3	Computer Desk	$23,500.00	5625
10	96" Bookcase	$22,500.00	4400
5	Writer's Desk	$26,500.00	650
3	Computer Desk	$23,500.00	3750
7	48" Bookcase	$17,000.00	2250
5	Writer's Desk	$26,500.00	3900

图 1-20　家庭办公产品线销售比较

这时 Chris 准备与 Helen 再次会面，以了解这个开始实现的原型是否满足她的需求。Chris 向 Helen 展示了系统。根据 Helen 给出的建议，Chris 可以在线地做少量修改，但是对于 Helen 的很多目标 Chris 必须在之后小心地完成。

本书的篇幅不允许我们在此回顾家庭办公市场支持系统项目开发的全部过程。Chris 与 Helen 举行了十多次协商会议，直至 Helen 满意数据库中拥有她需要的所有属性，Chris 为其编写的标准查询、表格、报告对 Helen 很有用，而且她懂得如何编写不可预知问题的查询。Chris 还要能在 Helen 使用该系统遇到问题时随时给以帮助与支持，包括编写更复杂的查询、表格或报告等。Chris 和 Helen 做出的最终决定是，最终原型的性能足够有效，因此这样的原型系统不需要重新编写和重新设计。现在 Helen 准备去使用这个系统。

1.8.6 管理数据库

家庭办公市场支持系统的管理相当简单。Helen 决定每周从 Pine Valley 的可操作数据库中下载新的数据到她的微软 Access 数据库中。Chris 用 C# 编写了一个嵌套的 SQL 命令完成从协作数据库中抽取数据的工作，再用 Visual Basic 编写了一个 Access 程序完成从抽取的数据中重建 Access 表的任务。他将此工作安排在每个周日的夜晚执行。Chris 还更改了协作信息系统体系结构模型，以包括家庭办公市场支持系统。这一步非常重要，因为这样就可以在包含于 Helen 系统的数据的格式改变时，协作的 CASE 工具能够通知 Chris 改变她系统中的数据。

1.8.7 Pine Valley 数据库的未来

虽然 Pine Valley 目前已存在的数据库合适地支持公司的日常操作，但是如同 Helen 所提出的要求表明，当前的数据库常常不适于决策支持应用。例如，下面列举了一些不易从当前数据库得到回答的问题：

36

1）与去年同期相比今年家具销售的模式是什么？

2）谁是我们最大的前 10 位客户，他们购买的模式是什么？

3）为什么不能方便地获取任何一个客户通过不同销售渠道的订购视图，而只能查看单个客户的每一个订购合同？

为了回答上述或其他问题，企业常常需要构建一个单独的包含有历史和汇总信息的数据库。这样的数据库通常称为数据仓库（data warehouse），或有时也称作数据集市（data mart）。同样，分析人员需要专门的决策支持工具来查询和分析该数据库。用于此目的的这类工具之一是联机分析处理（OLAP）工具。第 9 章将讨论数据仓库、数据集市以及相关决策支持。在那一章中将学习到 Pine Valley 家具公司目前正在构建的数据仓库的感兴趣问题。

总结

过去的 20 年中，数据库应用的数量和重要性不断增长。数据库被用于存储、操作和检索每个企业组织中的数据。在当今激烈的竞争环境中，有证据表明数据库技术将更显其重要性。现代数据库管理课程是信息系统课程体系中最重要的课程之一。

数据库是组织起来的逻辑相关数据集合。我们定义数据（data）是用户环境中有意义和重要的对象和事件的存储表示。信息是被处理的数据，该处理使得人们使用该数据的知识得到了增加。数据和信息都可以被存储在数据库中。

元数据是描述终端用户数据的性质与特性以及数据上下文的数据。数据库管理系统（DBMS）是用于创建和维护用户数据库，并提供对用户数据库受控访问功能的软件系统。DBMS 以知识的形式存储元数据，是所有数据定义、数据联系、屏幕显示、报告格式和其他系统组成的中心仓库。

计算机文件处理系统在早期计算机时代即已被发展，因此计算机可以存储、操作和检索大的数据文件。这些系统（目前仍被使用）具有很大的局限性，例如程序与数据的相关性、数据冗余、有限的数据共享、较长的开发时间等。数据库方法是为了克服这些局限而开发出来的。数据库方法强调组织中数据的综合与共享。该方法的优点包括程序 – 数据独立、改进的数据共享、最少的数据冗余、改进的应用开发效率等。

数据库应用可以分成如下几类：个人数据库、二层数据库、多层数据库和企业数据库。企业数据库包括数据仓库和整合的决策支持数据库，其内容从各个可操作数据库中导出。企业资源规划（ERP）系统主要依赖于企业数据库。现代数据库及其应用可以位于多个计算机上。虽然可以存在任意层次（1 到多）数据库，但与客户端 / 服务器体系结构相关的三层数据库处理是：（1）客户端层，为用户展示数据库内容；（2）应用 /Web 服务器层，分析数据库内容和管理用户会话；（3）企业服务器层，来自组织各个方面的数据合并成该组织的资产。

数据库开发从企业数据建模开始，在这个阶段组织数据库的范围和一般内容被建立。除了数据实体本身之间的联系之外，与其他组织规划对象之间的联系（如组织单位、位置、业务功能以及信息系统等）也必须建立。数据实体间的联系和与其他组织规划对象间的联系可以用高层的规划矩阵表示，它能够被操作以理解联系的模式。一旦对数据库的需求被认识，不论是来自规划练习还是来自特定的请求（如家庭办公市场支持系统中 Helen Jarvis 提出的那样），都应组织一个课题组去开发所有的元素。课题组遵循系统开发过程，如系统开发生命周期（SDLC）或原型方法。SDLC 可以用 5 个步骤表示：（1）规划，（2）分析，（3）设计，（4）实现，（5）维护。数据库开发活动在这些重叠的阶段上发生，可以发生反馈以使课题返回到前一个阶段。在原型方法中，数据库和其应用在系统开发者与用户紧密的交互过程中迭代地进行优化。当数据库应用较小而独立且用户数也不大的情况下，原型方法比较好。

数据库开发项目的工作对于数据库要处理三种视图或模式：（1）概念模式，提供一个完全的、技术独立的数据库结构；（2）内模式，用逻辑模式和物理模式的术语描述存储在计算机二级存储器上的整个数据库结构；（3）外模式或用户视图，用与企业数据模型结合的用户视图的术语描述与特定的用户（组）相关的数据库。

本章以回顾 Pine Valley 家具公司的数据库开发项目结束。该系统支持家庭办公家具生产线的市场需求，描述了使用个人数据库管理系统和 SQL 编码来开发一个只检索的数据库。该应用中的数据库包含了从企业数据库抽取的数据，然后将其存放在一个独立的客户层数据库中。因为用户（Helen Jawis）的需求相当非结构化，该系统需要通过多次迭代地开发和优化处理，所以使用了原型开发方法。另外，她与 Chris 紧密工作的兴趣和能力也是有限的。

关键术语

Agile software development（敏捷软件开发）

Computer-aided software engineering（CASE）tools（计算机辅助软件工程（CASE）工具）

Conceptual schema（概念模式）

Constraint（约束）

Data（数据）

Data administration（数据管理）

Data independence（数据独立）

Data model（数据模型）

Data warehouse（数据仓库）

Database（数据库）

Database administration（数据库管理）

Database application（数据库应用）

Database management system（DBMS，数据库管理系统）

Enterprise data modeling（企业数据建模）

Enterprise resource planning（ERP，企业资源规划）

Entity（实体）

Information（信息）

Logical schema（逻辑模式）

Metadata（元数据）

Physical schema（物理模式）

Prototyping（原型法）

Relational database（关系数据库）

Repository（知识库）

Systems development life cycle（SDLC，系统开发生命周期）

User view（用户视图）

复习题

1. 定义如下术语：

a. 数据   b. 信息

c. 元数据   d. 数据库应用

e. 数据仓库   f. 约束

g. 数据库   h. 实体

i. 数据库管理系统   j. 客户端 / 服务器体系结构

k. 系统开发生命周期（SDLC）   l. 敏捷软件开发

m. 企业数据模型   n. 概念数据模型

o. 逻辑数据模型   p. 物理数据模型

2. 将下面的术语与定义配对：

＿＿＿＿＿数据	a. 上下文或汇总的数据
＿＿＿＿＿数据库应用	b. 应用程序
＿＿＿＿＿约束	c. 事实、文本、图形、图像等
＿＿＿＿＿知识库	d. 显示一个组织的高层实体和实体间联系的图形化模型
＿＿＿＿＿元数据	e. 相关数据的组织化集合
＿＿＿＿＿数据仓库	f. 包含数据定义和约束
＿＿＿＿＿信息	g. 对所有数据定义的集中化的存储仓库
＿＿＿＿＿用户视图	h. 分离数据描述和程序
＿＿＿＿＿数据库管理系统	i. 集成企业所有功能的业务管理系统
＿＿＿＿＿数据独立	j. 部分数据库的逻辑描述
＿＿＿＿＿数据库	k. 用于创建、维护和提供对用户数据库的控制访问的软件应用
＿＿＿＿＿企业资源规划（ERP）	l. 数据库用户不能违背的规则
＿＿＿＿＿系统开发生命周期（SDLC）	m. 集成的决策支持数据库
＿＿＿＿＿原型方法	n. 企业数据模型和多重用户视图的组成
＿＿＿＿＿企业数据模型	o. 快捷的系统开发方法
＿＿＿＿＿概念模式	p. 由两种数据模型组成：逻辑模型和物理模型
＿＿＿＿＿内模式	q. 业务数据的综合描述
＿＿＿＿＿外模式	r. 结构化的一个步骤跟着一个步骤的系统开发方法

3. 比较如下术语：

a. 数据相关；数据独立   b. 结构化数据；非结构化数据

    c. 数据；信息   d. 知识库；数据库

    e. 实体；企业数据模型   f. 数据仓库；ERP 系统

    g. 二层数据库；多层数据库   h. 系统开发生命周期；原型方法

    i. 企业数据模型；概念数据模型   j. 原型方法；敏捷软件开发

4. 列举文件处理系统的 5 个缺点。

5. 列举数据库系统环境中的 9 个主要组成。

6. 在关系数据库中表之间的联系如何表达？

7. 数据独立术语的含义是什么？为什么说它是一个重要的目标？

8. 列举 10 个数据库方法优于传统文件的好处。

9. 列举 5 个与数据库方法关联的成本和风险。

10. 定义三层数据库体系结构。

11. 在三层数据库体系结构中，是否有可能存在没有数据库的层？如果不能，给出理由，如果能，给出例子。

12. 给出传统系统开发生命周期（SDLC）的 5 个阶段的名字，并且解释每个阶段的目标和生成物。

13. 在 SDLC 的 5 个阶段中，数据库开发活动在哪个阶段出现？

14. 是否有在 SDLC、原型方法和敏捷方法中共同存在的过程和处理？解释任何你可以确定的答案，然后说明即使是它们含有共同的基本过程和处理为什么这些开发方法还被认为是不同的方法？

15. 解释作为同一数据库的不同方面的用户视图、概念模式和内模式的差别。

16. 在三层模式体系结构中：

    a. 管理员视图或其他类型用户视图被称作_____模式。

    b. 数据体系结构或数据管理员的视图被称作_____模式。

    c. 数据库管理员的视图被称作_____模式。

17. 复习" Pine Valley 家具公司数据库应用开发"章节。数据库开发过程（图 1-8）的那个阶段完成 Chris 执行的如下部分的活动：

    a. 项目规划   b. 分析数据库需求   c. 设计数据库

    d. 使用数据库   e. 管理数据库

18. 为什么 Pine Valley 家具公司需要数据仓库？

19. 作为处理大量数据改进的能力，描述三个业务领域，在这些领域中非常大的数据库的应用很有效。

问题与练习

1. 对下面相关的实体对，标明其是否是（典型环境下的）1 对多或多对多联系。然后，使用课文中的标记，画出每个联系的图：

    a. STUDENT 和 COURSE（学生注册课程）

    b. BOOK 和 BOOK COPY（书有拷贝）

    c. COURSE 和 SECTION（课程有不同课时）

    d. SECTION 和 ROOM（课时被分配在教室）

    e. INSTRUCTOR 和 COURSE

2. 复习本章关于数据和数据库的定义。数据库管理系统仅仅是现在才开始包括不仅仅存储和检索数值与文本数据的能力，对于图像、声音、视频和其他元数据类型需要哪些专门的数据存储、检索与维护能力，而这些是数值与文本数据不需要或只是很简单的能力？

3. 表 1-1 给出了一组数据项的元数据例子。关注这些数据的其他三列（即列出的属性的其他 3 个元数据特征），完成这个表中关于这三个附加列的元数据项。

4. 在 1.2 节中，曾说过文件处理系统的缺点也可能是数据库的局限，这依赖于组织如何管理其数据库。首先，为什么要创建多个数据库，而不是用一个数据库支持所有的数据处理需求？第二，组织和个人的工作因素也能导致组织有多个独立管理的数据库（因此，没有完全遵循数据库方法）？

5. 考虑一个学生俱乐部或一个组织，你是其中一个成员。什么是这个企业的数据实体？列举和定义每一个实体。然后开发一个企业数据模型（例如图 1-3a），显示这些实体和它们之间的重要联系。

6. 驾照管理局维护一个驾照数据库。陈述如下内容是否表示数据或元数据。如果表示数据，说明其是结构化的还是非结构化数据。如果表示元数据，说明它是描述数据性质的事实还是描述数据内容的事实。

    a. 驾驶员的名字、地址和出生日期

    b. 驾驶员名字是 30 个字符长的字段

    c. 驾驶员的照片

    d. 驾驶员指纹的照片

    e. 扫描指纹的设备的制造商和序列号

    f. 给驾驶员照相的照相机的分辨率（以百万像素计）

    g. 驾驶员出生日期必须至少比今天早 16 年

7. 大湖保险公司将要实现一个有关其室内和室外部门的关系数据库。室外部门将使用笔记本电脑以跟踪客户以及公司规章信息。根据你在本章已经学习的内容，你将给该公司推荐哪种类型的数据库？

8. 图 1-21 为 Pet Store 建立的企业数据模型。

    a. Pet 和 Store 的联系是什么（1 对 1、多对多或 1 对多）？

    b. Customer 和 Pet 的联系是什么？

    c. Customer 和 Store 是否应该有联系？

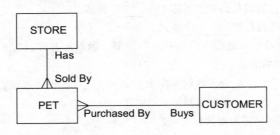

图 1-21 问题与练习 8 的数据模型

9. 图 1-12 给出了一个假想的三层数据库体系结构。指出该图中数据库中潜在的数据冗余。该冗余可能引起什么问题？该冗余是否侵犯了本章给出的数据库方法的原则？为什么有这些问题或没有这些问题？

10. 对于本章给出的系统开发生命周期的表述，你的意见是什么？并对此加以解释。

11. 对 Pine Valley 家具公司的企业数据模型（图 1-3a）给出另外三个可能出现的实体。

12. 将你所在的学校或单位作为一个商务企业。

    a. 定义几个主要的数据实体类型，并且画出初步的企业数据模型（类似于图 1-3a）。

    b. 你的学校或单位是否得益于数据的多层体系结构？是或不是？为什么？

13. 原型系统开发方法的目标是当用户和系统分析员从原型中学习到还在研制的演化系统应该包含的特征时，能够快速地构建和重新构建该信息系统。因为最终的原型不必要成为工作的系统，所以你认为理想的原型开发位置是哪里：个人计算机、部门服务器或企业服务器？你的答案依据是什么？

14. 解释企业数据模型和概念数据模型之间的区别。每一种模型中有多少数据库？每种模型应该表达的组织范围是什么？其他的类别有哪些？

15. 针对图 1-14，解释连接 ORDER 和 INVOICE 以及 INVOICE 和 PAYMENT 的连线的意思。它们表达的有关 Pine Valley 家具公司中与客户的业务是什么？

16. 针对图 1-17 和图 1-18 回答如下问题：

    a. 在 Product 表中 ProductLineName 字段的大小是多少？为什么？

    b. 在图 1-18 中，Product 表中 ProductID 字段说明是必要的吗？为什么它是一个必要的属性？

    c. 在图 1-18 中，解释 FOREIGN KEY 定义的功能。

17. 针对图 1-19 考虑如下 SQL 查询：

    a. 如何计算最新的销售？

    b. 如果 Helen Jarvis 想要所有产品线的结果而不仅仅是家庭办公产品线的结果，该查询如何修改？

18. Helen Jarvis 想要确定家庭办公产品的最重要客户。她需要列出到目前为止所有购买了这些产品的客户的总购买额，并且该列表按金额的降序排列。

    a. 查看图 1-15，确定产生这个列表的实体需求。

    b. 在 SQL 查询中将涉及哪些实体以满足 Helen 的信息需求？

参考文献

Fowler, M. 2005. "The New Methodology" available at **www.martinfowler.com/articles/newMethodology.html** (access verified November 27, 2011).

Hoffer, J. A., J. F. George, and J. S. Valacich. 2011. *Modern Systems Analysis and Design*, 6th ed. Upper Saddle River, NJ: Prentice Hall.

Jordan, A. 1996. "Data Warehouse Integrity: How Long and Bumpy the Road?" *Data Management Review* 6,3 (March): 35–37.

Long, D. 2005. Presentation. ".Net Overview," Tampa Bay Technology Leadership Association, May 19, 2005.

Mullins, C. S. 2002. *Database Administration: The Complete Guide to Practices and Procedures*. New York: Addison-Wesley.

Ritter, D. 1999. "Don't Neglect Your Legacy." *Intelligent Enterprise* 2,5 (March 30): 70–72.

Winter, R. 1997. "What, After All, Is a Very Large Database?" *Database Programming & Design* 10,1 (January): 23–26.

扩展阅读

Ballou, D. P., and G. K. Tayi. 1999. "Enhancing Data Quality in Data Warehouse Environments." *Communications of the ACM* 42,1 (January): 73–78.

Codd, E. F. 1970. "A Relational Model of Data for Large Shared Data Banks." *Communications of the ACM* 13,6 (June): 377–87.

Date, C. J. 1998. "The Birth of the Relational Model, Part 3." *Intelligent Enterprise* 1,4 (December 10): 45–48.

Grimes, S. 1998. "Object/Relational Reality Check." *Database Programming & Design* 11,7 (July): 26–33.

IBM. 2011. "The Essential CIO: Insights from the 2011 IBM Global CIO Study."

Kimball, R., and M. Ross. 2002. *The Data Warehouse Toolkit: The Complete Guide to Dimensional Data Modeling*, 2d ed. New York: Wiley.

Ritter, D. 1999. "The Long View." *Intelligent Enterprise* 2,12 (August 24): 58–67.

Silverston, L. 2001a. *The Data Model Resource Book, Vol. 1: A Library of Universal Data Models for all Enterprises*. New York: Wiley.

Silverston, L. 2001b. *The Data Model Resource Book, Vol 2: A Library of Data Models for Specific Industries*. New York: Wiley.

40

Web 资源

www.dbazine.com　　有关数据库议题和答案的联机门户。

www.webopedia.com　　有关计算机术语和互联网技术的联机字典和查询引擎。

www.techrepublic.com　　针对信息技术职业者可以定制个人特定兴趣的门户站点。

www.zdnet.com　　用户能够查阅有关信息技术主题最新文献的网站。

www.information-management.com　　DM.Review 杂志网站，具有标题 "Covering Business Intelligence，Integration and Analytics"。提供对相关资源门户的链接列表，另外还提供很多联机杂志。

www.dbta.com　　《数据库趋势和应用》杂志网站，涉及企业级信息论题。

http://databases.about.com　　综合网站，具有很多有特点的文章、链接、交互、聊天室等。

http://thecaq.aicpa.org/Resourses/Sarbanes+Oxley　有关 Sarbanes-Oxley 法案当前信息的 AICPA 网站。

www.basel.int　提供巴塞尔公约的联合国网站，关注全球的浪费问题。

www.usdoj.gov/jmd/irm/lifecycle/table.htm　评价系统开发生命周期指导文档的部门，具有一个系统开发方法的例子可以查询。

http://groups.google.com/group/comp.software-eng?Lnk=gsch&hl=en　有关软件工程和相关课题的 Google 组的软件工程文档。该站点含有很多你希望进一步阅读的链接。

www.acinet.org/acinet　美国的职业信息网站，提供有关职业、目录、需求等信息。

www.collegegrad.com/salaries/index.shtml　包含有各种职业最新的薪酬信息，包括数据库相关的职业。

www.essentialstrategies.com/publications/methodology/zachman.htm　David Hay 的网站，包含很多关于统一数据模型和数据库开发如何适用于 Zachman 信息系统体系结构的信息。

41
~
42

www.inmondatasystems.com　数据仓库先驱之一的网站。

www.agilemanifesto.org　解释敏捷软件开发创建的网站。

Essentials of Database Management

数据库分析

第二部分包括第 2 章和第 3 章。

数据库开发的第一步工作是进行数据库分析，数据库分析的主要目的是确定用户的数据需求以及建立表示用户需求的数据模型。第二部分中的两章深入阐述了概念数据建模的实际标准——实体－联系图。概念数据模型是从组织的视图来表达数据的，并且独立于该模型的任何实现技术。

第 2 章首先描述业务规则，它是数据模型要表达的业务操作的政策和规则。这里给出了好的业务规则的特征描述，并且讨论了收集业务规则的过程，还给出了数据模型中元素的命名与定义的一般规则。

第 2 章还介绍了概念建模技术的主要结构和标记法，包括实体、联系和属性；针对每种结构，采用特定的规则命名和定义数据模型中的元素；介绍了强实体和弱实体以及实体间的标识联系；阐述了实体联系中不同类型的属性，包括必要与可选属性、简单与复合属性、单值与多值属性、推导属性以及标识符；对比了联系类型及其实例，并引入关联实体；阐述不同元的实体联系，主要包括一元、二元、三元联系，针对这些联系提出了相应的建模方案，并对数据建模中各种联系的基数进行介绍，同时讨论了数据建模中常见的时间相关数据的建模问题；最后，阐述在给定实体集上建立多个联系的方法。通过一个 Pine Valley 家具公司的扩展例子介绍了 E-R 建模的概念。本章中涉及的例子都采用微软的 Visio 软件制作，展示了如何通过建模工具表示数据模型。

第 3 章给出了一些 E-R 建模的新概念，这些增加的建模特征满足了处理当今组织中逐渐复杂的业务环境的需求。

增强的实体－联系（EER）图中，最重要的建模结构是超类型 / 子类型联系，这个功能有助于构建通用实体类型（即为超类型），然后再将它们细分为一些专用实体类型，即子类型。例如，跑车和轿车都是汽车的子类型。本章介绍了一套简单的符号用于标识超类型／子类型联系，同时还给出了一些相应的改进。本章还介绍了利用泛化和特化两种截然不同的技术来识别超类型／子类型联系的方法。第3章还会阐述超类型／子类型符号在日益流行的通用数据模型中的必要性。

模式概念已经成为很多信息系统开发方法的核心要素，它是一种可复用组件，通过组合和搭配来满足新信息系统开发需求。在数据库领域，这些模式被称为通用数据模型、预包装数据模型或逻辑数据模型。目前，这些模式可以通过付费购买或者是被集成到现有的商业软件包中使用，例如 ERP 和 CRM 应用。借鉴这些模式，设计了越来越多的新数据库。第3章将介绍这些模式的实用性以及从开发这些模式到数据库开发过程的修改。一般行业或业务功能的数据模型已经广泛使用本章介绍的增强 E-R 画图符号进行设计。

第二部分的两章内容主要阐述概念数据建模的思想，为读者的数据库分析和设计职业生涯建立基础。作为一名数据库分析人员，将希望通过 E-R 符号对用户需求的数据和信息进行建模。

组织中的数据建模

学习目标

学完本章后，读者应该能够：

- 准确定义以下术语：实体－联系模型（E-R 模型），实体－联系图（E-R 图，或 ERD），业务规则，实体，实体类型，实体实例，强实体类型，弱实体类型，标识主体，联系标识，属性，必要属性，可选属性，复合属性，简单（或原子）属性，多值属性，推导属性，标识符，复合标识符，联系类型，联系实例，关联实体，度，一元联系，二元联系，三元联系，基数约束，最小基数，最大基数，时间戳。
- 阐述为什么系统开发人员深信数据建模是系统开发过程中最重要的部分。
- 正确命名和定义实体、联系以及属性。
- 区别一元、二元、三元联系，并能够给出每个联系对应的常见实例。
- 用 E-R 图对下列结构进行建模：复合属性，多值属性，推导属性，关联实体，联系标识以及最小和最大基数约束。
- 用 E-R 图表示常见的商业关系。
- 把多对多的联系转换为关联实体类型。
- 在 E-R 图中使用时间戳和联系对一个简单的时间相关数据建模。

引言

通过第 1 章中简单案例的介绍，读者已了解了数据建模和实体－联系（E-R）数据模型。（如果需要复习这些知识，可以查看图 1-3 和图 1-4 中关于 E-R 模型的例子。）本章将基于业务规则概念规范数据建模，并详细描述 E-R 数据模型。本章将开启如何设计和使用数据库的历程，同时体会一个优秀的信息系统在提高组织工作效率方面所起到的作用。

业务规则是数据模型的基础，源于现实世界事物的规则、过程、事件、功能以及其他业务对象，描述了组织上的约束。业务规则表达一个组织的语言和基本结构（Hay，2003）。业务规则规范了一个组织的拥有者、管理者和领导者对该组织信息系统体系结构的理解。

业务规则在数据建模中非常重要，因为它指导了如何处理和存储数据。基础业务规则是对数据的命名和定义。本章将介绍如何在业务规则的约束下给数据对象命名和定义。在概念建模中，必须对以下数据对象进行命名和定义：实体类型（例如，Customer（客户）），属性（例如，Customer Name（客户名））以及联系（例如，Customer Places Orders（客户订货））。还有一部分业务规则陈述数据对象的约束。这些约束可以通过数据模型获取，如实体－联系图及相关文档。附加的业务规则规定了组织中的人员、位置、事件、处理、网络和目标，文件都通过其他系统文档与数据需求关联。

经过数十年的应用，目前，E-R 模型仍然是概念数据建模的主要方法，它的流行源于它拥有相对简单的特性、有计算机辅助软件工程（CASE）工具的广泛支持、简洁的实体和联系概念本身就是现实世界中事物自然的建模概念。

45

E-R 模型是数据库开发分析阶段中数据库设计人员和终端用户之间交互（见第 1 章）最常用的工具。E-R 模型用于建立概念数据模型，它表达了数据库的结构和约束，与具体的软件（如数据库管理系统）无关。

一部分教材作者在介绍 E-R 建模的术语和概念时，将 E-R 模型作为关系数据模型的一种特例。关系数据模型目前仍是大多数数据库管理系统的基础，教材作者还建议通过主键和外键完全规范化 E-R 模型。然而，本教材认为这种规范方法对关系数据模型还不够全面。目前的数据库环境中，数据库可以用面向对象技术或者面向对象和关系混合的技术实现，因此，本教材将在第 4 章讨论规范化概念。

E-R 模型在不断演化，但遗憾的是到目前为止还没有形成一套标准的 E-R 建模符号系统。Song et al.（1995）展示了一组 10 个不同 E-R 建模的符号对比，并分析了每种方法的优缺点。由于目前专业数据建模人员都使用数据建模软件工具对数据进行建模，因此本文采用类似于专业数据建模工具中使用的符号进行描述。

在实际开发环境中，开发者可能不需要从零开发一个数据模型。逐渐被接受的封装软件（例如，具有预定义数据模型的企业资源规划）和购买的商业领域或者工业数据模型（在第 3 章中介绍）使数据建模工作有了一定的基础。由于这些软件中的组件和模板作为数据设计模型的模板，经过实践检验证明，它给数据建模工作提供了良好的工作基础。但仅有这些软件还不够，主要有以下原因：

1）选用关联的数据库去开发新的定制应用时，仍需经过多次开发。该应用所支持的商业领域的业务规则需要重新建模。

2）购买的应用和数据模型要根据用户需求进行定制。预定义的数据模型一般比较宽泛和复杂；因此，需要有好的数据建模技能以便裁剪出数据模型，为给定的组织定制一个有效的模型。虽然这种方法比从零开始更快、更详尽和更准确，但是理解特定的组织使数据模型符合其业务规则的能力也是一项基本任务。

本章运用常用符号和惯例介绍 E-R 建模的主要特征。首先从一个简单的 E-R 图开始，其中涉及 E-R 模型的基础元素——实体、属性、联系，然后介绍业务规则的概念，业务规则是所有数据建模结构的基础。这里给出 E-R 建模中常用的三种实体定义：强实体、弱实体和关联，更多实体类型将在第 3 章给出定义。另外，还定义一些重要的属性类型，包括必要属性和可选属性、单值属性和多值属性、推导属性以及复合属性。介绍与联系有关的三个重要概念：联系的度、联系的基数和联系中的参与约束。最后，以 Pine Valley 家具公司的 E-R 图为例做总结。

2.1 E-R 模型概述

实体 – 联系模型（E-R 模型）是对组织业务领域的数据的一种详细的逻辑表达。E-R 模型表述了业务环境中的实体、实体间的联系（或关联）以及实体和实体联系的属性（或性质）。E-R 模型通常可以通过一个**实体 – 联系图（E-R 图或 ERD）**来表示，E-R 图是 E-R 模型的图形化表示方法。

2.1.1 E-R 图示例

图 2-1 展示了一个小型家具制造公司（即 Pine Valley 家具公司）的简化 E-R 图（这张图

没有包含属性信息，通常称它为企业数据模型，这些内容在第 1 章已经阐述）。多个供应商给 Pine Valley 家具公司提供和配送不同的零件，这些零件被组装成产品，并且销售给订购了该产品的客户，每个客户订单包括一种或多种订购的产品。

图 2-1 E-R 图示例

图 2-1 中的 E-R 图展示了公司的实体和联系（此处省略了属性信息）。实体（组织的对象）用矩形符号表示，实体间的联系通过实体间的连线表示。图 2-1 中包含以下实体：

客户 （CUSTOMER）	已经订购或可能订购产品的个人或组织。例如：L. L. Fish Furniture
产品 （PRODUCT）	可以被客户订购且由 Pine Valley 家具公司生产的家具。请注意，一个产品不是某个特定的书柜，因为特定的某个书柜不需要跟踪。例如：一个 6 英尺⊖长且有 5 个书格的橡木书柜统称为 O600
订单 （ORDER）	与销售给客户一个或多个产品关联的交易，该交易通过销量或账单的交易号标识。例如：L. L. Fish 在 2010 年 9 月 10 日购买一件产品 O600 和四件产品 O623 的事件
零件 （ITEM）	用来制造一件或多件产品的组件，可以由一个或多个供应商提供。例如：一个称作 1 - 27 - 4375 的 4 英寸⊜滚珠脚轮轴承
供应商 （SUPPLIER）	可以提供零件给 Pine Valley 家具公司的公司。例如：Sure Fasteners 公司
运单 （SHIPMENT）	与 Pine Valley 家具公司收到来自供应商的同一个包装中的零件相关联的交易。同一个运单中的所有零件出现在一个账单文件中。例如：2010 年 9 月 9 日来自 Sure Fasteners 公司的 300 l-27-4375 和 200 l-27-4380 零件的发票

注意，作为元数据，明确地定义每个实体非常重要。以 Pine Valley 家具公司为例，清楚地理解 CUSTOMER（客户）实体包括还没有购买产品的个人或组织这一点非常重要。通常企业中不同部门对同一个概念有不同的解释。例如，财会部门认为只有产生购买行为的个人或单位才是客户，这样，那些潜在的客户将被摒弃在外。而销售部门认为所有那些曾经联系过的或者已经在公司有过购买行为，甚至已知的竞争对手都可能是客户。元数据定义不明确的 E-R 图会导致二义性，在本章介绍 E-R 建模时，我们将总结那些好的命名和定义惯例。

E-R 图中每条连线尾端都有一个符号表示联系的基数，基数代表一种类型中有多少个实体与另一类型中的多少个实体有联系。图 2-1 中，基数符号表达了如下的业务规则：

1）一个 SUPPLIER（供应商）可能会供应多种 ITEM（"可能供应"标识符是指供应商

⊖ 1 英尺 = 0.3048 米。

⊜ 1 英寸 = 0.0254 米。

可能不提供任何零件）。每种 ITEM（零件）<u>是</u>被任意数量的 SUPPLIER 供应（"供应"标识符表示零件<u>必须</u>（must）至少由一个供应商供应）。参见图 2-1 中标注的带有下划线的词。

2）每件 ITEM 必须用于装配至少一种 PRODUCT（产品），也可以用于装配多种产品。相反，每种 PRODUCT 必须使用一个或多个 ITEM。

3）一个 SUPPLIER 可以发送多个 SHIPMENT（运单）。可是每张运单必须恰由一个 SUPPLIER 发送。注意，发送和供应是两个不同的概念。如，SUPPLIER 可以供应某种零件，但可能还没有发送该零件。

4）SHIPMENT 必须包括一个（或多个）ITEM，而一个 ITEM 可能出现在几批 SHIPMENT 中。

5）一个 CUSTOMER（客户）可以提交任意数量的 ORDER（订单），但是每个 ORDER 必须恰由一个 CUSTOMER 提交。允许存在一部分潜在的、不活跃的或可能没有提交过任何 ORDER 的 CUSTOMER。

6）一个 ORDER 必须有一件（或多件）PRODUCT。一个 PRODUCT 可能出现在一个或多个 ORDER 中，也可能不出现在任何 ORDER 中。

实际上每种联系有两种业务规则，从一个实体到另一个实体的每个方向上都有一个。注意，这些业务规则基本遵循固定的语法，如：

<实体><最小基数><联系><最大基数><实体>

例如，规则 5 是：

<CUSTOMER><可以><提交><任意数量><ORDER>

这种语法给出了把每一个联系转化成一个自然语言表述的业务规则语句的一种标准方法。

2.1.2 E-R 模型符号

E-R 图中使用的符号如图 2-2 所示。如在上一节中所指出的，目前还没有统一的行业标准符号（事实上，第 1 章已经给出了一部分简单的符号）。图 2-2 中的符号结合了不同符号标识系统的优点，它们也是目前 E-R 图绘制工具中常用的符号，让用户可以对大多数实际情境准确建模。第 3 章将在增强实体－联系模型中介绍扩展符号（包括类与子类之间的继承联系）。

很多情况下，简单的 E-R 模型符号已经可以满足用户需求。对于大多数绘图软件，无论是微软的 Visio 或是 SmartDraw（这些是与本章有关的视频教学中用到的绘图软件）等独立软件，或者如 Oracle Designer、CA ERwin 和 PowerDesigner 这样的计算

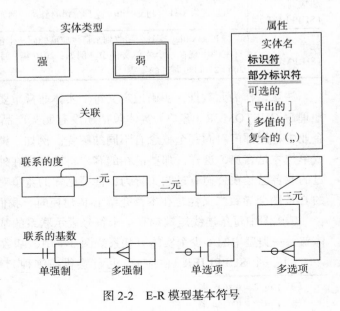

图 2-2 E-R 模型基本符号

机辅助工程（CASE）工具软件，都不能表示用户需要的所有实体和属性类型。有些可以表示业务规则的重要符号在绘图工具中没有，这部分符号需要手动添加并且进行专门的注释。本章通过几个 Visio 符号表示的 E-R 模型案例比较不同标识符号的差异。

2.2　组织规则建模

到目前为止，我们已经了解了简单数据模型的实例，现在回想并思考一下普通的数据模型可以表达和呈现哪些内容。本章及下一章内容将学习如何使用数据模型，特别是使用实体－联系符号来记录组织中的规则和政策。事实上，数据建模的主要作用就是希望通过组织的规则和政策进行数据管理。通过组织中业务规则和政策，在信息处理和存储系统中进行数据的创建、更新、删除等操作管理，因此，业务规则和政策必须与被描述的数据相关。例如，规定"高校中每名学生都必须有一位导师"的规则在数据库中就是每名学生的数据都会与其导师的数据相关联。此外，声明"学生是指任何一个已经申请并参加了大学中有学分或无学分入学、上课或培训的人"，这个声明不仅定义了大学中"学生"的含义，同时表述了这所大学的政策。（例如，校友是学生，而一名高中生虽然参加了一所大学有学分的活动但是他没有申请过这所大学，那么他就不是指定大学数据库中的一名学生。）

数据库分析人员的主要工作任务有：

- 识别和理解业务规则在数据管理中的作用。
- 表达规则，使其无二义性地被信息系统开发人员和用户所理解。
- 用数据库技术实现这些规则。

业务规则更为正式的定义是"它是定义或约束某些业务方面的语句。它用于维护业务结构，或控制或影响业务行为……从而阻止、引导或建议某些事件发生"（GUIDE Business Rules Project，1997）。例如，下面两个语句是在业务规则中影响数据处理和存储的常见语句：

- "一个学生可以注册某门课程的条件是，必须完成这门课程的先修课程。"
- "一个客户只要不存在未兑现的账目都可以享受 9 折优惠。"

E-R 模型能够表达多种业务规则，但有一些业务规则无法通过 E-R 模型表示。本章和下一章将讲述如何在 E-R 模型中表示业务规则。

数据名与定义

理解数据和对数据建模的基础是数据对象的命名和定义。在组织数据的模型中无二义性地使用数据对象之前必须要准确命名和定义数据对象。本章将学习实体－联系符号，学习如何准确命名和定义实体、联系以及属性。

50

1. 数据名

本小节将提供在开发实体－联系数据模型过程中实体、联系和属性的命名方法，也提供一些通用的数据对象命名方法。数据名应符合以下标准（Salin,1990;ISO／IEC 2005）：

- **具有与业务相关而非与技术（硬件或软件）相关的特征**，所以，Customer（客户）是一个好的数据名，但 File10、Bit7 以及 Payroll Report Sort Key 都不是好的数据名。
- **有意义**，数据名是对数据的记录（即能够提炼和阐述特定数据对象的意义，不需要用户反复陈述数据对象本身的含义）；数据名中尽量避免使用通用词，如 has、is、

person、it 等。

- **具有唯一性**，数据名不能重复，命名时可以用一个不同的单词区分其他类似的数据对象（例如，Home Address（主页地址）与 Campus Address（校园地址））。
- **具有可读性**，用自然语言描述结构化概念（例如，Grade Point Average（平均绩点）是一个好的数据名，而 Average Grade Relative To A（相对于 A 的平均成绩）可能是准确的，但却是一个不好的数据名）。
- **命名的单词由许可的单词组成**，每个组织通常会选择一个词汇表，从这个词汇表中选择有意义的单词为数据命名（例如，最大，无上限，上限或最高）；代称或别名也可以用缩写来命名（例如，CUSTOMER 用 CUST 命名）。为了使数据名称尽可能短，以符合数据库技术中数据命名最大长度限制的条件，也可以用缩写命名数据。
- **具有可复用性**，数据名具有标准的层次结构或模式。不同的人或同一个人在不同的时间可以采用相同或相似的名字。例如，数据名为出生日期，对于学生对象，出生日期是指学生的出生日期（Student Birth Date），对于员工对象，出生日期是指员工的出生日期（Employee Birth Date））。
- **遵循语法标准**，数据对象命名都是遵循组织中标准语法规则的。

Salin（1990）建议定义数据名应该遵循以下步骤及规则：

1）准备数据定义（稍后会讨论数据定义的相关内容）。

2）删除意义不明确的单词或停用词（命名时不允许采用的单词列表）；注意，如果遇到 AND 和 OR 关键词，有可能表示两个或多个数据对象有关联关系，为了区别这些对象，需要给它们指定不同的名字。

3）数据名中使用的单词是有意义的，且能够被复用。

4）可以使用单词的标准缩写。

5）命名前要确认数据名是否已经存在，如果已经存在，则重新命名，要保证数据名的唯一性。

本章在设计数据建模符号时，将列举一些好的数据名实例。

2. 数据定义

定义（也称为结构化声明）被认为是一种业务规则（GUIDE Business Rules Project，1997）。定义用来解释一个概念或概念之间的联系。概念的实例有课程、章节、出租车、航班、预订以及乘客。一个定义可以涉及多个概念，如：

- "课程是在一个特定学科领域中的教学模块。"这个定义关联了两个概念：教学模块和学科领域，这两个都是不需要进一步定义的常用术语。

3. 好的数据定义

本章和下一章将介绍如何在设计实体 – 联系符号时给实体、联系、属性一个好的定义。另外，要遵循一些通用的规则（Aranow，1989；ISO/IEC，2004）：

51

- 定义（和所有其他类型的业务规则）均来源于相同信息系统所需的资源。因此，系统和数据分析人员应该在对信息系统需求资源有一定研究和了解的基础之上，对数据对象进行定义。
- 定义通常会配图，如实体 – 联系图等。定义对图的内容进行补充，不需要在图中重复表示。

- 定义描述数据对象的特殊性，而不必解释对象的是非问题。定义采用通常所理解的术语和缩略语解释数据对象的独立含义，不需要用其他定义进行重复解释。定义应该简洁明了地解释数据对象的本质含义，也可陈述数据对象的如下特征：
  - 细微差别。
  - 涵盖特殊或异常情况。
  - 实例性。
  - 指明组织中何时、何地以及如何创建或计算数据。
  - 明确数据是静态的还是随时间变化的。
  - 明确数据在原子形态下是单数还是复数。
  - 谁决定了数据的价值。
  - 谁拥有数据（即谁负责定义和使用）。
  - 数据是否是可选的，或者是否允许为空值（称为 null）。
  - 数据是否还能被划分为更多的原子部分，或者是与其他数据组合成复合或聚合格式。

  如果以上这些特性没有包含在数据定义中，就要在其他元数据存储的时候再做记录。
- 数据对象应该在已经被仔细定义、命名和认可的情况下才能在数据模型中使用，如实体－联系图中的数据对象。数据模型的开发过程可以验证设计人员对数据含义的理解，根据理解的不同，图中数据对象的定义也会发生变化。（换句话说，数据建模是个迭代的过程。）

在数据建模中一个好的数据定义非常重要，通俗地说，即谁控制数据的定义谁就控制了数据。看起来获取用于组织数据定义的术语和事实很容易，然而，这往往与实例不符。事实上，这可能是在数据建模中遇到的最大挑战，因此需要努力完成。在组织中，对常用术语（如客户或订单）重复定义（可能一批或者更多）是很常见的事情。

为了说明设计数据对象定义的内在问题，分析一下在某重点大学选取的一个学生数据对象的案例。一个学生定义的样本是："一个人已经被该校录取，并在过去一年中已经至少注册一门课程。"这个定义一定会受到质疑，因为可能过于狭窄。通常学生与学校的关系会经历几个不同阶段：

1）有兴趣——对学校有过接触和了解，表示对学校有兴趣
2）申请——申请入学
3）录取申请人——经过录取程序，学校录取申请人
4）预科生——注册至少一门课程
5）继续深造的学生——注册一门已有基础的课程（没有实质性的差距）
6）留级生——在规定时间无法注册课程（现在可以重新申请）
7）毕业——圆满完成某些学位课程（可以申请另一门课程）

在这些条件下，定义要取得共识的难度可想而知！因为条件较多，可以在定义时考虑如下三个方法：

1）**用多个定义涵盖各种情况**。如果只有一个实体类型，这种方法会非常混乱，所以不推荐（多个定义不是好的定义方法）。

2）**用通用的定义涵盖大多数情况**。这种方法需要增加额外的数据来记录和标识学生的

52

实际状态。

3）**考虑使用多个相关数据对象表示学生**。例如，可以创建一个通用的学生实体类型，用另外一些特定的实体类型表示学生特征。第 3 章会介绍这种方法的使用。

2.3 实体和属性建模

E-R 模型由实体、联系和属性构成。如图 2-2 所示，模型中的结构允许有多种变化。设计人员可以通过丰富的 E-R 模型将真实世界的场景模拟得准确、生动，这样有助于 E-R 模型的普及。

2.3.1 实体

实体是用户环境中的人物、地点、对象、事件或者概念，利用这些实体组织可以维护数据。因此，实体一般都有个名词词性的名字。列举一些上述每种实体的例子：

人物：EMPLOYEE（员工），STUDENT（学生），PATIENT（患者）

地点：STORE（商店），WAREHOUSE（仓库），STATE（州）

对象：MACHINE（机器），BUILDING（建筑），AUTOMOBILE（汽车）

事件：SALE（销售），REGISTRATION（登记），RENEWAL（续期）

概念：ACCOUNT（账户），COURSE（课程），WORK CENTER（工作中心）

1. 实体类型与实体实例

实体类型和实体实例之间有一个重要的区别。**实体类型**（entity type）是有共同性质或特征的实体的集合。E-R 模型中的每个实体类型都对应一个名字。这个名字代表唯一的一个对象集合，通常用大写字母表示实体类型的名字。在 E-R 图中，方框内的实体名字代表实体类型（如图 2-1 所示）。

实体实例（entity instance）是某个实体类型的独立事件。图 2-3 显示了 EMPLOYEE（员工）实体类型与其两个实例之间的联系和区别。实体类型在数据库中只描述一次（使用元数据），而数据库中可以存储某实体类型的多个实例。例如，在大多数公司中都定义员工实体类型，而在数据库中会存储数百个（甚至数千个）员工实体类型的实例。通过前面的讨论可以得出比较清晰的结论，即应该采用唯一的术语实体而非实体实例。

实体类型：EMPLOYEE			
属性	属性的数据类型	实例	实例
Employee Number	CHAR(10)	642-17-8360	534-10-1971
Name	CHAR(25)	Michelle Brady	David Johnson
Address	CHAR(30)	100 Pacific Avenue	450 Redwood Drive
City	CHAR(20)	San Francisco	Redwood City
State	CHAR(2)	CA	CA
Zip Code	CHAR(9)	98173	97142
Date Hired	DATE	03-21-1992	08-16-1994
Birth Date	DATE	06-19-1968	09-04-1975

图 2-3　具有两个实例的员工实体类型

2. 实体类型与系统的输入、输出或用户

即使是非常熟悉数据建模流程（如数据流程图）的设计人员在画 E-R 图时通常也会犯一个错误，就是常把数据实体与全局信息系统模型中其他数据元素混淆。避免这种混淆的一个简单规则是，真正的数据实体可以有许多可能的实例，但每种实例都有一个与众不同的特征以及一个或多个其他数据描述片段。

观察图 2-4a，该 E-R 图表示某个学院女生联谊会的费用管理系统的数据库。（为简单起见，本图及其他一些图中每个联系只显示名字）。假设联谊会的出纳（treasurer）负责管理账户（account），接收开支报告（expense report），并记录账户的每个交易的费用情况。但是，系统有没有必要记录出纳（TREASURER（出纳）实体类型）、出纳所管理的账户（Manages（管理）联系）以及出纳接收的开支报告（Receives（接收）联系）之间的联系呢？出纳是负责录入收支数据以及接收消费报告的工作人员，同时也是数据库中的一个用户。但是由于系统只有一个出纳，因此出纳的数据没有必要单独保存。那么，是否还有必要增加 EXPENSE REPORT（开支报告）实体呢？开支报告是对费用交易和账户余额的计算，是从数据库中对费用数据读取和修改的结果，并由出纳接收。即使随着时间变化出纳会收到多份开支报告的实例，每次计算开支报告所需的数据也会由 ACCOUNT（账户）和 EXPENSE（开支）实体类型代表。

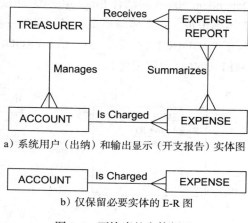

a）系统用户（出纳）和输出显示（开支报告）实体图

b）仅保留必要实体的 E-R 图

图 2-4　不恰当的实体例子

另外，在图 2-4a 中的 ERD 中 Receives 和 Summarizes(汇总)的联系名字可能存在错误，因为这些联系名字连接的内容不是某一种数据与其他数据的关联，而是传输或翻译数据的业务活动。图 2-4b 是简化的 E-R 图，图中展示的实体、联系足以处理上述联谊会的费用系统。本章问题与练习 21 就属于这种类型的变种。

53
～
54

3. 强实体类型与弱实体类型

组织结构中大多数的基本实体类型为强实体类型。**强实体类型**（strong entity type）是独立于其他实体的实体类型（实际上，一些数据建模软件使用术语独立实体来表示强实体）。例如 STUDENT（学生）、EMPLOYEE（员工）、AUTOMOBILE（汽车）以及 COURSE（课程）。强实体类型的实例一般有独特的特征（称为标识符），即有一个或一组属性来唯一标识该实体类型。

相反，**弱实体类型**（weak entity type）是依赖于其他实体类型而存在的实体类型（实际上，一些数据建模软件使用术语依赖实体来表示弱实体）。在 E-R 图中，一个弱实体类型如果没有依赖的实体类型就毫无业务意义。弱实体类型所依赖的实体类型称为**标识主体**（identifying owner，或简称所有者），弱实体类型通常没有自己的标识符。一般来说，在 E-R 图中，弱实体类型可以有作为部分标识符的属性。第 4 章将介绍一个弱实体完整的标识符，该标识符可以通过弱实体的部分标识符与它所依赖的主实体标识符共同创建，或者通过创建一个代理标识符属性单独创建。

图 2-5 所示的是有标识联系的弱实体类型的实例。EMPLOYEE（员工）是标识符为
Employee ID 的强实体类型（注意，标识符属性用下划线表示）。DEPENDENT（家属）为弱
实体类型，弱实体类型用双线矩形表示。一个弱实体类型和它的所有者之间的联系称为**标
识联系**（identifying relationship）。在图 2-5 中 Carries（携带）是标识联系（标识联系用双
下划线表示）。Dependent Name（家属姓名）属性作为部分标识符（后面会介绍 Dependent
Name 是一个能够细分的复合属性）。使用双下划线来表示部分标识符。在后面的设计阶段，
Dependent Name 将结合 Employee ID（主实体标识符），形成一个完整的 DEPENDENT（家属）
实体标识符。强实体与弱实体对的另外一些例子是：BOOK（图书）–BOOK COPY（图书副
本），PRODUCT（产品）–SERIAL PRODUCT（产品系列）和 COURSE（课程）– COURSE
OFFERING（课程设置）。

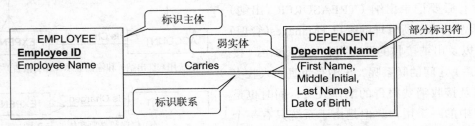

图 2-5   一个弱实体及其标识联系的例子

4. 命名和定义实体类型

除了命名和定义数据对象的一般规则外，还有一些特殊的实体类型命名规则：

- 实体类型名字是一个单数名词（如 CUSTOMER（客户）、STUDENT（学生）或者
  AUTOMOBILE（汽车））；实体可以是一个人、一个地点、一个物体、一个事件或
  是一个概念，实体类型名字代表某种实体实例的集合（即 STUPENT 可以表示学生
  Hank Finley、Jean Krebs 等）。另外，有时在阅读 E-R 图时使用复数可读性较好，所
  以，给一个实体类型指定一个复数形式的名词也比较常见（附带 E-R 图的 CASE 工具
  库提供此项功能）。例如在图 2-1 中，一个 SUPPLIER（供应商）可以提供多种 ITEMs
  （零件），这里就可以把零件表示为复数。但是，要注意英文复数形式的书写，因为复
  数形式不总是在一个单数名词后面加个"s"。

- 在组织中，一个实体类型的名字应该是唯一的。因此，在一个组织结构中用
  CUSTOMER 命名的实体类型在另一个组织结构中可以使用 CLIENT 命名（例如，在
  定制某个采购数据模型的任务中）。这个名字可以描述组织结构中所有同种类型且与
  该结构中其他实体类型名称不同的一类事物。例如，一个物料 PURCHASE ORDER
  （采购订单）和一个 CUSTOMER ORDER（客户订单）的含义是不相同的，因此，这
  两种实体类型都不能被命名为 ORDER。

- 实体名字尽量简洁，用尽量少的单词命名。例如，在某所大学的数据库中，实体类型
  REGISTRATION（注册）可以代表学生注册一个班级的事件，如果命名为 STUDENT
  REGISTRATION FOR CLASS（学生注册类）虽然也准确，但太啰嗦了，因为在这种
  数据库情境中，读者很容易理解 REGISTRATION 与其他实体类型之间的区别。

- 在 E-R 图中经常使用缩写，每个实体类型名字的缩写或简称必须唯一，并且缩写作

为一个完整的实体名字必须遵循命名规则。

- 事件实体类型是为事件结果命名的，而不是命名事件的活动或过程。例如，项目经理给项目中的员工分配工作是一个 ASSIGNMENT（分配）事件，学生联系他的指导教师咨询信息是一个 CONTACT（交流）事件。

- 在 E-R 图中，同一个实体类型前后使用的名字应该保持一致。因此，在一个组织中，实体类型的名字要标准，并且被组织中对同一类数据的所有引用采用。但是，一部分实体类型可以有别名或代称，可以在一个组织中的不同部分使用同义词进行代替。例如，实体类型 ITEM 可以命名为 MATERIAL（材料）（在生产中）和 DRAWING（图纸）（在工程中）。别名可以在数据库相关的文档中指定并说明，如 CASE 工具库中可以指定。

还有一些用于定义实体类型的特殊规则，如下所示：

- 一个实体类型的定义通常以"X 是……"开始，这是陈述一个实体类型的含义最直接、最明确的语句。

- 实体类型定义应包含该实体类型所有实例的唯一特征。同时对实体类型标识符进行说明，可以更清晰地表示实体的含义。如图 2-4b 所示的例子中，"费用是用来支付购买的商品或服务的款项，由记账号码标识。"

- 实体类型定义应该明确哪些实体实例属于实体类型，列出那些不属于实体类型的实例。例如，如果客户类型定义为已经从某公司订购产品或是直接接触过公司宣传、推广产品的人或组织，那么客户类型就不包括那些从间接客户、经销商或代理商处购买公司产品的人或组织。

- 实体类型定义通常包含创建和删除实体类型实例时的描述。如之前的实例，客户实例在个人或组织第一次下订单时自动创建。由于该定义没有指明其他内容，这也就隐含地意味客户实体不会被自动删除，或者只能根据指明的数据清理规则从数据库中删除。确定何时删除实体实例的语句有时被称为实体类型的记忆力。例如，可能删除客户实体类型定义的语句可以是："某个客户如果超过三年没有订单就不再是客户。"

- 对于某些实体类型，定义必须指出什么时候实体类型的实例可能会发生变化。例如，客户签署了某建筑公司的投标合同，标书就转换成了合同。在这种情况下，标书可以被定义为："某公司为客户服务提供的法律文件。在公司的高级主管签署投标文件时创建标书；当公司收到客户主管签署的标书申请副本时，标书就转换成合同的实例。" | 56 | 注意，在实体类型定义中可以引用其他实体类型名字（例如，标书的定义中引用了实体类型名 CUSTOMER）。

- 对于某些实体类型，定义必须指明实体类型实例要保留哪些历史记录。例如，图 2-1 中实体 ITEM 的特征可能会随着时间而变化，为此就需要记录这些特征值在有效时间内变化的完整历史记录。在后面的例子中还将看到，历史记录对 E-R 图中实体类型的表示以及对实体实例数据存储所产生的影响。

2.3.2　属性

每个实体类型都有一组与其相关联的属性集合。**属性**是组织所关心的实体类型的性质或特征（后面还将看到，联系也可以有属性）。每个属性都有一个名词词性的名字。列举一些典型的实体类型及其相关属性：

STUDENT（学生）	Student ID（学号），Student Name（学生姓名），Home Address（家庭住址），Phone Number（联系电话），Major（专业）
AUTOMOBILE（汽车）	Vehicle ID（车架号），Color（颜色），Weight（载重），Horsepower（排量）
EMPLOYEE（员工）	Employee ID（工号），Employee Name（员工姓名），Payroll Address（账单地址），Skill（技能）

属性命名一般首写字母大写，如果名字包含多个单词，则用空格分隔且每个单词的首字母都大写。例如，Employee Name、Student Home Address。E-R 图中，实体描述包含属性名，属性可以和联系相关联，后面将做介绍。注意，属性必须与某个实体或联系相关联。

如图 2-5 所示，联系实体 DEPENDENT 的所有属性仅仅是指员工家属实体的特征，而不是员工实体的特征。传统的 E-R 表示方法中，实体类型（不仅包括弱实体，还包括任何实体）不包含与之相关的实体的属性（被称为外属性）。例如，DEPENDENT 不包含与之相关的员工实体的属性。根据 E-R 数据模型的无冗余特性与数据库中的数据共享特性的一致性，从数据库中存取数据时要特别注意有关联关系的实体的关联属性（例如，Dependent Name 和与其关联的 Employee Name）。

1. 必要属性与可选属性

每个实体（或实体类型实例）都可能有一个与实体类型属性相关联的值。每个实体实例必须存在的属性称为**必要属性**，可以为空值的属性称为**可选属性**。例如，如图 2-6 所示，两个 STUDENT 实体（实例）的属性值中唯一可选的属性是 Major。（例子中的学生 Melissa Kraft 就没有选择任何专业；当然 MIS 是一个伟大的职业选择！）根据组织的属性规则，每个学生的所有其他属性必须有值，也就是说，系统无法存储 STUDENT 实体实例中必要属性值为空的实例数据。在 E-R 图符号集中，在属性的前面加 "*" 或者字体选用黑体表示必要属性，加 "o" 或者用普通字体（本书采用这种格式）表示可选属性。一般情况下，必要属性与可选属性在补充文档中进行说明。第 3 章中，考虑实体超类和子类时，利用可选属性可以表示不同类型的实体（例如，没有选择专业方向的学生实体可以作为学生实体类型的子类）。如果可选属性值为空，则称为 null。因此，每个实体有一个标识属性以及一个或多个其他属性，标识属性在后续的章节中将做介绍。如果创建实体时只有一个标识符属性，则该实体可能不合法，这种数据结构仅仅简单容纳一些属性的合法值列表，最好是将这些数据存储在数据库之外。

实体类型：STUDENT

属性	属性的数据类型	必要或可选	实例	实例
Student ID	CHAR（10）	必要	876-24-8217	822-24-4456
Student Name	CHAR（40）	必要	Michael Grant	Melissa Kraft
Home Address	CHAR（30）	必要	314 Baker St.	1422 Heft Ave
Home City	CHAR（20）	必要	Centerville	Miami
Home State	CHAR（2）	必要	OH	FL
Home Zip Code	CHAR（9）	必要	45459	33321
Major	CHAR（3）	可选	MIS	

图 2-6　学生实体类型的必要和可选属性

2. 简单属性与复合属性

有些属性可以继续细分为若干个有意义的组成部分（详细属性）。如图 2-5 中的 Name 属性。**复合属性**是指由若干个有意义的详细属性组合成的属性。如 Address 属性，通常可以被细分为以下几个属性：Street Address（街道地址）、City（城市）、State（州）和 Post Code（邮政编码）等。图 2-7 表示了标识复合属性的符号。但大多数的画图工具没有标识复合属性的符号，所以可以通过简单罗列复合属性中详细属性的方式来表示。

复合属性体现了属性定义的灵活性，用户可以选择复合属性作为一个独立的属性单元，也可以选择复合属性中的某个详细属性作为属性。例如，用户可以选择 Address 作为复合属性，或者选择地址复合属性中的一个详细属性（如 Street Address）作为属性。详细属性必须有组织意义，复合属性是否需要细分为详细属性取决于用户需求。当然，设计人员总是希望能更准确、更详细地定义数据库的使用模式。

简单（或原子）属性是一个在组织中有意义且不能被分解成更小属性单元的属性。例如，与 AUTOMOBILE（汽车）相关的简单属性包括：Vehicle ID、Color、Weight 和 Horsepower 等。

3. 单值属性与多值属性

图 2-6 显示了两个有各自属性值的实体实例，图中每个实体实例的属性都对应一个值，实例的属性也有可能对应多个值。例如图 2-8 中，EMPLOYEE 实体中的 Skill 属性值记录了一个员工具备一项或多项技能的情况。当然，有的员工可能具备一项以上的技能，例如，某员工既具备 C++ 程序开发技能，也具备 PHP 程序开发技能。所以，**多值属性**是指实体（或联系）实例中的属性可以对应多个值。在图 2-8 中的员工 Skill 属性的例子中，把属性名写在一对大括号中表示多值属性。在微软的 Visio 软件中，可以从选项列表中对实体属性进行编辑（一般选择多值集）。还有些 E-R 绘图工具在属性名后使用 "*" 或补充文档来说明多值属性。

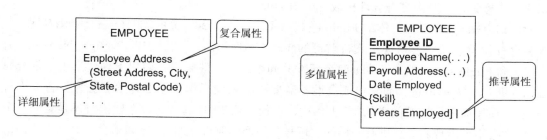

图 2-7　一个复合属性的例子　　　图 2-8　具有多值属性（Skill）与推导属性（Years Employed）的实体

初学者在刚接触数据模型时容易混淆多值属性和复合属性两个不同的概念。例如，Skill 是个多值属性，在员工实体中可以多次出现。Employee 和 Payroll Address（账单地址）是复合属性，在每个员工实体中只出现一次并且可以被细分为更多的原子属性，为简单起见，这些在图 2-8 中没有说明。参考问题与练习 16 复习复合属性与多值属性的概念。

4. 存储属性与推导属性

一些用户感兴趣的属性值可以通过存储在数据库中的其他一些相关属性计算、推导得出。例如，假设公司的 EMPLOYEE 实体类型有一项 Date Employed（入职日期）属性。如果用户希望得到员工的工龄，则可以通过获取员工的入职日期和当天日期计算得出。**推导属性**（derived attribute）是指可以通过其他相关的属性值计算得出的属性值（没有存储在数据库中的附加数据，例如当前日期、当前时间或由系统用户提供的安全码）。E-R 图中，把属性名字写在一对方括号内表示推导属性，如图 2-8 所示的 Years Employed（工龄）属性。有些 E-R 绘图工具会在推导属性名字前加斜杠 "/" 来标识推导属性（这个符号引用于 UML 中的虚拟属性）。

有很多属性值是从相关的实体属性值中推导出来的。例如，为 Pine Valley 家具公司的每个客户创建发票。Order Total（订单总额）是 INVOICE（发票）实体的一个属性，表示客户订单的总金额。订单总额可以通过 "单价 × 出售数量" 计算推导得出，公式计算推导的方法也类似一种业务规则。

5. 标识符属性

标识符是指能够识别不同实体类型实例的某个属性（或联合属性）值，即不存在两个有相同标识符属性值的实体类型实例。前面介绍的 STUDENT 实体类型的标识符是 Student ID，而 AUTOMOBILE 的标识符是 Vehicle ID。注意，类似 Student Name 的属性不能作为候选标识符，因为多个学生可能有一样的名字，而且名字是可以变更的。作为候选标识符，在每个实体实例中必须有一个与实体相关联的属性值。在 E-R 图上我们在标识符名下加下划线，如图 2-9a 所示的 STUDENT 实体类型。另一方面，标识符属性是必要属性（标识符属性的值不能为空），所以标识符属性用粗体表示。有些 E-R 绘图工具在标识符属性前加一个构造型符号，如 <<ID>>、<<PK>>。

有些实体类型无法使用一个（或原子）属性作为标识符（即确保标识符唯一性），就选择两个（或两个以上）的属性联合作为标识符。**复合标识符**是指标识符自身由复合属性构成。如图 2-9b 所示，FLIGHT（航班）实体的 Flight（航班）ID

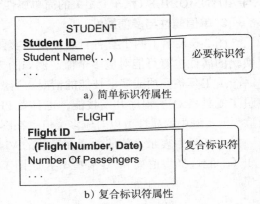

图 2-9　简单标识符与复合标识符属性

为复合标识符，航空公司规定飞行航班的航班 ID 必须唯一，航班 ID 由 Flight Number（航班号）和 Flight Date（航班日期）两个属性共同组成。一般来说，使用下划线来表示复合属性（航班 ID）为标识符，而其组成属性不需要用下划线标识。但也有学者认为复合标识符 "打破了使用简单标识符的平衡"。上例中，即使有航班 ID 属性，数据建模时还是会问一个问题："会不会出现两个航班有一样的航班号、一样的航班日期呢？" 如果会，那么为了保证航班的唯一性，就需要再加一个属性构成复合标识符。

实体可以有多个候选标识符。如果有多个候选标识符，那么在设计时必须选择其中一个作为标识符。Bruce（1992）建议选择标识符的标准如下：

1）选择在实体实例的生命周期内不会被改变其值的属性作为标识符。例如，合并员工姓名和账单地址（即使是唯一的）作为员工的标识符就不是一个很好的选择，因为在员工的任期内，员工姓名和账单地址会很容易改变。

2）选择实体实例中有有效值且不为空（或未知）的属性作为标识符。如果标识符是个复合属性，例如图 2-9b 中的 Flight ID，则要确保组成标识符的所有部分的属性值都有效。

3）避免使用可以表示分类、位置信息等所谓的智能标识符（或键）。例如，仓库的位置由标识符值的前两位编码表示，但环境一旦发生变化，编码也随之变化，这时标识符值就会失效。

4）尽量使用单一属性代理标识符替代复合属性标识符。例如，一个由主队和客队联合构成 Game 实体类型可以由属性名为 Game Number 的属性替代。

6. 命名与定义属性

除了符合一般规则外，属性命名还有一些特殊的要求，如：

- 属性名为单数名词或名词短语（如 Customer ID、Age（年龄）、Product Minimum Price（最低产品价格）、Major 等）。属性用数据值体现，是实体的概念或本质特征，概念和本质特征由名词描述。
- 属性名应该唯一。同一个实体类型中不允许两个属性名字相同。为了更清晰地描述数据模型，模型中所有实体类型中不允许两个属性名称相同。
- 属性的命名应该是唯一的、清晰的，每个属性名都遵守标准格式。例如，大学成绩管理系统中设置 Student GPA 为属性命名的标准格式，而非 GPA of Student。每个组织都会设置一个统一的属性命名格式。常见的格式有：[实体类型名 {[约束]}] 类，其中 [...] 为选项，{...} 表示可重复的选项。实体类型名是与实体属性相关联的实体名。在实体的组织定义中，类是构成实体的性质或特征（或特征缩写）的短语集合。例如，类的值（和关联的缩写）可以表示为 Name（NM）、Identifier（ID）、Date（Dt）或 Amount（Amt）。约束是在类的组织定义中限定类的短语集合。例如，员工生日和入职时间这两个属性必须符合前后顺序的约束条件。
- 在组织使用的名字中，不同实体类型中的相似属性应该使用相同的约束和类。例如，教师和学生的户籍应该分别为目前教职工居住的城市名称和学生目前就读学校对应的城市名称。

还有一些定义属性要遵循的特定规则：

- 属性定义要陈述属性是什么及其重要性。属性的定义经常会与属性名等价，例如学生居住城市名（Student Residence City Name）可以被定义为"学生永久居住的城市名称"。
- 属性定义应该明确指出属性值包含和不包含的内容。例如，"员工月薪是指员工所居住国家每个月发放的货币金额总和，不包含任何福利、奖金、报销以及特殊费用。"
- 在 CASE 工具库中可以用属性的别名或替代名字存储数据定义，但在定义或是文档中，这个属性应该是唯一的并与定义保持一致。
- 属性定义中声明属性值的来源可以使数据的含义更清晰。例如，"标准的客户行业代码是客户业务类型的标识，这个代码值来源于贸易委员会提供的标准值集合，该值可以通过购买由 FTC（美国联邦贸易委员会）每年提供的名为 SIC 的光盘来获取。"
- 为了保持数据的完整性，属性定义（或 CASE 工具库中的其他说明）时必须定义属性值是可选属性还是必要属性。例如，"员工部门 ID 是分配给员工所在部门的标识符。员工在刚被录用还没有被分配到具体部门时，这个属性的初始值就是一个可选属性，但一旦员工被分配到一个部门，那么员工信息就始终与被分配的部门对应。"
- 属性的定义（或其他 CASE 工具库中的说明）也可以标识属性值在实体实例生命周期内的变化情况，这条业务规则保证了数据的完整性。非智能标识符的值不会随时间变化。若给实体实例定义新的非智能标识符，必须先将这个实例删除，然后再重新创建。
- 多值属性的定义应该标识出实体实例属性值允许出现的最小值和最大值。例如，"员工技能名是员工具备的技能名字的列举，而每个员工至少拥有一项技能，并且员工可以选择列举出不超过 10 项的技能。"多值属性定义最大值和最小值的原因是系统需要保存属性值变化的历史记录。例如，"某公司规定，某员工一天工作的时间低于规定工作时间的 50% 就被视为旷工。'员工年度旷工天数'是指员工在一年内旷工的总天数。在员工为公司工作期间，每年的这个值将一直被公司保存。"

- 属性的定义可以表示属性之间的联系。例如，"员工假期天数是指全年员工带薪休假的总天数。如果员工类型中有'免税'的属性，那么员工全年可休天数由带有员工工龄属性的公式计算得出"。

2.4   联系建模

联系是连接 E-R 模型中各组件的纽带。直观地说，联系是个动词短语名称，是表示数据模型中有意义的一个或多个实体类型的实例之间交互、关联的情况。联系及其特征（度和基数）表示业务规则，通常表示 E-R 图中复杂的业务规则。换句话来说，联系让数据建模变得非常有趣，同时对保持数据库的完整性也起到关键作用。

为了更清楚地了解联系，请务必区分联系类型和联系实例。为了说明这两者的区别，我们以 EMPLOYEE 和 COURSE（课程）实体类型为例进行分析，其中 COURSE 代表员工可以参加的培训课程科目。为了记录员工已经完成培训的课程，在员工和课程两个实体类型之间定义了 Completes（完成）联系（见图 2-10a）。每个员工可以选择完成多门课程（0、1 或多门课程）培训，而一门课程可以由任意多名员工（0、1 或很多员工）选择完成培训，所以 Completes 联系是一种多对多的联系。例如，在图 2-10b 中，员工 Melton 已经完成了三门课程（C++、COBOL 和 Perl）的培训。SQL 课程由两名员工（Celko 和 Gosling）完成培训，但是没有一名员工完成 Visual Basic 课程的培训。

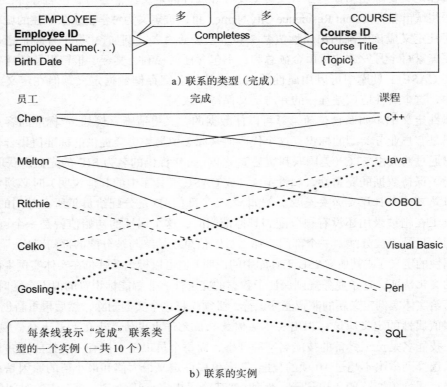

a）联系的类型（完成）

b）联系的实例

图 2-10　联系的类型及其实例

在上面的例子中，Completes 联系关联了两个实体类型（EMPLOYEE 和 COURSE）。一般情况下，任意数量的实体类型（一个或者多个）都可以通过联系进行连接。

组织中实体实例之间有事件发生才存在联系，因此，使用动词短语来标识联系比较合适，而且动词短语应该是描述性的一般现在时态。然而，联系的表示还有很多其他方法。有些数据建模人员选择对联系的两个方向上各用一个联系名字的方式表示。一个或两个动词短语具有相同的结构意义，因此，只要在每个方向上联系的意思清晰，可选择两种格式之一。本章及后续章节主要使用"单个动词短语标签"来表示实体之间的联系。

2.4.1 联系的基本概念和定义

联系类型（relationship type）是指实体类型之间有意义的关联。有意义的关联一词隐含了联系可以解答仅仅在单个实体类型上不能回答的问题。在如图 2-10a 所示的例子中，联系类型的名称在两个关联的实体之间的横线上面标注，而在图 2-1 中则是直接用两个实体名表示实体类型之间的联系。建议使用有意义且简短的描述性动词短语作为联系名。（本节将阐述更多关于联系命名和定义的内容。）

联系实例（relationship instance）是指实体实例之间的关联，每个联系实例都关联一个来自参与实体类型的实体实例（Elmasri and Navathe，1994）。例如，在图 2-10b 中，10 条直线中的每条线都表示一个员工与一门课程之间的联系实例，同时表明员工已经完成了这门课程的培训。例如，员工 Ritchie 和课程 Perl 之间的连线就代表一个已经完成课程培训的联系实例。

1. 联系上的属性

通过前面的学习可知实体有属性，而多对多（或者一对一）的联系也可以有属性。例如，假设在组织中需要记录员工完成每门培训课程的日期（年和月），就需要一个 Date Completed（完成日期）的属性。如表 2-1 所示的日期样例。

62
~
63

表 2-1 显示完成日期的实例

Employee Name	Course Title	Date Completed	Employee Name	Course Title	Date Completed
Chen	C++	06/2009	Ritchie	Perl	11/2009
Chen	Java	09/2009	Celko	Java	03/2009
Melton	C++	06/2009	Celko	SQL	03/2010
Melton	COBOL	02/2010	Gosling	Java	09/2009
Melton	SQL	03/2009	Gosling	Perl	06/2009

在 E-R 图中如何标注 Date Completed 属性呢？参照图 2-10a，注意，Date Completed 并没有与 EMPLOYEE 或 COURSE 实体有关联，这是因为 Date Completed 是 Completes 联系的性质，与 EMPLOYEE 和 COURSE 实体的属性无关。换句话说，Completes 联系的每个实例都有一个 Date Completed 属性值。如表 2-1 中名为 Melton 的员工在 2009 年 6 月完成了 Course Title（课程名）为 C++ 的培训课程，这就是一个 Completes 联系实例。

图 2-11a 是员工完成培训课程加强版的 E-R 图。图中，Date Completed 属性标注在直线连接的 Completes 联系上方的矩形框内。如果联系还有其他属性，那么也可以添加到矩形框内，如 Course Grade（课程成绩）、Instructor（导师）、Room Location（教室位置）等。

非常有趣的是，一对多的联系没有属性，如图 2-5 中的 Carries。例如，家属日是指员工携带家属的日期，与完成日期相似。每个家属都只能与一个员工关联，这样家属的日期特征就明确了。（例如，对一个给定的家属，家属日不会随员工而变化。）所以，如果你曾经极力想让一对多的联系有一个属性，那么现在请你停止这种想法。

2. 关联实体

联系有一个或多个属性时，为了更清晰地表示联系，建议在数据库设计时将联系表示成一个实体类型。为了强调这一点，大多数的 E-R 绘图工具要求将这样的属性认定在实体类型中。**关联实体**（associative entity）是指与一个或多个实体类型的实例关联且具有这些实体实例间联系的特有属性的实体类型。图 2-11b 中，用圆角矩形表示"证书（CERTIFICATE）"关联实体。但大多数的 E-R 绘图工具中没有为关联实体设置专门的表示符号。联系名字（动词）通常会被转换为名词性的实体名，因此关联实体常使用动名词表示。关联实体代表的是一种联系，所以图 2-11b 中不需要在关联实体和强实体之间的直线上方标注联系名字。大多数 E-R 绘图工具绘制的关联实体图都与图 2-11c 所示的用 Visio 绘制的关联实体图类似。在 Visio 中，由于 CERTIFICATE 的标识符不包含与其有关联的实体的主标识符（有 Certificate Number（证书号）就足够了），所以与 CERTIFICATE 有联系的线是虚线。

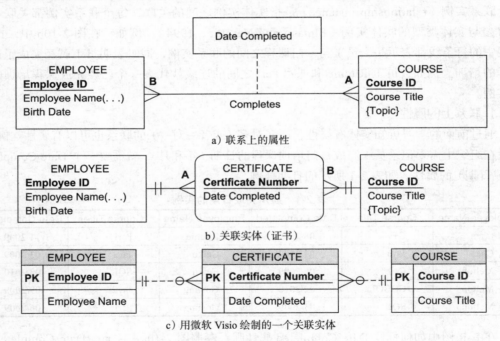

a）联系上的属性

b）关联实体（证书）

c）用微软 Visio 绘制的一个关联实体

图 2-11　关联实体

如何判断联系是否可以转换为关联实体类型呢？存在以下 4 个判定条件：

1）参与构成联系的实体类型之间是"多对多"的联系。

2）关联实体类型对最终用户有独立意义并能通过单一属性标识符标识该关联实体。

3）除标识符属性外，关联实体还有一个或多个其他属性。

4）关联实体可以参与一个或多个联系，但联系本身独立于与其相关的所有关联实体。

图 2-11b 表示把 Completes 联系转换为关联实体类型的过程。本例中，公司培训部门为每个完成课程培训的员工颁发结业证书，因此，CERTIFICATE 实体对完成培训课程的

用户是有独立意义的。另外，每个证书都有一个编号（Certificate Number）作为证书实体的标识符，Date Completed 也是证书的属性。注意，在图 2-11b 和 Visio 版本的图 2-11c 中，参与和 CERTIFICATE 关联的两个联系实体是 EMPLOYEE 和 COURSE。实例表示了将一个多对多联系（图 2-11a 中的 Completes）转换为两个一对多（图 2-11b 和图 2-11c 中与 CERTIFICATE 关联的）联系的过程。

需要注意，把联系转化为关联实体类型时会导致联系符号的改变，即基数为"多"的标识会终止在关联实体处，而不是在每个参与实体类型处。图 2-11 显示了一个员工可以完成一门或多门培训课程（图 2-11a 中的符号 A），同时可以获得多本结业证书（图 2-11b 中的符号 A）；一门课程被一名或多名员工选修完成（图 2-11a 中的符号 B），那么就会有多个证书颁发给员工（图 2-11b 中的符号 B）。问题与练习 20 是图 2-11a 的有趣变形，强调把多对多联系转换到关联实体时应遵循的规则，如 Completes 联系。

64
～
65

2.4.2　联系的度

联系的**度**是参与联系的实体类型的数量。图 2-11 中 Completes 联系关联了两个实体类型：EMPLOYEE 和 COURSE，所以 Completes 联系的度为 2。在 E-R 数据模型中常见的联系的度为一元（度为 1）、二元（度为 2）和三元（度为 3）。更高的度在联系中也可能存在，但是在实际应用中比较少见，所以本书仅讨论上面三种情况。图 2-12 中有一元、二元、三元联系的例子。（为了表示简洁，图中只表示了实体间联系的度，没有对实体属性进行标注。）

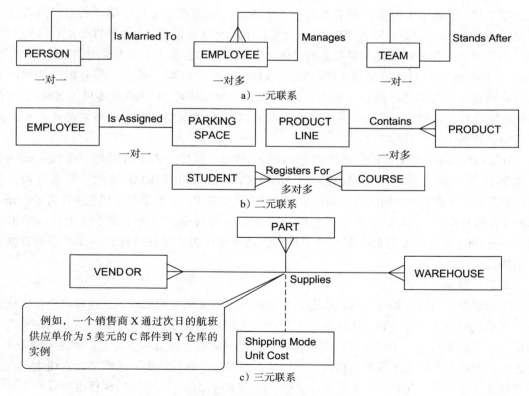

图 2-12　不同度的联系的例子

图 2-12 说明数据库设计没有通用的数据模型，任何一种数据模型都是为了表示某一个特殊的情境。观察图 2-12a 中的 Manages（管理）联系，某些公司中一个员工很可能被许多其他员工管理（即一个矩阵组织）。因此，在进行 E-R 模型建模时，必须了解数据模型中特殊的业务规则，才能建立更合理的数据模型。

1. 一元联系

一元联系（unary relationship）是指只有一种实体类型的实例间的联系（一元联系也可称为递归联系）。图 2-12a 中有三个一元联系的案例。第一个案例中，实体类型是 PERSON（人）的实例之间若选择 Is Married To 联系则是一对一的联系；一个人只有在已婚状态下才需要记录婚姻联系，那么当婚姻状况发生变化时是否需要保存每个人的婚姻状况的历史记录呢？见课后问题与练习 12 中业务规则及其对 Is Married To 联系的影响。第二个案例中，EMPLOYEE 实体类型实例之间存在一对多的 Manages 联系，通过这种联系可以标识多名员工向某位经理汇报的情形。第三个案例是利用一元联系来表示一个序列、循环或优先队列的实例。案例中，运动队的排名与其在联赛中的排名有关（Stands After 联系）。（注意：在这些例子的讨论中，忽略掉这些联系是必要的还是可选基数，或者同一个实体实例是否可以在同一个联系实例中重复。在本章的后续部分将讨论必要基数和可选基数。）

图 2-13 中还显示了另一个名为材料清单结构（BOM 结构）的一元联系。工业产品由零部件组装而成，换句话说，产品由零部件和零件组成。如图 2-13a 所示，我们可以用多对多的一元联系表示这种结构。在这幅图中，ITEM（零件）实体类型表示各种类型的组件，用Has Components（组成）联系来表示低级别和高级别零件之间的关联关系。

图 2-13b 中显示了两个材料清单结构的实例。每幅图展示了每个零件的直接组件以及需要的组件数量。例如，零件 TX100 包含零件 BR450（数量为 2）和零件 DX500（数量为1）。可以很容易地验证这是个多对多的关联。多数零件都包含一个以上类型的组件（如零件MX300 有三种类型的直接组件：HX100、TX100 以及 WX240。其中一部分组件还被用来组合成更高级别的部件。例如，零件 WX240 被用于组成零件 MX300 和零件 WX340，用在不同级别的材料清单中。例如，多对多的联系可以保证相同结构的 WX240 零部件（未显示）可以构造其他不同类型的零件。

Has Components 联系具有产品的 Quantity（数量）属性，表明可以将 Has Components联系转换为关联实体。图 2-13c 显示了 BOM STRUCTURE（BOM 结构）实体类型，由ITEM 实体类型的实例之间的联系构成。BOM STRUCTURE 中的第二个属性（名为 EffectiveDate（有效日期））用来记录某个零件第一次装配时的日期，需要记录下历史数据的值时Effective Date 常常是必需的。第 9 章中将阐述这种可以表示层次结构的一元联系的数据模型结构。

2. 二元联系

二元联系（Binary Relationship）是两个实体类型的实例之间的联系，这种联系是数据建模中最常见的联系类型。图 2-12b 表示了三个二元联系的例子。第一个例子（一对一）表示可以为一个员工分配一个停车位，而每个停车位也只能被分配给一个员工。第二个例子（一对多）表示一条产品流水线可以包含多个产品，但每个产品只能由一条产品流水线生产。第三个例子（多对多）表示一个学生可以注册一门以上的课程，同时一门课程也可以有多名学生注册。

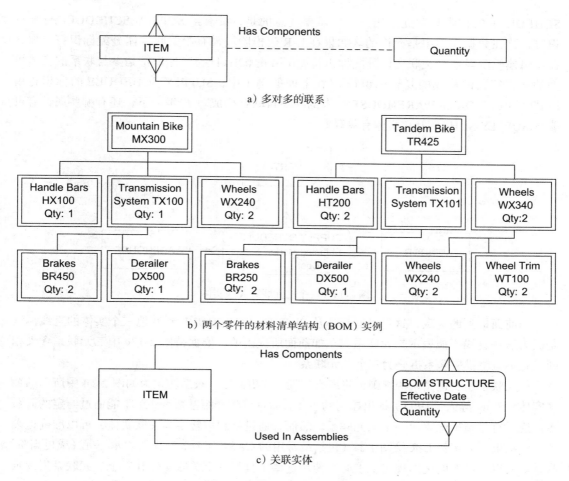

a) 多对多的联系

b) 两个零件的材料清单结构（BOM）实例

c) 关联实体

图 2-13 材料清单结构表示图

3. 三元联系

三元联系（ternary relationship）是三个实体类型的实例之间的并发联系。图 2-12c 显示了典型的商业情境中使用三元联系的示例。示例中，销售商可以给仓库供应不同的部件；Supplies（供应）联系用于记录一个销售商给指定仓库供应指定的部件。因此，这里有三个实体类型：VENDOR（销售商）、PART（部件）和 WAREHOUSE（仓库）。Supplies 联系有两个属性：Shipping Mode（发货方式）和 Unit Cost（单价）。例如，一个销售商 X 通过次日的航班供应单价为 5 美元的 C 部件到 Y 仓库的实例。

注意，不要把一个三元联系混同于三个二元联系。例如，Unit Cost 是图 2-12c 中 Supplies 联系的属性。Unit Cost 和三个实体类型之间任何一个二元联系都没有关联，如 PATR 和 WAREHOUSE 之间。因此，如果销售商 X 运送单价为 8 美元的部件 C 的记录，若记录中没有说明部件被运送到哪个仓库存储，那么这是一条不完整的数据记录。

如图 2-12c 所示，Supplies 联系有属性存在，表明供应联系可以转换为关联实体类型。图 2-14 是图 2-12c 所示的三元联系的变形（比图 2-12c 模型更清晰）。图 2-14 中（关联）实体类型 SUPPLY SCHEDULE（供应计划）替代了图 2-12c 中的 Supplies 联系。显然 SUPPLY

SCHEDULE 实体类型独立于用户。但需要注意的是，没有给 SUPPLY SCHEDULE 分配标识符，这在数据建模中是允许的。如果在 E-R 建模阶段没有给关联实体分配标识符，那么在逻辑建模阶段会给关联实体分配标识符（在第 4 章中讨论）。标识符是参与联系的实体类型的标识符共同构成的复合标识符。（在上面的例子中，SUPPLY SCHEDULE 的标识符由 PART、VENDOR 和 WAREHOUSE 三者的标识符联合构成。）思考一下，还有哪些属性有可能与 SUPPLY SCHEDULE 实体有关联？

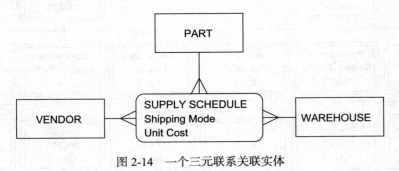

图 2-14　一个三元联系关联实体

和前面提到的一致，这里没有标注从 SUPPLY SCHEDULE 到其他三个实体的直线。这是因为这些直线不能表示二元联系。正如前面所提到的，要保持图 2-12c 中三元联系含义相同，就不能将供应联系拆分为三个二元联系。

三元联系还要遵循一些规则：将所有三元（或更高阶）联系转化为如图 2-14 中所示的关联实体。Song 等人（1995）提出参与约束（后面章节将介绍基数约束）不能通过给定的联系属性连线符号精确地表示一个三元联系。然而，通过将约束转换为关联实体，可以准确地表示这些约束。大多数 E-R 绘图工具（包括最常用的 CASE 工具）都无法表示三元（或更高阶）联系。所以，没有明确的规定要求必须使用这些工具将一个关联实体和三个二元联系来表示三元联系，并且每个二元联系实体类型都是强制性关联关系。

2.4.3　属性或实体

有时在表示数据时会遇到该将数据表示成属性还是实体的困惑。图 2-15 的案例中，有三种情况可以用实体类型表示属性。图中左侧使用 E-R 文本符号，右侧使用 Visio 中的符号。设计模型时会遇到不同的模型使用不同风格来表示数据，所以学会在不同的表示方法中正确阅读 E-R 图（ERD）非常重要。图 2-15a 中，一门课程潜在的多个必要条件（在 Attribute（属性）单元中显示为多值属性）可能还是课程（一门课程可能是其他课程的预修课程）。因此，预修课程可以看作是课程间的材料清单结构（在 Relationship & Entity（联系和实体）单元中表示），而不是 COURSE（课程）的一个多值属性。预修课程可以用 BOM 结构表示，意味着查找一门课程的预修课程以及查找哪些课程是一门课程的预修课程都由实体类型之间的联系进行处理。若一门课程的预修课程是多值属性，查找该课程的预修课程就是要查找所有课程实例的预修课程的特定值。如图 2-13a 所示，COURSE 实体类型之间也可以类似地用一元联系建模。在 Visio 中，这种特殊情况需要创建一个等价的关联实体（见图 2-15a 中的 Relationship & Entity 单元；Visio 中不采用圆角矩形表示符号）。通过创建关联实体可以很方便地给联系添加特征条件，如符合选修条件学生的最低年级等。另外我们注意到

Visio 中用 PK（主键）符号（在本例中）和粗体表示标识符，标识符属性是必要属性。

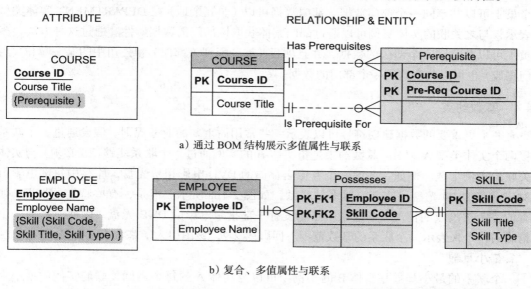

a）通过 BOM 结构展示多值属性与联系

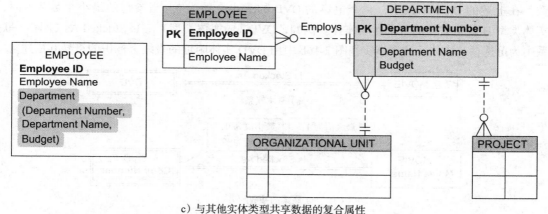

b）复合、多值属性与联系

c）与其他实体类型共享数据的复合属性

图 2-15　用联系和实体连接相关属性

在图 2-15b 中，员工可能有多个技能（见 Attribute 单元），但组织中希望技能可以作为一个实体类型（在 Relationship & Entity 单元中显示为等价的关联实体）数据保存（用一个特定的技能编码标识每项技能、一个描述性的技能标题以及技能类型，例如，技术或管理）。一名员工可以有很多技能，但这些技能不能作为员工的属性，而是作为一个关联实体类型的实例。在图 2-15a 和 2-15b 的情形中，在某些人看来，不是把联系转化为其他的实体类型，而是把数据表示成多值属性，以对 E-R 图进行简化。另外，图 2-15 三个例子中右侧的表示图更接近于目前流行的 DBMS，这是标准的关系数据库管理系统中的表示方法。虽然我们不关注这些图在概念数据建模阶段的实现过程，但是这里面保留了与概念模型和逻辑模型相似的逻辑概念。在接下来的例子中会看到不管是简单属性、复合属性还是多值属性，有些情况下属性必须是一个独立实体。

那么，什么情况下属性应该通过联系连接到实体类型呢？答案是：当属性是数据模型中某个实体类型的标识符或其他特征并且多个实体类型实例需要共享该属性时。图 2-15c 体现了这种规则，例子中 EMPLOYEE 有 Department（部门）的复合属性。部门是个商业概念，多个员工可以共享同一个部门数据。部门数据可以（非冗余地）在 DEPARTMENT 实体类型中表示，与之关联的实体实例可以通过部门实体获取该部门的数据属性。通过这种方法，多个员工可以共享同一个部门的数据，并且项目（被分配到该部门）和公司中的某一单位（由部门构成）也可以共享这同一个部门的数据。

2.4.4 基数约束

有一个更重要的数据建模符号可以表示一些常用而重要的业务规则。假设通过一个联系连接两个实体类型 A 和 B。**基数约束**是指实体 B 的实例通过一个联系能够（或必须）与实体 A 关联的实例个数。例如，考虑一个音像店存储的 DVD 电影租赁光盘，库存中每部电影可能对应多张 DVD 光盘，这是一对多的联系，如图 2-16a 所示。但是，有些特定的情况（如所有的盗版被没收的情况）下这家店可能没有一部指定电影的 DVD 光盘。因此，需要一个更精确的符号来表示一个联系的基数范围。回顾图 2-2，该图引入了基数表示符号。

1. 最小基数

一个联系的最小基数是实体 B 的实例中可以与实体 A 的每个实例关联的实例的最小个数。在上述的 DVD 示例中，一个电影的 DVD 的最小个数为 0。当参与的最小个数为 0 时，实体类型 B 就是联系的可选参与实体。例如，DVD（弱实体类型）在 Is Stocked As（库存）联系中为可选参与实体。这个事实在图 2-16b 中用 DVD 实体附近的直线上标识的符号 0 描述。

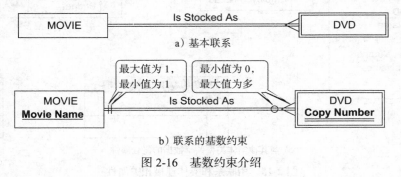

图 2-16 基数约束介绍

2. 最大基数

一个联系的最大基数是实体 B 的实例中可以与实体 A 的每个实例关联的实例的最大个数。在上述电影 DVD 的例子中，DVD 实体类型的最大基数为"很多"，也就是说 DVD 数量是一个大于等于 1 的不确定数字。基数值在图 2-16b 中用类似"乌鸦脚"的符号在 DVD 实体符号左侧的直线上方对 DVD 数量的最大、最小基数进行标识。（维基百科上有关于"乌鸦脚"这个标识符来源的有趣解释；下面这篇文章也介绍了大量的表示基数的符号，网址如下：http://en.wikipedia.org/wiki/Entity-relationship_model。）

当然，联系是双向的，所以在 MOVIE（电影）实体右侧也有基数符号。注意 MOVIE 实体的最大和最小基数数目都是 1（见图 2-16b），这样的基数称作强制性基数（mandatory one cardinality）。换句话说，一部电影对应的所有 DVD 都应该是该电影的拷贝。一般来说，联系的实体为可选参与或强制性参与。若最小基数为 0，则实体是可选参与；若最小基数为 1，则实体是强制性参与。

在图 2-16b 中，每个实体类型都添加了一些属性。注意，由于每个 DVD 存在的前提是原版电影主体存在，所以 DVD 是一个弱实体。MOVIE 的标识符是 Movie Name（电影名），而 DVD 没有唯一标识符，Copy Number（拷贝编号）可作为 DVD 实体的部分标识符，Copy Number 和 Movie Name 共同构成了 DVD 实例的唯一标识符。

2.4.5　联系和基数的例子

图 2-17 中三个联系的例子显示了所有可能的最大和最小基数的组合。三个例子都显示了每个基数约束的业务规则以及相关的 E-R 符号，每个例子还列举了一些联系实例以说明联系的性质。图 2-17 中的三个例子说明了以下业务规则：

1）**患者拥有病史记录**（图 2-17a）。每个患者可能有一个或多个病史。（从患者第一次参与治疗开始，每一次治疗都会产生一个 PATIENT HISTORY（病史）的实例。）每个 PATIENT HISTORY 实例只与一个 PATIENT（患者）相关。

72

2）**把员工分配给项目**（图 2-17b）。每个 PROJECT（项目）至少被分配一名 EMPLOYEE（员工）参与（某些项目还可能有多名员工参与）。每个 EMPLOYEE 可能或（可选地）没有分配到任何现有的项目（如员工 Pete 就没被分配到任何项目），当然，一名 EMPLOYEE 也可以被分配到一个或更多项目中参与工作。

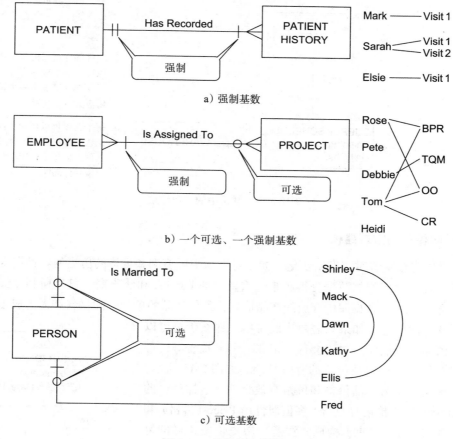

图 2-17　基数约束的例子

3）人（PERSON）和人结婚（Is Married To）（图 2-17c）。两个基数方向各有一个基数可选值为 0 或 1，因为一个人可以在给定的时间内选择结婚或不结婚。

最大基数一般是个固定值，而不是一个任意"多"的值。例如，假如某公司政策规定一个员工可以在同一个时刻参与 5 个项目，则可以通过图 2-17b 中的 PROJECT 实体旁边的类似"乌鸦脚"的符号上方或下方标注数字 5 来表示这种业务规则。

三元联系例子

图 2-14 中表示了一个 SUPPLY SCHEDULE 三元联系关联实体。根据供应商品的业务规则为供应联系的 E-R 图添加基数约束，如图 2-18 所示。注意，PART 和 WAREHOUSE 必须与某个 SUPPLY SCHEDULE 实例相关联，且 VENDOR 可以选择是否参与供应商品。每一个供应计划实例必须与每一个参与实体类型的一个实例关联，所以参与 SUPPLY SCHEDULE 联系的每个实体的基数都是强制性的（记住，SUPPLY SCHEDULE 是一个关联实体）。

前面曾经提到，一个三元联系不能与三个二元联系等价。遗憾的是，很多 CASE 工具不支持三元联系图的绘制；如果必须要用三个二元联系表示一个三元联系（如一个关联实体与三个二元联系），那么绘制时，不要给二元联系命名，并且确保参与三元联系的三个强实体转化为二元联系后，对应的基数是强制性的。

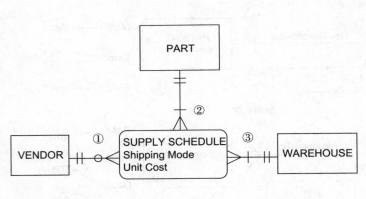

业务规则

① 每个销售商可以供应 0 或者多件部件给一个或多个仓库

② 每件部件可以由多个销售商供应给一个或多个仓库，但每件部件至少由一个销售商供应给一个仓库

③ 每个仓库可以从一个或多个销售商那里供应一件或多件部件，但每个仓库必须供应至少一件部件

图 2-18　三元联系中的基数约束

2.4.6 时间相关的数据建模

数据库内容会随着时间发生变化。如今对组织中可追溯和重构的历史的各种需求越来越高，所以包含时间序列的数据变得越来越重要，如 HIPAA 和萨班斯 – 奥克斯利（Sarbanes-Oxley）法案。例如，数据库中存放的产品信息，每件产品的单价会随材料和人力成本以及市场环境的变化而变化。如果只需要当前价格，那么价格可以定义为单值属性。然而，对于会计、记账、财务报告等，可能需要保存历史价格以及价格的有效日期。如图 2-19 所示，将这种需求概念化为产品价格和价格有效日期。这样产生的 Price History（历史价格）（复合）多值属性由 Price（价格）和 Effective Date（有效日期）构成。注意，历史价格这样的复合、多值属性实体有一个重要的特征，即要求它的子属性同

图 2-19　一个简单的时间戳示例

时存在。因此，在图 2-19 中每个产品的 Price 都与对应的 Effective Date 成对出现。

在图 2-19 中每个 Price 属性值都带有一个记录价格有效日期的时间戳。**时间戳**（time stamp）是一个简单的时间值，如日期和时间。时间戳可以关联一个随时间变化的数据值来保存那些历史数据值。时间戳可以记录数据值的录入时间点（事务时间）、数据的有效日期或无效日期，又或者是执行某个关键操作的时间点，如更新、修改或审核等操作，这与图 2-15b 中的员工技能图类似；还有一种方法在图 2-19 中并没有显示，可以利用 Microsoft Visio 的绘图技巧，把 Price History 用独立的实体类型表示。

通常使用一个简单的时间戳（如之前的例子）就已经可以满足时变数据建模的需要。然而，引入时间的数据建模的复杂度也随之增大。例如，图 2-17c 中，Is Married To 联系是为了描述某个特定时刻的内容，而不是表示历史记录。那么，如果需要记录一个人的完整婚姻历史，那么 Is Married To 联系有可能是一个可选的多对多的联系。此外，如果有多段婚姻，还要加入每段婚姻联系的起始和结束日期；这些日期和图 2-13c 中材料清单结构类似，可以是一个联系的属性，也可以是一个关联实体。

针对时变数据问题曾经与数据建模和数据库管理软件领域的几家公司的经理进行了讨论。在最新一期的财务报告法规公开之前，可操作型数据库的数据模型不具备很好的处理时变数据的能力，甚至有些公司经常忽略这个问题而导致系统问题。随着新法规的颁布，提醒各公司开发数据模型时需要注意由时变数据带来的数据模型的复杂性。从 2007 年 5 月开始，T.Johnson 和 R.Weis 在《DM 评论》（现在叫作《信息管理》）上发表了一系列文章，详细阐述了时间可以作为数据建模的一个维度，这些文章可以通过访问 www.information-management.com 网址上的信息中心的杂志部分进行阅读。

2.4.7　实体类型间的多元联系建模

在一个固定的组织中，相同的实体类型之间可能存在一个以上的联系。图 2-20 中有两个例子，图 2-20a 中显示 EMPLOYEE 和 DEPARTMENT 实体类型之间的两种联系。图中，在两个联系的方向上用不同的符号对联系进行标记；通过标记注释，每个方向上联系的基数会更加明确（对清晰表示 EMPLOYEE 实体上的一元联系有非常重要的意义）。对于员工和其所在部门的联系，在 Has Workers（拥有员工）和 Is Managed By（被管理）两个联系方向上都有强制性，都是一对多的联系。也就是说，一名员工必须被分配在一个确定的部门，一个部门必须至少有一名员工（可能是部门经理）。（注意：这些都是假设业务规则的实例。当进行 E-R 图设计时，需要了解特定的、具体的业务规则，才能更好地进行设计。例如，如果 EMPLOYEE（员工）实体包括退休人员，那么这种类型的员工就不能再被分配给一个部门；再例如，对于图 2-20a 所示的 E-R 模型，假设组织中只需要记录每个员工目前工作的部门，而不是工作部门的历史分配记录。数据模型结构反映了组织需要记录的相关信息。）

员工和部门间的第二个联系关联了部门和部门管理的员工。这种从部门到员工（称被管理（Is Managed By）的方向）的联系是强制性的，表明每个部门都必须恰好有一名经理。从员工到部门的联系（管理（Manages））是可选的，因为不是所有员工都是一名部门经理。

图 2-20a 还显示了一元联系，即员工之间存在着监督和被监督的联系。这种联系记录了一种业务规则，即每个员工可能是一个监督其他员工的员工或者是一个被监督（Supervised By）的员工。相反，每个员工可以监督许多员工，也可以做一个没有监督权力的员工。

74

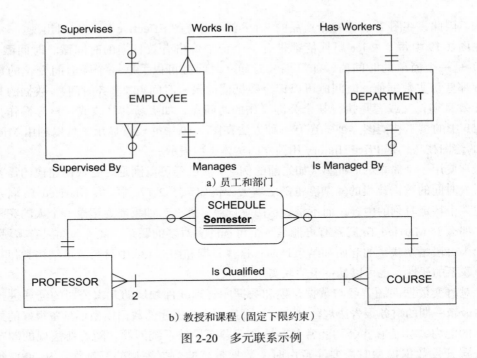

a) 员工和部门

b) 教授和课程（固定下限约束）

图 2-20 多元联系示例

图 2-20b 所示的例子显示了 PROFESSOR（教授）和 COURSE（课程）实体类型之间的联系。Is Qualified（有任职资格）联系关联了教授和他所教授的课程。一门给定的课程需要两个以上有任职资格的讲师（如何使用固定的最小或最大基数值的例子）承担授课任务。例如，一门课程不是某位特定讲师的"私有物"，相反每一名讲师必须至少教一门课程（当然，这是一种合理的期望）。

图中第二个联系是，在一个学期内，教授和课程之间由课程安排进行关联。因为 Semester（学期）是联系的一个特征，所以，图中的 PROFESSOR 和 COURSE 之间存在一个关联实体——SCHEDULE（课程安排）。

关于图 2-20b 还有一点疑问：能否找出课程安排关联实体的标识符？注意，Semester 是一个局部标识符，因此，完整的课程安排标识符包括 PROFESSOR、COURSE 以及 Semester 的标识符。由于完整的关联实体标识符可能变得长而复杂，因而建议为每个关联实体创建替代标识符；所以，为 SCHEDULE 创建 Schedule ID 标识符，Semester 为它的一个属性。在这种情况下有一个隐藏的业务规则，即每个 SCHEDULE 实例对应唯一的 PROFESSOR、COURSE 和 Semester 的联合标识符（因为三者的组合是 SCHEDULE 标识符）。当然，在 SCHEDULE 上也可以添加其他业务规则。

2.4.8 命名和定义联系

除了满足命名数据对象的一般准则外，还有命名联系的特别准则，这些准则是：

- 联系的名字是个动词短语（如 Assigned To（分配）、Supplies（供应）或 Teaches（教授）等）。联系表示采取什么样的行为来执行动作，一般使用现在时，所以及物动词（做动作）比较合适。联系名表示采取什么样的行为，而不是行为的结果（例如，使用 Assigned To 而不是 Assignment）。名称只表示参与实体类型间的交互特征，而不涉及参与过程（例如，一个员工被分配（assigned to）到一个项目，而不是一个员工去分配（assigning）一个项目）。

- 定义联系名时，要避免意义模糊的名字，如已经、相关等模糊词语。尽量使用描述性的且概括能力强的动词短语，可以从联系的定义中发现、总结行为动词。

还有一些定义联系时遵循的特殊准则：

- 联系定义主要说明采取什么样的行为执行动作以及执行行为的重要性。确定由谁或者采取什么样的行为执行动作，比执行动作的过程更重要。联系的定义必然涉及业务对象，一般在 E-R 图中已经包括了联系以及实体类型的定义说明，所以，不需要对业务对象重复描述。

- 通过举例也可以有效说明行为动作的意义。例如，注册是建立在学生和课程之间的联系，注册联系可以包括线下注册和线上注册，也包括添加和删除操作过程中进行的注册。

- 定义应该可以对可选参与进行解释。应该解释零相关实例（没有相关实例）产生的情况：是一个实体实例首次创建时产生，还是随时都可能产生。例如，"已经报名参加课程的学生会产生一个注册链接。在注册开放之前，任何课程都不会有学生注册，学生也无法注册任何课程，那么他将不能选修任何课程（或者可以选修课程，但是要放弃部分或所有的课程）。"

- 联系的定义应该可以解释最大基数的产生原因。例如，"在一名员工和他被分配到的项目之间建立 Assigned To（分配）的联系。根据公司规定，员工不能同时参与四个项目。"例子中体现了很多公司业务规则典型的上限标准，最大基数不一定是永久性的。类似的例子中，不同的公司可能会增加或减少上限标准。因此，最大基数的定义必须是可修改的。

- 联系的定义应该可以解释互斥联系。互斥联系是指一个实体实例只能与一个联系相关联。针对这种情况，在第 3 章中会举例说明。现在来分析一个例子："Plays On（运动）连接了校际运动队和学生队员，并明确标注出学生参加了哪支校际运动队进行训练。参加校际运动队的学生不允许从事校内兼职活动（即学生不能同时参加校际运动队和校内兼职）。"互斥约束的另一个例子是，存在夫妻关系的员工之间不能互相监督。

- 联系的定义应该可以解释联系中的参与限制。互斥是一种限制，但还有其他限制。例如，"员工之间可以互相监督，但员工不能监督自己，并且如果员工的等级水平低于 4 级，就不具备监督的权利。"

- 联系的定义应该可以解释联系中隐含的历史联系。例如，医院病床与病人的 Assigned To（分配）连接。只有当前被分配的床位才会存储在数据库中。若一名病人没有被医院接收，那么他就没有床位，而一个床位在任意时间点是可以处于空闲状态的。另一个隐含的历史联系的例子是 Places（签约）连接了客户与订单。但如果数据库中只保留了近两年的订单数据，那么就不是所有订单都存在这种联系。

- 联系的定义应该可以解释参与联系的实体实例之间的对应关系是否可以改变。例如，签约连接了客户与订单，而每个订单对应的客户是固定的，不能转移给其他客户。另一个例子是，"Categorized（分类）连接了产品和生产线。由于组织结构和产品设计性质的变化，产品可能被分到其他的生产线生产。分类只能作为产品与当前生产线的连接。"

2.5 E-R 建模实例：Pine Valley 家具公司

设计 E-R 图可以选择以下两种方法之一（或两种）：一种是自顶向下的方法，从商业的基本描述入手，包括政策法规、流程和开发环境。自顶向下的方法适合开发仅有主要实体、联系以及由有限的属性集合构成的高级 E-R 图（例如仅有实体标识符）。另一种是自底向上的方法，设计者与用户进行详细的讨论，从文档、屏幕以及相关数据资源的研究入手。自底向上的方法是设计一个详细的"完全属性"E-R 图的重要方法。

本节主要为 Pine Valley 家具公司开发一个高级的 ERD，主要采用自顶向下的设计方法（图 2-21 采用微软的 Visio 工具进行绘制）。为了表示上的简单，图中不显示复合或多值属性（例如，技能表示为一个单独的实体类型，通过关联实体与 EMPLOYEE 实体关联。允许一个员工掌握多种技能，多个员工也可以同时掌握一个技能）。

通过图 2-21 的实例图可以回顾本章之前学习的常见的 E-R 建模符号，后面的内容中将解释图中的业务规则。然而，在阅读解释之前，通过前面内容的学习，先试着在图 2-21 中寻找典型的 E-R 模型结构，如一对多、二元、一元联系等。再接着思考为什么用这种方法对业务数据进行建模。看图的时候可以思考以下一系列问题：

- 哪里表示一元联系，一元联系代表什么意义，什么原因导致基数的不同？
- 为什么包括一个一对多的联系，其他组织中的结构有何不同？
- 产品在被分配到生产线生产之前，是否允许在数据库中表示？
- 如果每个不同的销售区域分别有不同的销售联络员，那么联络员的名字在数据模型中应该如何放置？
- Does Business In（经营范围）关联实体的意义是什么，为什么每个 Does Business In 实例必须与 SALES TERRITORY（销售区域）和 CUSTOMER（客户）关联？
- Pine Valley 家具公司的哪些经营方式会导致 Supplies（供应）关联实体发生变化或供应关联实体被淘汰？

以上问题在本章最后的问题与练习 3 中解答，建议读者先思考这些问题，以加强对之前
78
学习的 E-R 图的理解和回顾。

从 Pine Valley 家具公司的业务流程中我们已识别出以下实体类型，并且已为每个实体选择了重要属性和标识符：

- 该公司销售不同种类的家具产品。这些产品分为几个产品线。产品的标识符是 Product ID（产品编号），而产品线的标识符是 Product Line ID（产品线编号）。产品的其他属性包括 Product Description（产品说明）、Product Finish（产品完成日期）和 Product Standard Price（产品标价）。产品线的其他属性有 Product Line Name（产品线名称）。产品线包括一个或多个产品，但至少包括一个产品，而每个产品只能属于唯一的产品线。
- 客户提交产品订单。订单的标识符是 Order ID（订单编号），其他属性包括 Order Date（订单日期）。客户可以提交 0 个或多个订单，但每个订单只能被唯一的客户提交。客户的标识符是 Customer ID（客户编号），其他属性包括 Customer Name（客户名）、

Customer Address（客户地址）和 Customer Postal Code（客户邮政编码）。

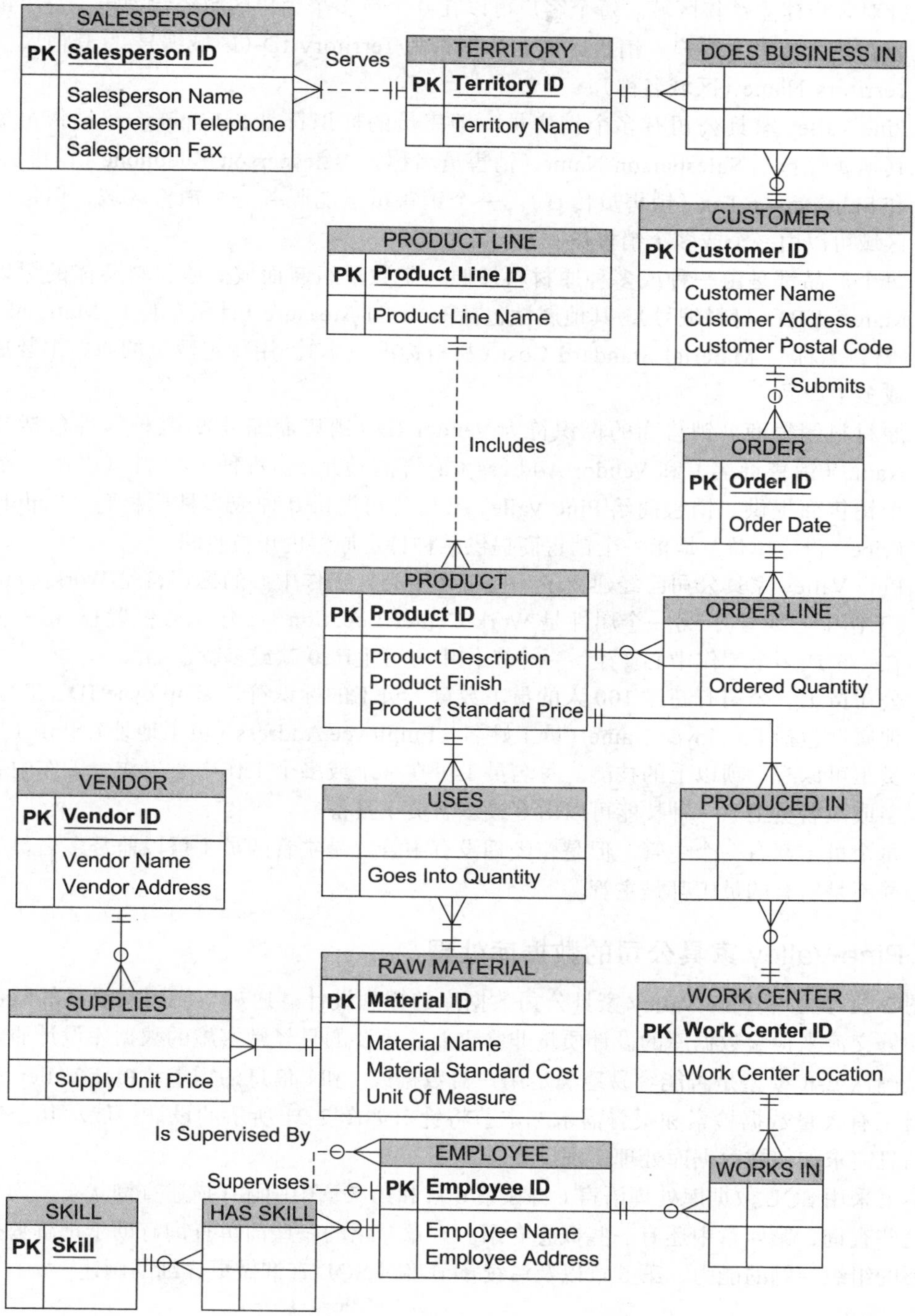

图 2-21 用微软的 Visio 符号表示 Pine Valley 家具公司的数据模型

- 客户订单必须至少有一个产品，并且每个订单的每行只能对应一款产品。Pine Valley 家具公司销售的任何产品在项目订单中出现 0 或多行。每个订单中与每个行项目关联的属性是 Ordered Quantity（订购数量）。

- 针对客户建立销售区域。每个客户可以在 0 个或多个销售区域经营销售。一个销售区域有一个或多个客户。销售区域的标识符为 Territory ID（区域编号），其他属性包括 Territory Name（区域名称）。

- Pine Valley 家具公司有多个销售员。销售员的标识符是 Salesperson（销售员编号），其他属性包括 Salesperson Name（销售员名称）、Salesperson Telephone（销售员电话）和 Salesperson Fax（销售员传真）。一个销售员只能服务一个销售区域，但每个销售区域可以由一个或多个销售员服务。

- 每个产品都是由一种或多种原材料按照一定数量组装而成。原材料实体的标识符为 Material ID（材料编号），其他属性包括 Unit Of Measure（计量单位）、Material Name（材料名称）、Material Standard Cost（材料标准成本）。用特定数量的原料组装成一个或多个产品。

- 原材料销售商。销售商的标识符为 Vendor ID（销售商编号），其他属性包括 Vendor Name（销售商名）和 Vendor Address（销售商地址）。每种原材料可以由一个或多个销售商提供。销售商给 Pine Valley 家具公司提供 0 种或多种原材料。Supply Unit Price（供应单价）是指一个销售商提供某种特定原料的单位价格。

- Pine Valley 家具公司已经建立了一些工作中心。工作中心的标识符是 Work Center ID（工作中心编号），另一个属性是 Work Center Location（工作中心位置）。每一种产品在一个或多个工作中心产生。一个工作中心可生产 0 款或多款产品。

- 公司员工。公司有超过 100 人的员工数量。员工的标识符是 Employee ID（工号），其他属性包括 Employee Name（员工姓名）、Employee Address（员工地址）、Skill（技能）。员工可以有一项以上的技能。每名员工可在一个或多个工作中心工作，工作中心有一名或多名员工。一种技能可以由 0 或多名员工具备。

- 每个员工都有一个主管，但是，经理没有主管。是主管的员工可以监督多名员工，但并不是所有的员工都是主管。

2.6 Pine Valley 家具公司的数据库处理

79
~
80

图 2-21 表示了 Pine Valley 家具公司数据库的概念设计。通过与使用实现后的数据库的人员频繁交流来检验数据库的设计质量非常重要。重要的且经常实施的数据库设计质量检验类型是确认 E-R 模型是否能容易地满足用户对数据或（和）信息的需求。Pine Valley 家具公司的员工有大量数据检索和报告需求。本节将针对如图 2-21 所示的设计，展示几个这样的用户信息需求如何被数据库处理实现。

本书采用 SQL 数据库处理语言（将在第 6 章和第 7 章中阐述）描述查询状态，为了充分理解这些查询，第 4 章中还有一些概念介绍。本章介绍的一些简单查询有助于理解数据库解决重要的组织问题的能力，第 6 章以及后续章节将对 SQL 查询做更详细的阐述。

2.6.1 显示产品信息

各种用户（例如，销售人员、库存经理和产品经理）都希望看到 Pine Valley 家具公司生产的相关产品的数据信息。对于销售人员来说，一个特殊的需求是：需要知道客户对产品列表中哪种类型的产品感兴趣。这种查询需求的一个例子如下：

列出公司库存的各种电脑桌的详细信息。

以上需求是对 PRODUCT 实体信息进行查询的操作（如图 2-21）。查询扫描所有产品实体并显示包含有 Computer Desk（电脑桌）产品的属性。

上述 SQL 查询代码如下：

```
SELECT *
FROM Product
WHERE ProductDescription LIKE "Computer Desk%";
```

查询的典型输出结果是：

PRODUCTID	PRODUCTDESCRIPTION	PRODUCTFINISH	PRODUCTSTANDARDPRICE
3	Computer Desk 48"	Oak	375.00
8	Computer Desk 64"	Pine	450.00

SELECT * FROM Product 表示显示所有 PRODUCT 实体的属性。WHERE 子句表示查询条件是：以 "Computer Desk" 字符串开头的产品。

2.6.2 显示产品线信息

另一个常见的信息是显示 Pine Valley 家具产品线的数据信息。产品经理需要了解、掌握这种特定类型的信息。以下是一名区域销售经理的特殊查询需求：

列出产品线 4 的详细信息。

在 PRODUCT 实体中有该查询数据。如第 4 章中所述，图 2-21 中的数据模型转换成数据库时，Product Line（产品线 ID）属性被添加到 PRODUCT 实体中。查询扫描 PRODUCT 实体，显示符合产品线条件的产品的所有属性。

81

查询对应的 SQL 代码如下：

```
SELECT *
FROM Product
WHERE ProductLineID = 4;
```

查询的典型输出结果是：

PRODUCTID	PRODUCTDESCRIPTION	PRODUCTFINISH	PRODUCTSTANDARDPRICE	PRODUCTONHAND	PRODUCTLINEID
18	Grandfather Clock	Oak	890.0000	0	4
19	Grandfather Clock	Oak	1100.0000	0	4

该 SQL 查询与显示产品信息的 SQL 查询语句相似，不做赘述。

2.6.3 显示客户订单状态

前两个查询例子比较简单，都只涉及一张表。很多情况下，查询请求信息来自多张表。虽然前面的查询比较简单，但查询过程依然要搜索整个数据库，以找到满足查询需求的实体和属性。

为了简化查询输入等要求，满足用户的特殊需求，可以在数据库管理系统中创建视图。为了满足客户订单状态的查询，Pine Valley 公司创建了如图 2-22 中所示的 PVFC（Pine Valley 公司）的 E-R 图，图中显示名为 "客户订单" 的用户视图。视图中，只显示 CUSTOMER 和 ORDER 实体以及两个实体的唯一属性。对用户来说，ORDERS FOR CUSTOMERS（客户订单）

实体和其属性构成一张（虚拟）表。Customer ID 属性被添加到 ORDER 实体（如图 2-22 所示）中，在第 4 章中将再作说明。

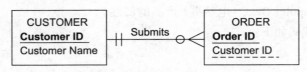

图 2-22   用户视图：客户订单

一个典型的订单状态查询如下：

从客户 Value Furniture 那里收到多少订单？

假设把我们需要的数据汇集到一个用户视图或被称为 Orders For Customers 的虚拟实体，可以编写如下查询语句：

```
SELECT COUNT(Order ID)
FROM OrdersForCustomers
WHERE CustomerName = "Value Furniture";
```

若没有用户视图，则可以通过编写 SQL 代码的方式进行查询。本书选择嵌套查询组合，称为子查询（subquery）。（在第 7 章中将阐述子查询，并用图解技术帮助构成查询。）查询分两个步骤执行。第一步，子查询（或内查询）扫描 CUSTOMER 实体以确定名为 "Value Furniture" 的客户的 Customer ID。（本例中的客户 ID 为 5。）第二步，查询（或外查询）扫描 ORDER 实体并根据第一步中查询到的客户 ID 统计对应客户的订单实例的数量。

上例中，若没有建立"客户订单"视图，则采用如下 SQL 语句实现查询：

```
SELECT COUNT (OrderID)
FROM Order
WHERE CustomerID =
    (SELECT CustomerID
    FROM Customer
    WHERE CustomerName = "Value Furniture");
```

示例中的 SQL 语句采用了子查询的方法，与视图相比，并没有使查询语句变得非常复杂。

采用以上两种查询方法都可以得到如下结果：

```
COUNT(ORDERID)
        4
```

总结

本章描述了组织中数据建模的基础。业务规则来自于政策、程序、事件、函数和其他业务对象，规定管理组织的约束以及在这些约束中数据如何进行处理和存储。使用业务规则描述一个信息系统的需求是非常重要的方式，对数据库也会收到较好的效果。业务规则成为企业的核心理念，它能够表达为最终用户所熟悉的条款，具有很强的可维护性，能够通过自动化的手段加以执行，但大多数情况下还是通过数据库的方式加以执行。

基本业务规则是数据的命名和定义。本章阐述了在业务中为数据对象命名和定义的准则。在进行概念数据建模时，必须为实体类型、属性和联系提供名字和定义。其他业务规则可以描述对这些数据对象的约束，这些约束可以在数据模型和相关的文档中获得。

目前，常用的数据建模符号是实体－联系数据模型。E-R 模型是一种对组织中的数据进行详细描述的逻辑表达方法。通常 E-R 模型通过 E-R 图的形式表达，即采用图形的方式描述 E-R 模型。目前，还没有 E-R 建模符号的标准，很多 CASE 工具中使用的都是 Visio 中的标记法。

E-R 模型的基本结构是实体类型、联系以及相关属性。实体是一个人、一个地方、一个对象、一个事件或是在用户环境中组织希望保存数据的一个概念。一个实体类型是一系列实体的集合，它们具有相同的属性。一个实体实例是一个实体类型的实例化。强实体类型有自己的标识符，不依赖于其他实体的存在而存在。弱实体类型实体的存在依赖于强实体。弱实体没有自己的标识符，通常只有部分标识符。弱实体通过其依赖的强实体类型进行识别。

属性是与组织相关联的实体以及实体间联系的性质和特征。属性的类型有很多，一个实体实例的必要属性必须有值，可选属性的值可以为空。简单属性不可分割，复合属性可以分解成多个组成部分，例如，人名可以分解成姓和名。

多值属性是指一个实体实例可以有多个值，例如，一个人的大学学位属性可以有多个值。推导属性是指它的值可以通过其他属性值计算得出，例如，平均工资可以通过所有员工工资计算得出。

标识符是唯一识别一个实体实例的属性。标识符应慎重选择，以确保稳定性和易用性。标识符可能是一个简单属性，或者是一些复合属性。

联系类型是反映实体与实体之间有意义的联系，联系实例表达实体实例之间的关联。联系的度是参与联系的实体类型的数目。最常见的联系类型是一元（一度）、二元（二度）和三元（三度）。

在绘制 E-R 图时，会遇到多对多（和一对一）的联系，这些联系有一个或多个与联系相关的属性，而不仅仅是与参与的实体类型相关的属性。在这种情况下，考虑将联系转换成一个关联实体。这种类型的实体是一个或多个实体类型的实例间的关联，并且包含联系的属性。关联实体类型自身可以有简单的标识符，或是在逻辑设计阶段被分配一个复合标识符。

基数约束是一种限定与实体 A 的实例相关联的实体 B 的实例个数约束。基数约束通常可以限定一个实体实例的最大和最小个数。约束可以是单强制、多强制、单选、多选或者一个具体的数字。最小基数约束也被称为参与约束。最小基数为零代表的是可选参与，而最小基数为 1 代表的是强制参与。

随着时间的推移，很多数据库需要存储历史数据值，因此为时变数据进行建模是数据建模的一个重要组成部分。随着时间的推移，数据不断地重复，数据可以建模为多值属性或作为独立的实体实例，在每种情况下都可以通过时间戳为数据标识相关的日期和时间。有时在数据模型中需要建立独立的联系，以代表不同时间点之间的关联。最近的财务报告风波就证明了包含时间和历史数据的规则在数据库中的重要性。

关键术语

Associative entity（关联实体）	Composite attribute（复合属性）
Attribute（属性）	Composite identifier（复合标识符）
Binary relationship（二元联系）	Degree（度）
Business rule（业务规则）	Derived attribute（推导属性）
Cardinality constraint（基数约束）	Entity（实体）

Entity instance（实体实例）

Entity-relationship diagram (E-R diagram)
（实体－联系图（E-R 图））

Entity-relationship model (E-R model)
（实体－联系模型（E-R）模型）

Entity type（实体类型）

Identifier（标识符）

Identifying owner（标识主体）

Identifying relationship（标识联系）

Maximum cardinality（最大基数）

Minimum cardinality（最小基数）

Multivalued attribute（多值属性）

Optional attribute（可选属性）

Relationship instance（联系实例）

Relationship type（联系类型）

Required attribute（必要属性）

Simple (or atomic) attribute（简单（或原子）属性）

Strong entity type（强实体类型）

Ternary relationship（三元联系）

Time stamp（时间戳）

Unary relationship（一元联系）

Weak entity type（弱实体类型）

复习题

1. 写出下列术语的定义：

   a. 实体类型　　　　b. 实体－联系模型　　　c. 实体实例　　　　d. 属性

   e. 联系类型　　　　f. 标识符　　　　　　　g. 多值属性　　　　h. 关联实体

   i. 基数约束　　　　j. 弱实体　　　　　　　k. 标识联系　　　　l. 推导属性

   m. 业务规则

2. 将下列术语和定义连线：

   _____ 复合属性　　　　　　　a. 唯一标识一个实体实例

   _____ 关联实体　　　　　　　b. 涉及单个实体类型的实例

   _____ 一元联系　　　　　　　c. 限定实例数量的最大值和最小值

   _____ 弱实体　　　　　　　　d. 联系建模为一个实体类型

   _____ 属性　　　　　　　　　e. 实体类型之间的关联

   _____ 实体　　　　　　　　　f. 相似实体集合

   _____ 联系类型　　　　　　　g. 联系中参与的实体类型数量

   _____ 基数约束　　　　　　　h. 一个实体的性质

   _____ 度　　　　　　　　　　i. 可以分解成两个组成部分

   _____ 标识符　　　　　　　　j. 依赖于另一个实体类型的存在

   _____ 实体类型　　　　　　　k. 三度的联系

   _____ 三元　　　　　　　　　l. 多对多的一元联系

   _____ 材料清单　　　　　　　m. 人、地点、对象、概念、事件

3. 比较下列术语：

   a. 存储属性；推导属性　　　　　　　　　b. 简单属性；复合属性

   c. 实体类型；联系类型　　　　　　　　　d. 强实体类型；弱实体类型

   e. 度；约束　　　　　　　　　　　　　　f. 必要属性；可选属性

   g. 复合属性；多值属性　　　　　　　　　h. 三元联系；三个二元联系

4. 很多系统设计人员认为数据建模是系统发展进程中最重要的部分，给出三个原因。

5. 在一个组织中，你从哪可以发现业务规则？

6. 请陈述在数据模型中数据对象命名的 6 条一般性规则。

7. 请陈述选择实体标识符的四个标准。

8. 为什么一些标识符必须是复合的，而不是简单的？

9. 请陈述三个建议设计者应该将联系作为一个关联实体类型进行建模的条件。

10. 列出四种类型的基数约束，每一种举一个例子。

84

11. 举一个非本章介绍的弱实体类型的例子，说明为什么需要指明一个标识联系。

12. 联系的度是什么？分别列出本章描述的三种联系的度的三个例子。

13. 给下列每一个术语举一个例子（除本章介绍以外的），并验证你的答案：
    a. 推导属性   b. 多值属性   c. 原子属性   d. 复合属性
    e. 必要属性   f. 可选属性

14. 给下列每一个术语举一个例子（除本章介绍外的），并清楚地解释为什么你的例子是这种类型的联系而不是其他类型。
    a. 三元联系   b. 一元联系

15. 举例说明有效日期作为实体属性的作用。

16. 联系命名的特殊准则是什么？

17. 除了已经解释的内容，联系的定义还应该有哪些解释。

18. 对于图 2-12a 中的管理联系，描述一种或多种会导致一元联系两端出现不同基数的情况。根据你对本例的理解，你是否认为 E-R 图能够清晰简单地体现业务规则并导致了特定基数结果，验证你的答案。

19. 解释实体类型和实体实例之间的区别。

20. 为什么建议将三元联系转换为一个关联实体？

问题与练习

1. 移动运营商需要数据库记录客户信息，还包括客户签署的合约以及客户正在使用的手机（移动电话）等信息。图 2-23 的 E-R 图说明了运营商感兴趣的主要实体以及实体之间的联系。仔细读图，回答下列问题，并给出答案的理由。在 E-R 图中标示出确定每个答案的要素。

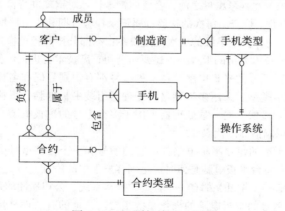

图 2-23　问题与练习 1 图例

a. 一个客户可以签订多个合约吗？

b. 可以存在一个没有签订合约的客户吗？

c. 可以创建一个不明确客户的合约吗？

d. 运营商是否希望通过特定的手机类型与一个特定的合约类型产生联系？

e. 如果不将手机与一个合约联系，是否可以维护手机的相关数据？

f. 一个手机可以与多个合约关联吗？

g. 图 2-23 的模型中是否包含一个手机可以安装多个操作系统的情况？

h. 若没有保留制造商的手机信息，是否能够追踪到这个制造商？

    i. 一个操作系统是否适用于不同型号的手机？

    j. 客户和合约之间的联系有两种，解释它们的区别。

    k. 描述客户之间联系的度和基数，并解释它们的含义。

    l. 一个合约里包含多名客户，能否通过手机联系到其中的一个特定的客户？

    m.运营商可以跟踪一个不能识别其操作系统的手机吗？

2. 根据下面的描述，完成以下任务：

    i. 标识联系的度和基数。

    ii. 用 E-R 图表示每个描述中的联系。

    a. 一本书是通过它的 ISBN 号进行标识的，另外书还有标题、价格和出版日期等信息。书由出版商出版，每个出版商都有 ID 号和名字。每本书只能有一个出版商，但通常一个出版商可以出版多种书籍。

    b. 一本书（参考 2a）由一位或多位作者编写，每位作者由作者编号来标识，还有作者姓名和出生日期信息。每位作者有一部或多部著作；此外，还有一部分尚未出版任何书籍但将来可能会出书的作者的数据。

85

    c. 在 2a 和 2b 规定的范围内，每本书和其作者之间的联系可以通过更多的信息进行描述。具体来说，特定作者在版权中所占百分比以及每位作者排名是很重要的，不管该特定作者是否是这本书的主要作者。

    d. 一本书（参考 2a）可以是一个系列中的一部分，也有其自身的 ISBN 号。一本书可以属于多个系列，一个系列由至少一本或多本书组成。

    e. 一个钢琴制造商想要记录所有钢琴的数据以保证每台钢琴都是独一无二的。每台钢琴都有一个序列号标识和制造完成日期。每台钢琴只代表一个钢琴模型，所有这些都有一个标识号码和名称。此外，该公司希望保存有关模型的设计者的信息。随着时间的推移，公司经常生产数千台某型号的钢琴，并且模型设计信息一定是在任一钢琴存在之前出现。

    f. 钢琴制造商（参考 2e）在钢琴出货之前，会雇佣钢琴技师对钢琴进行检查。每台钢琴由至少两名技师（由员工号码标识）检查。每次的检验都要记录检验日期和质量评价等级。

    g. 钢琴技师（参考 2f）间存在上下级的层次汇报联系：一部分技师担负检查监督的责任，除了承担检验角色和听取其他技术人员的汇报外，还要向公司首席技术员进行汇报。

    h. 一个销售商生产多种型号的平板电脑，每一种型号都有识别号码和名称，每种型号的主要参数包括存储空间和显示类型。采用多种型号的处理器组装平板电脑，每种型号处理器都对应了特定型号的平板电脑。显然，同一款处理器可用于多个型号的平板电脑，每种处理器都有一个制造商和一个唯一标识制造商的代码。

    i. 销售商（参考 2h）制造的每台平板电脑都由它的型号和一个在该型号中唯一的序列号来进行识别。销售商希望保存每台平板电脑是何时送达到客户手中的信息。

    j. 每种型号的平板电脑（参考 2h）都有一个特定的操作系统，公司雇佣的每个技术人员要经过认证才能组装一种特定型号的平板电脑的操作系统组合。认证的有效性是指员工通过组合认证考试那天开始的，并且认证的有效期为一个特定的时间，时间的长短取决于平板电脑操作系统组合。

3. 根据图 2-21 回答以下问题：

    a. 哪里存在一元联系，它代表什么含义，什么原因导致这些基数和其他组织中的不一样？

    b. 为什么 Includes（包括）是一个一对多的联系，为什么它与其他组织中的同类联系不同？

    c. 在产品进入生产线之前，Includes 联系是否允许数据库中存在这个产品的信息（例如，产品处于研发阶段时）？

    d. 针对每一位员工拥有的技能是否标有能力等级，在数据模型的哪里可以评定这个等级？

    e. DOES BUSINESS IN（经营范围）关联实体是什么意思，为什么每个 DOES BUSINESS IN 实例都必须与一个确定的 TERRITORY（区域）和一位 CUSTOMER（客户）相关联？

f. 以什么样的方式会使 Pine Valley 改变它的经营方式，从而导致 Supplies 关联实体被淘汰和它周围关系的改变？

4. 本章关于图 2-21 给出了描述 Pine Valley 家具公司中实体以及实体之间联系的符号列表，对于列表中的 10 点中的每一个，识别图 2-21 中对这个点描述的子集。

5. 你可能已经掌握了利用 CASE 或绘图工具来开发概念数据模型的技能，使用这个工具，尝试重新绘制这一章的所有 E-R 图，你觉得有哪些不太一样的地方？使用这个工具，你觉得哪些 E-R 图的符号没有被很好地解释？你是怎么处理那些不能直接通过工具的符号转化的 E-R 图符号？

6. 考虑图 2-24 中的两个 E-R 图，它表示了两个不同城市（A 和 B）的社会服务机构和志愿者情况的数据库，对于下面的三个问题。在"城市 A"、"城市 B"或"都不选"的选项下面画对勾，表示选择最好的答案。

	城市 A	城市 B	都不选
a. 哪个城市目前只维护当前协助机构的志愿者数据？			
b. 哪个城市中一名志愿者可以为多个机构服务？			
c. 哪个城市中一名志愿者可以更换其所协助的机构？			

图 2-24　问题与练习 6 图例

86

7. STUDENT（学生）实体类型包含以下属性：Student Name（学生姓名）、Address（地址）、Phone（电话号码）、Age（年龄）、Activity（活动）和 No of Years（活动年限），Activity 代表的是在校园里开展的一些学生活动，No of Years 代表学生参加这些活动的持续时间。一名学生可以参与多项活动，为这种情况绘制一个实体 – 联系图。你会把哪个或哪些属性指定为 STUDENT 实体的标识符，为什么？

8. 关联实体也是弱实体吗？为什么是或为什么不是？如果是，它们的"弱"体现在哪些特别的地方？

9. 因为 Visio 不能明确表示关联实体，所以在图 2-21 中可能不太清楚哪些实体类型是关联实体。列出图中的关联实体并解释为什么在图 2-21 中有如此多的关联实体。

10. 图 2-25 显示了在每个学期末邮寄给学生的成绩报告单，绘制一个能够反映成绩报告单情况的实体 – 联系图。假设每门课程由一位老师讲授，同时，使用你在课程中被要求使用的工具来绘制这个数据模型，解释在绘制实体 – 联系图时为每一个实体类型选择标识符的原因。

MILLENNIUM 学院
成绩报告
秋季学期 200X

姓名：　　Emily Williams　　　学号：268300458
校址：　　208 Brooks Hall
专业：　　信息系统

课程编号	课程名	导师姓名	导师办公室	成绩
IS 350	Database Mgt.	Codd	B104	A
IS 465	System Analysis	Parsons	B317	B

图 2-25　成绩报告

11. 准确地为下面每一个图例添加最小和最大基数注释:
    a. 图 2-5   b. 图 2-10a   c. 图 2-11b   d. 图 2-12（所有部分）
    e. 图 2-13c   f. 图 2-14

12. 问题与练习 11d 的一个明显答案可以通过图 2-12a 中的 Is Married To 联系找到，即直到时间因素影响了数据建模。为 PERSON 实体类型建立一个数据模型，考虑 Is Married To 联系对下面的每一种情况下选择合适基数的影响，其至包括任一属性:
    a. 对于任何一个人，需要知道这个人当前会跟谁结婚（这个就像你在回答问题与练习 11d 时的情况一样）。
    b. 对于任何一个人，需要知道这个人曾经跟谁结过婚。
    c. 对于任何一个人，需要知道这个人曾经跟谁结过婚，他们结婚的日期是哪天，如果有的话，还有他们婚姻结束的日期。
    d. 对于 c 中同样的情况，还要考虑（可能你在 c 中没有做）同样的两个人在一段婚姻结束后又复婚的情况。
    e. 在历史上甚至在今天的某些文化中，有可能存在法律不限制一个人当前可以结婚的人数。遇到这种情况时，关于问题与练习 c 题的答案该如何处理，或者必须做哪些改变（如果是这样的话，绘制新的实体－联系图）。

13. 图 2-26 表现的是既在学校兼职，又属于（Belongs To）不同学校的俱乐部的学生的情况，仔细研究这张图，辨别其中体现了哪些业务规则。
    a. 你会发现 Works For（为……工作）联系中没有包含基数，给这个联系声明一个业务规则，然后给出一个与这个规则相匹配的基数。
    b. 声明一个让 Located In（位于）联系没有冗余的业务规则（也就是说，俱乐部所属学校可以通过其他联系推测和推断出来）。
    c. 假如一名学生只能在其所在学校兼职，学生可以只参加（Attends）但不工作。那么 Works For 联系是否仍然是必要的？另外能不能以其他方式表达一个学生是否为这个学校工作（如果是这样的话，怎么做）？

14. 图 2-27 展现了两个图（A 和 B），两者都是采用了合法的方式来表示一只股票的历史价格。你认为哪种方式能够更好地模拟股票的历史价格，为什么？

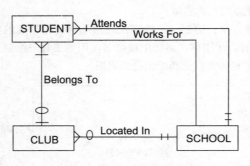

图 2-26 问题与练习 13 图例   图 2-27 问题与练习 14 图例

15. 修改图 2-11a 使之能够模拟以下附加信息要求：培训主任确定每个员工完成的每门课程和谁（哪个员工）需要被通知课程已经完成。培训主管需要追踪哪些员工被通知了每门完成的课程。通知的日期是记录有关此通知的唯一属性。

16. 回顾图 2-8 和图 2-21。
    a. 识别在图 2-21 中没有被标识但有可能表示为复合属性的属性。阐述你的建议。并重绘实体－联系图反映你的建议。

b. 识别在图 2-21 中没有被标识但有可能表示为多值属性的属性。阐述你的建议，并重绘实体 – 联系图反映你的建议。

c. 有没有可能存在一个既是复合属性又是多值属性的属性？如果没有可能，解释你的答案，如果有可能，请举一个例子（提示：考虑图 2-21 中的 CUSTOMER 的属性）。

17. 为下面描述的每种情况绘制一个实体 – 联系图。（如果你认为需要做额外的假设，对每种情况的假设进行清晰的说明。）使用你在课程中学到的绘图工具进行绘制。

a. 一个公司有很多员工，员工的属性包括工号（标识符）、姓名、地址和出生日期。公司还有一些项目，项目的属性包括项目编号（标识符）、项目名称和起始日期。每名员工都可以被分配到 0 个或多个项目。一个项目必须至少分配给一名员工或者多名员工。一名员工的薪酬会因为项目不同而有所不同，并且公司希望为被分配到特定项目的员工制定合适的薪酬。以上描述中的属性名是否遵循属性命名的原则？如果不遵循，给出更好名字的建议。在你绘制的实体 – 联系图中有没有涉及关联实体？如果有，这些关联实体的标识符是什么？你绘制的实体 – 联系图中是否允许一个项目在没有被分配给任何员工之前就被创建？解释原因。如果薪酬在项目中途被改变，将如何修改你绘制的实体 – 联系图？

b. 一个实验室有一些化学家在为一个项目或多个项目工作，每个项目对应了一些特定的实验仪器。化学家的属性包括：工号（标识符）、姓名和电话号码，项目的属性包括：项目编号（标识符）和开始日期。实验仪器的属性包括：序列号和成本。组织中希望记录仪器分配的日期——就是说，一个仪器被分配给一个进行指定项目研究的化学家的日期。一名化学家必须至少被分配到一个项目和一套实验仪器设备。一个给定的实验仪器设备不能被重复分配，一个给定的项目不需要分配任何一个化学家或仪器设备。对这种情况下涉及的联系给出合理的定义。

c. 大学里的一门课程可能有 0 个或多个设定章节，课程的属性包括：课程的 ID 号、课程名和课程单元。章节的属性包括：章节号和学期 ID 号，学期号由两部分组成：学期和学年。章节号是一个整数（如 1 或 2），用来区分同一课程的不同章节，但它不能用来唯一标识章节。思考如何为章节建模？与其他可选的方式进行比较，你为什么选择这种方法为章节建模？

d. 一家医院拥有大量的注册医生，医生的属性包括：医生 ID 号（标识符）和科室。患者在医院接受医生的治疗，患者的属性包括：患者 ID 号（标识符）和患者姓名。任何一名患者入院治疗必须有一个主治医生，一名医生可以选择治疗任何数量的患者。患者一旦入院，至少有一名医生为其治疗，一名特别的医生可以为 0 个或者多名患者进行治疗。当患者接受医生的治疗时，医院希望记录治疗的细节（或称病历）。治疗细节的组成部分包括：日期、时间和结果。你能绘制出医生和患者间的一种或多种联系吗？为什么？你把医院作为一个实体类型了吗？为什么？在你绘制的实体 – 联系图中，允许同一个患者在不同时间接受不同的医生进行治疗吗？怎样做到在你绘制的实体 – 联系图中包含每个患者的每次入院日期？

e. 当银行贷款办公室收到来自各部门的贷款请求后，必须去调查、了解客户的信用状况。每个贷款申请都由一个请求 ID 号来标识，并通过申请日期和申请部门名称进行描述。贷款办公室会收到信用检查结果，信用检查由信用检查 ID 号进行标识，并通过信用检查日期和信用等级进行描述。贷款办公室要求贷款请求要和信用检查结果相匹配。贷款请求在信用检查结果出来之前就被记录，一个特别的信用检查结果可能会在其贷款请求中起到支持作用。请为上面所描述的情况绘制一个实体 – 联系图。假设加入信用检查结果不能被多个贷款请求重复使用的条件约束，通过两个实体类型来绘制这种情况的实体 – 联系图，然后再使用一个实体类型重新绘制。哪一个版本更好，为什么？

f. 公司通过公司 ID 号进行识别，并通过公司名称和企业类型进行描述。雇佣顾问是多值的，通过顾问 ID 号进行标识，并通过顾问姓名和顾问专长进行描述。假设一名顾问在一个时间段内

88

只能为一家公司工作,我们只需跟踪当前的咨询业务。为这种情况绘制一个实体–联系图。考虑加入一个新属性小时工资率,它是一个顾问向其提供服务的公司进行收费的标准。重新绘制包含这个新属性的实体–联系图。再考虑一个顾问为一个公司工作时,需要签订一个合同来书面说明这个咨询项目的一些具体条款。合同通过公司 ID 号、雇员 ID 号和合同日期的组合进行标识。假设在一段时间内,一个顾问仍然只为一个公司工作,重新为这种新情况绘制实体–联系图。在这种最新的情况中,你会为不同的实体类型改变任一属性吗?现在考虑最后一种情况,虽然顾问在一段时间内为一个公司工作,但现在需要保存每个顾问和公司的所有历史咨询项目资料。为这种最终情况绘制实体–联系图。如果是这样的话,解释为什么不同的条件导致了不同的数据模型?

g. 一个艺术博物馆拥有大量的艺术作品,每一件艺术作品由编码(标识符)、标题、类型和尺寸来描述;尺寸由高度、宽度和重量组成。一件艺术作品是由一位艺术家创造的,但是这个艺术家还有一些不出名的作品。一位艺术家通过艺术家 ID 号(标识符)、姓名、出生日期和死亡日期(还在世的艺术家没有这项属性)来描述。数据库中只包含目前在博物馆有自己的艺术作品的艺术家的数据。在某一时间段,艺术作品可能被陈列在博物馆、存储在仓库或离开博物馆作为巡回展览的一部分,也可能被其他画廊借去展览。在博物馆陈列的一件艺术作品可以通过它在博物馆陈列的位置进行描述。一个巡回展览可以通过展览 ID 号(标识符)、当前展览所在的城市以及展览的开始和结束日期进行描述。很多博物馆的作品都是一个特定展览中的一部分,只有至少有一个博物馆艺术品的自己主办的展览需要在数据库中表示。最后,一个画廊通过画廊 ID 号(标识符)、名称和城市进行描述。博物馆想要保存一件艺术作品被其他画廊借用的全部历史记录,每当作品被借出,博物馆希望知道作品被借出的日期和归还的日期。根据以上描述绘制实体–联系图,并遵循数据命名规则。

h. 由 Dewey、Cheetim 和 Howe 组成的律师事务所处理的每个案件都有一个特有的案件号,案件号由两部分构成:一部分数据是开放的,一部分数据是保密的,每个案件的判决结果也要被保存。一个案件有一个或多个原告,同一个原告可能会涉及多个案件。原告具有请求判决的特征。一个案件涉及一个或多个被告,同一个被告可能会涉及多个案件。原告或被告可能是一个人或一个组织。随着时间的推移,同一个人或组织在很多案件中可能是原告或被告。将上面描述的法律内容通过实体号来标识,其他属性有名称和资本净值。根据上面的描述绘制实体–联系图,并遵循数据命名规则。

i. 每个出版社都有一个唯一的名称,此外还有邮寄地址和电话号码。一个出版社出版一本或多本书籍;一本书只能由一个出版社出版。一本书通过它的 ISBN 号进行标识,其他属性有:标题、价格和页数。每本书由一位或多位作者编写;一位作者可能会为不同的出版社编写一本或多本书。每一位作者通过作者 ID 号唯一标识,其他属性有作者的姓名和地址。每一位作者会因为其著作获得一定的版权费用,费用的多少会根据书的内容或作者知名度产生差异。作者会为写的每本书获得一张单独的版权费用支票。每一张支票通过支票号码进行标识,还会记录支票的时间和金额。根据以上描述,为这类问题绘制实体–联系图,并遵循数据命名规则。

18. 假设 Pine Valley 家具公司的每件产品(通过产品号码、产品描述和成本进行描述)都由三个组件(通过组件号码、组件描述和计量单位来描述)组成,并且组件可以用于组合一个或多个产品。此外,假设一些组件可以用于组合其他组件,而且原材料也被作为组件。在这些情况下,就需要记录组成一件家具使用了多少个组件。根据以上描述绘制实体–联系图,并在图中标明最大、最小基数,同时,用本课程学到的工具为这些描述建立一个数据模型。

19. 新兴电器希望创建具有以下实体和属性的数据库:
● 顾客:顾客编号、姓名、地址(街、城市、州、邮政编码)、电话

- 位置：位置编号、地址（街、城市、州、邮政编码）、类型（商业区或居民区）
- 等级：运营等级、每小时营业额

对店主进行采访之后，提出以下业务规则：

- 顾客可以有一个或多个位置。
- 每个位置有一个或多个等级，取决于一天中的时刻。

89

　　根据以上描述绘制实体－联系图，并在图上标明最大、最小基数，同时，用本课程中所学到的工具为这些描述建立一个数据模型。叙述你做出的任何假设。

20. 每个学期都会给每名学生分配一名导师，导师和学生讨论相关的学位要求并帮助学生完成课程注册。每名学生必须在导师的帮助下完成课程的注册，但是如果为学生分配的导师无法提供帮助，那么这名学生可以在任何一名其他导师的帮助下完成注册。我们必须记录学生、分配给每个学生的导师以及本学期和学生一起完成注册的导师姓名。绘制这种情况下的学生和导师的 E-R 图。同时，用本课中学到的工具为这些描述建立一个数据模型。

21. 回顾本章中的图 2-4a，认为接收联系、汇总联系以及出纳实体不是必需的。现在，考虑一个稍微不同的情况，假设它们是必需的，出于遵从性目的（例如，萨班斯－奥克斯利法案的遵从），需要知道每一份开支报告的产生时间以及哪些主管人员（不仅是出纳）会收到各项开支报告，以及什么时候在该报告上签字。重新绘制图 2-4a，需要包括修改后新加入的需求属性和联系。

22. 绘制一个房地产公司的实体－联系图，并列出房地产销售情况。同时为你绘制的图上的每一个实体类型、属性和联系准备一个定义，另外，使用本课程中学到的工具建立符合以下描述的数据模型。下面对这个组织进行介绍。

- 这家公司在一些州有大量的销售办事处。销售办事处的属性包括办公室号码（标识符）和位置。
- 每个销售办事处雇用了一名或多名员工，员工的属性包括员工编号（标识符）和员工姓名。每名员工只能被分配给一个销售办事处。
- 对于每个销售办事处，总有一名员工会被指派来管理这个办事处，员工只对其被指派的销售办事处进行管理。
- 公司列出出售的房产，房产的属性包括房产编号（标识符）和位置。位置的组成包括地址、城市、州和邮政编码。
- 每一处房产只能在一个（且仅一个）销售办事处被列出，一个销售办事处可以有 0 或多处房产被列出。
- 每一处房产可以有一名或多名业主，业主的属性包括业主编号（标识符）和业主姓名。一名业主可以拥有一处或多处房产。物业和业主之间的联系属性是所占百分比。

23. 在学习了数据库管理课程的相关内容后，绘制一个交响乐团的初始实体－联系图，包括如表 2-2 所示的实体类型。

表 2-2 问题与练习 23 中的实体类型表

音乐节	音乐节期间有一系列的音乐会将会上演。开幕日期为标识符，包括年、月、日
音乐会	演出一首或多首曲目。音乐会编号为标识符，另一个重要属性是音乐会日期，由年、月、日和时间组成。一场音乐会通常有多个音乐会日期
曲目	在每一场音乐会中表演的曲目。曲目编号为标识符，由作曲者姓名和曲目名组成。另一个属性是乐章编号，由乐章号码和乐章名称两部分组成。但并不是所有的曲目都有多个乐章
指挥家	指挥音乐会的人。指挥家编号为标识符，另一个属性是指挥家姓名
独奏者	独奏艺术家是在一场特定的音乐会上表演给定曲目的人。独奏者编号为标识符，另一个属性是独奏者姓名

进一步分析讨论会发现：

- 音乐节安排了一场或多场音乐会。一场特别的音乐会只会在一个音乐节上被安排。
- 一场音乐会包括一首或多首曲目的表演，一首曲目可能会在 0 场或多场音乐会上表演。
- 每一场音乐会有一位指挥家，一位指挥家可以指挥 0 场或多场音乐会。
- 每一首曲目需要 0 位或多位独奏者。一位独奏者在一场指定的音乐会上可以表演 0 首或多首曲目。交响乐团希望记录一位独奏者最后一次表演一首指定曲目的时间（最后演出日期）。

　　根据你的理解绘制一个实体－联系图来表示以上描述的业务规则，并解释这些业务规则如何在 E-R 图中建模。同时，用本课中所学到的工具为这些描述建立一个数据模型。

24. 根据以下情形绘制一个实体－联系图。（陈述你认为绘制一张完整的实体－联系图应该做出的所有假设。）同时，使用你熟悉的工具为这种情形建立一个数据模型：斯蒂尔沃特古董城（Stillwater Antiques）购买和销售独一无二的各类古董（例如家具、珠宝、瓷器和服装）。每个古董由一个古董编号唯一标识，并且还包括说明、开价、古董状况和开放式评论特征。斯蒂尔沃特与很多个体户合作，这些个体户被称为客户，他们向斯蒂尔沃特出售古董并且也从斯蒂尔沃特处购买古董。一部分客户只向斯蒂尔沃特出售古董，一部分客户只购买古董，还有一部分客户既出售古董也购买古董。客户通过客户编号识别，并通过客户姓名和客户地址进行描述。当斯蒂尔沃特出售库存古董给客户时，希望记录支付的佣金、实际的销售价格、销售税（零税表示免税销售）和销售日期。当斯蒂尔沃特从客户那里购买一件古董时，希望记录买入价格、购买日期和购买时的状况。

[90]

25. 为下面的情况绘制实体－联系图。（陈述你认为为绘制一个完整的图应该做出哪些假设。）同时，使用你熟悉的工具建立数据模型：A. M. 洪卡商学院在欧洲 10 个校区设有国际商务课程，该学院的第一届毕业生有 9 000 个，毕业于 1965 年。学院记录每个毕业生的学号、在校期间姓名、出生国籍、当前国籍、当前姓名、当前地址以及完成学习的专业名称（一个学生可以选择一个或两个专业）。为了与校友保持紧密联系，学院会在世界各地举办各种活动，每次活动都有一个主题、日期、地点和类型（例如：酒会、晚宴或研讨会）。学院需要记录哪些毕业生参加了哪些活动。对于每一次活动，学院会派一名相关负责人记录每个参加活动的毕业生的相关信息。学院还通过邮件、电子邮件、电话和传真与毕业生保持联系。与活动一样，学院需要记录通过这些联系方式从毕业生那里获得的相关信息。当一名学校相关负责人知道他将会和毕业生对话时，需要产生一份关于毕业生的最新信息以及从最近两年与毕业生的联系和毕业生出席的活动中获取的相关信息的报告。

26. Wally Los Gatos 是 Wally's Wonderful World 壁纸的主人，现在聘请您作顾问，为 Wally 销售的墙纸及附件的三家连锁店设计一个数据库管理系统。Wally 希望系统可以记录销售、客户和员工的信息。在开始设计 E-R 模型之前，经过与 Wally 的会面交流，Wally 提出一系列业务规则和需求，如下所示：

- 客户通过连锁分店提交订单。
- Wally 希望记录顾客的如下信息：姓名、地址、城市、州、邮政编码、电话、出生日期和主要语言。
- 一位客户可以提交多个订单。
- 一位客户随时可以通过不同的连锁分店提交订单。
- 客户可能有 0 个或多个账户。
- 需要记录账户的以下信息：余额、最后付款日期、最后支付金额和类型。
- 一个连锁分店可以有多位客户。
- 需要记录每一家连锁分店的以下信息：分店编号、位置（地址、城市、州、邮政编码）和建筑面积。
- 一家连锁分店可以出售所有商品或只卖部分商品。
- 订单由一件或多件商品组成。

- 每一张订单需要记录以下信息：订单日期和信贷授权状态。
- 商品由一家或多家分店出售。
- 希望记录每件商品的如下信息：产品说明、颜色、尺寸、图案和类型。
- 一件商品可以由多件商品组成；例如，一间餐厅的壁纸组合（20 号商品）可由墙纸（22 号商品）和边界（23 号商品）组成。
- Wally 雇用了 56 名员工。
- 希望记录员工的如下信息：姓名、地址（街、城市、州、邮政编码）、电话号码、雇佣日期、头衔、薪资、技能和年龄。
- 每名员工只能为一家连锁分店工作。
- 每名员工有一名或多名家属，希望记录家属的姓名、年龄以及与员工的联系。
- 员工可以具备一项或多项技能。

　　根据以上描述绘制 E-R 模型。同时，用你在本课程中学到的工具为这些描述建立一个数据模型。

27. Wally Los Gatos（参考问题与练习 26）发现他经营的壁纸业务中有一些不明白的地方，他决定利用晚上时间继续攻读法律学位。毕业后，Wally 与 Lyla EL Pajaro 合作成立 Peck and Paw 律师事务所。Wally 与 Lyla 聘请你设计符合以下业务规则的数据库。在设计数据库时要注意保证你的最佳利益，以避免不必要的诉讼。在以下规则的基础上绘制实体 – 联系图：
- 每个案件中律师为一个或多个客户服务。
- 律师的属性有律师编号、姓名、地址、城市、州、邮政编码、专长（可能不止一个）和法庭（可能不止一个）。
- 每起案件中一名客户可以有多名律师。
- 客户的属性有客户编号、姓名、地址、城市、州、邮政编码、电话号码和出生日期。
- 一名客户可能涉及多起案件。
- 案件的属性有案件编号、案件描述和案件类型。
- 一名律师可能会同时受理多起案件。
- 每起案件只能被分配到一个法庭进行审理。
- 法庭的属性有法庭编号、法庭名称、城市、州和邮政编码。
- 每个法庭有一名或多名法官。
- 法官的属性有法官编号、姓名和从业时间。
- 每个法官只能被分配给一个法庭。

　　陈述你根据以上描述做出的所有假设。同时，用本课程中学到的工具为这些描述建立一个数据模型。

参考文献

Aranow, E. B. 1989. "Developing Good Data Definitions." *Database Programming & Design* 2,8 (August): 36–39.

Bruce, T. A. 1992. *Designing Quality Databases with IDEF1X Information Models.* New York: Dorset House.

Elmasri, R., and S. B. Navathe. 1994. *Fundamentals of Database Systems.* 2d ed. Menlo Park, CA: Benjamin/Cummings.

Hay, D. C. 2003. "What Exactly IS a Data Model?" Parts 1, 2, and 3. *DM Review* 13,2 (February: 24–26), 3 (March: 48–50), and 4 (April: 20–22, 46).

GUIDE. 1997 (October). "GUIDE Business Rules Project." Final Report, revision 1.2.

ISO/IEC. 2004. "Information Technology—Metadata Registries (MDR)—Part 4: Formulation of Data Definitions." July. Switzerland. Available at **http://metadata-standards.org/ 11179.**

ISO/IEC. 2005. "Information Technology—Metadata Registries (MDR)—Part 5: Naming and Identification Principles." September. Switzerland. Available at **http://metadata-standards.org/11179.**

Johnson, T. and R. Weis. 2007. "Time and Time Again: Managing Time in Relational Databases, Part 1." May. *DM Review*. Available from Magazine Archives section in the Information Center of **www.information-management.com.** See whole series of articles called "Time and Time Again" in subsequent issues.

Salin, T. 1990. "What's in a Name?" *Database Programming & Design* 3,3 (March): 55–58.

Song, I.-Y., M. Evans, and E. K. Park. 1995. "A Comparative Analysis of Entity-Relationship Diagrams." *Journal of Computer & Software Engineering* 3,4: 427–59.

扩展阅读

Batini, C., S. Ceri, and S. B. Navathe. 1992. *Conceptual Database Design: An Entity-Relationship Approach.* Menlo Park, CA: Benjamin/Cummings.

Bodart, F., A. Patel, M. Sim, and R. Weber. 2001. "Should Optional Properties Be Used in Conceptual Modelling? A Theory and Three Empirical Tests." *Information Systems Research* 12,4 (December): 384–405.

Carlis, J., and J. Maguire. 2001. *Mastering Data Modeling: A User-Driven Approach.* Upper Saddle River, NJ: Prentice Hall.

Chen, P. P.-S. 1976. "The Entity-Relationship Model—Toward a Unified View of Data." *ACM Transactions on Database Systems* 1,1 (March): 9–36.

Gottesdiener, E. 1997. "Business Rules Show Power, Promise." *Application Development Trends* 4,3 (March): 36–54.

Gottesdiener, E. 1999. "Turning Rules into Requirements." *Application Development Trends* 6,7 (July): 37–50.

Hoffer, J. A., J. F. George, and J. S. Valacich. 2011. *Modern Systems Analysis and Design.* 6th ed. Upper Saddle River, NJ: Prentice Hall.

Keuffel, W. 1996. "Battle of the Modeling Techniques." *DBMS* 9,8 (August): 83, 84, 86, 97.

Moriarty, T. 2000. "The Right Tool for the Job." *Intelligent Enterprise* 3,9 (June 5): 68, 70–71.

Moody, D. 1996. "The Seven Habits of Highly Effective Data Modelers." *Database Programming & Design* 9,10 (October): 57, 58, 60–62, 64.

Owen, J. 2004. "Putting Rules Engines to Work." *InfoWorld* (June 28): 35–41.

Plotkin, D. 1999. "Business Rules Everywhere." *Intelligent Enterprise* 2,4 (March 30): 37–44.

Storey, V. C. 1991. "Relational Database Design Based on the Entity-Relationship Model." *Data and Knowledge Engineering* 7: 47–83.

Teorey, T. 1999. *Database Modeling & Design.* 3d ed. San Francisco, CA: Morgan Kaufman.

Teorey, T. J., D. Yang, and J. P. Fry. 1986. "A Logical Design Methodology for Relational Databases Using the Extended Entity-Relationship Model." *Computing Surveys* 18, 2 (June): 197–221.

Tillman, G. 1994. "Should You Model Derived Data?" *DBMS* 7,11 (November): 88, 90.

Tillman, G. 1995. "Data Modeling Rules of Thumb." *DBMS* 8,8 (August): 70, 72, 74, 76, 80–82, 87.

von Halle, B. 1997. "Digging for Business Rules." *Database Programming & Design* 8,11: 11–13.

Web 资源

http://dwr.ais.columbia.edu/info/Data%20Naming%20Standards.html 类似于本章所建议的为命名实体、属性和联系提供指导的网站。

www.adtmag.com "应用开发趋势"(Application Development Trends)网站,它是有关信息系统开发实践的主要出版物。

www.axisboulder.com 业务规则软件供应商网站。

www.businessrulesgroup.org 业务规则组织的网站,以前是 GUIDE 国际的一部分,它规范了业务规则标准化。

http://en.wikipedia.org/wiki/Entity-relationship_model 实体－联系模型维基百科全书入口,它是本书边栏标记解释的出处。

http://ss64.com/ora/syntax-naming.html 在 Oracle 数据库环境中建议的实体、属性和联系的命名约定。

www.tdan.com "数据管理通信"(The Data Administration Newsletter)网站,它提供了在线的丰富的有关数据管理的专题杂志。该网站被认为是数据管理专业人员"必须追随"的网站。

增强型 E-R 模型

学习目标

学完本章后，读者应该能够：

- 准确地定义如下关键术语：增强型实体－联系（EER）模型，子类型，超类型，属性继承，泛化，特化，完全性约束，全部特化法则，部分特化法则，分离性约束，分离法则，重叠法则，子类型鉴别子，超类型／子类型层次结构，通用数据模型。
- 懂得何时在数据建模中使用超类型／子类型联系。
- 同时使用特化和泛化技术来定义超类型／子类型联系。
- 在超类型／子类型联系的建模中说明完整性约束和分离性约束。
- 为实际业务场景开发一种超类型／子类型层次结构。
- 解释一个通用的（打包的）数据模型的主要特征和数据建模架构。
- 描述使用打包数据模型的数据建模工程的特定特征。

引言

第 2 章介绍的基本 E-R 模型在 20 世纪 70 年代中期被提出，它非常适合为常见的业务问题建模，所以得到了广泛的传播。然而此后业务环境急剧改变，业务联系更加复杂化，这就导致业务数据也更加复杂。例如，组织机构必须准备好去细分市场并为细分后的用户定制产品，这使得面向组织机构的数据库面临更大的需求。

为了更好地应对这些变化，研究员和咨询顾问们一直致力于加强 E-R 模型，使其能在当前的业务环境下更准确地表示复杂的数据结构。我们用**增强型实体－联系**（EER Enhanced Entity-Relationship）**模型**来定义这种从原始 E-R 模型扩展而来的新的模型。

超类型／子类型联系是 EER 模型中最重要的建模结构。这种联系使我们能表示一个更泛化的实体类型（即超类型，supertype），然后，再把它们划分为多个特殊化的实体类型（即子类型，subtype）。例如，实体类型 CAR 自身可被建模为一个超类型，其子类型有 SEDAN，SPORTS CAR，COUPE 等。每一个子类型从它的超类型继承属性，此外它本身还包含特殊的属性。为建模超类型／子类型联系而增加的新的符号极大提高了基本 E-R 模型的灵活性。

正如第 2 章所介绍的那样，通用的和特定行业的泛化数据模型因其极大地利用了 EER 模型的能力，所以对于当代数据建模工程师极其重要。这些打包的数据模型和数据模型模式使数据建模师更加高效并能产生出更高质量的数据模型。超类型／子类型的 EER 特征对于创建泛化的数据模型很必要，额外的泛化结构（例如类型化实体和联系）也会被运用。对于一个数据建模师来说，懂得如何去定制一个数据模型模式或者一个针对主流软件包的数据模型（例如企业资源规划或客户关系管理）非常重要，正如对于信息系统设计者而言定制现成的软件包和软件组件是很常见的情况。

3.1 超类型和子类型的表示

回忆第 2 章，实体类型是指所有共享共同的性质或特征的实体的集合。尽管包含同样的实体类型的实体实例是相似的，但并不期望它们有着完全相同的属性。例如，回忆第 2 章介绍的必要属性和可选属性。数据建模中的一个主要挑战是识别并清晰地表示几乎相同的实体，即那些共享公共性质同时又各自有一些独有却值得关注的性质的实体类型。

因此，人们扩展 E-R 模型，使其包含超类型 / 子类型联系。子类型是指在某个实体类型中对那些对组织有意义的实体进行分组。例如，STUDENT 是一个大学里的实体类型。STUDENT 的两种子类型是 GRADUATE STUDENT 和 UNDERGRADUATE STUDENT。在这个例子中，把 STUDENT 作为超类型。超类型是指与一个或多个子类型有联系的一般实体类型。

在目前讨论到的 E-R 图中，超类型和子类型都是隐藏的。例如，重新观察图 2-21，这是一个表示 Pine Valley 家具公司的 E-R 图（用 Microsoft Visio 制作）。注意一个客户有可能不在任何一个销售区域购买产品（即没有 DOES BUSINESS IN 关联实体的关联实例）。为什么会出现这种情况？一个可能的原因是有两种类型的客户：全国性大客户和普通常客，而只有普通常客才会被指定一个销售区域。因此，我们无法知晓图中 CUSTOMER 实体与 DOES BUSINESS IN 关联实体的联系是可选基数的原因。显式地画出一个客户实体超类型和一些实体子类型能使 E-R 图更加清晰。本章后面我们会介绍一种修改过的 Pine Valley 家具公司的 E-R 图，通过展示一些 EER 符号使得图 2-21 中模糊的概念得到澄清。

3.1.1 基本概念和符号

图 3-1a 显示了本书中用于表示超类型 / 子类型联系的符号。超类型用线连接到一个圆上，这个圆接着连接到每个定义的子类型上。每条从子类型连接到圆的线上的 U 形符号强调了子类型是超类型的子集，它同时表明了子类型 / 超类型联系的方向。（这个 U 形符号是可选的，因为超类型 / 子类型联系的意义和方向都是显而易见的；在大多数例子中不会使用这个符号。）图 3-1b 展示了 Microsoft Visio 中的 EER 使用的 EER 符号类型（和本书描述非常相似），图 3-1c 展示的则是被一些 CASE 工具（例如 Oracle Designer）使用的 EER；图 3-1c 中的符号也是在通用和特定行业数据模型中常常使用的一种形式。这些不同的符号形式有着基本相同的特性，你会很容易适应任何一种表示形式。我们主要使用文本符号作为本章的例子，因为这种形式更符合高级 EER 特性的标准。

被所有实体共享的属性（包括标识符）均会和超类型相关联，而一个子类型独有的属性则只会和这个子类型关联，对于联系也是同样如此。本章剩下的部分将加入一些其他的元素到符号中，这些元素会为超类型 / 子类型联系提供额外的含义。

1. 超类型 / 子类型联系的例子

用一个简单但常见的例子来阐述超类型 / 子类型联系。假设一个公司有三种基本类型的员工：时薪员工、年薪员工和合同员工。下面是他们的一些重要属性：

- **时薪员工**：Employee Number（员工号），Employee Name（姓名），Address（地址），Date Hired（雇佣日期），Hourly Rate（时薪）
- **年薪员工**：Employee Number（员工号），Employee Name（姓名），Address（地址），Date Hired（雇佣日期），Annual Salary（年薪），Stock Option（股票期权）

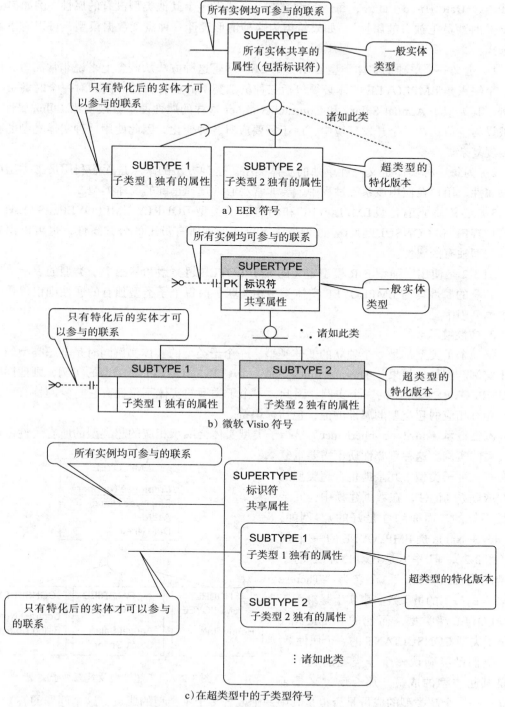

图 3-1　超类型 / 子类型联系的基本符号

- **合同员工**：Employee Number（员工号），Employee Name（姓名），Address（地址），Date Hired（雇佣日期），Contract Number（合同号），Billing Rate（合同薪水）

值得注意的是，这些员工类型有一些共同的属性：Employee Number，Employee Name，

Address，Date Hired。此外，每一类型都有一个或者多个其他类型没有的属性（例如 Hourly Rate 是时薪员工独有的属性）。如果希望为这种情形设计一种概念数据模型，可以有下面三种选择：

1）定义一个单独的实体类型 EMPLOYEE。尽管这种方法从概念上来说非常简单，但是有一个缺点是 EMPLOYEE 实体必须包括三种员工类型的所有属性。例如对一个时薪员工的实例，其类似于 Annual Salary 和 Contract Number 这样的属性便不会被使用（可选属性）或者被设为空值。在一个开发环境中，由于需要应对各种变化，因此使用这种实体类型的程序会极度复杂。

2）为每一种实体定义一种单独的实体类型。这种方法的缺点是无法利用员工类型中的公共属性，用户在使用该系统过程中，要非常小心地选择正确的实体类型。

3）定义一个超类型 EMPLOYEE 和相应的子类型 HOURLY EMPLOYEE、SALARIED EMPLOYEE 和 CONSULTANT。这种方法不仅能处理所有员工的公共属性，也可以识别每一种类型独有的属性。

图 3-2 是使用增强型 E-R 模型定义的 EMPLOYEE 超类型和其三个子类型的表示。所有员工共享的属性均与 EMPLOYEE 实体类型相关联，而每个子类型独有的属性则仅仅包含在该子类型当中。

2. 属性继承

每一个子类型都是一个独立的实体类型。一个子类型的实体实例同时是其超类型的一个实体实例。例如，如果 "Therese Jones" 是一个 CONSULTANT 子类型的实例，则他同时也是 EMPLOYEE 超类型的一个实例。因此，一个子类型的实体不仅拥有它自身的特有属性的值，还有相应的超类型的属性的值，包括标识符。

属性继承（attribute inheritance）是指子类型实体会继承相应的超类型的所有属性值和所有联系的实例。这种重要性质不需要重复地在每一种子类型中冗余地包含超类型的属性或联系（记住，在数据建模中，冗余性是不好的，而简约性是好的）。例如，Employee Name 是 EMPLOYEE 的一个属性（图 3-2），但并不是 EMPLOYEE 的子类型的属性。因此，一个名为 "Therese Jones" 的员工的员工姓名事实上是继承于 EMPLOYEE 超类型，而他的 Billing Rate 却是子类型 CONSULTANT 的一个属性。

我们已经确认一个子类型的成员一定是其超类型的成员。那么反过来是否

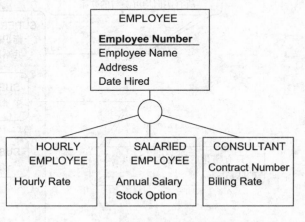

图 3-2   员工超类型及其三种子类型

成立——一个超类型的成员是否也是其中一个或者多个子类型的成员？这个问题的答案可能为 "是"，也可能为 "不是"，这取决于其业务场景。（当然，"看情况而定" 是一个典型的学术回答，不过对于这个例子是正确的。）本章将会讨论更丰富的一些可能性。

3. 何时使用超类型 / 子类型联系

那么，如何知道何时该使用超类型 / 子类型联系呢？当出现以下两种情况中的至少一种

时，就可以考虑使用子类型了：

1）有属性应用到该实体类型的一部分（但不是全部）实例中。例如，图 3-2 中的 EMPLOYEE 实体类型。

2）参与到一些联系的子类型实例对子类型独有。

图 3-3 是一个同时包含了上述两种情形的使用子类型联系的例子。医院实体类型 PATIENT（患者）有两个子类型：OUTPATIENT（门诊患者）和 RESIDENT PATIENT（住院者）。（标识符为 Patient ID。）所有患者都有 Admit Date 属性和 Patient Name 属性。同时，每一位患者都由一个 RESPONSIBLE PHYSICIAN（主治医生）照顾并为其设计治疗方案。

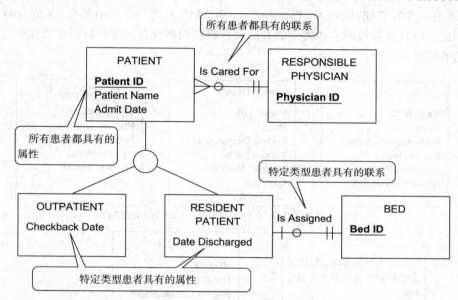

图 3-3 医院中的超类型 / 子类型联系

每一个子类型都有一个独有的属性。门诊患者的独有属性是 Checkback Date，而住院患者的独有属性是 Date Discharged。同时，住院患者有一个独有的联系是每个患者都会被指定一个床位。（注意这是一个强制的联系，如果它附加到 PATIENT 上，则是一个可选的关系。）每一个床位可能被分配或不分配给一个患者。

之前曾经讨论过属性继承的特性。因此，每一个门诊患者和住院患者都会继承其超类型 PATIENT 的所有属性：Patient ID、Patient Name 和 Admit Date。图 3-3 同时也阐述了联系继承的基本原理。OUTPATIENT 和 RESIDENT PATIENT 均是 PATIENT 的实例，因此他们都通过 Is Cared For 属性与 RESPONSIBLE PHYSICIAN 相关联。

3.1.2 特化和泛化表示

上面已经阐述了超类型 / 子类型联系的基本原理，包括一个 "好" 的子类型的特点。但是在开发实际的数据模型中，如何能够把握时机去建立和开发这些联系？泛化和特化这两个过程常用来作为开发超类型 / 子类型联系的心智模型。

1. 泛化

人类智能一个独有的方面就是具有对物体和经历进行分类并泛化它们的性质的能力。在数据建模中，**泛化**（Generalization）是指从一个特化的实体类型的集合中定义一个更加通用的实体类型的过程。因此，泛化是一个自底向上的过程。

图 3-4 是泛化的一个例子。在图 3-4a 中，三个实体类型被定义：CAR（汽车）、TRUCK（卡车）和 MOTORCYCLE（摩托车）。在这一步中，数据建模师往往先在 E-R 图中单独地表示它们。通过进一步的观察，我们发现这三种实体类型有很多共同的属性：Vehicle ID（标识符）、Vehicle Name（由 Make 和 Model 组成）、Price 和 Engine Displacement。这个事实（尤其是具有相同的标识符）暗示着这三种实体类型其实属于一个更通用的实体类型。

图 3-4b 展示了更通用的实体类型（VEHICLE（车辆））和相应的超类型 / 子类型联系。实体 CAR 有一个特有属性 No Of Passengers，而 TRUCK 有两个特有属性：Capacity 和 Cab Type。因此，泛化能够按照实体类型的共同属性将它们聚合在一起，同时也能保留每一种子类型的特有属性。

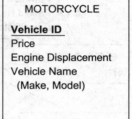
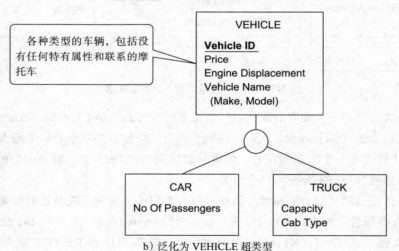

a）三种实体类型：CAR、TRUCK 和 MOTORCYCLE

b）泛化为 VEHICLE 超类型

图 3-4   泛化的例子

请注意实体类型 MOTORCYCLE 并没有包含在此联系当中。这仅仅是一个疏漏吗？不是，相反它是被故意不包含进去的，因为它不满足之前讨论的子类型的条件。比较图 3-4 的 a 和 b 两部分，你会发现 MOTORCYCLE 的所有属性被所有车辆类型所共有，换句话说即没有属于摩托车的独有属性。不仅如此，MOTORCYCLE 也没有与其他实体类型的联系。因此，没有必要建立一个 MOTORCYCLE 子类型。

没有 MOTORCYCLE 子类型的事实表明 VEHICLE 的某个实例可能不是任何一个其子

类型的成员。这种类型的约束将在 3.2 节讨论。

2. 特化

如上所示，泛化是一个自底向上的过程。而特化（Specialization）是一个自顶向下的过程，和泛化刚好相反。假设定义了一个实体类型及它的所有属性，特化是指给超类型定义一个或者多个子类型并建立超类型/子类型联系的过程。每一个子类型都是基于一些有区别性的特征而创建，例如子类型独有的属性和联系。

图 3-5 是一个特化的例子。图 3-5a 展示了一个名为 PART（部件）的实体类型和它的一些属性。它的标识符是 Part No，其他属性有 Description、Unit Price、Location、Qty On Hand、Routing Number 和 Supplier（最后一个属性是多值或者复合的，因为一个部件可能和超过一个供应商有关联的单价）。

a）实体类型 PART

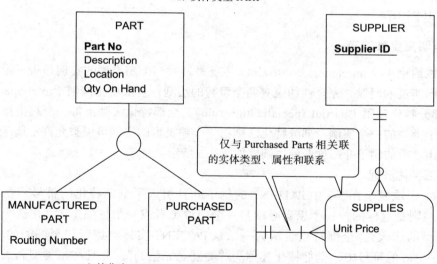

b）特化为 MANUFACTURED PART 和 PURCHASED PART

图 3-5 特化的例子

在与用户的讨论中，发现有两种可能的部件的来源。一些是工厂内部制造出来的，另一些则是从外部供应商那里购买而来。进一步，发现一批部件可能同时来源于两种渠道。这种情况下来源的选择可能取决于工厂的制造能力和部件的单价等多个因素。

在图 3-5a 中，一些属性应用于所有部件，无论部件的来源是什么。然而有一些属性还是取决于来源。Routing Number 只适用于直接制造的部件，而 Supplier Id 和 Unit Price 只适用于购买来的部件。这些因素表明实体类型 PART 应当被特化为子类型 MANUFACTURED

PART（直接制造的部件）和 PURCHASED PART（购买的部件）(图 3-5b)。

在图 3-5b 中，Routing Number 是和 MANUFACTURED PART 相关联的。数据建模师起初计划将属性 Supplier ID 和 Unit Price 与 PURCHASED PART 结合起来。而在进一步与用户的讨论当中，数据建模师建议创建一个新的 SUPPLIER（供应商）实体类型，再创建一个关联实体连接 PURCHASED PART 和 SUPPLIER。这个关联实体（在图 3-5b 中名为 SUPPLIES（供应））允许用户更加灵活地关联购买的部件和它们的供应商。注意属性 Unit Price 现在已经在关联实体中，因此一个部件的单价在不同的供应商之间可能各有不同。在这个例子中，特化提供了对这个问题的一种更好的表达方式。

3. 结合特化和泛化

特化和泛化对于开发超类型 / 子类型联系都是非常有价值的技术。在某个特定时间点所使用的技术取决于很多因素，比如问题域的本质、之前的建模效果甚至个人偏好等。你应该根据这些因素的指示，准备好同时利用这两种方法并来回地交替切换。

3.2　在超类型 / 子类型联系中声明约束

目前为止已经讨论了超类型 / 子类型联系的基本概念并介绍了一些表示这些概念的基本符号，还描述了泛化和特化的过程，数据建模师可利用这些联系识别机会。在这一节中，额外介绍一些表示超类型 / 子类型联系中约束的符号。这些约束能捕捉到这些联系中一些重要的业务规则。本节将介绍两种最重要的约束类型：完全性约束和分离性约束（Elmasri 和 Navathe，1994）。

97
≀
100

3.2.1　声明完全性约束

完全性约束（completeness constraint）主要是针对一个超类型的实例是否一定是至少一个子类型的实例的问题。完全性约束有两个可行的法则：**全部特化法则**（total specialization rule）和**部分特化法则**（partial specialization rule）。全部特化法则指每一个超类型的实例都必须是其子类型的一个实例。部分特化法则指一个超类型的实例可以被允许不属于任何子类型。我们用之前的例子介绍这两种法则，如图 3-6 所示。

1. 全部特化法则

图 3-6a 中重复了图 3-3 中 PATIENT 的例子并且引入了全部特化的符号。在这个例子中，业务规则是这样的：一个患者必须是一个门诊患者或一个住院患者（在这个医院中没有其他类型的病人）。全部特化表示为一条从 PATIENT 实体类型延伸至圆圈的双线。（在 Microsoft Visio 的符号中，全部特化被称为"类别是完整的"，并且在超类型和关联子类型之间的类别圆圈下画一条类双线。）

在这个例子中，每次插入一个新的 PATIENT 实例到超类型中时，相关的实例同时也会被插入到 OUTPATIENT 或者 RESIDENT PATIENT 中。而如果一个实例被插入到 RESIDENT PATIENT 中时，一个联系实例 Is Assigned 会被创建，用来指派病人到相应的医院床位上。

2. 部分特化法则

图 3-6b 重复了图 3-4 的 VEHICLE 和其子类型 CAR 与 TRUCK 的例子。回忆一下这个例子中，摩托车是车辆的一种，但是它在数据模型中并不被表现为一个子类型。因此，如果

一辆车是汽车，它会以 CAR 的实例形式出现；如果它是一辆卡车，它会以 TRUCK 的实例形式出现；然而如果它是一辆摩托车，则它不会出现在任何子类型的实例中。这就是部分特化的一个例子，部分特化由超类型 VEHICLE 到圆圈的一条单线所指定。

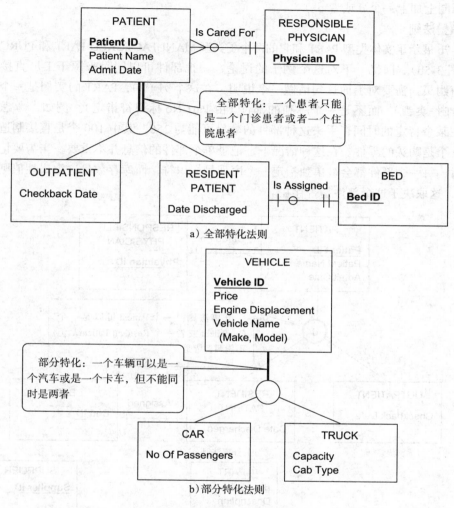

a）全部特化法则

b）部分特化法则

图 3-6　完全性约束的例子

3.2.2　声明分离性约束

　　分离性约束（disjointness constraint）主要针对一个超类型的实例是否可以同时是两个或更多子类型实例的问题。分离性约束有两个可行的法则：分离法则（disjoint rule）和重叠法则（overlap rule）。分离法则规定如果一个（超类型的）实体实例是某个子类型的成员，那么它就不能同时再成为其他子类型的成员。重叠法则规定一个实体实例可以同时成为两个（或者更多）子类型的成员。图 3-7 是上述这两种法则的一个例子。

1. 分离法则

　　图 3-7a 展示了图 3-6a 中 PATIENT 的例子。这种情况下的业务规则如下：在任何时候，患者必须或者是一个门诊患者或者是一个住院患者，但他不能同时是两种患者类型。这就是

分离法则，通过连接超类型和子类型的圆圈上的字母 d 来表示。注意在这个图中，PATIENT 的子类可能会随时间改变，但是在某一个给定的时刻，PATIENT 只能是其中一种类型。（Microsoft Visio 的符号中并没有办法去指定分离法则或重叠法则，不过可以使用 Text 工具在类别圆圈上加上一个 d 或者 o。）

2. 重叠法则

图 3-7b 展示了实体类型 PART 和它的两个子类型 MANUFACTURED PART 和 PURCHASED PART（图 3-5b）。回忆一下对这个例子的讨论，一批部件可以同时来源于工厂直接制造和从零售商购买。需要对上面这句话做一个说明。在这个例子中，PART 的实例是一个部件号（即一种部件类型），而不是一个单独的部件（由 Part No 标识符指定）。例如，考虑部件号 4000，在某个特定的时间，手头这种部件的数量可能为 250，其中 100 个是直接制造的，剩下的 150 个是购买的零件。在这种情况下，记录单个部件的信息并不重要。当需要记录单个的部件时，每一个部件都会被单独指定一个序列号标识符，而库存数量这个属性值则只能为 1 或者 0，这取决于这个部件是否存在。

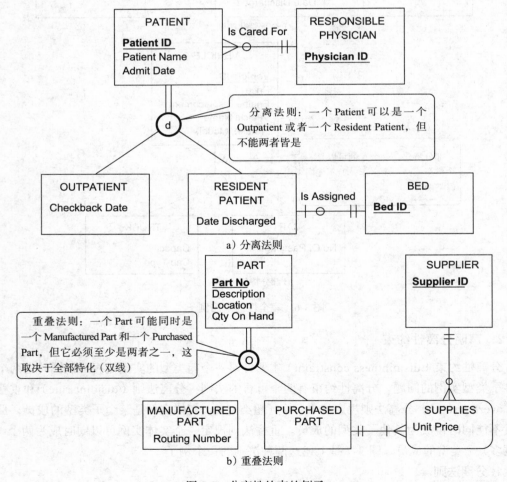

图 3-7　分离性约束的例子

重叠法则被表示为在圆圈上放置一个字母 o，如图 3-7b 所示。注意在这个图中全部特化法则也被指定了，由双线可以看出。因此，任何一批部件都必须是被购买的部件或者被制造的部件，也可以两者兼而有之。

3.2.3　定义子类型鉴别子

给定一个超类型 / 子类型联系，考虑插入一个新的超类型实例的问题，这个实例该插入哪个子类型里？前面已经讨论了可应用到这种场景中的各种法则，如果某一种是可行的话，则需要一种简单的机制去实现这些法则。通常可使用一个**子类型鉴别子**（subtype discriminator）来完成这个任务。子类型鉴别子是一个超类型的属性，其属性值决定了目标子类型或子类型集。

1. 分离子类型

图 3-8 是一个使用子类型鉴别子的例子，它源于图 3-2 中介绍的 EMPLOYEE 超类型和其子类型的例子。注意该图中已加入了下面的约束：完全特化和分离子类型。因此，每一个员工都必须或是一个时薪，或年薪，或合同员工。

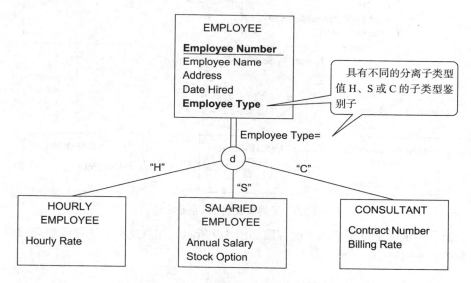

图 3-8　子类型鉴别子的介绍（分离法则）

一个新的属性（Employee Type）已经被加入超类型中作为子类型鉴别子。当一个新的员工被加入该超类型时，这个属性会被编码为下面三个值之一："H"（时薪员工），"S"（年薪员工）或者 "C"（合同员工）。根据这个编码，该实例能被指派到合适的子类型中。（在 Microsoft Visio 的符号中，一个超类型的属性也可被选为一个鉴别子，与类别符号的表示非常接近。）

用来表示子类型鉴别子的符号也展示在图 3-8 中。表达式 Employee Type=（在条件语句的左边）被放置在连接超类型到圆圈的线的旁边。选择合适类型的属性值（在这个例子中是 "H"、"S" 或者 "C"）被放置在指向该子类型的线条的旁边。例如，Employee Type="S" 将导致实例被插入到 SALARIED EMPLOYEE 子类型中。

2. 重叠子类型

当子类型可重叠时，需要对子类型鉴别子作一个微小的改动，原因是一个超类型的实例可能需要创建多个子类型的实例。

图 3-9 是 PART 和它的重叠子类型在这种情况的一个例子。PART 新增加了名为 Part Type 的属性。Part Type 是一个由组成属性 Manufactured? 和 Purchased? 构成的复合属性。每一种组成属性都是一个布尔变量（即它有两个值，是（"Y"）或者不是（"N"））。当插入一个新的实例到 PART 中时，这些组成值的编码如下：

部件类型	Manufactured?	Purchased?	部件类型	Manufactured?	Purchased?
全部制造	"Y"	"N"	既有制造又有购买	"Y"	"Y"
全部购买	"N"	"Y"			

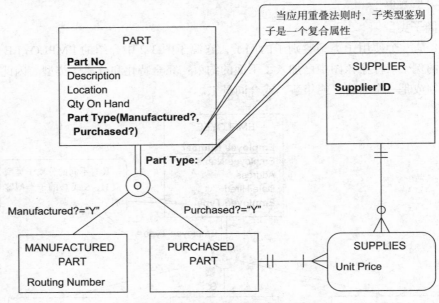

图 3-9　子类型鉴别子（重叠法则）

这个例子中定义子类型鉴别子的方法如图 3-9 所示。注意这种方法可以被应用到任意数量的重叠子类型问题中。

3.2.4　定义超类型 / 子类型层次结构

本章中已经考虑了很多超类型 / 子类型联系的例子。这些例子中的子类型中其实还可以再定义子类型（这时候原来的子类型会变成新定义的子类型的超类型）。**超类型 / 子类型层次结构**是超类型和子类型的层次性排列，其中每一个子类型只能有一个超类型（Elmasri 和 Navathe，1994）。

图 3-10 给出了一个超类型 / 子类型层次结构的例子。（为了简化起见，在这里和接下来的例子中，都没有画出超类型鉴别子。参看问题与练习 2 和 3。）这个例子包含了本章到目前为止介绍过的大部分概念和符号。它同时介绍了一个（基于特化的）建模方法，你可以在很多数据建模的场景中使用它。

1. 超类型 / 子类型层次结构的例子

假设你被要求建模一个大学里的人力资源情况。通过使用特化（自顶向下的过程），你可以如下依次进行：从层次结构的最顶端开始，首先为最通用的实体类型建模。在这个例子中，最通用的实体类型是 PERSON（人）。列举和 PERSON 关联的所有属性。图 3-10 中显示的属性有 SSN（标识符）、Name、Address、Gender 和 Date Of Birth。层次结构最顶端的实体类型也称作根。

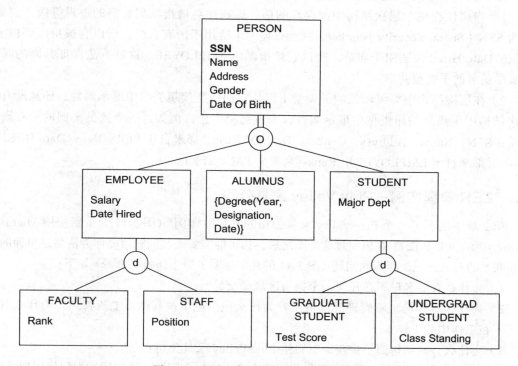

图 3-10　超类型 / 子类型层次结构的例子

[105]

接着定义根的所有主要子类型。在这个例子中，一共有三种类型的 PERSON: EMPLOYEE（为大学工作的人员）、STUDENT（注册课程的人员）和 ALUMNUS（已经毕业的人员）。假设在该大学没有其他感兴趣的人员类型了，如图所示，应用全部特化法则。一个人可能会属于多个子类型（例如 ALUMNUS 和 EMPLOYEE），所以可以使用重叠法则。注意任何重叠都是被允许的（一个 PERSON 可以同时是这三个子类型中的任意组合）。如果某些特定的组合不被允许，则一个更精细的超类型 / 子类型层次结构就需要被开发出来去排除这些被禁止的组合。

这些子类型独有的那些属性也被表示在图上。因此，每一个 EMPLOYEE 的实例都有 Date Hired 和 Salary 的值。Major Dept 是 STUDENT 的一个属性，Degree（由 Year、Designation 和 Date 组成）是 ALUMNUS 的多值复合属性。

下一步是要评估这些子类型是否可以做更进一步的特化。在这个例子中，EMPLOYEE 被划分为两个子类型：FACULTY（教员）和 STAFF（职员）。FACULTY 有一个独有属性 Rank，而 STAFF 有一个独有属性 Position。注意在这个例子中子类型 EMPLOYEE 变成了 FACULTY 和 STAFF 的超类型。因为有可能存在既不是教员也不是职员的员工（例如学生助理），所以部分特化法则被标明。而一个员工不能同时是教员和职员，所以分离法则在圆圈中被标明。

两种 STUDENT 的子类型被定义：GRADUATE STUDENT 和 UNDERGRAD STUDENT。UNDERGRAD STUDENT 有属性 Class Standing 而 GRADUATE STUDENT 有属性 Test Score。

注意全部特化法则和分离法则都被指定，你应该自己能够陈述这些约束背后的业务规则。

2. 超类型 / 子类型层次结构总结

图 3-10 中层次结构包含的属性涉及如下两个特性：

1）当属性在整个层次结构中都存在的话，该属性会被指派到最高的逻辑等级。例如，因为 SSN（Social Security Number，社会保险号）适用于所有人员，所以它被指派到根上。相反，Date Hired 仅适用于雇员，所以它被指派给 EMPLOYEE。这种方法保证共同的属性能被尽量多的子类型共享。

2）在层次结构中等级较低的子类型不仅从它们的直接超类型中继承属性，还从所有在层次结构中更高级的超类型中继承属性，一直到根为止。例如，一个教员实例的所有属性值是：SSN，Name，Address，Gender，Date Of Birth（都来自于 PERSON）；Date Hired 和 Salary（都来自于 EMPLOYEE）；Rank（来自于 FACULTY）。

3.3 EER 建模实例：Pine Valley 家具公司

第 2 章中展示了一个 Pine Valley 家具公司的 E-R 图样例。（图 3-11 为重新使用 Microsoft Visio 绘制的该 E-R 图。）在研究过这个图之后，你可能需要一些问题帮助你弄清楚这里面的实体和联系的意义。三个相应的问题（图 3-11 的注解标明了每个问题的来源）如下：

1）为什么有些客户不在任何一个销售区域做交易？

2）为什么有些员工不管理其他员工？为什么他们也不被其他员工所管理？为什么有些员工不在工作中心工作？

3）为什么一些销售商不供应原材料给 Pine Valley 家具公司？

你可能还有其他问题，不过这里先集中精力解决这三个问题，从而阐述如何使用超类型 / 子类型联系去建立一个更加特定的（语义上更加丰富）的数据模型。

在对上面三个问题做了一些调研后，我们发现了可以应用到 Pine Valley 家具公司业务上的一些业务规则：

1）有两种类型的客户：普通常客和全国性大客户。只有普通常客在销售区域做交易。一个销售区域存在当且仅当至少有一个普通常客与之关联。一个全国性大客户通常与一个大客户经理相关联。一个客户可能同时是普通常客和全国性大客户。

2）存在两种特殊的员工：管理人员和工会员工。只有工会员工在工作中心工作，而管理人员管理工会员工。除了管理人员和工会员工外，还有其他类型的员工。一个工会员工可能会被提升为管理人员，此时他就不再是一个工会员工了。

3）Pine Valley 家具公司与多家不同的销售商保持联系，但不是所有销售商都供应原材料给公司。一旦销售商成为公司原材料的官方供应商时，这个销售商就与一个合同号关联。

可使用这些业务规则将图 3-11 的 E-R 图修改为图 3-12 的 EER 图（图中去掉了除对修改比较重要的属性外的大部分的属性）。法则 1 意味着 CUSTOMER 被全部重叠特化为 REGULAR CUSTOMER（普通常客）和 NATIONAL ACCOUNT CUSTOMER（全国性大客户）。一个 CUSTOMER 的复合属性（由 National 和 Regular 构成）Customer Type 被用来指定一个客户是一个普通常客还是一个全国性大客户，还是两者皆是。因为只有普通常客在销售区域中做交易，所以仅仅只有普通常客被包含在与 Does Business In（关联实体的）联系中。

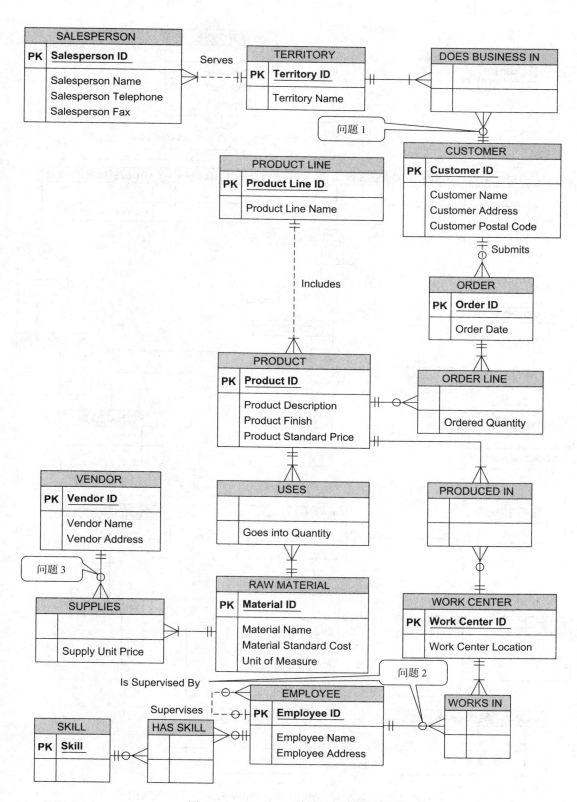

图 3-11 Pine Valley 家具公司的 E-R 图

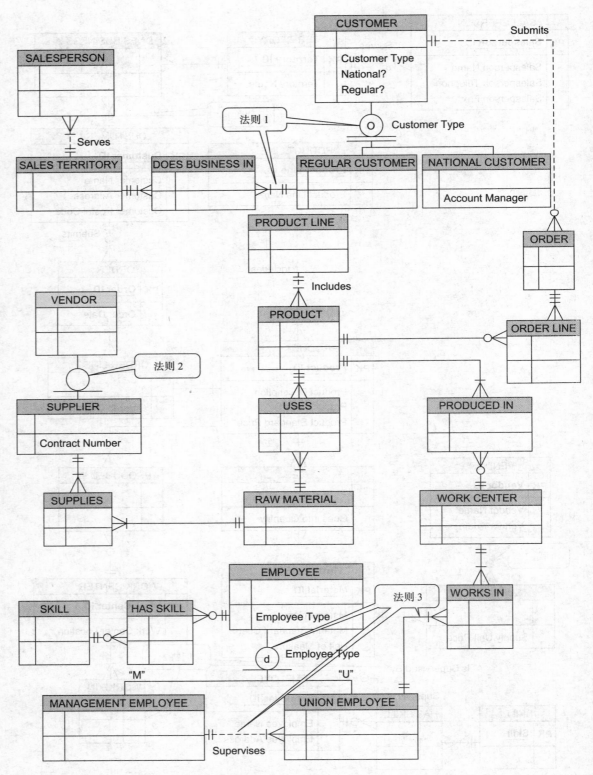

图 3-12　使用微软 Visio 绘制的 Pine Valley 家具公司的 EER 图

规则 2 意味着 EMPLOYEE 被部分分离特化为 MANAGEMENT EMPLOYEE（管理人员）和 UNION EMPLOYEE（工会员工）。EMPLOYEE 的属性 Employee Type 用来辨别这两种特殊类型的员工。特化是部分的，这是因为除了这两种员工类型外还有其他种类的员工。只有工会员工被包含在 Works In 联系中，而所有工会员工均在工作中心工作，故 UNION EMPLOYEE 与 Works In 邻接的最小基数是强制的。因为一个员工不能同时是管理人员和工会员工（尽管他 / 她可能会随时间改变状态），所以特化是分离的。

规则 3 意味着 VENDOR（销售商）部分特化为 SUPPLIER（供应商），因为只有一部分的销售商会成为供应商。一个供应商（而不是一个销售商）有合同号。因为 VENDOR 仅有一个子类型，所以就没有理由再指定分离和重叠法则了。因为所有供应商都会供应原材料，所以供应商的联系（Visio 中的关联实体）中与 RAW MATERIAL（原材料）邻接的最小基数目为 1。

这个例子阐明了理解实体的泛化 / 特化后一个 E-R 图是怎样被转换为一个 EER 图的。现在的数据模型不仅包括超类型和子类型实体，还有一些额外属性，包括鉴别属性也被添加进来；最小基数发生改变（从 0 变为 1），联系也从超类型移向了子类型。

现在是强调之前提到的关于数据建模要点的一个好时机：数据模型是一个组织所需要的数据的一个概念图，一个数据模型并不会和真正实现的数据库进行一对一的映射。例如，一个数据库设计者可能会选择把所有的客户实例放在一个数据库表中，而不是按客户的类型进行划分。这一细节现在并不重要，目前紧要的是如何去解释这些支配数据的法则，而不是数据如何存储或者更高效的访问，这个是信息处理领域的内容。当讲到数据库设计和实现的时候，会着重讨论这些技术和一些关于效率的问题。

尽管图 3-12 中的 EER 模型阐明了一些问题并且使图 3-11 中的数据模型更加清晰明了，但是有些人依然很难理解它们。有些人可能并不关心数据的各种类型，有的人不希望通过观察 EER 图的所有细节去理解数据库所涵盖的内容。下一节将着重介绍如何简化一个完全明了的数据模型，以呈现给特定的用户组和管理层。

107
∼
109

3.4　打包数据模型

根据 Len Silverston（1998），"数据建模者作为手艺人的时代已经过去，组织机构不再能承担得起从头开始手工设计数据模型的劳力和时间。作为对这些限制的响应，数据建模者作为工程师的时代已经来临。"正如一个公司管理者所解释的，"使用打包数据模型是他的公司赢得快速发展和长期成功的核心战略之一。"打包数据模型是数据建模的游戏改变者。

如第 2 章所介绍，为了开始一个数据建模工程，越来越流行的方法是获得一个打包的或者预定义的数据模型，即一个所谓的通用模型或者一个面向特定行业的模型（一些供应商把它们叫作逻辑数据模型 [LDM]，但是这些确实是本章中所介绍的 EER 图；数据模型可能是购买的软件包的一部分，例如一个企业资源规划或者客户关系管理系统）。这些打包数据模型并不固定；相反，数据建模师基于行业（运输或者通信行业）或者某个挑选出的领域（金融或者制造领域）中的最佳实践数据模型，定制预定义模型去适应其公司的业务规则。这个数据建模方法的核心假设是，在同一个行业或特定领域中的企业的基本结构或者模式相似。打包数据模型可从各种咨询顾问或者数据库技术卖家那里获得。尽管打包数据模型并不便宜，但很多人相信使用了这些资源之后，整体的花费会降低，数据建模的质量也会提高。一些常用的打包数据模型可以在出版物中找到（例如本章最后列出的 Hay 和 Silverston 的文章和书籍）。

通用数据模型（universal data model）是一种通用的或者模板式的数据模型，可以被重新使用作为数据建模工程的一个起点。有人把这些叫作数据模型模式，类似于编程中可以复用的代码的模式的定义。一个通用数据模型并不一定是"正确"的数据模型，但是它是为机构开发一个卓越的数据模型的一个成功的起点。Hoberman（2006）概述了为什么预打包数据模型方法能成为快速开发和演化一个数据库的重要方法的原因。

3.4.1 利用打包数据模型改进数据建模过程

通过一个打包数据模型进行数据建模所需要的技巧并不比从头开始进行数据建模少。打包数据模型并不是要让数据建模师失业（或者使你不能够获得你现在想要的类似于初级数据分析师这种职位，而仅仅是因为你学习过数据库管理！）。事实上，利用打包进行工作需要很多高级的技巧，就像在本章和第 2 章学习到的那样。后面将看到，打包数据模型相当复杂，这是由于它是彻底而周密的，并且被开发用来涵盖各种可能的场景。一个数据建模师必须要像了解打包一样了解这个公司，才能为这个公司的特定规则定制合适的打包模型。

当你购买一个数据模型时你得到了什么？你买到的是元数据。你得到的通常是一个 CD，上面有对数据模型非常完整细致的描述，通常由结构化数据建模工具所定义，例如冠群电脑公司（Computer Associates）的 Erwin 和甲骨文公司（Oracle Corporation）的 Oracle Designer 等。数据模型的供应商已经画好了 EER 图；命名并定义了数据模型中的所有元素；给出了数据类型的所有属性特征（字符、数字、图像）、大小、格式，等等。你可以打印出数据模型和丰富的内容文档去支持定制化过程。当你开始定制模型时，可以使用数据建模工具去自动生成 SQL 命令，定义各种数据库管理系统的数据库。

当你从一个购买的解决方案开始着手时，数据建模过程会有什么不同？下面是主要的不同点（关于这些不同的理解通过我们在 Overstock.com 的访问得到了更进一步的强化）：

- 因为购买的数据模型是外延的，你从确认能应用到你的数据建模情景的数据模型的部分开始。集中精力在这些部分并关注尽量多的细节。像大部分数据建模工作一样，从实体开始，然后是属性，最后是联系。同时考虑你的机构在未来将如何运作，而不仅仅是现在。
- 之后你应该将确定后的数据元素重命名为本地化的一些名字，而不是打包中一些通用的名字。
- 在很多情况下，打包数据模型会用于新的信息系统来替代已有的数据库，并扩展到新的领域。所以下一步是映射即将被打包使用的数据到现在的数据库中的数据，这种映射的一种用法是设计从现有数据库转换到新结构的迁移计划。下面是这种映射过程的一些要点：
  - ◆ 可能会有一些打包中的数据元素不在现有的系统中，也有一些现有数据库中的数据元素不在打包中。因此，一些元素并不会在旧环境和新环境之间得到映射。这是可以被预料到的，因为打包模型会满足一些你在现有的数据库中没有满足的需求，还有你想在公司保持做一些特别的事情，尽管它们并不是标准的惯例。不过，首先请确认每一个非映射的数据元素确实是独一无二并且急需的。例如，可能一个现有数据库的数据元素实际上是从购买的数据模型的其他更加原子的数据衍生而来。其次，你需要决定你购买的数据模型独有的那些数据元素现在确实需要，或者是当以后你准备利用它们时能够被添加上去。

◆ 通常，嵌入购买的数据模型中的业务规则会包含所有可能的情况（例如，与一个客户订单相关联的最大客户数量）。购买的数据模型会考虑达到最大的灵活度，而一个通用的业务规则有可能并不适合你的状况（例如，你确信根本不会出现一个客户订单关联超过一个客户的情况）。正如你在下一节中会看到的，购买数据模型的灵活性和泛化性会带来复杂的联系和大量的实体类型。尽管购买的模型使你意识到各种可能的情况，不过你还是需要决定你是否真的需要这种灵活性以及这种复杂度是否值得。

◆ 因为你是从一个原型数据模型开始做起，因此有可能较早地吸引用户和管理者去支持新的数据库并参与到数据建模工程中。采访、JAD 会话和其他需求采集活动应该基于具体的实体 – 联系图而不是那些愿望列表。购买的数据模型应该设定一些供询问的问题或者供讨论的事项。（例如，"我们曾经有过一个客户订单关联多个客户的情况吗？"或者"一个员工有没有可能是一个客户？"）。此时购买的数据模型在某种意义上是提供一个可视化的项目清单以供讨论（例如，我们真的需要这些数据吗？这种业务规则是否适合我们？）；而且因为这个数据模型是全面的，所以不太可能会遗漏某个重要的需求。

◆ 因为购买的数据模型是很全面的，你可能无法构建并填充整个数据库，或者无法在一个工程中定制整个数据模型。然而，你并不希望失去展望未来对完整数据模型需求的机会。因此，你要决定首先创建什么，并确定为了建立从购买数据模型所能够获得的尽量有意义的数据模型的后续步骤。

你会在本书的后续章节中学习到重要的数据库建模与设计的概念和技巧，这些概念和技巧对于任何数据库开发工作都非常重要，包括那些基于购买的数据模型的工作。不过涉及购买的数据模型的工程还是有一些重要事情需要注意。其中涉及使用已有的数据库去指导定制一个购买的数据模型的工作，主要包括以下几点：

● 随着时间的推移，同样的属性可能被用作不同的目的——现在的系统中，人们把这种属性称为重载列。这意味着有些数据值可能在迁移现有的数据库到新数据库的过程中值的意义并非一致。有时这种值的改变并不会写在文档中，而且直到迁移开始才被人们知晓。一些数据可能不再被需要（可能被一个特殊的商业项目所使用），或者可能有一些隐藏的需求并没有被正式地并入数据库设计中，要立即着手去处理它们。

● 类似地，有一些属性可能为空（即没有值），至少对于某些时段来说如此。例如，一些员工的家庭住址信息可能会丢失，或者对于一些很多年前开发的产品，产品线上的产品工程属性也可能缺失。应用软件错误、人工数据输入错误或其他原因都可导致这种缺失的发生。正如已经学过的，缺失的数据意味着是可选的数据，实体子类型也有这样的需要。因此，需要对这些缺失数据进行研究从而理解为什么数据是稀疏的。

● 数据剖析是理解现存数据模型中的隐藏含义和识别不一致性的好方法，因此数据和业务规则都需要被包含在定制的购买的数据模型中。数据剖析是通过统计的方法去分析数据，发现潜在的模式和瑕疵。数据剖析可以发现异常值，识别数据分布随时间的变化，还可以识别数据中出现的其他现象。数据分布的每一次微小扰动都可以说明一些事情，比如主要应用系统的更改何时发生，业务规则何时改变等。通常这些模式都暗示着数据库的设计有问题（例如，将不同实体的数据组合起来用于提高一个特殊查询集的处理速度，然而这个更好的结构却没有被存储）。数据剖析也可用来评估目前数据的准确度以及用高质量的数据填充已购买的数据模型时，预测需要的数据清洗的工作量。

- 在定制购买的数据模型中最大的挑战是确定这个数据模型中所包含的业务规则。购买的数据模型会满足大部分你需要的规则，但是每一条规则都必须经过你公司的核实。幸运的是你并不需要去猜测哪些规则需要处理；每一条规则都由购买数据模型的实体、属性、联系和它们的元数据（名字、定义、数据类型、格式、大小等）展示出来。你只需要花时间与领域专家一起仔细检查每一项数据元素，确保你的联系基数和其他数据模型的特征都是正确的就可以了。

3.4.2 预打包数据模型总结

本质上来说任何已有的数据模型都可以成为一个新的数据建模工程的起始点。最好的预打包数据模型应是综合性的，使用扩展的 EER 特性。真正的预打包数据模型涵盖内容太广泛，其例子已经超出了本章的范畴。不过如果你对 EER 概念和符号有一个基本的掌握，就应该能够理解并使用大部分的通用数据模型进行工作。

总结

本章介绍了基本的 E-R 模型如何扩展为包括超类型/子类型联系。超类型是指与一个或多个子类型有联系的一般实体类型。子类型是指在组织中的实体类型中有某个实体集。例如，实体类型 PERSON 常常被建模为超类型。PERSON 的子类型常常包括 EMPLOYEE，VOLUNTEER（志愿者）和 CLIENT。子类型继承与其关联的超类型的属性和联系。

数据建模中超类型/子类型联系通常在如下两种情况会被考虑使用：第一，有属性应用到某个实体类型的一些（但不是全部）实例中。第二，与一个子类型相关联的实例对于这个子类型是独有的。

泛化和特化技术是开发超类型/子类型联系重要的指导。泛化是一个自底向上的过程，它是从更具专门化的实体类型中定义一个通用的实体类型。特化是一个自顶向下的过程，它是给已有的超类型定义一个或多个子类型。

EER 模型的符号能够捕捉到应用于超类型/子类型联系的重要业务规则。完全性约束允许声明一个超类型的实例是否一定至少是一个子类型的成员。有两种情况：全部特化说明超类型的实例一定至少是一个子类型的成员。而部分特化说明超类型的实例有可能是也有可能不是任何一个子类型的成员。分离性约束声明一个超类型的实例是否可以同时是两个或者更多子类型的成员。同样有两种情况：分离法则说明在给定时间一个实例只能是一个子类型的成员，而重叠法则说明一个实例可以同时是两个或者多个子类型的成员。

子类型鉴别子是一个超类型的属性，其属性的值决定了超类型的实例属于哪个（哪些）

子类型。超类型 / 子类型层次结构是一个超类型和子类型的层次性排列，其中每一个子类型只能有一个超类型。

打包数据模型也被称作通用和特定行业的数据模型，广泛利用了 EER 的特性。这些泛化数据模型常常使用多级的超类型 / 子类型层次结构和关联实体。主题和主题角色的分离创建了很多实体类型。当为一特定组织定制数据模型时，这种复杂度可以被简化，并且可以利用实体集群通过更简单的视角把数据模型展示给不同的观众。

在数据建模中，打包数据模型的使用可以节省可观的时间和花费。使用打包数据模型进行数据建模的技巧是相当高级的，并且建立在本书介绍的数据建模原则的基础上。在定制通用的打包模型中，你不仅需要考虑目前的需要也要考虑将来的需求。数据元素必须被重命名为本地化的一些名字，目前的数据也需要被映射到目标数据库设计中。这种映射是很有挑战性的，这是由于当前数据库中的数据与最佳实践的购买数据模型的数据之间存在各种形式上的不匹配。幸运的是，更灵活的数据模型能够帮助构建定制模型，并方便与专家的沟通和达到完整性。重载的列、有缺陷的元数据和对目前数据库结构的滥用这些问题都使定制和移植的过程更加具有挑战性。数据剖析可以被用来理解当前的数据并为你的组织发掘潜在的业务规则和数据隐藏的意义。

关键术语

Attribute inheritance（属性继承）

Completeness constraint（完全性约束）

Disjoint rule（分离法则）

Disjointness constraint（分离性约束）

Enhanced entity relationship (EER) model（增强型实体 – 联系模型）

Generalization（泛化）

Overlap rule（重叠法则）

Partial specialization rule（部分特化法则）

Specialization（特化）

Subtype（子类型）

Subtype discriminator（子类型鉴别子）

Supertype（超类型）

Supertype/subtype hierarchy（超类型 / 子类型层次结构）

Total specialization rule（全部特化法则）

Universal data model（通用数据模型）

复习题

1. 定义下面的术语：
   a. 超类型
   c. 特化
   e. 完全性约束
   g. 子类型鉴别子
   i. 泛化
   k. 重叠法则
   m. 通用数据模型
   b. 子类型
   d. 属性继承
   f. 增强型实体 – 联系（EER）模型
   h. 全部特化法则
   j. 分离法则
   l. 部分特化法则

2. 匹配下面的术语和定义：
   _____超类型   a. 超类型的子集
   _____子类型   b. 实体属于两个子类型
   _____特化   c. 子类型得到超类型的属性

_____子类型鉴别子   d. 通用的实体类型

_____属性继承   e. 从一个实体类型中创建子类型

_____重叠法则   f. 确定一个实体的目标子类型

3. 对比下面的术语：

113

   a. 超类型；子类型   b. 泛化；特化

   c. 分离法则；重叠法则   d. 全部特化法则；部分特化法则

4. 陈述哪两种情况表明一个数据库设计者应该考虑使用超类型／子类型联系。

5. 给出一个超类型／子类型联系的例子（除了本章讨论过的）。

6. 什么是属性继承？为什么它很重要？

7. 给下面的每种情况举一个例子：

   a. 一个应用分离法则的超类型／子类型联系

   b. 一个应用重叠法则的超类型／子类型联系

8. 在一个 EER 图中通常能捕捉到什么类型的业务规则？

9. 子类型鉴别子的目的是什么？

10. 什么时候应该使用打包数据模型？

11. 从打包数据模型开始数据建模工程和从一张白纸开始数据建模工程有哪些不同？

12. 一个使用打包数据模型的数据建模工程需要的技巧比一个不使用打包数据模型的工程多还是少？为什么？

13. 当你购买一个打包数据模型后，你得到了什么？

14. 什么时候应该使用超类型／子类型层次结构？

15. 什么时候一个超类型的成员至少是一个子类型的成员？

问题与练习

1. 检查图 3-10 的大学 EER 图的层次结构。作为一个学生，你是 UNDERGRAD STUDENT 或 GRADUATE STUDENT 这两个子类型中一种子类型的实例。列出你包含的所有属性的名字。对于每一个属性，记录你的属性值。

2. 对图 3-10 显示的每一种超类型添加一个子类型鉴别子。显示给每一种子类型实例赋予的鉴别子的值。请使用下面的子类型鉴别子的名字和值：

   a. PERSON: Person Type（Employee? Alumnus? Student?）

   b. EMPLOYEE: Employee Type（Faculty, Staff）

   c. STUDENT: Student Type（Grad, Undergrad）

3. 为了简化起见，本章的很多图都遗漏了子类型鉴别子的表示。在下面列出的每一张图中加入子类型鉴别子符号。如果有必要，为鉴别子创建一个新的属性。

   a. 图 3-2   b. 图 3-3   c. 图 3-4b   d. 图 3-7a   e. 图 3-7b

4. 参照图 3-2 中的员工 EER 图并做出一些你认为是必要的假设。对图中的每一个实体类型、属性和联系给出具体例子的定义。

5. 参照图 3-3 中的患者 EER 图，做出一些你认为是必要的假设。对图中的每一个实体类型、属性和关系给出具体例子的定义。

6. 一个租车机构将待租的车辆分为以下四类：紧凑型、中型、全尺寸型和运动多功能型。这个机构希望能够为所有车型记录如下数据：Vehicle ID，Make，Model，Year，Color。这四种类型的车都没有独有的属性。车辆实体类型有一个与客户实体类型的联系（名叫 Rents）。没有一种类型的车辆与某种实体类型有着独一无二的联系。对这个问题，你考虑创建一个超类型／子类型联系吗？为什么？

7. 图书馆中的实体类型 HOLDING（馆藏）有四种子类型：BOOK，AUDIO BOOK，DVD 和 SOFTWARE。对下面每种场景绘制一个单独的 EER 图的片段：

a. 在一个特定时刻，一个馆藏必须刚好是这几种子类型之一。

b. 一个馆藏可能是也可能不是这几种子类型之一。然而，如果一个馆藏是这几种子类型之一，那么它们就不能同时是剩下的子类型了。

c. 一个馆藏可能是也可能不是这几种子类型之一。另一方面，一个馆藏可能同时是这些子类型中的任意两个（甚至四个）。

d. 在一个特定的时间，一个馆藏必须是这些子类型中至少一个子类型。

8. 一个银行有三种类型的账户：支票账户（checking）、储蓄账户（savings）、贷款账户（loan）。下面是每一种账户的属性：

CHECKING: Acct No, Date Opened, Balance, Service Charge

SAVINGS: Acct No, Date Opened, Balance, Interest Rate

LOAN: Acct No, Date Opened, Balance, Interest Rate, Payment

假设每种银行账户都恰好是这几种子类型之一。请使用泛化技术开发一个 EER 模型片段去表达这种场景。可以使用传统的 EER 符号、Visio 的符号或者子类型在超类型中的符号，如你的指导老师所指定的那样。记得包含一个子类型鉴别子。

9. 请对下面的问题画一个 EER 图，可以使用文字的 EER 符号、Visio 的符号或者子类型在超类型中的符号，如你的指导老师所指定的那样。

一个非营利的组织依赖很多不同类型的人员去维持其成功的运转。这个组织对所有人员的以下属性比较关注：SSN，Name，Address，City/State/Zip，Telephone。三种最受关注的人员类型：员工、志愿者和捐赠者。员工只有一个 Date Hired 属性，而志愿者仅有一个 Skill 属性，捐赠者仅有一个与 Item（物品）实体类型相关联的联系（命名为 Donates）。一个捐赠者必须至少捐赠过一个或多个物品，而一个物品可能没有捐赠者，或者是有一个甚至多个捐赠者。

除了员工、志愿者和捐赠者以外还有其他组织的人员。所以一个组织的人员可能不会属于上述三种类型的任意一个。另一方面，某个时刻一个人员可能同时属于上述类型中的两个或更多个（例如员工和捐赠者）。

10. 在问题与练习 9 中你创建的图上加入一个名叫 Person Type 的子类型鉴别子。

11. 根据下面的情况开发一个 EER 模型，可以使用传统的 EER 符号、Visio 的符号或者子类型在超类型中的符号，如你的指导老师所指定的那样：

一个科技公司给他们的客户提供两种不同的商品类型：产品和服务。提供的商品由一个提供的商品 ID 和一个商品描述属性进行标识。此外，产品由产品名、标准价格和首次发布日期所描述；服务由公司负责这项服务的单位名称和服务的情况进行描述。有维修、维护和其他类型的服务。一个维修服务有一个花费，并且是某个产品的维修服务。维护服务有一个小时费率。幸运的是，一些产品永远都不需要维修服务。然而，对于一些产品可能有多个潜在的维修服务。一个客户可能购买一种提供的商品，而公司需要记录这个客户购买所提供商品的时间及所提供商品的购买联系人。不幸的是，不是所有的提供商品都会被购买。客户可用客户 ID 来标识身份，并有姓名、地址和电话号码等属性。当一个服务被执行时，这个服务即针对某个客户进行收费。由于一些客户是替他们的客户购买所提供的商品，一个客户可能会为一些并不是他们购买的服务缴费，同时也为他们购买的服务缴费。当一个客户为一个服务缴费时（尽管一些人可能永远都不需要任何一项服务），公司需要记录服务生效日期、服务中止日期和应付款项。

12. 根据下面法律公司的描述画一个 EER 图：

每一个公司处理的案件都会有一个独有的案件号码；立案时间、结案时间和审判记录都会被记录在每个案件中。一个案件可能有一个或者多个原告，而同样的原告可能会涉及多个案件。一个原告会有一个控诉理由。一个案件可能有一个或者多个被告，同样的被告也可能涉及多个案件。原告和被告可以是一个个体，也可以是一个组织。在不同的时间内，同一个体或者组织既可以成为某个案件的被告，也可以是另一个案件的原告。在两种情况下，法人实体都由一个实体号码进行标识，并有其他属性，如姓名和净资产。

13. 根据下面的情况开发一个 EER 模型，可以使用传统的 EER 符号、Visio 的符号或者子类型在超类型中的符号，如你的指导老师所指定的那样：

  一个国际技术学校雇佣你去创建一个数据库管理系统，以帮助学校安排课程。经过和校长的多次会面后，你提出了如下的实体、属性和初始业务规则的列表：

- 房间是通过 Building ID、Room No 进行标识的，此外还有一个 Capacity 属性。一个房间可以是一个实验室，也可以是一个教室。如果它是一个教室，它会有一个 Board Type 的额外属性。
- 多媒体通过 MTypeID 进行标识，另有属性 Media Type 和 Type Description。注意：这里只记录多媒体的类型（类似于 VCR、投影仪等），并不是单个的设备。记录设备超出了这个工程的范畴。
- 计算机通过 CTypeID 进行标识，另有属性 Computer Type、Type Description、Disk Capacity 和 Processor Speed。请注意：和多媒体一样，这里只记录计算机的类型，而不是单个计算机。你可以把它想成某种类型的计算机（例如 Core™i7 2.6GHz）。
- 讲师通过 Emp ID 进行标识，另有属性 Name、Rank 和 Office Phone。
- 时间槽有标识符 TSIS，另有其他属性 Day Of Week、Start Time 和 End Time。
- 课程有标识符 Course ID，另有其他属性 Course Description 和 Credits。一门课程可能有一门或者多门预修课程，或者没有预修课程。一门课程也可以有一节或多节课时。
- 课时有标识符 Section ID 和属性 Enrollment Limit。
- 经过进一步的讨论，你又提出了一些业务规则能够帮助你进行初始的设计：
- 一个讲师在某个学期可能教授一门课中的一节或者多节课时，也可能没有。
- 一个讲师会选择他们更喜欢的时间槽。
- 每一学期的排课情况数据会被记录保留，由学期和学年唯一标识。
- 在特定学年和学期的同一个时间槽内，一个房间可能会被安排给一节课时，或者不安排课时。然而，一个房间可能会出现在一个或者多个排课中，或是没有被排课。一个时间槽也可能有一个或多个排课，或是没有排课。一个课时也可能有一个或多个排课，或是没有排课。提示：你怎样把这种情况和你以前见过的情形联系起来？
- 一个房间可能有一个或多个类型的多媒体，或者没有多媒体。
- 讲师可能会使用一个或多个多媒体，或不使用多媒体。
- 一个实验室有一个或者多个计算机。然而教室没有任何计算机。
- 一个房间不能同时成为一个教室和一个实验室。没有其他类型的房间包含在这个系统内。

14. 根据下面的情况开发一个 EER 模型，可以使用传统的 EER 符号、Visio 的符号或者子类型在超类型中的符号如你的指导老师所指定的那样：

  Wally Los Gatos 和他的合作伙伴 Henry Chordate 一起创建了一个新的有限责任合伙公司 "Fin and Finicky 安全咨询公司"。Fin and Finicky 为企业提供咨询服务，满足它们的安全上的需求。你被 Wally 和 Henry 雇佣去设计一个数据库管理系统，用来帮助他们管理生意。

  由于最近的业务增长，Fin and Finicky 决定自动化它的客户跟踪系统。你和你的团队已经做了一些初步的分析，并提出了下面的实体、属性和业务规则集合：

顾问

一共有两种类型的顾问：业务顾问和技术顾问。业务顾问主要与业务打交道，为了第一时间决定客户的安全需要并提供一个实际需执行的服务的预算。技术顾问根据业务顾问制定的业务说明执行服务。

  业务顾问的属性如下：Employee ID（标识符），Name，Address（由 Street、City、State 和 Zip Code 组成），Telephone，Date Of Birth，Age，Business Experience（由 Number of Years、Type of Business 和 Degrees Received 组成）。

  技术顾问的属性如下：Employee ID（标识符），Name，Address（由 Street、City、State 和

Zip Code 组成），Telephone，Date Of Birth，Age，Technical Skills，Degrees Received。

客户

客户一般是一些需求咨询服务的企业。客户的属性有 Customer ID（标识符），Company Name，Address（由 Street、City、State 和 Zip Code 组 成），Contact Name，Contact Title，Contact Telephone，Business Type，Number of Employee。

地点

客户通常可以有多个地点。地点的属性有 Customer ID（标识符），Location ID（对于每个 Customer ID 是唯一的），Address（由 Street、City、State 和 Zip Code 组成），Telephone，Building size。

服务

一个安全服务被一个客户在一个或者多个地点所执行。在执行服务前，首先要准备好预算。服务的属性有 Service ID（标识符）、Description、Cost、Coverage 和 Clearance Required。

额外的业务规则

除之前列出的实体之外，下面一些信息也需要被存进表中并显示在模型上。它们可能是实体，不过也反映出多个实体之间的联系：

- 预算，具有特征 Date、Amount、Business Consultant、Services 和 Customer。
- 已执行的服务，具有特征 Date、Amount、Technical Consultant、Services 和 Customer。

为了构建 EER 图，可以做以下假设：

一个客户可能有很多顾问提供很多服务。你希望不仅能够记录实际执行的服务，还能记录所有提供的服务。因此，客户、服务和顾问之间应该有两种联系，一种展示已经执行的服务，一种展示提供的服务，作为预算的一部分。

15. 根据问题与练习 14 所构建的 EER 图，对图中的每个实体类型、属性和联系给出相应的定义。

16. 根据下面的场景画一个 EER 图：

你在为一个大型的乡村俱乐部工作。这个乡村俱乐部希望有一个数据库能保存它的所有会员和客人。对于每一个会员，俱乐部记录邮件、电话联系信息、姓名和会员号。当你加入这个俱乐部时，你可以成为普通会员（你会有一年打两次高尔夫球的机会，同时有去游泳池和健身房的特权），或者成为网球会员（你会有普通会员的所有特权，并且可以使用网球场和一年打四次高尔夫球的权利），或是高尔夫会员（你会有网球会员的所有特权，并且一年可以不限次数地使用高尔夫球场地）。这个数据库希望能记录一个会员（所有高尔夫会员可以无限制地使用高尔夫球场地，而其他会员使用是有限制的）使用高尔夫球场的频率和一个会员能给俱乐部带来多少客人的数据。所有会员都有邀请其他客人的特权。俱乐部通过给以客人身份来过俱乐部并居住在本州的人发邮件，希望吸引新的会员。邮件包括客人曾经访问俱乐部的信息（即访问时间以及每次访问是哪位会员带过来的）。一旦一个人成为任何类型的会员，他／她之前作为客人的信息就不再重要了。

17. 根据下面的场景画一个 EER 图：

TomKat 娱乐公司是一家连锁影院，这个影院的所有者通常是以前的夫妻演员，他们因为一些原因不能够再从事表演工作。所有者希望有一个数据库能记录在一天的不同时候，公司的每个连锁影院的每个荧幕正在播放或者已经播放了什么。一个影院（由 Theater ID 进行标识，另有属性影院名称和地点）会有一个或多个荧幕来播放各种电影。在每一个影院中，每一个荧幕都由其荧幕号码进行标识，并有可供观影的容纳座位数的属性。电影根据每天的时间片安排播放。每一个荧幕在不同的日子都有不同的时间片（即一家影院的所有荧幕并不是都在同样的时刻播放电影，甚至在不同的日子，同样的荧幕同样的电影也可能在不同的时间播放）。对于每个时间片，影院所有者希望知道每个时间片的终止时间（假设每个时间片的开始时间和中止时间都在一天以内）、在这个时间片的观影人数和这个时间片影片的价格。每一个影片（类型可以是预告片、故事片或者是商业片）由 Movie ID 进行标识，并且可以被属性片名、时长和类型（即预告片、故事片或商业片）所描述。在每一个时间片，有一个或者多个电影上映。影院所有者同样想记录影片播放的顺序（例如在一个时间片内先有两部预告片，然后跟着两部商业片，再来一部故事片，最后是另外一部商业片）。

参考文献

Elmasri, R., and S. B. Navathe. 1994. *Fundamentals of Database Systems*. Menlo Park, CA: Benjamin/Cummings.

Hay, D. C. 1996. *Data Model Patterns: Conventions of Thought*. New York: Dorset House Publishing.

Hoberman, S. 2006. "Industry Logical Data Models." *Teradata Magazine*. 参见 www.teradata.com.

Silverston, L. 1998. "Is Your Organization Too Unique to Use Universal Data Models?" *DM Review* 8,8 (September),

参见 www.information-management.com/issues/19980901/425-1.html.

Silverston, L. 2001a. *The Data Model Resource Book, Volume 1*, Rev. ed. New York: Wiley.

Silverston, L. 2001b. *The Data Model Resource Book, Volume 2*, Rev. ed. New York: Wiley.

Silverston, L. 2002. "A Universal Data Model for Relationship Development." *DM Review* 12,3 (March): 44–47, 65.

扩展阅读

Frye, C. 2002. "Business Rules Are Back." *Application Development Trends* 9, 7 (July): 29–35.

Gottesdiener, E. 1997. "Business Rules Show Power, Promise." *Application Development Trends* 4,3 (March): 36–54.

GUIDE. 1997 (October). "GUIDE Business Rules Project." Final Report, revision 1.2.

Hoffer, J. A., J. F. George, and J. S. Valacich. 2011. *Modern Systems Analysis and Design*. 6th ed. Upper Saddle River, NJ: Prentice Hall.

Moriarty, T. 1993. "Using Scenarios in Information Modeling: Bringing Business Rules to Life." *Database Programming & Design* 6, 8 (August): 65–67.

Ross, R. G. 1997. *The Business Rule Book*. Version 4. Boston: Business Rule Solutions, Inc.

Ross, R. G. 1998. *Business Rule Concepts: The New Mechanics of Business Information Systems*. Boston: Business Rule Solutions, Inc.

Ross, R. G. 2003. *Principles of the Business Rule*

Approach. Boston: Addison-Wesley.

Schmidt, B. 1997. "A Taxonomy of Domains." *Database Programming & Design* 10, 9 (September): 95, 96, 98, 99.

Silverston,L. 2002. Silverston 在《DM Review》上有一系列文章讨论不同设置下的统一数据模型。见 Vol.12 1(January) 有关点击流数据分析，5(May) 有关健康，7 (July) 有关金融服务，12 (December) 有关制造业。

Teorey, T. 1999. *Database Modeling & Design*. San Francisco: Morgan Kaufman Publishers.

von Halle, B. 1996. "Object-Oriented Lessons." *Database Programming & Design* 9,1 (January): 13–16.

Von Halle, B. 2001. Von Halle 在《DM Review》上有一系列有关构建商业规则系统的文章。见 Vol.11 1-5 (January-May)。

von Halle, B., and R. Kaplan. 1997. "Is IT Falling Short?" *Database Programming & Design* 10, 6 (June): 15–17.

Web 资源

www.adtmag.com　应用开发趋势的网站，一个关于信息系统开发实践的领先的出版物。

www.brsolutions.com　商业规则解决方案网站，这家公司是 Ronald Ross 的咨询公司，同时是业务规则开发方法的领导者。也可以登录 www.BRCommunity.com，这是一个针对对业务规则感兴趣的人们的一个论坛。

www.businessrulesgroup.org　是商业规则群组网站，前 GUIDE International 的一部分，主要致力于定义和支持业务规则标准。

www.databaseanswers.org/data_models　是一个引人入胜的网站，它展示了为各种各样的应用和组织设计的超过 100 个 E-R 图样例。因为有丰富的符号被使用，所以这是一个学习 E-R 图各种类型的符号的好网站。

www.kpiusa.comshi　是 Knowledge Partners International 的主页，由 Barbara von Halle 创建。这个网

站有关于业务规则的一些有趣的案例和有关业务规则的白皮书。

http://researchlibrary.theserverside.net/detail/RES/1214505974_136.html 是 Steve Hoberman 的
"Modeling Unstructured Data"这篇论文的链接。非结构的数据（例如电子邮件、图像和声音）是数据库中一个新兴的方向，其中有很多关于非结构数据的数据建模的专题讨论。

www.tdan.com 是 The Data Administration Newsletter 的网站，通常发布一些新的文章、专题报道以及很多数据建模和管理主题。

www.teradatauniversitynetwork.com Teradata University Network 的网站，是一个有很多有关数据库管理和相关主题信息的免费资源网站。登录这个网站，搜索"entity relationship"可以看到很多与 EER 数据建模相关的文章和项目。

117
≀
118

数据库设计

第三部分包括第 4 章和第 5 章。

在数据库开发分析阶段的结尾，系统和数据库分析专家对数据存储和访问需求有了相当清楚的理解。然而，在分析阶段对数据模型的开发明显地避免了数据库技术的束缚。在实现一个数据库之前，概念数据模型必须被映射成一个与所使用的数据库管理系统相兼容的数据模型。

数据库设计工作就是把分析阶段开发的数据存储的需求转换成指导数据库实现的规范。规范有以下两种形式：

1）逻辑规范，它将概念需求和与某个数据库管理系统相关联的数据模型联系起来。

2）物理规范，给出作为数据库实现的输入的所有数据存储的参数。在这个阶段，用数据定义语言来定义一个数据库。

第 4 章阐述了逻辑数据库的设计，并着重强调了关系数据模型。逻辑数据库的设计是将概念数据模型（在第 2、3 章中阐述）转换成逻辑数据模型的过程。今天使用的大多数数据库管理系统都是基于关系数据模型的，所以这种数据模型是我们讨论的逻辑数据库设计的基础。

在第 4 章中，我们首先为这个模型定义一些重要的术语和概念，包括关系、主键、代理主键、外键、异常、范式、规范化、函数依赖、部分函数依赖和传递依赖。接下来，我们描述并图示了将 E-R 模型转换成关系模型的过程。有许多建模工具都支持这种转换，然而，理解其基本原理和程序很重要。接下来，我们详细描述和图示规范化重要概念（设计结构良好的关系的过程）。最后，我们阐述怎样将分散在一个大工程团队中不同工作组的逻辑设计活动的关系加以合并，同时避免此过程中可能发生的常见错误。

　　第 5 章讨论的物理数据库设计的作用是将数据的逻辑描述转换成存储和检索数据的技术规范，目的是创建一个有良好性能并能保证数据库完整性、安全性和可恢复性的数据存储设计。编程人员和其他涉及信息系统构建的人员在实现阶段都会用到物理数据库设计的技术规范，这将在第 6 章到第 9 章进行讨论。

　　在第 5 章中，将学习物理数据库设计的关键术语和概念，包括数据类型、页、指针、去规范化、索引文件组织和哈希文件组织；将学习设计开发高效物理数据库的基础步骤；将学习存储属性值的候选和如何在这些候选中进行挑选；将学习为什么规范化的表格不能形成最好的物理数据文件，如果必要的话，如何去规范化数据来达到数据检索速度的提升；将了解不同文件的组织和不同类型的索引，这对加速数据检索很重要。另外，还将学习提高数据质量的物理数据库设计候选将如何影响验证财务报告准确性的过程。在今天，由于政府的相关规定，如 Sarbanes-Oxley，也由于人们对高数据质量具有更高的商业意义的逐渐认知，因此这些都是必要的。

　　必须小心地进行物理数据库的设计，因为这个阶段做的决定对数据的可获得性、响应时间、安全性、用户友好度、信息质量和同样重要的信息系统的设计因素都有重要影响。

逻辑数据库设计和关系模型

学习目标

学完本章后，读者应该能够：

- 简明地定义以下关键术语：关系，主键，复合键，外键，空值，实体完整性规则，参照完整性约束，完整结构化关系，异常，代理主键，递归外键，规范化，范式，函数依赖，决定因子，候选键，第一范式，第二范式，部分函数依赖，第三范式，传递依赖，同义词，别名，多义词。
- 列举关系的 5 个性质。
- 列举候选键的两个基础性质。
- 给出下列名词的简明定义：第一范式、第二范式、第三范式。
- 简单描述在关系合并时可能产生的 4 个问题。
- 将 E-R（或 EER）图转换成逻辑上对等的关系集。
- 创建满足实体完整性和参照完整性约束的关系表。
- 使用规范化将一个有异常的关系分解成完整结构化的关系。

引言

这一章描述逻辑数据库设计，着重强调关系数据模型。逻辑数据库设计是将概念数据模型（在第 2、3 章中已阐述）转换成逻辑数据模型的过程，这种逻辑数据模型是与特定类型的数据库技术一致且兼容的。一个经验丰富的数据库设计者如果知道了将要使用的数据库技术的类型，将会把逻辑数据库设计和概念数据建模同时进行。然而，重要的是需要将这两个分隔成不同步骤，这样就可以对数据库开发的每个重要部分集中注意力。概念数据建模是理解组织——获得正确的需求。逻辑数据库设计是创建稳定的数据库结构——用技术语言正确地表达需求。二者都是很重要的步骤，需要细心地实现。

尽管也有其他的逻辑数据模型，但是，在本章强调关系数据模型有两个重要的原因。首先，关系数据模型是迄今为止数据库应用中被最广泛使用的数据模型。其次，一些关系模型的逻辑数据库设计的原则也适用于其他逻辑模型。

在之前的章节中，已经通过一些简单的例子介绍了关系数据模型。然而，重要的是，与概念数据模型不同，关系数据模型是逻辑数据模型的一种形式。因此，E-R 数据模型不是关系数据模型，不符合完整的结构化关系数据模型的规则，即本章所要阐述的规范化（normalization）。这并没有很大影响，因为开发 E-R 模型的目的是理解数据需求和数据的业务规则，而不是为查询数据库处理构造数据，构造数据是逻辑数据库设计的目的。

本章中，首先定义关系数据模型的一些重要术语和概念。（通常用关系模型来称呼关系数据模型。）接下来介绍并说明将 EER 模型转换为关系模型的过程。今天，在技术层面上，有许多 CASE 工具都支持这个转换。然而，理解内部的原理和程序很重要。接着会详细描述规范化的概念。规范化是设计完整结构化关系的过程，也是关系模型逻辑设计的重要组成部分。最后，介绍怎样合并关系，同时避免在此过程中通常可能发生的常见错误。

逻辑数据库设计的任务是将概念设计（代表了企业对数据的需求）转换为逻辑数据库设计，使其能够通过选定的数据库管理系统实现。最终的数据库必须能够满足用户对数据共享、灵活性和易访问性的要求。本章提出的概念对于理解数据库开发过程是不可缺少的。

4.1 关系数据模型

关系数据模型是 1970 年由 IBM 的 E. F. Codd 首次提出（Codd，1970）。早期的两个研究项目是为了证明关系模型的可行性和开发原型系统。第一个研究（在 IBM 的 San Jose 研究实验室）促成了 20 世纪 70 年代末期 R 系统（原型关系型 DBMS[RDBMS]）的开发。第二个研究（加州大学伯克利分校）促成了 Ingres 的开发，其中 Ingres 是学术导向的 RDBMS。大约在 1980 年，在众多销售商中出现了商业 RDBMS 产品。（请参阅本书的 RDBMS 和其他 DBMS 销售商的网站链接。）今天，RDBMS 已经成为数据库管理的主要技术，并且从智能手机和个人电脑到主机，有数以百计的 RDBMS 产品可使用。

4.1.1 基本定义

关系数据模型以表格形式表示数据。关系模型基于数学理论建立，因此有坚实的理论基础。然而，我们只需要一些简单的概念就能描述关系模型。因此，它很容易理解，甚至被那些不熟悉基本理论的人使用。关系数据模型由以下三个部分组成（Fleming 和 von Halle，1989）：

1）**数据结构** 数据由表格的行和列的形式组织。

2）**数据处理** 功能强大的操作可以用来处理存储在关系中的数据（通常用 SQL 语言实现）。

3）**数据完整性** 模型拥有可以指定业务规则的机制，该业务规则要求在操作时保持数据完整性。

EMPLOYEE1

EmpID	Name	DeptName	Salary
100	Margaret Simpson	Marketing	48,000
140	Allen Beeton	Accounting	52,000
110	Chris Lucero	Info Systems	43,000
190	Lorenzo Davis	Finance	55,000
150	Susan Martin	Marketing	42,000

图 4-1 关系 EMPLOYEE1 及其样本数据

在这一节将讨论数据结构和数据完整性。数据操作在第 6、7、8 章中讨论。

1. 关系数据结构

关系（relation）是指命名的二维表格数据。关系（或表格）由一些命名的列和若干未命名的行组成。属性（正如其在第 2 章的定义）是关系中命名的列。关系中的每一行对应一条记录，其中包括单个实体的数据（属性）值。图 4-1 是一个名称为 EMPLOYEE1 的关系。这个关系包括了以下几个描述员工的属性：EmpID、Name、DeptName 和 Salary。表格中的 5 行数据分别对应 5 个员工。理解图 4-1 中的样本数据是为了说明关系 EMPLOYEE1 的结构这一点很重要；它们本身不是关系的一部分。因为即使在图中插入另一行数据或者更新已存在行的任何数据，它仍然是关系 EMPLOYEE1。删除一行数据也不会改变关系。事实上，删除图 4-1 中的所有数据，关系 EMPLOYEE1 仍然存在。换句话说，图 4-1 是关系 EMPLOYEE1 的一个实例。

我们可以用将属性名放在关系名后面（括号中）这种简写的标记法来表示关系的结构。例如，对于关系 EMPLOYEE1，有

EMPLOYEE1(EmpID, Name, DeptName, Salary)

2. 关系的键

我们必须能够根据存储在关系的一行中的数据值来存储和检索这一行数据。为了达到这个目的，每个关系都必须有主键。**主键**（primary key）是指关系中能唯一识别每一行的一个或一组属性。我们为属性名加上下划线来表示主键。例如，关系 EMPLOYEE1 的主键是 EmpID。注意，这个属性在图 4-1 中有下划线。在简写标记法中，用如下方式来表示这个关系：

EMPLOYEE1(EmpID, Name, DeptName, Salary)

主键的概念与第 2 章中定义的术语标识符（identifier）有关。在 E-R 图中表示为实体标识符的属性或属性集有可能组成了表示该实体的关系的主键。但也有例外：比如，关联实体不是必须有标识符，弱实体的（部分）标识符仅仅是其主键的一部分。另外，实体的多个属性可能是关联关系的主键。所有这些情形都将在本章中一一说明。

组合键（composite key）是由多个属性组成的主键。例如，关系 DEPENDENT 的主键由 EmpID 和 DependentName 组成。本章中还会给出几个组合键的例子。

我们经常需要在两个表格或关系之间建立联系，这是通过使用外键来完成的。**外键**（foreign key）是指关系中的一个（也可能是复合）属性同时是另一个关系中的主键。例如，考虑两个关系 EMPLOYEE1 和 DEPARTMENT：

EMPLOYEE1(EmpID, Name, DeptName, Salary)
DEPARTMENT(DeptName, Location, Fax)

DeptName 属性是关系 EMPLOYEE1 中的外键，它可以让任何一个员工与其登记的部门信息联系起来。有些作者在外键下方加上虚线，像这样：

EMPLOYEE1(EmpID, Name, DeptName, Salary)

在本章的剩余部分将给出很多外键的例子，并在 4.2.3 节讨论外键的性质。

3. 关系的性质

我们将关系定义为二维表格数据。然而，并不是所有的表格都是关系。关系的几个性质可以将其与非关系表格区分开来。我们将这些性质概括如下：

1）数据库中的每个关系（或表格）都有唯一的名称。

2）每行与每列交叉点的条目是原子的（或单值的）。表中每个属性在每行只有一个值；

关系中没有多值属性。

3）每一行都是唯一的；关系中没有相同的两行。

4）每个表格中的每个属性（或列）都有唯一的名称。

5）列的顺序（从左到右）无关紧要。改变关系中列的顺序不会更改关系的意义或影响关系的使用。

6）行的顺序（从上到下）无关紧要。和列一样，关系中行的顺序可以被更改为任何顺序。

4. 移除表中的多值属性

前面列举的关系的第 2 条性质说明，关系中不允许存在多值属性。因此，含有一个或多个多值属性的表格不是关系。例如，图 4-2a 显示了关系 EMPLOYEE1 的员工信息，其中加入了员工可能参加的课程信息。因为员工可能参加了不止一门课程，所以 CourseTitle 和 DateCompleted 是多值属性。例如，EmpID 为 100 的员工参加了两门课程。如果一个员工没有参加任何课程，那么 CourseTitle 和 DateCompleted 属性就为空值。（见 EmpID 为 190 的员工信息。）

图 4-2b 中给出了如何利用相关数据值填补空白信息的方法消除多值属性。从结果来看，图 4-2b 中的表格只有单值属性，并且满足关系的原子性。我们将其命名为 EMPLOYEE2，以便与 EMPLOYEE1 区别开来。然而，如你所见，这个新关系也有一些不好的性质。

EmpID	Name	DeptName	Salary	CourseTitle	DateCompleted
100	Margaret Simpson	Marketing	48,000	SPSS	6/19/201 X
				Surveys	10/7/201X
140	Alan Beeton	Accounting	52,000	Tax Acc	12/8/201X
110	Chris Lucero	Info Systems	43,000	Visual Basic	1/12/201X
				C++	4/22/201 X
190	Lorenzo Davis	Finance	55,000		
150	Susan Martin	Marketing	42,000	SPSS	6/16/201X
				Java	8/12/201 X

a）具有重复分组的表格

EMPLOYEE2

EmpID	Name	DeptName	Salary	CourseTitle	DateCompleted
100	Margaret Simpson	Marketing	48,000	SPSS	6/19/201 X
100	Margaret Simpson	Marketing	48,000	Surveys	10/7/201 X
140	Alan Beeton	Accounting	52,000	Tax Acc	12/8/201 X
110	Chris Lucero	Info Systems	43,000	Visual Basic	1/12/201 X
110	Chris Lucero	Info Systems	43,000	C++	4/22/201 X
190	Lorenzo Davis	Finance	55,000		
150	Susan Martin	Marketing	42,000	SPSS	6/19/201 X
150	Susan Martin	Marketing	42,000	Java	8/12/201 X

b）关系 EMPLOYEE2

图 4-2 消除多值属性

4.1.2 样本数据库

一个关系数据库可以由任何数量的关系组成。模式（在第 1 章中定义）是对整个数据库的逻辑结构的描述，我们通过模式来说明数据库的结构。以下是两种表示模式的常用方法：

1）简短的文本叙述，其中每个关系都有名称，其属性名跟在其后的括号中。（见本章前面定义的关系 EMPLOYEE1 和 DEPARTMENT。）

2）图表表示法，每个关系由包含其属性的矩形来表示。

文本叙述的优势是较为简便。然而，图表表示法能更好地表示参照完整性约束（你将很快见到）。在这一节，我们使用两种方法表示模式，以便于二者的比较。

图 4-3 显示了 Pine Valley 家具公司的四个关系的模式。这四个关系分别为 CUSTOMER、ORDER、ORDER LINE 和 PRODUCT。关系中的主键用下划线表示，其他的属性都在关系中给出。本章后面还展示了如何使用规范化方法来设计这些关系。

这些关系的文本描述如下：

CUSTOMER(CustomerID, CustomerName, CustomerAddress,
    CustomerCity, CustomerState, CustomerPostalCode)
ORDER(OrderID, OrderDate, CustomerID)
ORDER LINE(OrderID, ProductID, OrderedQuantity)
PRODUCT(ProductID, ProductDescription, ProductFinish,
    ProductStandardPrice, ProductLineID)

CUSTOMER

CustomerID	CustomerName	CustomerAddress	CustomerCity*	CustomerState*	CustomerPostalCode

ORDER

OrderID	OrderDate	CustomerID

ORDER LINE

OrderID	ProductID	OrderedQuantity

PRODUCT

ProductID	ProductDescription	ProductFinish	ProductStandardPrice	ProductLineID

* 为了简化起见，属性不在图 2-21 中。

图 4-3　4 个关系模式（Pine Valley 家具公司）

ORDER LINE 的主键是组合键，由 OrderID 和 ProductID 属性组成。CustomerID 是关系 ORDER 的外键，它可以让用户将订单与提交该订单的客户联系起来。关系 ORDER LINE 有两个外键：OrderID 和 ProductID，它们可以让用户将订单上的每一行与其对应的订单和产品联系起来。

图 4-4 显示了该数据库的一个实例。该图显示了四个表格的样本数据。注意观察外键是如何将各个表格联系起来的。使用样本数据来建立关系模式的实例有以下四个原因：

1）样本数据可以让我们在不关心设计的情况下验证假设。

2）样本数据为检查自己设计的正确性提供了简单的方式。

3）样本数据可以促进自己与用户之间在讨论设计方面的交流。

4）样本数据可以用来开发原型应用和测试查询。

图 4-4　关系模式的一个实例（Pine Valley 家具公司）

4.2　完整性约束

关系数据模型包含了一些类型的约束或者用来限制可接受的数据值和操作的规则，其目的是有利于维护数据库中数据的正确性和完整性。主要的完整性约束有：域约束、实体完整性和参照完整性。

4.2.1　域约束

在一个关系中，一列中出现的所有值都必须来自于同一个域。域是指一个属性的所有可能的值。域的定义通常包括以下几个部分：域名、意义、数据类型、大小（或长度）和允许的值或范围（适当的）。表 4-1 给出了图 4-3 和图 4-4 中属性的域定义。

4.2.2　实体完整性

实体完整性规则是用来保证每个关系都有主键并且主键的所有值都是合法的。重要的是，它保证了每个主键属性都非空。

在某些情况下，一个属性不能被分配数据值。导致这种情况发生有两种原因：没有合适的数据值或合适的数据值未知。例如，假设要求你填写一张雇佣申请表，其中一项为传真号码，或要求你填写前任雇主的电话号码。如果你不记得这些号码，你会将它们空着，因为不知道如何填写。

在上述情况中，关系数据模型允许我们将属性置为空值。**空值**（null）是指当没有其他值合适或者合适的值未知时为属性分配的值。事实上，空值并不是一个值，它表示没有值。例如，空值并不是数字 0 或者空字符串。在关系模型中加入空值是有争议的，因为有时候会导致异常结果（Date，2003）。然而，关系模型的发明者 Codd 提倡为未知的值使用空值（Codd，1990）。

所有人都认为主键的值不能为空值。因此，**实体完整性规则**陈述如下：没有一个主键属性（或主键属性的内容）可以为空值。

4.2.3 参照完整性

在关系数据模型中，表格间通过使用外键来联系。例如，在图 4-4 中，表 CUSTOMER 和表 ORDER 之间的联系是通过定义 ORDER 表中的外键 CustomerID 来实现的。这意味着在 ORDER 表中插入一行新的数据之前，该订单中的客户必须已存在于 CUSTOMER 表中。若检查图 4-4 中表 ORDER 的每一行，将会发现订单的每个客户号都已经在 CUSTOMER 表中出现。

参照完整性约束是维护两个关系的行之间一致性的规则。这个规则表明如果一个关系中有一个外键，那么每个外键的值必为另一个关系的主键值，或者该外键值为空。可以检查图 4-4 中的表格是否符合参照完整性约束。

表 4-1 INVOICE 属性的域定义

属性	域名	描述	域
CustomerID	Customer IDs	所有可能的 Customer ID 的集合	长度为 5 的字符串
CustomerName	Customer Names	所有可能的 Customer Name 的集合	长度为 25 的字符串
CustomerAddress	Customer Address	所有可能的 Customer Address 的集合	长度为 30 的字符串
CustomerCity	Cities	所有可能的 City 的集合	长度为 20 的字符串
CustomerState	States	所有可能的 State 的集合	长度为 2 的字符串
CustomerPostalCode	Postal Codes	所有可能的 Postal Zip Code 的集合	长度为 10 的字符串
OrderID	Order IDs	所有可能的 Order ID 的集合	长度为 5 的字符串
OrderDate	Order Dates	所有可能的 Date 的集合	日期格式：月／日／年
ProductID	Product IDs	所有可能的 Product ID 的集合	长度为 5 的字符串
ProductDescription	Product Descriptions	所有可能的 Product Description 的集合	长度为 25 的字符串
ProductFinish	Product Finishes	所有可能的 Product Finish 的集合	长度为 15 的字符串
ProductStandardPrice	Unit Prices	所有可能的 Unit Price 的集合	货币：6 位数
ProductLineID	Product Line IDs	所有可能的 Product Line ID 的集合	整数：3 位数
OrderedQuantity	Quantities	所有可能的 Ordered Quantity 的集合	整数：3 位数

关系模式的图形化版本为鉴定参照完整性约束是否执行提供了一个简单的方法。图 4-5 显示了图 4-3 中关系的模式。每个外键都延伸出一个箭头指向其对应的主键。模式中，必须为每个箭头定义参照完整性约束。

怎样知道一个外键是否允许为空值？如果每个订单必须有一个客户（强制联系），那么 ORDER 关系中的外键 CustomerID 就不能为空值。如果订单和客户的关系是可变的，那么外键可以是空值。在进行数据库设计时，应当将外键属性是否可以为空值作为其性质定义好。

事实上，外键是否可以为空对于 E-R 图的模型和其确定都要比我们至今所给出的复杂。例如，如果删除一个提交了订单的客户，那么订单数据将发生什么变化？我们可能更关心销售状况而不关心客户。有三种可能性：

1）删除相关的订单信息（也叫级联删除），那么不仅失去了客户信息还失去了所有销售历史信息。

2）直到所有相关的订单信息都被删除后，才允许删除客户信息（安全检查）。

3）在外键中设置空值（尽管在创建订单时必须有 CustomerID，但之后如果相关联的客户信息被删除，CustomerID 可以变为空值）。

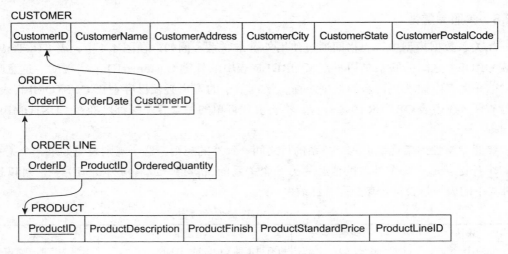

图 4-5　参照完整性约束（Pine Valley 家具公司）

在第 6 章阐述 SQL 数据库查询语言时，我们将看到这三种选择是如何实现的。实际上，各种有关数据保留的企业规定和各项规章制度往往决定了什么数据能被删除以及在何时可以删除，这也支配了在各种删除选项间的选择。

4.2.4　创建关系表

本小节将为图 4-5 中的 4 个表格创建表定义。这些定义使用的 CREATE TABLE 语句是一种 SQL 数据定义语言。实际上，这些表都是在数据库开发过程的后期定义的。然而，本章给出的样本表格是为了连续性，更重要的是为了说明之前介绍的完整性约束如何在 SQL 中实现。

图 4-6 中给出了 SQL 表格的定义。为关系模式（图 4-5）中的每个关系创建一个表格。之后定义表的每个属性。属性的数据类型和长度都来自域定义（表 4-1）。例如，Customer_T 表中的 CustomerName 属性定义为 VARCHAR（可变字符）数据类型，长度为 25。通过指定 NOT NULL，约束每个属性都不能为空值。

每个表格的主键通过表格定义语句后的 PRIMARY KEY 子句来指定。OrderLine_T 表给出了如何定义复合属性的主键。在这个例子中，OrderLine_T 的主键由 OrderID 和 ProductID 组成。四个表中的主键属性都被约束为 NOT NULL。这就实现了前面章节中描述的实体完整性约束。NOT NULL 约束同样可以用在非主键属性上。

基于图 4-5 中给出的图形化模式，参照完整性约束很容易定义。每个外键延伸出的箭头指向了相关联关系所对应的主键。在 SQL 表格定义中，FOREIGN KEY REFERENCES 语句对应着每一个箭头。因此，对于表 Order_T，外键 CustomerID 参照了表 Customer_T 的主键 CustomerID。在这个实例中，尽管外键和主键有相同的名字，但也无关紧要。例如，外键属性名可以用 CustNo 来代替 CustomerID。然而，外键和主键值必须来自相同的域。

129

```
CREATE TABLE Customer_T
        (CustomerID                    NUMBER(11,0)      NOT NULL,
        CustomerName                   VARCHAR2(25)      NOT NULL,
        CustomerAddress                VARCHAR2(30),
        CustomerCity                   VARCHAR2(20),
        CustomerState                  CHAR(2),
        CustomerPostalCode             VARCHAR2(9),
CONSTRAINT  Customer_PK  PRIMARY KEY(CustomerID));

CREATE TABLE Order_T
        (OrderID                       NUMBER(11,0)      NOT NULL,
        OrderDate                      DATE DEFAULT SYSDATE,
        CustomerID                     NUMBER(11,0),
CONSTRAINT Order_PK PRIMARY KEY(OrderID),
CONSTRAINT Order_FK FOREIGN KEY(CustomerID) REFERENCES Customer_T (CustomerID));

CREATE TABLE Product_T
        (ProductID                     NUMBER(11,0)      NOT NULL,
        ProductDescription             VARCHAR2(50),
        ProductFinish                  VARCHAR2(20),
        ProductStandardPrice           DECIMAL(6,2),
        ProductLineID                  NUMBER(11,0),
CONSTRAIN TProduct_PK PRIMARY KEY(ProductID));

CREATETABLE OrderLine_T
        (OrderID                       NUMBER(11,0)      NOT NULL,
        ProductID                      NUMBER(11,0)      NOT NULL,
        OrderedQuantity                NUMBER(11,0),
CONSTRAINT OrderLine_PK PRIMARY KEY(OrderID, ProductID),
CONSTRAINT OrderLine_FK 1FOREIGN KEY(OrderID) REFERENCES Order_T (OrderID),
CONSTRAINT OrderLine_FK 2FOREIGN KEY(ProductID) REFERENCES Product_T (ProductID));
```

图 4-6　SQL 表定义

表 OrderLine_T 有两个外键。表中的外键分别参照的是表 Order_T 和表 Product_T。

4.2.5　完整结构化关系

为了准备讨论规范化，我们需要处理以下几个问题：完整结构化的关系由什么组成？直观地来说，**完整结构化关系**（well_structured relation）包含最少的冗余并且允许用户插入、修改和删除表中数据行而不产生错误与不一致。EMPLOYEE1（图 4-1）就是这样的关系。表中每一行数据都描述了一个员工的信息，对一个员工数据的任何修改（如更改薪水）都只局限于表中的一行数据。相反，EMPLOYEE2（图 4-2b）就不是完整结构化关系。如果仔细观察表中的样本数据，将会发现有相当多的冗余。例如，对于员工 100、110 和 150，其 EmpID、Name、DeptName 和 Salary 信息在两行中都有出现。因此，如果员工 100 的薪水发生变化，我们必须在两行（对于某些员工甚至会更多）中记录这种变化。

　　当用户试图更新表中数据时，数据冗余可能会造成错误或不一致（称为**异常**）。通常有三种类型的异常：

　　1）**插入异常**　假设需要向表 EMPLOYEE2 中插入一个新员工。这个关系的主键由 EmpID 和 CourseTitle（之前提到过）组成。因此，为了插入新的一行，用户必须提供 EmpID 和 CourseTitle 的值（因为主键不能为空值或不存在）。这就是个异常，因为用户理应可以只输入员工数据而不提供课程数据。

　　2）**删除异常**　假设我们需要从表中删除 140 号员工的数据。这将导致失去该员工在 12/8/201X 完成了课程（Tax Acc）这条信息。事实上，我们失去的是该课程可以在那一天完成的信息。

　　3）**更新异常**　假设员工号为 100 的员工涨薪水了。我们必须将这个变化记录到该员工信息的每一行中（图 4-2 中出现两次）；否则，数据就会不一致。

　　这些异常都表明了表 EMPLOYEE2 不是完整结构化关系。这个关系的问题是它包含了两个实体：EMPLOYEE 和 COURSE。我们将用规范化的理论（在本章后面会介绍）将 EMPLOYEE2 分割为两个关系，其中一个为 EMPLOYEE1（图 4-1），另一个叫作 EMP COURSE，将在图 4-7 中出现并带有样本数据。在图 4-7 中加上下划线来强调这个关系的主键是 EmpID 和 CourseTitle。检查图 4-7，可以证明 EMP COURSE 不包含前面描述的三种异常，所以是完整结构的。

EmpID	CourseTitle	DateCompleted
100	SPSS	6/19/201X
100	Surveys	10/7/201X
140	Tax Acc	12/8/201X
110	Visual Basic	1/12/201X
110	C++	4/22/201X
150	SPSS	6/19/201X
150	Java	8/12/201X

图 4-7　EMP COURSE

4.3　将 EER 图转换成关系

　　在逻辑设计阶段，会将概念设计阶段的 E-R（与 EER）图转换为关系数据库模式。这个过程的输入是第 2 章、第 3 章中学习的实体－联系图（和扩展 E-R）。输出是本章前两节所介绍的关系模式。

　　将 EER 图转换（或映射）为关系是一个相对简单的过程，有一些定义好的规则。事实上，许多 CASE 工具可以自动执行转换过程中的许多步骤。然而，理解转换过程的步骤很重要，主要有以下四个原因：

　　1）CASE 工具通常不能为复杂的数据联系建模，比如三元联系和超类型/子类型联系。在这些情况下，需要手动执行转换步骤。

　　2）有时需要在合适的方案中选择特定的解决方案。

　　3）需要准备好为 CASE 工具给出的结果做质量检查。

　　4）理解转换过程可以有助于理解为什么概念数据建模（真实世界建模）与将概念数据建模过程的结果替代为可以用 DBMS 实现的形式不同。

　　在接下来的讨论中，利用第 2 章和第 3 章中的例子来说明转换步骤。它将帮助你回忆起那些章节中讨论的三种实体：

1）**常规实体**　具有独立的存在性，通常代表真实世界的物体，比如人和物品。常规实体用单线矩形表示。

2）**弱实体**　无法独立于与所有者（常规）实体类型的标识联系而存在。弱实体用双线矩形表示。

3）**关联实体**（也称为动名词）　形成于其他实体类型之间的多对多联系。关联实体用圆角矩形表示。

4.3.1　步骤 1：映射常规实体

E-R 图中每个常规实体类型都被转换为一个关系。关系的名称通常与实体类型相同。实体类型的简单属性就是关系中的属性。实体类型的标识符就是对应关系的主键。应当做好检查以确保主键满足第 2 章中提出的标识符的属性。

图 4-8a 是第 2 章中 Pine Valley 家具公司的 CUSTOMER 实体（见图 2-21）的表示。对应的 CUSTOMER 关系在图 4-8b 中以图形化形式展现。在本章以及本节接下来的图中，都只简要显示每个关系的一些主属性。

a）CUSTOMER 实体类型

b）CUSTOMER 关系

图 4-8　映射常规实体的例子

1. 复合属性

当一个常规实体含有复合属性时，只有复合属性的简单成分可以作为新关系的属性。图 4-9 显示了图 4-8 中例子的变化，Customer Address 属性是复合属性，包括 Street、City 和 State（见图 4-9a）。如图 4-9b 所示，该实体被映射为关系 CUSTOMER，其中包含简单的地址属性。尽管在图 4-9a 中 Customer Name 是简单属性，但它也可以被由 Last Name、First Name 和 Middle Name 组成的复合属性代替。在设计 CUSTIMER 关系（图 4-9b）时，可以用这些简单属性代替 CustomerName。与复合属性比起来，简单属性提高了数据可用性并能促进数据质量的维护。

2. 多值属性

当常规实体类型含有多值属性时，将会建立两个（而不是一个）新关系。第一个关系包含除了多值属性外的该实体类型的所有属性。第二个关系包含两个属性，它们形成了该关系的主键。其中第一个属性是第一个关系的主键，也是第二个关系的外键。第二个属性即为多值属性。第二个关系的名称应当能概括多值属性的含义。

图 4-10 显示了这个过程的一个例子。这是 Pine Valley 家具公司的 EMPLOYEE 实体类

型。如图 4-10a 所示，EMPLOYEE 有一个多值属性 Skill。图 4-10b 显示了创建的两个关系。第一个关系（叫作 EMPLOYEE）的主键为 EmployeeID，第二个关系（叫作 EMPLOYEE SKILL）有两个属性 EmployeeID 和 Skill，它们也是该关系的主键。外键与主键的关系如图中箭头所示。

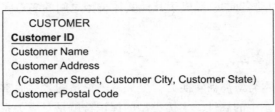

a）具有复合属性的 CUSTOMER 实体类型

CUSTOMER

| CustomerID | CustomerName | CustomerStreet | CustomerCity | CustomerState | CustomerPostalCode |

b）具有详细地址的 CUSTOMER 关系

图 4-9　映射复合属性的例子

a）具有多值属性的实体类型 EMPLOYEE

b）关系 EMPLOYEE 和关系 EMPLOYEE SKILL

图 4-10　映射具有多值属性的实体例子

关系 EMPLOYEE SKILL 没有非主属性（也叫描述符）。每一行只记录了该员工具有的技能，这为你提供了一个机会：建议用户在关系中加入新的属性。例如，YearsExperience 和 / 或 CertificaitonDate 属性就可以加入这个关系中。（图 2-15b 是员工技能的另一种变化。）

如果一个实体类型包含多个多值属性，那么每一个多值属性都将转换成一个独立的关系。

4.3.2　步骤 2：映射弱实体

弱实体类型不能独立存在，只能依赖于和另一个叫作拥有者（Owner）的实体类型的标识职系而存在。弱实体没有完整的标识符，但是一定有一个叫作部分标识符的属性，用来将其与每个所有者实体实例的各种弱实体区分开来。

132
~
133

接下来的过程是假设已经将步骤 1 中对应的标识实体类型的关系创建好。如果没有，现在应该利用步骤 1 中描述的过程创建关系。

为每个弱实体类型创建一个新关系，其所有简单属性（或复合属性的简单成分）作为关系的属性。然后，将标识关系中的主键作为新关系的外键属性。新关系的主键由标识关系的主键和弱实体类型的部分标识符组成。

图 4-11 显示了这个过程的一个例子。图 4-11a 显示了弱实体类型 DEPENDENT 和它的标识实体类型 EMPLOYEE 之间由标识联系 Claims 链接（见图 2-5）。Dependent Name 属性是这个关系的部分标识符，也是复合属性，包括 First Name、Middle Initial 和 Last Name。因此，假设对于给定的员工，这些项将唯一地确定一个家属（有个例外情况，职业拳击手 George Foreman 将他所有的儿子都以自己的名字命名）。

图 4-11b 显示了将这个 E-R 片段映射得出的两个关系。DEPENDENT 的主键由四个属性组成：EmployeeID、FirstName、MiddleInitial 和 LastName。DateOfBirth 和 Gender 是非主属性。外键与其主键的关系由图中的箭头给出。

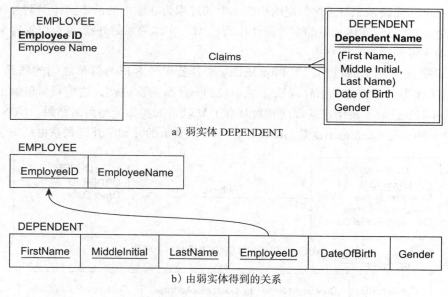

a）弱实体 DEPENDENT

b）由弱实体得到的关系

图 4-11　映射弱实体的例子

事实上，简化 DEPENDENT 关系中的主键还有一种方法：创建一个新属性（叫作 Dependent#）作为图 4-11b 中的**代理主键**。用此方法，关系 DEPENDENT 将有以下属性：

DEPENDENT(Dependent#, EmployeeID, FirstName, MiddleInitial, LastName, DateOfBirth, Gender)

Dependent# 是一系列连续的数字，对应于一个员工的每个家属。这种方案能为每个家属建立唯一的标识符（甚至是 George Foreman 的例子）。

何时建立代理主键

代理主键通常用来简化键的结构。根据 Hoberman（2006）的理论，代理主键可在下列情况之一发生时建立：

1）有复合主键，如之前的 DEPENDENT 例子，其主键包含四个内容。

134

2）自然主键（即企业使用的和概念数据建模中作为标识符的键）无效（例如，主键可能很长，若作为参照其他表格的外键使用，将会占用数据库软件的很多资源）。

3）自然主键被重复使用（即键被周期性地复用或重复，因此随着时间的推移它可能不能保证唯一性）；这种情况的更一般说法是，随着时间的推移，主键不能保证唯一性（例如，可能有重复的，比如名字或标题）。

当创建代理主键时，自然键被保留为非主属性，因为自然键有其企业意义，必须保留在数据库中。事实上，代理主键对于用户没有任何意义，所以用户从来不知道它们的存在；在查询中，自然键反而被当成了标识符使用。

4.3.3 步骤3：映射二元联系

表示联系的过程取决于联系的度（一元、二元或三元）和联系的基数。我们通过以下讨论来描述和解释重要的例子。

1. 映射二元的一对多联系

对于一个二元联系 1:M，首先使用步骤 1 中的过程为联系中的两个实体类型各创建一个关系。然后，将"1"实体关系的主键属性作为"M"实体关系的外键。（可以这样来记这条规则：主键入侵到"M"那一边。）

为了说明这个简单的过程，用 Pine Valley 家具公司的客户与订单之间的联系 Submits（见图 2-21）作为例子。这个 1:M 联系如图 4-12a 所示。（再次强调，这里只简单给出了部分属性。）图 4-12b 显示了使用这条规则映射具有 1:M 联系的实体类型后的结果。CUSTOMER（"1"实体）的主键 CustomerID 是 ORDER（"M"实体）的外键。外键联系由箭头表示。

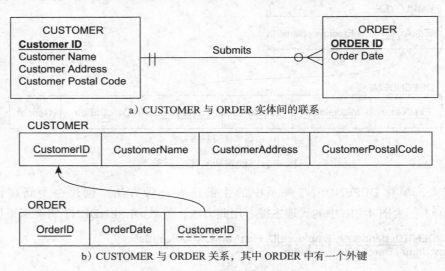

a）CUSTOMER 与 ORDER 实体间的联系

b）CUSTOMER 与 ORDER 关系，其中 ORDER 中有一个外键

图 4-12　映射 1:M 联系的例子

2. 映射二元的多对多联系

假设两个实体类型 A 和 B 之间有二元多对多（M:N）联系。对于这样的联系，创建一个新关系 C。将两个实体类型的主键都作为 C 关系的外键。这些属性在一起作为 C 的主键。与 M:N 联系相关联的非主属性都包含在关系 C 中。

图 4-13 是使用这条规则的一个例子。图 4-13a 展示了图 2-11a 中的实体类型 EMPLOYEE 和 COURSE 之间的联系 Completes。图 4-13b 展示了由实体类型和 Completes 联系形成的三个关系（EMPLOYEE、COURSE 和 CERTIFICATE）。如果 Completes 表示为如图 2-11b 所示的关联实体，那么将会产生相似的结果，但关联实体的问题将在接下来的章节中解决。在联系 *M:N* 中，首先为两个常规实体类型 EMPLOYEE 和 COURSE 各创建一个关系，然后为 Completes 联系创建一个新关系（在图 4-13b 中，命名为 CERTIFICATE）。CERTIFICATE 的主键由 EMPLOYEE 的主键 EmployeeID 和 COURSE 的主键 CourseID 组成。如图 4-13 所示，这些属性都是分别"指向"各自主键的外键。非主属性 DateCompleted 也出现在 CERTIFICATE 中。尽管在这里没有显示出来，但通常会为 CERTIFICATE 关系创建代理主键。

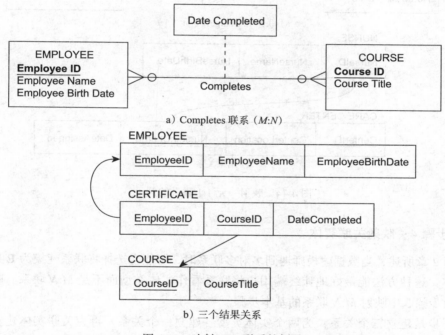

a）Completes 联系（*M:N*）

b）三个结果关系

图 4-13 映射 *M:N* 联系的例子

3. 映射二元的一对一联系

二元的一对一联系可以看作是特殊的一对多联系。将这样的联系映射为关系有两个步骤。首先，为每个实体类型创建一个关系。其次，将其中一个关系的主键作为另一个关系的外键。

在 1:1 联系中，一个方向上的关联是可选择的，而另一个方向上的关联是强制的。（可以在图 2-1 中回顾这些符号。）在关系中应当将 1:1 联系中强制方的外键包含到可选方中，这样可以防止在外键属性中插入空值。任何与该联系相关的属性本身都将作为外键加入同样的关系中。

图 4-14 展示了这个过程的一个例子。图 4-14a 显示了两个实体类型 NURSE（护士）和 CARE CENTER（护理中心）间的二元 1:1 联系。每个护理中心都由一个护士负责。因此，从 CARE CENTER 到 NURSE 的关联是强制的，从 NURSE 到 CARE CENTER 的关联是可

选的（因为有些护士可能不负责一个护理中心）。Date Assigned 属性在 In Charge 联系上。

图 4-14b 显示了将该联系映射为一系列关系的结果。从两个实体类型中建立了两个关系 NURSE 和 CARE CENTER。由于 CARE CENTER 是可选方，所以其中包含了外键。在本例中，外键是 NurseInCharge，它与 NurseID 有相同的域，它与主键的联系如图 4-14 中所示。CARE CENTER 中的属性 DateAssinged 也不允许为空值。

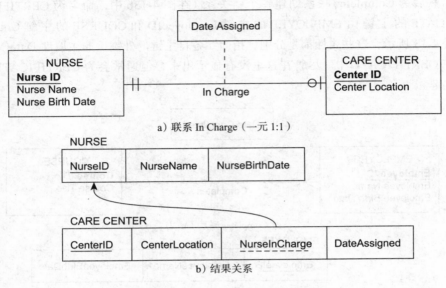

a) 联系 In Charge（一元 1:1）

b) 结果关系

图 4-14　映射一元 1:1 联系的例子

4.3.4　步骤 4：映射关联实体

如第 2 章所述，当数据建模师遇到多对多联系时，可能会选择将联系建模为 E-R 图中的关联实体。这种方法能最好地让终端用户将联系看作实体类型而不是 M:N 联系。映射关联实体涉及步骤 3 中映射 M:N 联系的基本步骤。

第一步是建立三个关系：为两个实体类型各建立一个关系，再为关联实体建立一个关系。我们指的是从作为关联关系的关联实体而形成的关系。第二步根据 E-R 图中的标识符是否被分配到关联实体中来决定。

1. 标识符未被分配

如果标识符没有被分配，那么关联关系的默认主键就是其他两个关系的主键的组合。这些属性作为另两个关系的外键。

图 4-15 就显示了这样一个例子。图 4-15a 显示了关联实体 ORDER LINE，它连接的是 Pine Valley 家具公司的两个实体类型 ORDER 和 PRODUCT（见图 2-21）。图 4-15b 显示了映射出的三个关系。注意这个例子与图 4-13 中 M:N 联系的例子的区别。

2. 标识符已分配

有时数据建模师会为 E-R 图中的关联实体类型分配一个单属性标识符。在概念数据建模阶段，有以下两个原因会让建模师这样做：

1）关联实体类型有用户熟悉的自然单属性标识符。

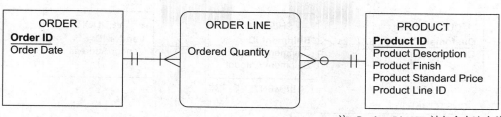

注: Product Line ID 被包含在这个关系中, 这是因为它是 PRODUCT LINE 实体的外键, 而不是因为它应该常规地作为 PRODUCT 的属性

a) 关联实体

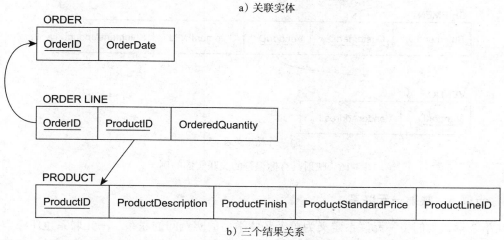

b) 三个结果关系

图 4-15 映射关联实体的例子

2）默认的标识符（由参与的实体类型的标识符组成）不能唯一地标识关联实体的实例。这些也是本章先前提到的创建代理主键的原因。

在这里，映射关联实体的过程修改如下：与之前一样，创建一个新的（关联）关系来表示关联实体。然而，该关系的主键是 E-R 图中分配的标识符（而非默认键）。参与的两个实体类型的主键作为关联关系的外键。

图 4-16 显示了这个过程的一个例子。图 4-16a 显示了关联实体 SHIPMENT 连接了实体类型 CUSTOMER 和 VENDOR。选择 Shipment ID 作为 SHIPMENT 的标识符有两个原因：

1）Shipment ID 是该实体的自然标识符，并且终端用户非常熟悉。

2）默认标识符由 Customer ID 和 Vendor ID 组成，不能唯一地标识 SHIPMENT（运单）。事实上，给定的销售商对给定客户会有许多运单。即使包含有 Date 属性，也不能保证标识的唯一性，因为在指定的日期一个销售商会有许多个运单。然而，代理键 Shipment ID 可以唯一地标识每一个运单。

与关联实体 SHIPMENT 相关联的两个非主属性是 Shipment Date 和 Shipment Amount。

图 4-16b 显示了将这个实体映射成一系列关系的结果。新的关联关系叫 SHIPMENT。主键是 ShipmentID。CustomerID 和 VendorID 作为这个关系的外键，ShipmentDate 和 ShipmentAmount 是非主属性。

138

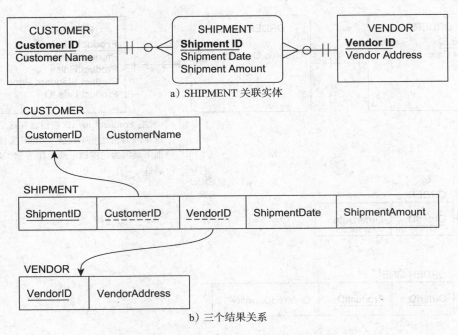

a）SHIPMENT 关联实体

b）三个结果关系

图 4-16　映射具有标识符的关联实体的例子

4.3.5　步骤 5：映射一元联系

在第 2 章，我们将一元联系定义为单个实体类型的实例间的联系。一元联系也叫递归联系（recursive relationship）。一元联系中最重要的两个是一对多联系和多对多联系。我们将分别讨论这两种情况，因为这两种情况的映射方法有些不一样。

1. 一元的一对多联系

一元联系中的实体类型由步骤 1 中描述的过程映射成关系，然后加入外键属性，外键参照的是同一关系中的主键值。（这个外键必须与主键有同样的域。）这种外键叫作**递归外键**（recursive foreign key）。

图 4-17a 显示了一元的一对多联系 Manages，该联系将企业中的每个员工与其经理联系起来。每个员工可能有一个经理；给定一个员工，他可能管理零到多个员工。

图 4-17b 显示了从该实体和联系映射出的 EMPLOYEE 关系。关系中的（递归）外键是ManagerID。这个属性与主键 EmployeeID 有相同的域。关系中的每一行存储了给定员工的以下信息：EmployeeID、EmployeeName、EmployeeDateOfBirth 和 ManagerID（即该员工经理的 EmployeeID）。由于它是外键，因此 ManagerID 参照 EmployeeID。

2. 一元的多对多联系

这种情况下需要建立两个关系：一个用来表示联系中的实体类型，另一个关联关系用来表示 M:N 联系本身。关联关系的主键由两个属性组成。这些属性（名字不必相同）的值都来自另一个关系的主键。联系的非主属性都包含在关联关系中。

图 4-18 是映射一元 M:N 联系的一个例子。图 4-18a 显示了组合零件间的材料清单联系。（该结构在第 2 章中出现过，是图 2-13 中的一个例子。）联系（Contains）是 M:N 类型的，因为给定的零件可以包含许多组成零件，反过来，一个零件可以被用作许多零件的组成部分。

139

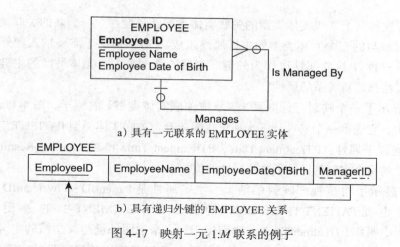

a）具有一元联系的 EMPLOYEE 实体

b）具有递归外键的 EMPLOYEE 关系

图 4-17　映射一元 1:M 联系的例子

图 4-18b 显示了将该实体及其联系映射的结果。ITEM（零件）关系是直接由同样的实体类型映射出来的。COMPONENT（成分）是关联关系，其主键由两个属性组成，分别叫 ItemNo 和 ComponentNo。Quantity 是这个关系的非主属性，记录的是给定零件的某种成分的数量。ItemNo 和 ComponentNo 参照的都是 ITEM 关系的主键（ItemNo）。

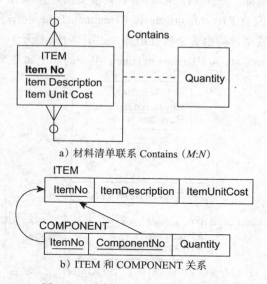

a）材料清单联系 Contains（M:N）

b）ITEM 和 COMPONENT 关系

图 4-18　映射一元 M:N 联系的例子

通过查询，我们能很容易地知道给定零件的成分。下面的 SQL 查询语句将列出编号为 100 的零件的直接成分（及其数量）：

```
SELECT ComponentNo, Quantity
FROM Component_T
WHERE ItemNo = 100;
```

4.3.6　步骤 6：映射三元（和 n 元）联系

第 2 章提及三元联系是三个实体类型间的联系。在第 2 章，我们建议将三元联系转换成关联实体来更准确地表示参与约束。

为了映射连接三个常规实体类型的关联实体类型，我们建立一个新的关联关系。该关系的默认主键由参与的三个实体类型的主键属性组成。（有些情况下需要加入额外属性来确保主键属性的唯一性。）这些属性也作为外键，参照的是三个参与实体类型的主键。任何关联实体类型的属性都是新关系的属性。

图 4-19 显示了一个映射三元联系（表示成关联实体类型）的例子。图 4-19a 是一个 E-R 片段（或视图），它表示一个病人从医生那里接受治疗。关联实体类型 PATIENT TREATMENT（病人治疗）有以下属性：PTreatment Date、PTreatment Time 和 PTreatment Results，PATIENT TREATMENT 的每个实例都记录了这些属性的值。

图 4-19b 显示了将该视图映射的结果。主键属性是 PatientID、PhysicianID 和 Treatment Code，它们也是 PATIENT TREATMENT 的外键。TREATMENT 中的外键在 PATIENT TREATMENT 中叫作 PTreatmentCode。我们使用列名来说明外键与其参照的主键不必有相同的名字，只需来自同一个域即可。这三个属性是 PATIENT TREATMENT 的主键包含的内容。然而，它们不能唯一地标识给定的治疗，因为一个病人可以在不同的场合从同一个医生那里接受同样的治疗。那么将 Date 属性也作为主键的一部分（与其他三个属性一起）能形成主键吗？如果给定的病人在指定的日期从同一位医生那里只接受一种治疗的话，是可以的。然而，这并不符合实际情况。例如，一个病人可能在早晨接受治疗，又在下午接受了同样的治疗。为了解决这个问题，我们将 PTreatmentDate 和 PTreatmentTime 也作为主键的一部分。这样，PATIENT TREATMENT 的主键就由五个属性组成（如图 4-19b 所示）：PatientID、PhysicianID、TreatmentCode、PTreatmentDate 和 PTreatmentTime。唯一的非主属性是 PTreatmentResults。

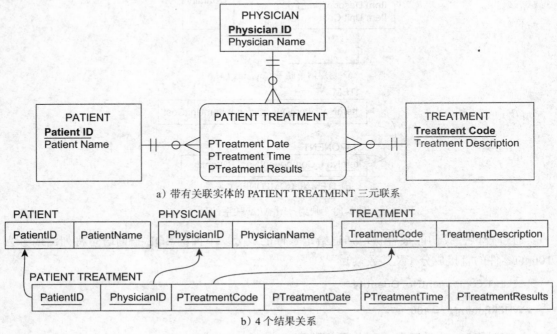

a）带有关联实体的 PATIENT TREATMENT 三元联系

b）4 个结果关系

图 4-19　映射三元联系的例子

虽然这样的主键在技术上是正确的，但是它很复杂，因此很难管理并且容易出错。引入代理键是一个较好的解决方案，比如 PTreatmentID，它是一系列数字，能唯一标识每个治疗。在本例中，除了 PTreatmentDate 和 PTreatmentTime 外，每个前主键属性都是 PATIENT TREATMENT 关系中的外键。

4.3.7　步骤 7：映射超类型 / 子类型联系

至今为止，关系数据模型并不直接支持超类型 / 子类型联系。幸运的是，数据库设计者有许多方法来将这些联系表示为关系数据模型（Chouinard，1989）。为了达到目的，我们使用以下最常用的策略：

1）为超类型及其每个子类型分别创建一个关系。

2）在为超类型创建的关系中加入超类型成员共有的属性，同时也包括主键。

3）在为子类型创建的关系中加入超类型的主键，对于子类型，只有这些主键才是唯一的。

4）向超类型中加入一个（或多个）属性用作子类型鉴别子。（子类型鉴别子的作用在第 3 章中讨论过。）

图 4-20 和图 4-21 显示了该过程的一个例子。图 4-20 显示了超类型 EMPLOYEE 及其子类型 HOURLY EMPLOYEE、SALARIED EMPLOYEE 和 CONSULTANT。（这个例子在第 3 章中提到过，图 4-20 与图 3-8 相同。）EMPLOYEE 的主键是 Employee Number，属性 Employee Type 是子类型鉴别子。

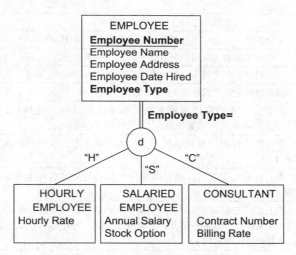

图 4-20　超类型 / 子类型联系

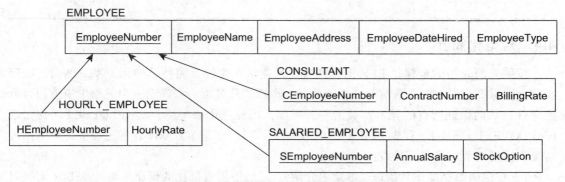

图 4-21　将超类型 / 子类型联系映射为关系

图 4-21 是使用这些规则将图 4-20 映射成关系的结果。超类型和其三个子类型都分别对应一个关系（超类型是 EMPLOYEE）。这四个关系的主键都是 EmployeeNumber。我们用前缀来区分每个子类型的主键。例如。SEmployeeNumber 是关系 SALARIED EMPLOYEE 的主键。这些属性都是外键，参照的是超类型的主键，图中箭头给出了这种关系。每个子类型关系包含了该子类型特有的属性。

对于每个子类型，我们可以利用 SQL 命令将子类型与超类型做连接，建立一个包含该子类型所有属性（特有的和继承的）的关系。例如，假设我们想建立包含 SALARIED EMPLOYEE 的所有属性的表格，可以使用以下命令：

```
SELECT *
FROM Employee_T, SalariedEmployee_T
WHERE EmployeeNumber = SEmployeeNumber;
```

4.3.8 将 EER 转换成关系总结

上述步骤综合解释了 EER 图中的每个元素如何转换成关系数据模型的一部分。表 4-2 是这些步骤和用来解释每一类型转换的图表的一个简略参考。

表 4-2 从 EER 到关系的转换总结

EER 结构	关系表示（样本图）
常规实体	创建具有主键和非主属性的关系（图 4-8）
复合属性	复合属性中的每一部分都是目标关系的一个属性（图 4-9）
多值属性	为复合主键的多值属性分别创建关系，关系要包含实体的主键（图 4-10）
弱实体	创建具有复合主键（包含实体所依赖的实体的主键）和非主属性的关系（图 4-11）
二元或一元 1:M 联系	将实体的主键放到联系的"1"方，作为"M"方的外键（图 4-12；一元联系见图 4-17）
二元或一元 M:N 联系或不含键的关联实体	由相关实体的主键和联系或关联实体的任何非主属性创建具有组合主键的关系（图 4-13，关联实体见图 4-15，二元联系见图 4-18）
二元或一元 1:1 联系	将一个实体的主键放到另一个实体的关系中，在关系的强制方为可选择方设置外键（图 4-14）
二元或一元 M:N 联系或含键的关联实体	建立含有与关联实体和其非主属性相关的主键的且相关实体的主键作为外键的关系（图 4-16）
三元和 n 元联系	与上面的二元 M:N 联系相同；若无自己的键，则将所有相关实体的主键作为关系中联系或关联实体的主键的一部分；若含有代理键，则将关联实体的主键作为关系中联系或关联实体的外键（图 4-19）
超类型 / 子类型联系	为超类创建关系，其中含有其所有子类共有的主键和非主属性，再为每个子类创建关系，其中含有相同的主键（有相同的名称）和只与该子类有关的非主属性（图 4-20 和图 4-21）

4.4 规范化简介

按照先前介绍的步骤将 EER 图转换成关系通常产生的是完整结构化关系。然而，按照步骤不能保证将所有的异常清除。规范化是一个形式化过程，将确定一个关系中应该包含哪些属性，从而保证所有的异常都被清除。例如，用规范化原理将表 EMPLOYEE2 转化为表 EMPLOYEE1（图 4-1）和表 EMP COURSE（图 4-7）。在整个数据库开发过程中，以下两种情况下使用规范化将有所受益：

1）在逻辑数据库设计阶段（本章中介绍）应当使用规范化的概念来检查从 E-R 图映射

来的关系的质量。

2）在逆向使用旧系统时 旧系统的许多表格和用户视图都是冗余的，并且很容易受本章所介绍的异常所影响。

迄今为止，我们已经给出了完整结构化关系的直观讨论；然而，还需要对这种关系及其设计过程有一个正式的定义。**规范化**是指相继地减少关系中的异常，以产生更小的、完整结构的关系的过程。下面是规范化的主要目的：

1）最小化数据冗余，从而避免出现异常并节省存储空间。

2）简化参照完整性约束的强制性。

3）使数据维护（插入、更新和删除）更加简单。

4）提供一个更好的设计，这是真实世界更好的代表和未来发展的更稳固的基础。

规范化并不对数据如何显示、查询和报告作假设。规范化基于范式和函数依赖，它只定义了业务规则而非数据的使用。另外，请记住，数据是在逻辑数据库设计完成之前被规范化的。因此，在第 5 章中将看到，规范化对数据在物理上如何存储及处理性能上没有任何约束。规范化是逻辑数据建模的技术，它的使用将能保证企业范围内的视图结构良好。

4.4.1 规范化步骤

规范化可以分阶段完成和理解，其中每一个阶段对应一个范式（见图 4-22）。**范式**是关系的一种状态，该状态要求属性之间的联系满足一定的规则。在这一部分将简要地介绍这些规则，在接下来的部分进行详细说明：

1）**第一范式** 不含多值属性（也叫**重复分组**），表格（如图 4-2b 中所示）的每行和每列的交叉点只有单个值（或空值）。

2）**第二范式** 不含部分函数依赖（即非主属性由整个主键标识）。

3）**第三范式** 不含传递依赖（即非主属性只由主键标识）。

本章将按第一到第三范式的顺序分别详细阐述。虽然还存在其他范式，但是超出了本书的范围。

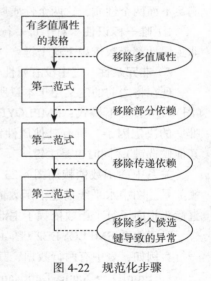

图 4-22 规范化步骤

4.4.2 函数依赖和键

规范化的第一步基于对函数依赖的分析。**函数依赖**（functional dependency）是两个或两组属性间的一种约束。关系 R 中属性 B 函数依赖于属性 A 是指对于 A 的每一个有效的实例，A 的值单独决定了 B 的值（Dutka 和 Hanson，1989）。B 对 A 的函数依赖用一个箭头表示，即 A → B。函数依赖不是数学上的依赖：B 不能由 A 的值计算得出。当然，如果知道 A 的值，那么 B 只有一个值。一个属性可能对两个（或更多）属性而不仅仅是一个属性函数依赖。例如，考虑图 4-7 中的关系 EMP COURSE（EmpID，CourseTitle，DateCompleted）。该关系中的函数依赖如下：

EmpID, CourseTitle → DateCompleted

EmpID 和 CourseTitle 之间的逗号代表逻辑运算 AND，因为 DateCompleted 函数依赖于 EmpID 和 CourseTitle 的组合。

该语句中的函数依赖是指课程完成的日期是由员工和课程名称标识的。典型的函数依赖的例子如下：

1）SSN → Name，Address，Birthdate 一个人的姓名、地址和生日都是函数依赖于他的社会安全号 SSN（换句话说，对每个 SSN，有且只有一个 Name、Address 和 Birthdate）。

2）VIN → Make，Model，Color 汽车的制作、模型和颜色都是函数依赖于汽车的标识编号（和上面的一样，对于每个 VIN，有且只有一个 Make、Model 和 Color）。

3）ISBN → Title，FirstAuthorName，Publisher 书的名称、第一作者的姓名和出版商都是函数依赖于书的国际标准书号（ISBN）。

1. 决定因子

函数依赖中箭头左边的属性被称作**决定因子**（determinant）。SSN、VIN 和 ISBN 是前面三个例子中的决定因子。在关系 EMP COURSE（图 4-7）中，EmpID 和 CourseTitle 的组合是一个决定因子。

2. 候选键

关系中能单独标识一行数据的一个或一组属性称为**候选键**（candidate key）。候选键需要满足下面两个性质，这两个性质属于之前列出的关系的六个性质的子集：

1）**唯一标识性** 对于每一行，键的值必须能单独标识那一行。这条性质表明，每一个非主属性都函数依赖于这个键。

2）**非冗余性** 键中没有属性可以在不破坏唯一标识性质的条件下被删除。

现在将之前的定义用于本章所提到的两个关系中，以标识其候选键。关系 EMPLOYEE1（图 4-1）有如下模式：EMPLOYEE1（EmpID, Name, DeptName, Salary）。EmpID 是关系中唯一的决定因子。所有其他属性都函数依赖于 EmpID。因此，EmpID 是候选键（因为没有其他候选键），同时也是主键。

关系中的函数依赖用图 4-23 中的符号来表示。图 4-23a 显示了 EMPLOYEE1 的函数依赖关系。图中水平线描述了函数依赖。从主键（EmpID）出发的垂线连接到这条水平线。垂直箭头指向了每个函数依赖于主键的非主属性。

对于关系 EMPLOYEE2（图 4-2b），（不像 EMPLOYEE1）EmpID 不能单独标识关系中的一行。例如，表中有两行数据，其 EmpID 号都是 100。在这个关系中有两种函数依赖：

1）EmpID → Name, DeptName, Salary

2）EmpID, CourseTitle → DateCompleted

在 EMPLOYEE2 中，函数依赖表明 EmpID 和 CourseTitle 的组合是唯一的候选键（因此也是主键）。换句话说，EMPLOYEE2 的主键是组合键。EmpID 和 CourseTitle 都不能单独地标识关系中的一行，因此（根据性质 1）不能单独作为候选键。检验图 4-2b 中的数据，可以证明 EmpID 和 CourseTitle 的组合确实能单独标识 EMPLOYEE2 中的每一行。我们用图 4-23b 来表示该关系中的函数依赖。DateCompleted 是唯一一个函数依赖于由属性 EmpID 和 CourseTitle 组成的整个主键的属性。

决定因子和候选键之间的联系概括如下：候选键一定是决定因子，而决定因子不一定是候选键。例如，在 EMPLOYEE2 中，EmpID 是决定因子而不是候选键。候选键是能单独标识关系中剩下的（非主）属性的决定因子。决定因子可能是候选键（如 EMPLOYEE1 中的 EmpID），也可能是部分组合候选键（如 EMPLOYEE2 中的 EmpID）或非主属性。下面将举个简单的例子。

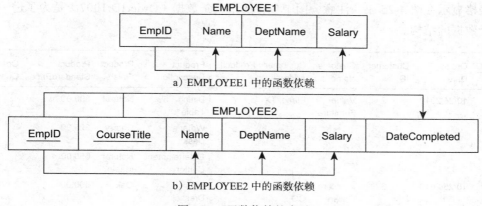

图 4-23 函数依赖的表示

简而言之，作为接下来要详细阐述的规范化作用的预览，规范化的关系对于每个非主属性都有其作为主键的决定因子，并且关系中没有其他的函数依赖。

4.5 规范化实例：Pine Valley 家具公司

既然阐述了函数依赖和关键字，我们就为阐述规范化的步骤做好了准备。如果一个 EER 数据模型已经转换成数据库的一系列综合的关系，那么这些关系中的每一个都需要被规范化。在逻辑数据模型已经从屏幕、表格、报告等用户接口得到的情况下，你将为每个用户接口创建关系并将之规范化。

我们用 Pine Valley F 家具公司的客户发票（见图 4-24）为例来简单加以说明。

PVFC Customer Invoice

Customer ID	2		**Order ID**	1006
Customer Name	Value Furniture		**Order Date**	10/24/2010
Address	15145 S.W. 17th St.			
	Plano TX 75022			

Product ID	**Product Description**	**Finish**	**Quantity**	**Unit Price**	**Extended Price**
7	Dining Table	Natural Ash	2	$800.00	$1,600.00
5	Writer's Desk	Cherry	2	$325.00	$650.00
4	Entertainment Center	Natural Maple	1	$650.00	$650.00
				Total	$2,900.00

图 4-24 Invoice（发票）(Pine Valley 家具公司)

147

4.5.1　步骤 0：表示表格中的视图

第一步（预备规范化）是把用户视图（这里指发票）表示成单个表格或关系，其属性为每一列标题。样本数据记录在表格的每一行中，包括数据中出现的任何重复的分组。表示发票的表格显示在图 4-25 中。注意，图中包含的第二条数据（OrderID 1007）是为了进一步表明这个数据的结构。

OrderID	Order Date	Customer ID	Customer Name	Customer Address	ProductID	Product Description	Product Finish	Product StandardPrice	Ordered Quantity
1006	10/24/2010	2	Value Furniture	Plano, TX	7	Dining Table	Natural Ash	800.00	2
					5	Writer's Desk	Cherry	325.00	2
					4	Entertainment Center	Natural Maple	650.00	1
1007	10/25/2010	6	Furniture Gallery	Boulder, CO	11	4–Dr Dresser	Oak	500.00	4
					4	Entertainment Center	Natural Maple	650.00	3

图 4-25　INVOICE 数据（Pine Valley 家具公司）

4.5.2　步骤 1：转换成第一范式

如果一个关系满足以下两个约束条件，则属于**第一范式**（1NF）：

1）关系中没有重复的分组（即表格中每行和每列的交叉点处只有单一的数据）。

2）关系中有定义的主键，能单独标识关系中的每一行。

1. 移除重复的分组

如你所见，图 4-25 中的发票数据对每一个产品都有一个重复的分组，并以独特的顺序出现。OrderID 1006 包含了 3 个重复的分组，按序对应于该条记录的 3 个产品。

在之前的章节中，我们展示了如何利用在表前的空白单元中填补相关数据值（见图 4-2a 和图 4-2b）来移除重复分组。将该方法应用到发票数据表中，得到的新关系（命名为 INVOICE）见图 4-26。

OrderID	Order Date	Customer ID	Customer Name	Customer Address	ProductID	Product Description	Product Finish	Product StandardPrice	Ordered Quantity
1006	10/24/2010	2	Value Furniture	Plano, TX	7	Dining Table	Natural Ash	800.00	2
1006	10/24/2010	2	Value Furniture	Plano, TX	5	Writer's Desk	Cherry	325.00	2
1006	10/24/2010	2	Value Furniture	Plano, TX	4	Entertainment Center	Natural Maple	650.00	1
1007	10/25/2010	6	Furniture Gallery	Boulder, CO	11	4–Dr Dresser	Oak	500.00	4
1007	10/25/2010	6	Furniture Gallery	Boulder, CO	4	Entertainment Center	Natural Maple	650.00	3

图 4-26　INVOICE 关系（1NF）（Pine Valley 家具公司）

2. 选择主键

INVOICE 中有 4 个决定因子，它们的函数依赖如下所示：

OrderID → OrderDate, CustomerID, CustomerName, CustomerAddress
CustomerID → CustomerName, CustomerAddress
ProductID → ProductDescription, ProductFinish, ProductStandardPrice
OrderID, ProductID → OrderedQuantity

为什么知道有这些函数依赖呢？这些业务规则来自企业。通过了解 Pine Valley 家具公司，我们知道了这些规则。图 4-26 中没有数据违反任何一条函数依赖。但是由于看不到表中所有可能的行，因此不能确定不存在违反这些函数依赖的发票。因此，必须依靠对企业相关规则的理解。

如你所见，INVOICE 中唯一的候选键是 OrderID 和 ProductID 的组合（因为表中这些属性的任何组合值只有 1 行）。因此，在图 4-26 中将 OrderID 和 ProductID 画上下划线，以表明它们构成了主键。

形成主键的时候，必须注意不要将冗余的（因此是不必要的）属性包含进去。因此，尽管 CustomerID 是 INVOICE 的一个决定因子，但是它没有被作为主键的一部分，因为所有的非主属性都可以由 OrderID 和 ProductID 的组合来标识。我们将在接下来的规范化步骤中说明 CustomerID 的作用。

图 4-27 展示了 INVOICE 关系中的函数依赖。这个图水平列出了 INVOICE 中的全部属性，主键（OrderID 和 ProductID）标有下划线。唯一的完全依赖属性是 OrderedQuantity，其他函数依赖是部分依赖或者传递依赖（二者在接下来的部分定义）。

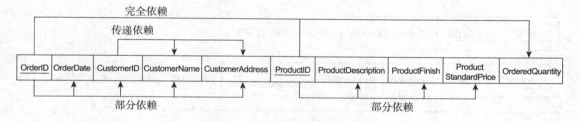

图 4-27　INVOICE 的函数依赖图

3. 1NF 中的异常

尽管重复的分组已经被移除了，但是图 4-26 中的数据仍然包含相当多的冗余。例如，表中客户 Value Furniture 的 CustomerID、CustomerName 和 CustomerAddress 记录了（至少）3 行。鉴于这些冗余，处理表中数据可能导致以下这些异常：

1）**插入异常**　使用这种表结构，在新产品（比如 Breakfast Table，其 ProductID 为 8）首次被订购之前，该公司将无法介绍该产品并把它加入数据库：在不具有完整的 OrderID 和 ProductID 的情况下，没有一条记录可以加入表格中。再比如，如果客户在其订单 OrderID 1007 中增加订购另一个产品，将会在表格中插入新一行数据，其订购日期和所有客户信息都会重复。这就导致了数据的复制和潜在的数据项错误（例如，客户姓名可能被输入成 "Valley Furniture"）。

2）**删除异常**　如果客户要求从她的订单 OrderID 1006 中删除 Dining Table，这一行数据将会从关系中删除，那么就遗失了该物品的光泽度（Natural Ash）和价格（$800.00）等信息。

3）**更新异常** 如果 Pine Valley 家具公司将 Entertainment Center（ProductID 4）的价格提高到 $750.00（价格调整的一部分），这个改变必须记录到所有包含了这个物品的行中。（在图 4-26 中有 2 行该物品记录。）

4.5.3 步骤 2：转换成第二范式

可以通过转换成第二范式的方式移除 INVOICE 关系中的许多冗余数据（造成异常）。如果一个关系属于第一范式并且不包含部分函数依赖，那么它就属于**第二范式**（2NF）。当一个非主属性函数依赖于主键中的一部分（而非全部）时，即存在**部分函数依赖**（partial functional dependency）。图 4-27 中存在以下部分依赖：

OrderID → OrderDate, CustomerID, CustomerName, CustomerAddress
ProductID → ProductDescription, ProductFinish, ProductStandardPrice

这里第一个部分依赖表明订单日期仅仅由订单号决定，与 ProductID 无关。

将含有部分依赖的关系转换成第二范式需要遵循以下步骤：

1）为每一个作为部分依赖的决定因子的主键属性（或者属性组合）创建一个新关系，在新关系中，该属性是主键。

2）将仅仅依赖于主键属性的非主属性从原关系移动到新关系中。

对 INVOICE 关系执行这些步骤后的结果如图 4-28 所示。部分依赖的移除形成了两个新的关系：PRODUCT 和 CUSTOMER ORDER。INVOICE 关系现在只剩主键属性（OrderID 和 ProductID）和完全函数依赖于整个键的 OrderedQuantity 属性。我们将这个关系重命名为 ORDER LINE，因为表中的每一行代表了一个订单中的一行商品。

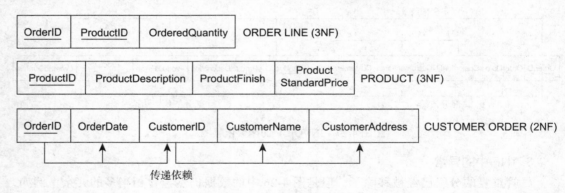

图 4-28 移除部分依赖

正如图 4-28 所示，关系 ORDER LINE 和 PRODUCT 属于第三范式。然而，CUSTOMER ORDER 包含了传递依赖，因此（尽管属于第二范式）不属于第三范式。

如果一个关系属于第一范式，那么满足下列任意一个条件就属于第二范式：

1）主键只包含一个属性（例如图 4-28 中 PRODUCT 关系中的 ProductID 属性）。根据定义，在这样的关系中不存在部分依赖。

2）不存在非主属性的关系（关系中所有的属性都是主键的组成部分）。在这样的关系中没有函数依赖。

3）每一个非主属性都函数依赖于全部主键属性（例如，图 4-28 中 ORDER LINE 关系中的 OrderedQuantity 属性）。

4.5.4　步骤 3：转换成第三范式

如果一个关系属于第二范式且不存在传递依赖，那么这个关系就属于**第三范式**（3NF）。**传递依赖**（Transitive Dependency）是指主键和一个或多个非主属性之间的函数依赖，这些非主属性通过其他非主属性依赖于主键。例如，图 4-28 中的 CUSTOMER ORDER 关系中的两个传递依赖如下：

OrderID → CustomerID → CustomerName
OrderID → CustomerID → CustomerAddress

151

换句话说，客户姓名和地址都可以由 CustomerID 标识，但是 CustomerID 并不是主键（之前提到的）的一部分。

传递依赖产生的数据冗余可能导致之前讨论过的异常类型。例如，CUSTOMER ORDER（图 4-28）中的传递依赖要求客户每提交一个新订单，都要重复输入客户姓名和地址，而不论之前已经输入过多少次。毫无疑问，当你在线订购商品、造访医生办公室或者进行类似的活动时，你一定经历过这种让人烦恼的请求。

移除传递依赖

可以通过以下三个步骤轻易地移除关系中的传递依赖：

1）为每一个（或多个）是决定因子的非主属性创建一个新关系。这样的话，在新的关系中，该属性都是主键主。

2）将所有只依赖于新关系的主键的函数依赖属性从原关系移动到新关系中。

3）将作为新关系的主键的属性留在原关系中作为外键，用来关联两个关系。

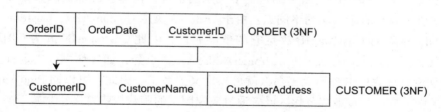

图 4-29　移除传递依赖

对 CUSTOMER ORDER 关系实施以上步骤的结果如图 4-29 所示。创建的新关系 CUSTOMER 用来接收传递依赖的内容。决定因子 CustomerID 成为这个关系的主键，CustomerName 和 CustomerAddress 属性被移动到这个关系中。CUSTOMER ORDER 重命名为 ORDER，保留了 CustomerID 属性作为外键。这样可以通过提交订单的客户而找到其订单。如图 4-29 所示，这些关系现在都属于第三范式。

规范化 INVOICE 视图中的数据建立了 4 个属于第三范式的关系：CUSTOMER，PRODUCT，ORDER 和 ORDER LINE。图 4-30 中的关系模式表明了这些关系和它们之间的关联（使用 Microsoft Visio 开发）。记住，CustomerID 是 ORDER 的外键，OrderID 和 ProductID 是 ORDER LINE 的外键。（Visio 中显示的外键是逻辑数据模型，而不是概念数据模型。）同样要记住的是，联系中显示了最小基数，尽管规范化关系提供不了最小基数是多少的证据。例如，关系的样本数据包括没有订单的客户，从而提供了联系 Places 的可选映射基数的证据。然而，样本数据集中即使有了每个客户的订单，也不能证明是强制基数。最小基数必须由业务规则来决定，而不是报告的例证、荧幕和交易。对于特定的最大基数，同样的论断也是正确的（例如，业务规则规定一个订单不能超过 100 个物品）。

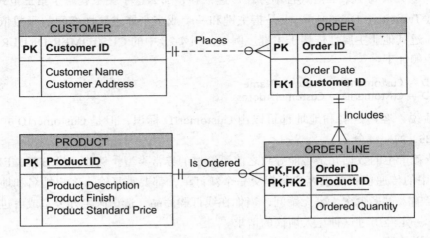

图 4-30　INVOICE 数据的关系模式（Microsoft Visio）

4.5.5　决定因子和规范化

我们通过 3NF 按步骤演示了规范化，然而，规范化有一个简单的捷径。如果你回到最开始，从发票用户视图看四个决定因子和相关的函数依赖，会发现每一个都对应了图 4-30 中的一个关系，其中每个决定因子都是一个关系的主键，而非主键都是函数依赖于每个决定因子的属性。这里有个微小的不同点：由于 OrderID 决定 CustomerID、CustomerName 和 CustomerAddress，且 CustomerID 决定它的依赖属性，因此 CustomerID 成为 ORDER 关系的外键，代替了 CustomerName 和 CustomerAddress。重点是，如果你可以决定哪些是决定因子，并且没有重叠的依赖属性，那么就可以定义关系了。因此，可以同 Pine Valley 家具发票的例子中一样一步步地规范化，或者通过决定因子的函数依赖直接建立属于第三范式的关系。

在完成了步骤 0 到步骤 3 后，所有的非主键都会依赖于主键，且是整个主键。事实上，范式是函数依赖的规则，因此，也是寻找决定因子和其关联非主键的结果。通过上述步骤，可以为每个决定因子和其关联非主键建立关系。

4.6　合并关系

在前一节阐述了如何将 EER 图转换成关系。这种转换在采用自顶向下的数据需求分析并在数据库实现中开始构建它们时发生。接着说明了如何检查产生的关系以确定其是否属于第三（或更高）范式，并且在必要时进行规范化。

作为逻辑设计过程的一部分，规范化的关系可能来自于许多分散的 EER 图和（可能的）其他用户视图（例如，不同领域企业的自底向上或并行的数据库开发活动和自顶向下的开发过程同时存在）。举例来说，除了前面章节为了说明规范化过程而提到的发票，还可能存在订单表、账户平衡报告、产品线和其他用户视图，每一个都已经被单独规范化。数据库的三层模式体系结构（见第 1 章）鼓励同时使用自顶向下和自底向上的数据库开发过程。事实上，大部分中到大型企业拥有许多相互独立的系统开发活动，在某些时候需要合到一起，创建一个共享数据库。这样，这些过程就造成了产生的某些关系的冗余，也就是说，它们也许指向同样的实体。在这种情况下，需要把这些关系合并，以此来消除冗余。本节主要讲述关系的合并（也称作视图集成，view integration）。以下三个原因对理解怎样合并关系非常重要：

1）在大型工程中，子团队的工作成果会在逻辑设计阶段合并到一起，这通常需要合并关系。

2）整合现有数据库与新信息需求，通常需要集成不同的视图。

3）在系统生命周期中，可能出现新的数据需求，因此有必要将新关系与已经有的关系进行合并。

152
~
153

4.6.1　例子

假设为一个用户视图建模，结果生成下面的 3NF 关系：

EMPLOYEE1(<u>EmployeeID</u>, Name, Address, Phone)

为第二个用户视图建模，生成下面的关系：

EMPLOYEE2(<u>EmployeeID</u>, Name, Address, Jobcode, NoYears)

因为这两个关系有相同的主键（EmployeeID），所以它们有可能描述的是同一个实体，并且可以合并成一个关系。关系合并的结果如下：

EMPLOYEE(<u>EmployeeID</u>, Name, Address, Phone, Jobcode, NoYears)

注意，在两个关系中都出现的属性（在本例中如 Name）在合并关系中只能出现一次。

4.6.2　视图集成问题

在如前面的例子一样合并关系时，数据库分析员必须理解数据的含义，并且准备好解决合并过程中出现的一切问题。在这一节中，将介绍并简要说明视图集成方面的四个问题：同义词，多义词，传递依赖和超类型/子类型联系。

1. 同义词

在一些场合中，两个（或更多）属性可能有不同的名称，但是具有相同的含义（例如，描述一个实体的同一个特征）。这种属性被称作**同义词**（synonym）。例如，EmployeeID 和 EmployeeNo 可能就是同义词。当合并的两个关系包含同义词时，应该为这个属性起一个用户允许的、唯一的、标准化的名字，并且要防止再产生同义词。（还可以用第三个名称来代替这两个同义词。）例如，考虑以下关系：

STUDENT1(<u>StudentID</u>, Name)
STUDENT2(<u>MatriculationNo</u>, Name, Address)

在这种情况下，分析人员意识到，StudentID 和 MatriculationNo 指的都是一个人的学号，并且是同一个属性。（另一种可能性是，这两个属性都是候选键，但是只有一个能作为主键）。一个可能的解决方案是选择其中一个属性名作为标准名称，比如 StudentID。另一种选择是，使用新的属性名（如 StudentNo）来代替这两个同义词。假设使用后一种方法，合并两个关系将产生以下结果：

[154]

STUDENT(<u>StudentNo</u>, Name, Address)

当存在同义词时，通常有必要允许一些数据库用户使用不同的名称来指代相同的数据。用户可能需要使用熟悉的名称，会包含有他们的企业术语。**别名**（alias）是指一个属性的可选名称。许多数据库管理系统允许定义别名，并可以与主属性标签交换使用。

2. 多义词

一个属性名称可能含有多种含义时，被称作**多义词**（hhomonym）。例如，account 可能指银行支票账户、储蓄账户、贷款账户或者其他类型的账户（因此 account 根据其不同的用法可指代不同的数据）。

在合并关系时，应当小心多义词。考虑以下例子：

STUDENT1(<u>StudentID</u>, Name, Address)
STUDENT2(<u>StudentID</u>, Name, PhoneNo, Address)

在与用户的讨论中，分析人员可能会发现 STUDENT1 中的 Address 属性指的是学生的大学校园地址，而 STUDENT2 中的同一个属性指的是学生的永久（或家庭）地址。为了解决这个冲突，我们可能需要创建一个新的属性名称，这样合并关系将变成

STUDENT(<u>StudentID</u>, Name, PhoneNo, CampusAddress, PermanentAddress)

3. 传递依赖

当两个属于 3NF 的关系合并产生一个关系时，可能会产生传递依赖（在本章前面部分介绍过）。例如，考虑如下两个关系：

STUDENT1(<u>StudentID</u>, MajorName)
STUDENT2(<u>StudentID</u>, Advisor)

由于 STUDENT1 和 STUDENT2 有相同的主键，这两个关系可以合并为：

STUDENT(<u>StudentID</u>, MajorName, Advisor)

然而，假设每个专业只有一个导师，这样，Advisor 就函数依赖于 Major Name：

MajorName → Advisor

如果上面的函数依赖存在，那么 STUDENT 关系就属于 2NF 而不属于 3NF，因为它包含了一个传递依赖。分析人员可以通过消除传递依赖从而建立一个属于 3NF 的关系。Major Name 变成 STUDENT 中的外键：

STUDENT(<u>StudentID</u>, MajorName)
[155] MAJOR (<u>MajorName</u>, Advisor)

4. 超类型 / 子类型联系

这些关系可能隐藏在用户视图或关系中。假设有以下两个医疗关系：

PATIENT1(<u>PatientID</u>, Name, Address)
PATIENT2(<u>PatientID</u>, RoomNo)

一开始，它们看起来可以被合并为一个关系 PATIENT。然而，分析人员有理由假设有两种患者：住院患者和门诊患者。PATIENT1 实际上包含的是所有患者的共同属性。PATIENT2 包含了只有住院患者才有的属性（RoomNo）。在这种情况下，分析人员应该为这些实体创建超类型 / 子类型联系：

PATIENT(<u>PatientID</u>, Name, Address)
RESIDENT PATIENT(<u>PatientID</u>, RoomNo)
OUTPATIENT(<u>PatientID</u>, DateTreated)

这里创建 OUTPATIENT 关系说明如果需要的话事情会是什么样子，但如果不必要，就只用给出 PATIENT1 和 PATIENT2 的用户视图。对于在数据库设计方面视图集成的进一步讨论，请参阅 Navathe 等（1986）。

总结

逻辑数据库设计是将概念数据模型转换成逻辑数据模型的过程。本章的重点是关系数据模型，这是因为它在当代数据库系统中很重要。关系数据模型用表格形式来表示数据，称作关系。关系是指有名称的二维数据表。关系的一个重要性质是不能包含多值属性。

本章介绍了逻辑数据库设计过程的主要步骤。这个过程主要基于 EER 图到规范化关系的转换。这个过程有三步：将 EER 图转换成关系、规范化关系和合并关系。这个过程的结果是属于第三范式的一系列关系，它们可以被现在的任何关系数据库管理系统实现。

EER 图中的每个实体都被转换成关系，该关系的主键与实体类型相同。一对多联系的转换是在"多"方加入外键，该外键是"一"方关系的主键。多对多联系的转换是建立单独的关系。该关系的主键是组合键，由多对多联系的每个实体的主键构成。

关系模型并不直接支持超类型/子类型联系，但可以为超类型和其每个子类型分别建立表格（或关系）来为联系建模。每个子类型的主键与超类型的相同（或至少来自于同一个域）。超类型必须包含一个称为子类型鉴别子的属性，用来表示超类型的每个实例属于哪个（些）子类型。

规范化的目的是为了让完整结构化关系没有异常（不一致或错误），否则异常会在关系更新或改变时产生。规范化是基于对函数依赖的分析，而函数依赖是指两个（或两组）属性间的约束。它可以通过若干步骤来完成。属于第一范式（1NF）的关系不含多值属性或重复分组，属于第二范式（2NF）的关系不含部分依赖，属于第三范式（3NF）的关系不含传递依赖。我们可以用图（如果有必要）来表示关系中的函数依赖，以帮助我们分解它，找到属于 3NF 的关系。此外还定义了更高的范式形式（超过 3NF）。

在合并关系时，必须注意解决同义词、多义词、传递依赖和超类型/子类型联系等问题。另外，在数据库管理系统定义关系之前，所有的主键都应该被描述为单属性非智能键。 |156|

关键术语

Alias（别名）

Anomaly（异常）

Candidate key（候选键）

Composite key（组合键）

Determinant（决定因子）

Entity integrity rule（实体完整性规则）

First normal form（1NF，第一范式）

Foreign key（外键）

Functional dependency（函数依赖）

Homonym（多义词）

Normal form（范式）

Normalization（规范化）

Null（空值）

Partial functional dependency（部分函数依赖）

Primary key（主键）

Recursive foreign key（递归外键）

Referential integrity constraint（参照完整性约束） Synonyms（同义词）

Relation（关系） Third normal form（3NF，第三范式）

Second normal form（2NF，第二范式） Transitive dependency（传递依赖）

Surrogate primary key（代理主键） Well-structured relation（完整结构化关系）

复习题

1. 定义下列术语：

   a. 决定因子　　　　b. 函数依赖　　　　c. 传递依赖　　　　　　d. 递归外键
   e. 规范化　　　　　f. 组合键　　　　　g. 关系　　　　　　　　h. 范式
   i. 部分函数依赖　　j. 代理主键

2. 将下列术语与其对应的定义匹配起来：

   _____ 完整结构化关系　　　　　a. 两个属性间的约束
   _____ 异常　　　　　　　　　　b. 主键经一个非主属性与另一个非主属性间的函数依赖
   _____ 函数依赖　　　　　　　　c. 在同一关系中参照主键
   _____ 决定因子　　　　　　　　d. 不含多值属性
   _____ 组合键　　　　　　　　　e. 不一致或错误
   _____ 1NF　　　　　　　　　　f. 包含少量冗余
   _____ 2NF　　　　　　　　　　g. 包含两个（或更多）属性
   _____ 3NF　　　　　　　　　　h. 不含部分函数依赖
   _____ 递归外键　　　　　　　　i. 不含传递依赖
   _____ 关系　　　　　　　　　　j. 函数依赖的左半部分的属性
   _____ 传递依赖　　　　　　　　k. 有名称的二维数据表格

3. 比较以下术语：

   a. 范式；规范化　　b. 候选键；主键　　c. 部分依赖；传递依赖　　d. 组合键；递归外键
   e. 决定因子；候选键　　f. 外键；主键

4. 概念数据模型与逻辑数据模型的主要区别是什么？

5. 简要说明关系的 6 个重要性质。

6. 描述每个候选键都必须满足的两个性质。

7. 描述表格可能产生的三种异常类型和每种异常导致的不良后果。

8. 给下列语句填空：

   a. 不含部分函数依赖的关系属于第_____范式。

   b. 不含传递依赖的关系属于第_____范式。

   c. 不含多值属性的关系属于第_____范式。

9. 什么是完整结构化关系？为什么完整结构化关系对于逻辑数据库的设计很重要？

10. 描述 E-R 图中的联系在对应的联系数据模型中主要是如何表示的。

11. 描述 E-R 图的下列内容是如何转换成关系的：

    a. 常规实体类型　　b. 1:*M* 联系　　c. *M*:*N* 联系　　　　d. 超类型 / 子类型联系
    e. 多值属性　　　　f. 弱实体　　　　g. 复合属性

12. 规范化的主要目的是什么？

13. 简要描述合并关系时经常产生的 4 类问题和解决这些问题的常用方法。

14. 列举满足以下情况的三种条件：一个属于第一范式的关系也属于第二范式。

15. 解释下面几种完整性约束是如何在 SQL 语言的 CREATE TABLE 命令中执行的：

    a. 实体完整性　　　　　　　　　　b. 参照完整性

16. 在数据库设计和实现阶段（而不是应用设计阶段）遵循完整性约束有哪些好处？

17. 关系数据模型中是怎样表示实体间的联系的？

157

18. 怎样在关系数据模型中表示一元 1:M 联系？

19. 怎样在关系数据模型中表示三元 M:N 联系？

20. 怎样在关系数据模型中表示关联实体？

21. 关系中的主键与该关系内部所有属性间的函数依赖有什么联系？

22. 在什么情况下，外键不能为空值？

23. 在数据库设计时，如何利用主键来限制键的连锁反应？

24. 描述关系数据模型中一元 1:M 联系与一元 M:N 联系表示方法的不同。

25. 在哪三种情况下，建议为关系主键建立代理键？

问题与练习

1. 对于下列第 2 章中的 E-R 图：

   I. 将图转换成具有参照完整性约束的关系模式（图 4-5 就是这种模式的一个例子）。

   II. 画出每个关系的函数依赖图（参见图 4-23）。

   III. 若下面的关系不属于 3NF，则将其转换为 3NF。

   a. 图 2-8　　　　　b. 图 2-9b　　　　　c. 图 2-11a　　　　d. 图 2-11b

   e. 图 2-15a（联系版本）　　　　f. 图 2-15b（属性版本）

   g. 图 2-16b　　　　　　　　h. 图 2-19

2. 对于下列第 3 章中的 EER 图：

   I. 将图转换成具有参照完整性约束的关系模式（参见图 4-5）。

   II. 画出每个关系的函数依赖图（参见图 4-23）。

   III. 若下面的关系不属于 3NF，则将其转换为 3NF。

   a. 图 3-6b　　　　b. 图 3-7a　　　　c. 图 3-9　　　　d. 图 3-10　　　　e. 图 3-11

3. 标注出下列关系属于的范式。如果关系不属于 3NF，则将其分解为 3NF 关系。在适当地方显示不同于主键隐含的函数依赖。

   a. CLASS（CourseNo, SectionNo）　　　b. CLASS(CourseNo, SectionNo, Room)

   c. CLASS(CourseNo, SectionNo, Room, Capacity)[FD: Room → Capacity]

   d. CLASS(CourseNo, SectionNo, CourseName, Room, Capacity) [FD: CourseNo → CourseName; FD: Room → Capacity]

4. 在解答下列第 2 章中的问题与练习时，将 EER 图转换为关系模式，画出函数依赖图，并将所有关系转换为第三范式：

   a. 第 2 章，问题与练习 17b

   b. 第 2 章，问题与练习 17g

   c. 第 2 章，问题与练习 17h

   d. 第 2 章，问题与练习 17i

   e. 第 2 章，问题与练习 23

   f. 第 2 章，问题与练习 24

5. 图 4-31 显示的是 Millennium 大学的班级列表。将此用户视图转换为 3NF 关系集。假设如下条件成立：

   ● 一个教师有唯一的办公地点。

   ● 一个学生有唯一的专业。

MILLENNIUM COLLEGE CLASS LIST FALL SEMESTER 201X			
COURSE NO.:　IS 460 COURSE TITLE:　DATABASE INSTRUCTOR NAME:　NORMA L. FORM INSTRUCTOR LOCATION:　B 104			
STUDENTNO.	STUDENT NAME	MAJOR	GRADE
38214	Bright	IS	A
40875	Cortez	CS	B
51893	Edwards	IS	A

图 4-31　班级列表（Millennium 大学）

- 一门课程有唯一的名字。

6. 图 4-32 是简化的信用卡环境的 EER 图。账户卡有两种：借记卡和信用卡。信用卡账户累计用户在商家的消费。每笔消费都由该消费的日期、时间和商家与信用卡的主键来唯一标识。

　　a. 建立关系模式。　　　　　　b. 给出函数依赖。　　　　c. 建立 3NF 关系。

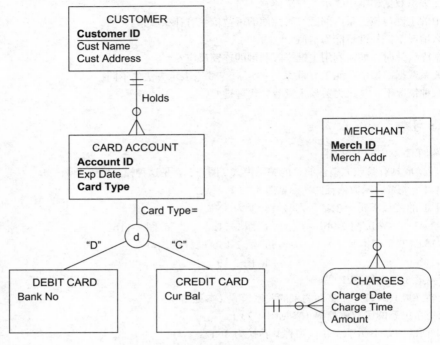

图 4-32　银行卡的 EER 图

7. 表 4-3 包含了一些部件及其销售商的样本数据。在与用户讨论这些数据时，发现部件号能唯一地标识部件，销售商名称唯一地标识销售商。

　　a. 将表格转换成 1NF 关系（叫作 PART SUPPLIER）。说明与表中样本数据的关系。

　　b. 列出 PART SUPPLIER 的函数依赖，标识候选键。

　　c. 对于关系 PART SUPPKIER，标识插入异常、删除异常和更新异常。

　　d. 画出 PART SUPPLIER 的关系模式和其函数依赖图。

　　e. 这个关系属于第几范式？

　　f. 将 PART SUPPLIER 转换为若干 3NF 关系。

　　g. 利用 Microsoft Visio（或老师指定的其他工具）给出 3NF 关系。

表 4-3　部件和销售商的样本数据

Part No	Description	Vendor Name	Address	Unit Cost
1234	Logic chip	Fast Chips	Cupertino	10.00
		Smart Chips	Phoenix	8.00
5678	Memory chip	Fast Chips	Cupertino	3.00
		Quality Chips	Austin	2.00
		Smart Chips	Phoenix	5.00

8. 表 4-4 是一个大学的成绩单关系 GRADE REPORT。回答以下问题：

　　a. 画出关系模式并标出关系中的函数依赖。

　　b. 该关系属于第几范式？

c. 将 GRADE REPORT 分解为若干 3NF 关系。

d. 为这些 3NF 关系画出关系模式并给出参照完整性约束。

e. 使用 Microsoft Visio（或老师指定的其他工具）完成 d 部分。

表4-4 成绩单关系

Grade Report								
StudentID	Student Name	CampusAddress	Major	CourseID	CourseTitle	Instructor Name	Instructor Location	Grade
168300458	Williams	208 Brooks	IS	IS 350	Database Mgt	Codd	B 104	A
168300458	Williams	208 Brooks	IS	IS 465	Systems Analysis	Parsons	B 317	B
543291073	Baker	104 Phillips	Acctg	IS 350	Database Mgt	Codd	B 104	C
543291073	Baker	104 Phillips	Acctg	Acct 201	Fund Acctg	Miller	H 310	B
543291073	Baker	104 Phillips	Acctg	Mkgt 300	Intro Mktg	Bennett	B 212	A

9. 表 4-5 是一个航运舱单。回答以下问题：

a. 画出关系模式并标出关系中的函数依赖。

b. 该关系属于第几范式？

c. 将 MANIFEST 分解为若干 3NF 关系。

d. 为这些 3NF 关系画出关系模式并给出参照完整性。

e. 使用 Microsoft Visio（或老师指定的其他工具）完成 d 部分。

表4-5 航运舱单

Shipment ID:	00-0001		Shipment Date:	01/10/2012
Origin:	Boston		Expected Arrival:	01/14/2012
Destination:	Brazil			
Ship Number:	39		Captain:	002-15
				Henry Moore
Item Number	Type	Description	Weight	Quantity	TOTALWEIGHT
3223	BM	Concrete Form	500	100	50,000
3297	BM	Steel Beam	87	2,000	174,000
				Shipment Total:	224,000

10. 将问题与练习 9 中的关系模式转换为 EER 图，并给出你所做的假设。

11. 在解答下列章节中的问题与练习时，将 EER 图转换为关系模式，画出函数依赖图，并将所有关系转换为第三范式：

a. 第 3 章，问题与练习 12   b. 第 3 章，问题与练习 17

12. 将图 2-15a 的属性版本转换为 3NF 关系。将图 2-15b 的联系版本转换为 3NF 关系。将这两组 3NF 关系与图 4-10 中的进行比较。从这些不同点中你将得到什么结论？

13. Millennium 大学的公共安全部门拥有一份校园违法停车的停车罚单表。表 4-6 是该罚单表的秋季罚单的一部分。

a. 通过输入合适的值，将该表转换成 1NF 关系。该关系中的决定因子是什么？

b. 基于给出的样本数据，画出函数依赖图显示关系中的所有函数依赖。

c. 给出一个或多个使用该关系时可能产生的异常。

d. 给出 3NF 关系。在表中加入以 Violation 为列头的列，用来说明每张罚单的原因。该列的值为：过期停车收费（罚单代码 1），禁止停车（罚单代码 2）和跨越障碍（罚单代码 3）。

e. 给出基数恰当的 E-R 图。

158
~
160

表 4-6　Millennium 大学停车罚单

Parking Ticket Table									
St ID	L Name	F Name	Phone No	St Lic	Lic No	Ticket #	Date	Code	Fine
38249	Brown	Thomas	111-7804	FL	BRY 123	15634	10/17/12	2	$25
						16017	11/13/12	1	$15
82453	Green	Sally	391-1689	AL	TRE 141	14987	10/05/12	3	$100
						16293	11/18/12	1	$15
						17892	12/13/12	2	$25

14. Pine Valley 家具公司的材料部经理拥有一张公司从外部销售商处采购的材料物品的供应商的清单。表 4-7 是该清单的基本数据。

  a. 画出函数依赖图。你可以做如下假设：

  ● 每种材料有一个或多个供应商。每个供应商可以不供应物品，或供应一种或多种物品。

  ● 材料的单价（Unit Price）可以根据销售商的不同而不同。

  ● 供应项的编号（Terms Code）能唯一地标识交易信息（例如代码 2 是指 30 天净值 10%）。从一个供应商处订购的所有材料的供应项都是相同的。

  b. 将该图分解为 3NF 图集。

  c. 画出这种情况的 E-R 图。

表 4-7　Pine Valley 家具公司采购数据

Attribute Name	Sample Value	Attribute Name	Sample Value
Material ID	3792	Vendor Name	Apex Hardware
Material Name	Hinges 3" locking	Unit Price	$4.75
Unit of Measure	each	Terms Code	1
Standard Cost	$5.00	Terms	COD
Vendor ID	V300		

15. 表 4-8 是一家大型制造公司的航运舱单的一部分。每个航运舱单（由 Shipment# 唯一标识）唯一标识了航运舱单的 Origin、Destination 和 Distance。Origin 和 Destination 对也能唯一地标识 Distance。

  a. 画出 SHIPMENT 关系的函数依赖图。

  b. SHIPMENT 属于第几范式？为什么？

  c. 若 SHIPMENT 关系不属于 3NF，则将其转换为第三范式。利用 SHIPMENT 中给出的样本数据给出转换结果表格。

表 4-8　航运舱单（Shipment）关系

Shipment#	Origin	Destination	Distance	Shipment#	Origin	Destination	Distance
409	Seattle	Denver	1,537	824	Denver	Los Angeles	975
618	Chicago	Dallas	1,058	629	Seattle	Denver	1,537
723	Boston	Atlanta	1,214				

16. 图 4-33 是 Vacation Property Rentals 的 EER 图。该企业在几个州出租优良地产。如图中所示，有两种基本类型的地产：沙地（beach）和山地（mountain）。

  a. 将 EER 图转换为若干关系，并给出关系模式。

  b. 画出函数依赖图并确定每个关系属于第几范式。

  c. 将不属于 3NF 的关系转换成 3NF，并画出修改后的关系模式。

  d. 提出一种完整性约束来确保一处地产在同一时间段内不会被出租两次。

17. 对于第 3 章中问题与练习 13，将得出的 EER 图转换成若干关系模式，画出函数依赖图，并将所有依赖关系换成 3NF 关系。

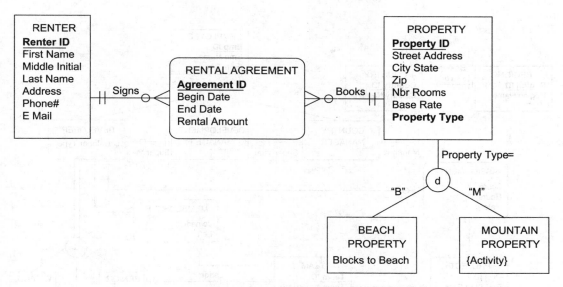

图 4-33　度假地租赁关系的 EER 图

18. 图 4-34 的 EER 图表示一个汽车竞赛联盟。将该图转换成具有参照完整性约束的关系模式（例子见图 4-5），并证明转换后的关系属于 3NF。

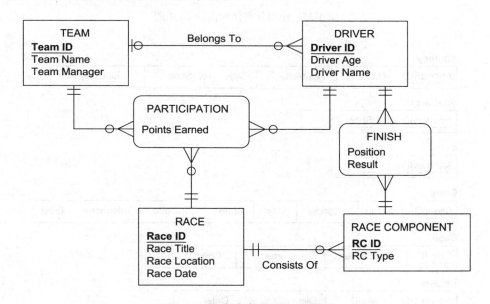

图 4-34　汽车竞赛联盟的 EER 图

19. 图 4-35 是一个中型软件销售商的 EER 图。将该图转换成具有参照完整性的约束关系模式（例子见图 4-5），并证明转换后的关系属于 3NF。

20. 观察图 4-36 中的若干关系。它们分别属于第几范式？你是如何知道的？如果是第三范式，将关系转换成 EER 图。在回答这些问题时，你不得不做哪些假设？

21. 宠物商店目前采用的是传统的平面文件系统来存储所有的信息。店主 Peter Corona 希望建立一个基于网络的数据库应用程序，这让分店可以不用在意库存水平、订单等信息而向其中输入数据。目前，库存和销售的跟踪数据存储在一个文件中，其格式如下：

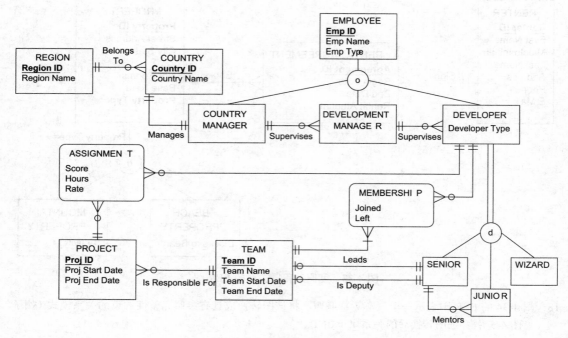

图 4-35   中型软件供应商的 EER 图

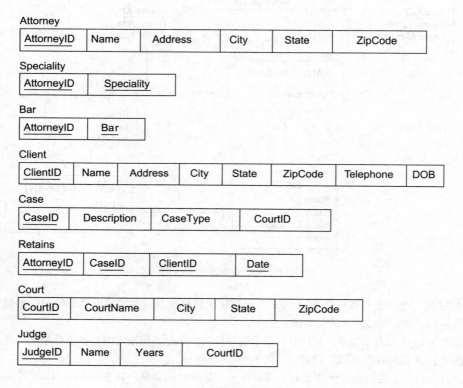

图 4-36   问题与练习 20 关系图

StoreName, PetName, Pet Description, Price, Cost, SupplierName, ShippingTime, QuantityOnHand, DateOfLastDelivery, DateOfLastPurchase, DeliveryDate1, DeliveryDate2, DeliveryDate3, DeliveryDate4, PurchaseDate1, PurchaseDate2, PurchaseDate3, PurchaseDate4, LastCustomerName, CustomerName1, CustomerName2, CustomerName3, CustomerName4

假设你要记录所有的采购和库存数据，比如谁买了鱼、购买的日期、交付日期等。当前文件格式只允许记录最后一次和它前面四次的购买和交付信息。你可以假设一种鱼由一个供应商提供。

a. 给出所有的函数依赖。

b. 该表格属于第几范式？

c. 为这些数据设计规范化数据模型，并证明该模型属于 3NF。

22. 画出第 21 题中基于规范化关系的 E-R 图。

23. 如果一种鱼可以由多个供应商提供，那么第 21 题与第 22 题将如何变化？

24. 图 4-37 显示了一个为某重点大学提供餐饮服务的饮食服务机构的 EER 图。

a. 将 EER 图转换成若干关系并给出关系模式。

b. 画出函数依赖图并说出每个关系属于第几范式。

161
≀
163

c. 将不是 3NF 的关系转换成 3NF，并画出修改后的关系模式。

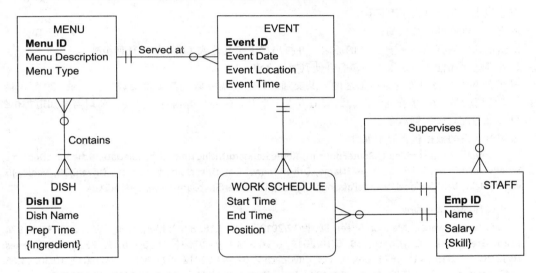

图 4-37　高校餐饮服务的 EER 图

25. 下面属性构成的关系包括了个人电脑、其销售商、电脑上运行的软件包、电脑用户和用户权限等信息。用户被授予在特定的时间特定的电脑上使用特定的软件包的权利（由 UserAuthorization Starts 和 UserAuthorizationEnds 属性来表示，并由 UserAuthorizationPassport 属性来保证安全）。软件被授权在特定的电脑上使用（可能同时有多个软件包），并且需要一定的花费，直到过期时间（SoftwareLicenceExpires）才停止。销售商出售电脑，并且每个销售商都有一个负责人，负责人具有 ID、姓名和电话分机等信息。每个个人电脑都有特定的购买价。属性如下：

ComputerSerialNbr, VendorID, VendorName, VendorPhone, VendorSupportID, VendorSupportName, VendorSupportExtension, SoftwareID, SoftwareName, SoftwareVendor, SoftwareLicenceExpires, SoftwareLicencePrice, UserID, UserName, UserAuthorizationStarts, UserAuthorizationEnds, UserAuthorizationPassword, PurchasePrice

基于这些信息，回答下列问题。

a. 定义属性间的函数依赖。

b. 给出该关系不属于 3NF 的理由。

c. 处理这些属性，使得到的关系属于 3NF。

26. 下面的属性是一个在线视频租赁服务的电影备份的数据。每部电影都由电影编号标识，并且有名称和导演及制片厂的信息。每部电影都有一个或多个人物角色，并且每个人物角色都恰好由一个演员扮演（但是每部电影中一个演员可以扮演许多角色）。视频租赁服务对同一部电影拥有许多许可证，每个电影拷贝版本都有一个许可证和拷贝编号，拷贝编号可以区分同一部电影的不同备份，但是不能区分不同电影的备份。每个电影许可证都有租赁状态和归还日期；另外，每个许可证都有一个类型（通常是 HD）。租赁价格由电影和许可证类型确定，但是同一个类型的所有许可证的价格是一样的。属性如下：

Movie Nbr, Title, Director ID, Director Name, Studio ID, Studio Name, Studio Location, Studio CEO, Character, Actor ID, Name, Movie License Nbr, Movie License Type, Movie Rental Price, License Rental Status, License Return Date

一部电影的样本数据集如下所示（大括号中的数据是角色／演员数据，这里有四个不同角色）：

567, "It's a Wonderful Life", 25, "Frank Capra", 234, "Liberty Films", "Hollywood, CA", "Orson Wells", {"George Bailey", 245, "James Stewart" | "Mary Bailey", 236, "Donna Reed" | "Clarence Oddbody", 765, "Henry Travers" | "Henry F. Potter", 325, "Lionel Barrymore" }, 5434, "HD", 3.95, "Rented", "12/15/2012"

基于以上信息，回答下列问题。

a. 定义属性间的函数依赖。

b. 给出这些数据项不属于 3NF 的原因，并指出属于第几范式（或不属于任何范式）。

c. 处理这些属性，给结果关系命名并使其属于 3NF。

27. 一个公共汽车公司负责城市郊区的公共交通。该公司需要管理许多重要数据：记录 150 部车辆、400 位驾驶员、60 条交通线路和每天成百上千个发车时间表等信息。另外，公司需要知道每位驾驶员被分配驾驶哪辆汽车。

公司可获得的数据包含以下属性：

RouteID, RouteStartPoint, RouteEndPoint, RouteStandardDrivingTime, ScheduleDate, ScheduledDepTime, ScheduledArrTime, DriverID, DriverFName, DriverLName, DateDriverJoinedCompany, DriverDOB, VehicleID, VehicleMake, VehicleModel, VehiclePassangerCapacity, DriverCertStartDate, DriverCertEndDate.

这些属性的样本数据如下：

28, Grand Avenue, Madison Street, 38, {9/12/2012, 8.30, 9.18, 8273, Mary, Smith, 5/2/2007, 3/23/1974, 1123, GreatTrucks, CityCoach, 58, 6/10/2012, 6/9/2013 | 9/12/2012, 9.30, 10.12, 7234, John, Jones, 10/12/2011, 12/15/1991, 5673, GreatTrucks, CityCoach 2, 62, 4/12/2012, 4/11/2013 | 9/12/2012, 10.30, 11.08, 2343, Pat, Moore, 2/24/1982, 1/19/1958, 4323, PowerTransport, MidiBus, 32, 8/20/2012, 8/19/2013}

样本数据中公交时间表（由属性 ScheduleDate 开始）重复了 3 次，用 "|" 符号隔开。在本例中针对的是固定的驾驶员对。

基于以上信息，回答下列问题。

a. 定义属性间的函数依赖。

b. 给出这些数据项不属于 3NF 的原因，并指出属于第几范式（或不属于任何范式）。

c. 处理属性，使其成为若干 3NF 关系，并给出所有步骤。

d. 基于规范化关系，画出 E-R 图。

e. 基于上一问画出的 E-R 图和描述的例子，探索其中可能有机会扩大数据模型来更好地跟踪公司的业务或提高清晰度的领域，如记录路线的更多细节信息等领域。

参考文献

Chouinard, P. 1989. "Supertypes, Subtypes, and DB2." *Database Programming & Design* 2,10 (October): 50–57.

Codd, E. F. 1970. "A Relational Model of Data for Large Shared Data Banks." *Communications of the ACM* 13,6 (June): 77–87.

Codd, E. F. 1990. *The Relational Model for Database Management,* Version 2. Reading, MA: Addison-Wesley.

Date, C. J. 2003. *An Introduction to Database Systems.* 8th ed. Reading, MA: Addison-Wesley.

Dutka, A. F., and H. H. Hanson. 1989. *Fundamentals of Data Normalization.* Reading, MA: Addison-Wesley.

Fleming, C. C., and B. von Halle. 1989. *Handbook of Relational Database Design.* Reading, MA: Addison-Wesley.

Hoberman, S. 2006. "To Surrogate Key or Not." *DM Review* 16,8 (August): 29.

Navathe, S., R. Elmasri, and J. Larson. 1986. "Integrating User Views in Database Design." *Computer* 19,1 (January): 50–62.

扩展阅读

Elmasri, R., and S. Navathe. 2010. *Fundamentals of Database Systems.* 6th ed. Reading, MA: Addison Wesley.

Hoffer, J. A., J. F. George, and J. S. Valacich. 2011. *Modern Systems Analysis and Design.* 6th ed. Upper Saddle River, NJ: Prentice Hall.

Johnston, T. 2000. "Primary Key Reengineering Projects: The Problem" and "Primary Key Reengineering Projects: The Solution." Available at **www.information-management.com.**

Russell, T., and R. Armstrong. 2002. "13 Reasons Why Normalized Tables Help Your Business." *Database Administrator,* April 20, 2002. Available at **http://searchoracle .techtarget.com/tip/13-reasons-why-normalized-tables -help-your-business**

Storey, V. C. 1991. "Relational Database Design Based on the Entity-Relationship Model." *Data and Knowledge Engineering* 7,1 (November): 47–83.

Web 资源

http://en.wikipedia.org/wiki/Database_normalization 维基百科条目对所有的范式都有详尽的解释，包括本章中未提及的。

www.bkent.net/Doc/simple5.htm 该网站提供了 William Kent 的文章 " A Simple Guide to Five Normal Forms in Relational Database Theory" 的概要。

http://www.stevehoberman.com/DesignChallengeSignUp.aspx Steve Hoberman 是一位重要的数据库设计咨询师和讲师，他不断地寻找（概念的和逻辑的）数据库设计问题并将其公开。这些都是实际出现过的、为一些有趣的难题而创建的情景（基于他真实的经历或收到的问题）。

www.troubleshooters.com/codecorn/norm.htm Steve Litt 的规范化网页中写有许多排除程序和开发系统故障的技巧。

物理数据库设计和性能

学习目标

学完本章后，读者应该能够：

- 准确地定义如下术语：字段，数据类型，去规范化，物理文件，表空间，块（extent），文件组织，顺序文件组织，索引文件组织，索引，二级关键字，连接索引，哈希文件组织，哈希算法，指针，哈希索引表。
- 描述物理数据库设计过程、它的目标以及它的生成物。
- 从逻辑数据模型中为属性选择存储格式。
- 通过平衡各种重要的设计因素，选择合适的文件组织。
- 描述三种重要的文件组织类型。
- 描述索引的目的，并叙述在选择索引属性时的重要考虑。
- 把关系数据模型转换为有效的数据库结构，包括知道何时和如何将逻辑数据模型去规范化。

引言

在第 2 章到第 4 章的学习中，读者已经知道如何描述和模拟数据库开发过程中概念数据建模和逻辑数据库设计阶段的组织数据，并学习了如何使用 EER 符号、关系数据模型和规范化等方法，以便能对组织数据抽象，获取数据的意义。可是，这些符号不能解释这些数据将如何处理和存储。物理数据库设计的目的就是将数据的逻辑描述转换为存储和检索数据的技术说明。目标是创建一个存储数据的设计，该设计将提供合适的性能，保证数据库完整性、安全性以及可恢复性。

物理数据库设计不包含文件和数据库实现（也就是说，不包含数据库的创建和加载）。物理数据库设计产生程序员、数据库管理员以及其他在信息系统构建中涉及的人员在实现阶段将要用到的技术说明，具体要使用的内容在第 6 章到第 9 章中讨论。

在这一章，要学习开发一个有效的且高完整性的物理数据库设计需要的基本步骤。本章主要考虑单个的、集中式数据库设计。读者要学习的是如何估计用户需要的数据库的数据量，以确定数据如何被使用。学习如何选择属性值存储方法，并且学习如何从这些选择中挑选能完成高效率的数据质量的方式。因为近期给出的美国和国际规定的金融报告（例如，Sarbanes-Oxley 法案）中，为承诺坚实的基础设施，在物理数据库设计中给出适当的控制声明是必要的。因此，在物理设计中，特别强调数据质量指标。读者还可以学习到为什么规范化表格并不总是最好的物理数据文件的展现以及如何去规范化数据以改进数据检索的速度。最后，将要学习索引的应用，索引在加速数据检索上很重要。本质上讲，本章就是学习如何使数据库实实在在地"活跃"。

读者必须小心地实施物理数据库设计，因为在这个阶段的决策对于数据的可访问性、响应时间、数据质量、安全性、用户友好性和类似重要的信息系统设计因素都有很大的影响。

5.1 物理数据库设计过程

为了使生活更容易一些，当在设计信息系统选择数据库管理技术时，很多物理数据库设计决策是隐藏的或是消除了的。因为很多组织在操作系统、数据库管理系统和数据访问语言上都有标准，因此所做的选择都必须与这些已有技术相容。这样，本章将涵盖那些最常做的决策以及其他对某些典型应用很关键的决策，例如，在线数据获取和检索。

物理数据库设计的主要目标是数据处理的效率。当今，随着计算机技术价格的降低（速度和空间），物理数据库设计的很重要的一点是最小化用户与信息系统的交互时间需求。为此，我们集中考虑如何使物理文件和数据库的处理有效，而对于极小化应用空间考虑少一些。

设计物理文件和数据库需要早期系统开发阶段收集和产生的信息。物理文件和数据库设计需要的信息包含如下需求：

- 规范化关系，包括估计每个表中行的数量范围。
- 每个属性的定义，以及该属性的物理声明，如可能的最大长度。
- 有关数据在什么地方和什么时候以各种方式使用（输入、检索、删除、更新，包括这些事件的典型频率）的描述。
- 有关响应时间、数据安全、备份、恢复、保留和完整性的需求或期望。
- 用于实现该数据库的技术（数据库管理系统）描述。

物理数据库设计需要多个关键性的决策，这些决策对于应用系统的完整性和性能都有影响。这些关键性的决策包括如下几点：

- 从逻辑数据模型中对每一个属性选择其存储格式（被称为数据类型）。被选定的格式和相关的参数都是为了最大化数据完整性和最小化存储空间。
- 对于如何从逻辑数据模型中组织属性到物理记录中给数据库管理系统以指导。虽然在逻辑设计中指定的关系表的列是物理记录内容的自然定义，但是这并不总是物理设计中属性组织的最期望的形式。

167

- 给数据库管理系统指导确定如何在二级存储器（主要是硬盘）中安排结构记录，使用一种结构（称为文件组织）以使单个记录或成组记录能够被快速地存储、检索和更新。对于错误出现时的数据保护和恢复也应考虑。
- 为存储和连接文件以便于更有效地检索相关数据选择结构（包括索引以及全局数据库体系结构）。
- 为处理数据库查询准备策略，查询策略会优化性能，并且利用文件组织和已给出的索引。有效的数据库结构将是当查询和处理这些查询的数据库管理系统能够从使用这些结构中获益。

作为遵从法规管理基础的物理数据库设计

重视物理数据库设计的主要动机之一是它形成了一个服从有关金融报告的新的国家和国际规章的基础。没有仔细的物理设计，一个企业就不能展示它的数据是准确的并受到很好保护。法律和规章（例如，美国的萨班斯 – 奥克斯（Sarbanes-Oxley act）（SOX）法案和国际流行的 Basel II 法案）都是公众会计公司领域主要的公司和合作伙伴执行的欺骗案件的反映。

SOX 的目的是通过改进追踪安全法律的合作公开的准确性和可靠性来保护投资者和其他目的。SOX 要求每一年的财务报告包括内部控制报告。这样设计是要显示不仅仅公司的财务数据准确，而且公司对财务数据有信心，这是因为采取适当的控制来确保财务数据安全。这些控制的核心聚焦在数据库完整性之上。

SOX 是在改进财务数据报告的努力进程中的最新制度。反虚假财务报告委员会下属的发起人委员会（COSO）是自愿的私有组织，目的是要通过业务行为准则、有效的内部控制和合作监督改进财务报告的质量。COSO 创建于 1985 年，这是一个独立的私有单位，是为了支持有关欺诈财务报告（NCFFR）的国家委员会，主要研究导致欺诈财务报告的因素。根据它的研究，COSO 为美国安全与证券交易委员会（SEC）和其他法规单位以及教育研究会、公众公司和他们的独立审计人员开发了推荐书。信息和相关技术控制目标（COBIT）是由 IT 管理研究所和信息系统审计控制协会发布的开放式标准。这是一个建筑在 COSO 框架上的 IT 控制框架。IT 基础设施库（ITIL）由英国的政府商务办公室颁布，致力于 IT 服务，经常用于补充 COBIT 框架。

这些标准、指导与规则都是聚焦在企业管理、风险资产和数据的安全与控制上。虽然 SOX 和 Basel II 这样的法律需要对与财务数据打交道的所有过程的综合审计，但能够通过强化基本数据完整性控制获得加强。如果设计成数据库并且通过 DBMS 加强，那么这样的防护控制是应用一致和完全的。因此，字段级别的数据完整性控制在承诺审计中被认为是非常重要的。其他 DBMS 特性，比如第 7 章讨论的触发器和存储过程等提供了更进一步的方法保证仅仅合法的数据值可以被存储在数据库中。而且，这些控制机制都能如同字段级别数据控制一样好。进一步讲，对于全部承诺，所有数据完整性控制必须全部文档化，对 DBMS 给出的这些控制定义都要形成文档。最后，对这些控制的修改也必须要完全很好地文档化修改控制过程（这样，临时的修改不能用于暂时的好的设计控制）。

5.2 设计字段

字段（field）是程序设计语言或数据库管理系统这类系统软件识别的应用数据的最小单位。字段对应于逻辑数据模型中的简单属性，在复合属性情况下，字段对应其一个组成。

每个字段声明中的基本决策要关注的是用于表达这个字段值的数据类型（或存储类型）、在数据库中要维护的数据完整性控制以及 DBMS 处理该字段缺失值的机制。其他的字段声明（如显示格式）也应该作为信息系统声明的一部分，但是在此时并不关注这些不常被 DBMS 处理而是被应用处理的声明。

选择数据类型

数据类型（data type）是由 DBMS 类系统软识别的详细编码模式，它表示组织的数据。编码模式的位模式常常对用户透明，但是存储数据的空间和访问数据的速度是物理数据库设计的结果。用户使用的特定 DBMS 将决定用户的选择。例如，表 5-1 列出了 Oracle 11g DBMS 的一些数据类型，Oracle 11g 是典型的使用 SQL 数据定义和操作语言的 DBMS。有些 DBMS 附加的数据类型可以有货币、声音、图像以及用户定义的数据类型。

选择数据类型涉及 4 个目标，这些对于不同的应用有不同层次的重要性：

1）表示所有可能的值。

表 5-1 Oracle llg 中通常使用的数据类型

数据类型	描述
VARCHAR2	最大长度为 4000 字符的变长字符数据，要求输入字段的最大长度（例如，VARCHAR2(30) 声明该字段的最大长度是 30 字符）。如果字串长度小于最大长度，那么仅仅占用实际需要的存储空间
CHAR	最大长度是 2000 字符的定长字符数据。默认的长度是 1（例如，CHAR(5) 声明了一个有 5 个字符长度的字段，能够处理 0 到 5 字符长的数值）
CLOB	字符大对象，最大能够存储（4GB-1）*（数据库块大小）的可变长度字符数据字段（例如，处理医嘱或客户注解）
NUMBER	大小为 10^{-130} 到 10^{126} 的正负数。可以声明精度（数值数据从小数点的左边到右边的所有数字的个数）以及精度（小数点左边的数字个数）。例如：NUMBER(5) 声明一个最大具有 5 个数字的整型字段，NUMBER(5，2) 声明了一个不超过 5 个数字且有 2 个数字在十进制小数点右边
DATE	任何从公元前 4712 年元月一日到公元 9999 年 12 月 31 日的日期。DATE 存储的值包含世纪、年、月、日、时、分和秒
BLOB	二进制大对象，最大能够存储（4GB-1）*（数据库块大小）的二进制数据（例如，相片或声音片段）

2）改进数据完整性。

3）支持所有数据操作。

4）极小化存储空间。

字段的优化数据类型可以是：在最小空间，对于相关的属性，表示每一种可能的值（而且消除不合法值）和支持需要的操作（例如，数值数据类型的算术操作，字符类型的字符串操作）。概念数据模型中的属性域约束对于该属性的数据类型选择很有帮助。完成这四个目标是微妙的。例如，考虑一个 DBMS，其数据类型的最大宽度是 2 字节。假定该数据类型充分表示 QuantitySold 字段。当对 QuantitySold 字段汇总时，其和需要用大于两个字段的数据值来表示。如果 DBMS 为该字段上任何数学结果使用这个字段的数据类型，那么该 2 字节长的表示将不能工作。某些数据字段有特殊的操作功能，例如，仅仅 DATE 数据类型允许真实的日期计算。

1. 编码技术

某些属性有稀疏的值集合，或者是给定的数据列很大，以至于相当多的存储空间被消耗。字段只有有限的可能值，可以将其转换成需要较少空间的编码。考虑图 5-1 中的 Product Finish 字段的例子。Pine Valley 家具公司的产品只使用了有限数量的木材：桦木（Birch），枫木（Maple），橡木（Oak）。通过创建编码或转换表，每一个 ProductFinish 字段值能被编码置换，类似外键，是一个跨表引用查找表（lookup table）。这样做可以减少 ProductFinish 字段的空间数量，因此也减少 PRODUCT 文件的空间数量。这样会有附加的 PRODUCT FINISH 查找表空间，当需要 ProductFinish 字段值的时候，还需要一个额外的对查找表的访问（称作连接）。如果 ProductFinish 字段不常使用或该字段不同值的数量非常大，则编码的相对优势就没有价值。注意，编码表并不在概念或逻辑模型中出现。编码表是物理结构，以完成数据处理性能的改进，而不是商业值的数据集。

控制数据完整性。对于很多 DBMS，数据完整性控制（即控制字段可能有的值）可以被构建到字段的物理结构，并且由 DBMS 对该字段强制控制。数据类型强制一种形式的数据完整性控制，因为它可以限制数据的类型（数值或字段）以及字段值的长度。下面是 DBMS 支持的几种典型的完整性控制：

● **默认值**（default value） 默认值是字段假定取定的值，除非用户为该字段实例输入明确的值。给字段赋予默认值可以减少数据登入的时间，因为值的登入可以跳过。它也能够有助于为最常见的值减少数据登入的错误。

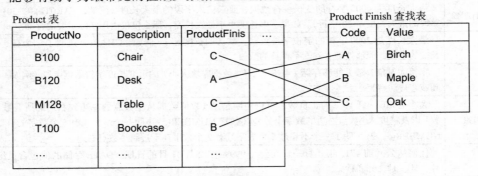

图 5-1　编码查找表的例子（Pine Valley 家具公司）

- **范围控制**（range control）　范围控制可以限制字段可能有的值。范围可以是带有数字上下界的范围值，也可以是一组特定的值。范围控制必须谨慎使用，因为范围的限制也会随时间改变。范围控制与编码的组合导致了很多组织面临的 2000 年的问题，在该问题中，年的字段仅仅用 00 到 99 的数字表示。最好是通过 DBMS 实现范围控制，因为在应用中范围控制可以不一致地被强制。它在应用中也比在 DBMS 中更难发现和修改。
- **空值控制**（null value control）　空值是一个空的值。每个主键都必须有禁止空值的完整性控制。如果是组织的原则，那么其他字段也可以有空值控制。例如，大学中除非课程有名字并且主键 CourseID 具有确定值，否则不允许任何课程进入数据库中。很多字段合法地具有空值，因此，这个控制应该仅仅当业务规则需要时被使用。
- **参照完整性**（referential integrity）　术语参照完整性在第 4 章中被定义。字段上的参照完整性是一种范围控制，此时该字段的值必须与同一张表的另一行或不同表中的某一行（更常见）的某些字段值相同。也就是说，合法值的范围来自于数据库表中的字段的动态内容，而不是预定义的一组值。注意，参照完整性保证仅仅某些已存在的跨表引用值被使用，只有这样才是正确的值。编码字段将与查找表的主键有参照完整性。

2. 处理缺失的数据

当字段为空时，可以简单地不输入值。例如，假定客户的邮政编码字段允许为空值，且要按月和邮编汇总总销售的报告。那么对于邮编未知的客户的销售该如何处理？有两种处理和防止缺失数据的选择被提及：使用默认值和防止缺失值。缺失数据是不可避免的。根据 Babad 和 Hoffer（1984），下面是其他几种处理缺失数据的方法：

- 置换一个缺失值的估计值。例如，当计算每月产品销售时，缺失销售值，可以使用一个涉及那个产品已存在的月平均销售值的公式，索引那个月的全部产品的总销售。这样的估计必须被标签以使用户知道那不是实际的值。
- 追踪缺失数据，这样专门报告和其他系统元素将引起人们很快地去解决未知值。这可以通过在数据库定义中设置一个触发器来完成。触发器是一个运行单元，它将在某个事件发生或时间区间段内被自动执行。当空值或其他缺失值被存储时，一个触发器可以记录缺失条目到日志文件中，而另一个触发器可以周期地运行以创建这个日志文件内容的报告。

- 实施敏感测试，这样缺失数据被忽略，除非知道一个值可以显著地改变结果（即，如果某个销售员的月销售额大大超过阈值，这会使人员的报酬有很大差别）。这是最复杂的方法，因此需要非常成熟的程序设计。这样处理缺失数据的过程可以写成应用程序。所有现代 DBMS 都有很成熟的程序设计能力，比如 case 表达式、用户定义的函数和触发器等，这样的逻辑在数据库中对全体用户有效而不需要专门的应用程序设计。

5.3 去规范化数据

现代数据库管理系统在确定数据如何被实际存储在存储介质中承担着一个逐渐重要的角色。可是，数据库处理的有效性是受到逻辑关系如何被构建为数据库表的显著影响。本节的目的就是讨论去规范化作为一种机制，常常被用于改进数据处理效率和快速访问存储数据。首先描述知名的去规范化方法：将多个逻辑表组合成一张物理表以避免将相关的数据从数据库中找出后组合在一起的需求。

去规范化

随着二级存储器单元数据存储价格的降低，存储空间的有效利用（减少冗余）仍然是要考虑的问题，但已经不像过去那么重要了。在大多数情况下，物理记录设计的主要目标是有效的数据处理主宰了设计过程。换言之，是速度而不是风格的问题。就如同在你的房间里，只要能够找到你所喜爱的衬衫就行，至于房间里看起来多么凌乱也无关紧要（当然不可能告诉你妈妈）。

有效的数据处理就像是在图书馆里有效地查找书目，依赖于相关数据如何在一起放置（书或索引）。通常，在一个关系中出现的所有属性不是一起被使用，而是常常需要将来自不同关系中的数据放在一起来回答用户的查询或生成报告。这样，虽然规范化关系解决了数据维护异常和极小化冗余（和存储空间）的问题，但是如果将其一对一地实现它的物理记录，那么它们不一定能获得有效的数据处理。

一个完全规范化的数据库常常创建大量的表。对于频繁使用的需要来自多个或相关表中数据的查询，DBMS 在每次执行这个查询时，都需要耗费相当多的计算机资源将来自所需的每张表中的相关行进行匹配（称为连接，joining），以获取查询结果。由于 joining 操作非常耗时，因此完全规范化和部分规范化的数据库之间的处理性能的差别会很大。在早期研究中，Inmon（1988）给出了一个完全和部分规范化数据库的研究报告。完全规范化数据库包含了 8 张表，每张表有 50 000 行数据。部分规范化数据库有 4 张表，每一张表有 25 000 行数据，另外还有一个部分规范化数据库有 2 张表。测试结果显示，不完全规范化数据库比完全规范化数据库快一个数量级。虽然这个结果很大地依赖了数据库和它执行的处理类型，但是用户仍然应该仔细地考虑数据库物理数据是否应该与规范化关系完全一致。

去规范化是转换规范化关系为非规范化物理记录说明的过程。本节将合理地评测各种有关去规范化的形式和条件。一般来讲，去规范化将一个关系分割为多个物理记录，可能要组合来自多个关系的属性在一起成为一个物理记录，或者是两种方法的组合。

1. 去规范化的机会和类型

Rogers（1989）介绍了几种通用的去规范化的机会（图 5-2 到图 5-4 给出了三种情形下每一种规范化和去规范化的例子）：

1）**一对一联系的两个实体**。即使是其中一个实体选择性参与，如果大多数情况下存在匹配的实体，那么将这两个关系组合成一个记录定义也是明智的做法。（特别是当这两个实体之间的访问频率很高时。）图 5-2 显示了学生可能完成的标准奖学金申请中的部分学生数据。在这种情况下，一个记录能被由来自 STUDENT 和 SCHOLARSHIP APPLICATION 规范化关系的 4 个字段形成（假定 ApplicationID 不再需要）。（注：这种情况下，来自可选实体的字段必须允许有空值。）

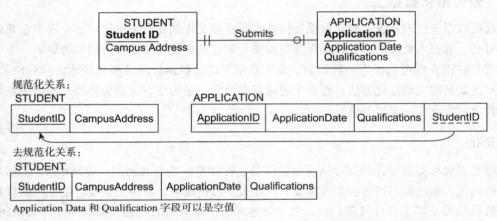

图 5-2   一种可能的非规范化情况：具有一个一对一联系的两个实体

注：当所有字段都被存储在一个记录中时，假定 ApplicationID 字段不是必需的字段，但是如果应用数据需要，那么该字段可以包括在内

2）**多对多联系（关联实体）有非主属性**。不是连接三个文件从两个联系中的基本实体抽取数据，而是可以推荐去组合一个实体的属性到表示多对多联系的记录中，这样避免了一个连接操作。而且，如果连接频繁地出现，那么这将是最好的做法。图 5-3 显示了来自不同销售商的不同物品的价格报价。在这种情况下，来自 ITEM 和 PRICE QUOTE 关系的字段可以被组合成一个记录，以避免不得不将这三个表连接在一起。（注：这将创建相当多的重复数据，例子中，ITEM 字段（比如 Descripiotn）将对每一种价格报价重复出现一次。这样如果重复的数据要修改，必然带来过多更新。仔细地分析综合应用图，研究访问的频率和每个与 VENDOR 或 ITEM 关联的 PRICE QUOTE 的值，将从本质上理解这个去规范化的结果。）

3）**引用数据**。引用数据存在于一个在 1 对多联系的"1"这边的实体中，并且该实体不再参与其他数据库联系。当"多"的这一边的实体只有较少的实例与"1"这边的每一个实体有联系时，那么应该认真地考虑合并这两个实体到一个记录定义中。参见图 5-4，在这个例子中，多个 ITEM 有相同的 STORAGE INSTRUCTIONS（存储指令），并且 STORAGE INSTRUCTIONS 只与 ITEM 相关。这种情况下，存储指令数据可以存储在 ITEM 记录中，当然用于创建有冗余和潜在的额外数据维护（InstrID 不再需要）。

2. 去规范化条件

去规范化有自己的准则。Finkelstein（1988）和 Hoberman（2002）认为，去规范化能增加错误和不一致的机会（由于在数据库中重新引入了异常），并且在业务规则改变时，增加了系统重新设计程序的工作量。例如，由于侵犯了第二范式使得同一数据重复出现的冗余副本常常不能同步更新。而且，如果是这种情况，那么必须要有额外的程序来保证所有相同业务数据更新为同一个版本。进一步，去规范化优化了某些数据处理，但也使其他数据处理加大了开销，这样当不同的处理活动频率改变时，去规范化获得的收益就不复存在。去规范化几乎总导致原始数据需要更多的存储空间，因此可以导致对数据库的空间也会更多（例如索引）。这样，去规范化应该是当其他物理设计活动不足以完成期望的处理时的行为，以获取有效的处理速度。

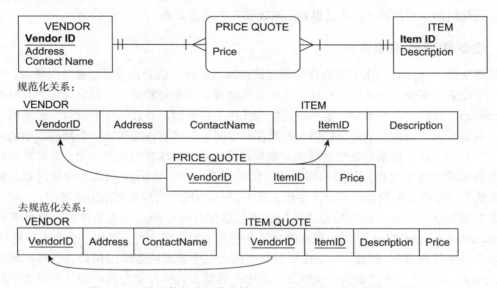

图 5-3　一种可能的非规范化情况：一个多对多关系和非主属性

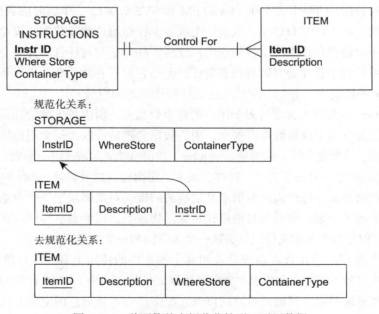

图 5-4　一种可能的去规范化情形：引用数据

Pascal（2002a，2002b）报告了很多去规范化的危险。去规范化的动机是因为规范化的数据库常常创建很多表，而这些表的连接操作将降低数据库处理速度。Pascal辩解说这不一定是真的，因此，去规范化的动机在某些情况并没有优点。整体来讲，性能并不单独地依赖于访问表的数量，而是依赖于这些表在数据库中是如何组织的（使用文件组织和聚簇）、查询的合适设计与实现以及DBMS对查询的优化能力等。因此，为了避免在去规范化数据库中与数据异常相关的问题，Pascal建议首先应该使用这些其他因素的方法去获得必要的性能。这样做常常是有效的，在需要进一步的性能时，用户应该懂得应用去规范化的机会。

Hoberman（2002）已经写了一篇非常有用的"去规范化生存指导"，总结了在决定是否要去规范化时的主要因素（以前已提到的概述和几个其他方面）。

5.4 设计物理数据库文件

物理文件（physical file）是为存储物理记录的目的在二级存储器（如磁带或硬盘）上分配的一个命名一部分。一些计算机操作系统允许物理文件被分割成多个独立的片，有时称为块（extent）。在后面的章节中，本书假定物理文件不被分割，并且文件中的每个记录的结构相同。也就是说，后续章节讨论如何在物理存储空间中存储和连接来自单个数据库中的关系表中的行。为了优化数据库处理的性能，数据库管理员（管理数据库的人员）常常需要更多的有关数据库管理系统如何管理物理存储空间的细节。这个知识是DBMS专属内容，但却是在后续章节中描述的原理，是被大多数关系DBMS使用的物理数据结构的基础。

大多数数据库管理系统存储很多不同种类的数据在一个操作系统文件中。操作系统文件（operating system file）是指出现在磁盘目录列表中的命名文件（例如，在个人计算机C:盘目录中的文件列表）。例如，Oracle中存储空间的一个重要的逻辑结构是表空间。**表空间**（tablespace）是一个命名的逻辑存储单元，其中的数据来自于存储在其中的一个或多个数据库表、视图或其他数据库对象。一个Oracle 11g实例包含很多表空间，如系统数据（数据字典或关于数据的数据）的两个表空间（SYSTEM和SYSAUX）、一个临时的表空间（TEMP）、一个撤销操作的空间（UNDOTBSI）以及一个或多个存储用户业务数据的表空间。一个表空间是由一个或多个物理操作系统文件构成的。这样，Oracle有责任管理在表空间中的数据存储，尽管操作系统对于管理表空间有很多责任，但是它们所有都是有关操作系统文件管理的责任（即处理文件层安全、分配空间以及磁盘读写错误的响应等）。

因为一个Oracle实例通常支持多个用户的多个数据库，所以数据库管理员常常创建很多用户表空间，这将有助于获得数据库安全，因为数据管理员可以为每个用户指定访问每个表空间的不同权利。每个表空间由称为段（segment）的逻辑单元组成（由一个表、索引或划分组成），而每个段又由块（extent）组成，这样，最后，是由连续的*数据块*（data block）组成，数据块是最小的存储单元。每个表、索引或其他所谓的模式对象都属于一个表空间，但是表空间可以包含一个或多个表、索引和其他模式对象。物理上，每个表空间可以存储在一个或多个数据文件中，但是每个数据文件仅仅关联一个表空间和一个数据库。

175

现代数据库管理系统在管理物理设备和其上的文件的使用上有一个逐渐增加的主动角色，例如，模式对象（例如表和索引）分配到数据文件是完全由DBMS控制的。而数据库管理员有能力管理分配到表空间的磁盘空间以及在数据库中与管理空闲空间方法相关的一些参数。由于这不是Oracle的教科书，因此这里不给出管理表空间的细节。但是，因为表空间是任一数据库管理系统的物理存储单元，所以应用 Oracle 表空间设计和管理的物理数据库设计的一般原理仍然有用。图 5-5 是一个 EER 模型，它展示了在 Oracle 环境中与物理数据库设计相关的各种物理和逻辑数据库术语之间的联系。

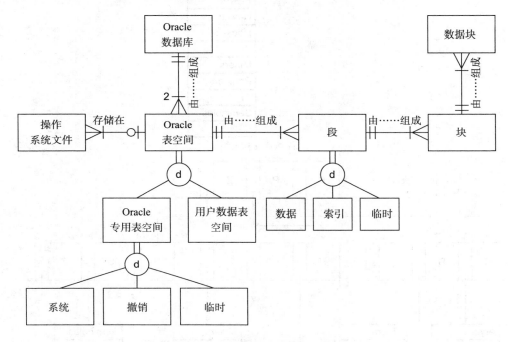

图 5-5　Oracle 11g 环境中的 DBMS 术语

5.4.1　文件组织

文件组织（file organization）是一种在二级存储设备上物理地安排文件记录的技术。在现代关系 DBMS 中，用户不需要设计文件组织，但是可以为表或物理文件选择组织方式和它的参数。在数据库中为特定的文件选择文件组织时，要考虑如下 7 个重要因素：

1）快速数据检索
2）高通量地处理数据输入和维护事务
3）有效的存储空间利用
4）保护失败和数据丢失
5）极小化重新组织需求
6）适应生长
7）对非法使用的安全

通常，上述这些目标互相有矛盾，用户应该在可用的资源中选择一种可以合理平衡这些准则的文件组织。

本章考虑如下几种基本文件组织：顺序、索引和哈希文件组织。图 5-6 使用某个大学运动队的昵称数据逐一给出了这些组织的图例。

176

1. 顺序文件组织

在**顺序文件组织**中，文件中的记录是根据主键值顺序存储的（参见图 5-6a）。为了定位

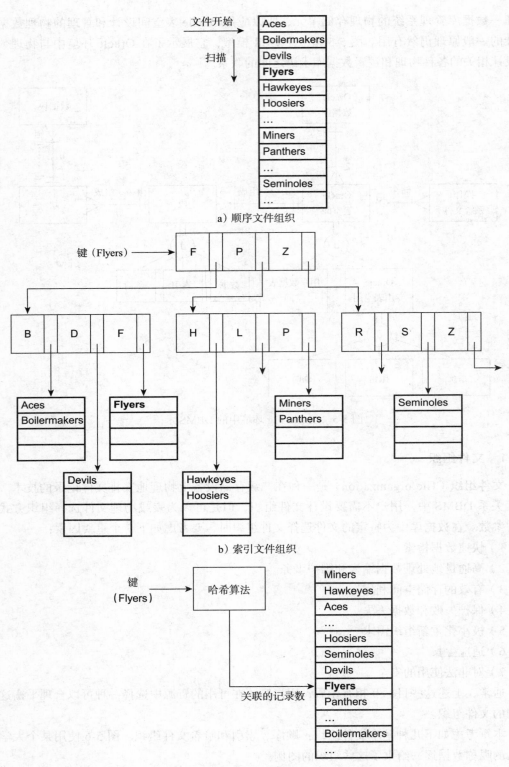

a）顺序文件组织

b）索引文件组织

c）哈希文件组织

图 5-6 文件组织比较

某个记录，程序必须规范地从文件的开始进行扫描，直到要查找的记录被定位。一个大众化的顺序文件的例子是在电话目录的白页中人的字母列表（此处忽略可以包括在目录中的索引）。顺序文件与其他两种文件组织的能力比较在表 5-2 中给出。由于它的不灵活性，因此顺序文件不在数据库中使用，但可以在备份数据库中数据的文件中使用。

表 5-2 不同文件组织的特性比较

比较项目	文件组织		
	顺序	索引	哈希
存储空间	不浪费空间	数据空间不浪费，但是要额外的空间存储索引	当最初的记录装载后，需要额外的空间完成添加和删除记录
主键上的顺序检索	非常快	中等	不可能，除非使用哈希索引
主键上的随机检索	不可能	中等	非常快
多键检索	可以，但需要全表扫描	非常快	不可能，除非使用哈希索引
删除记录	会产生浪费的空间或需要重组织	如果空间被动态分配，则容易，但是需要索引维护	非常容易
添加新纪录	需要重写文件	同上	非常容易，但是具有同一地址的多个键需要额外工作量
更新记录	一般需要重写文件	容易，但需要索引维护	非常容易

2. 索引文件组织

索引文件组织（indexed file organization）中，记录既不是按顺序也不是非顺序存储，索引的创建使应用程序软件定位单个记录（参见图 5-66）。类似于图书馆中的卡片目录，**索引**（index）是一个表，它用于在文件中定位某个满足某些条件的记录。每一个索引条目对应有一个或多个记录的键值。索引可以指向唯一记录（主键索引，比如产品记录的 ProductID 字段的索引），或者是指向潜在的多个记录。允许一个索引条目对应多个记录的索引称作**二级键**（secondary key）索引。二级键索引对于支持很多报告生成需求和提供快速的临时（ad hoc）数据检索很重要。其例子可以是产品表上 ProductFinish 列上的索引。由于索引在关系 DBMS 中被大量使用，且选择何种索引以及如何存储索引条目对于数据库处理性能有很大影响，因此对索引文件组织的讨论比其他类型的文件组织更加详细。

有些索引结构对于表中行如何存储有影响，而有些索引结构与行的存储位置无关。因为索引的实际结构不影响数据库设计，且在写数据库查询时也不重要，因此本章中并不讨论索引的实际物理结构。这样，图 5-6b 可以被认为是索引如何被使用的逻辑视图，而不是数据如何被存储在索引结构中的物理视图。

事务处理应用需要对查询作快速响应，它涉及一个或几个相关的表的行。例如，为了加入一个客户的订单，订单条目应用需要快速地发现特定的客户表行、几个该订单购买的项目的产品表行以及基于客户所需产品（如产品 finish）的特征的其他一切可能的产品表行。结果是，应用需要在相关的表中添加一个客户订单和订单行。至此，已讨论的索引类型对查找少数特定表行的应用都很有效。

其他常用索引类型，特别是在数据仓库和其他决策支持应用（参见第 9 章）中是连接索引。在决策支持应用中，数据访问趋向于需要与另一个非常大表有关的所有行（例如，所有从同一家商店购买物品的客户）。**连接索引**（join index）是两个或多个表中具有相同值域的列上的索引。例如，参考图 5-7a，其中有两个表 Customer 和 Store，每个表上都有 City 列。

177
〜
178

City 列上的连接索引确定了这两个表具有相同 City 值的行。由于有很多数据仓库的设计方法，因此有高频率地查找在同一城市中的商店和客户数据（事实）的查询需求（或类似的跨多维的事实连接）。图 5-7b 表示连接索引的另外一种可能应用。在这种情形，连接索引预先计算出匹配 Order 表与关联的 Customer 表中客户的外键（即关系连接操作的结果，这在第 6 章中讨论）。简而言之，连接是查找在同一个或不同表中匹配某个条件的值的行。

Customer

RowID	Cust#	CustName	City	State
10001	C2027	Hadley	Dayton	Ohio
10002	C1026	Baines	Columbus	Ohio
10003	C0042	Ruskin	Columbus	Ohio
10004	C3861	Davies	Toledo	Ohio
...				

Store

RowID	Store#	City	Size	Manager
20001	4266	Dayton	K2	E2166
20002	S2654	Columbus	K3	E0245
20003	S3789	Dayton	K4	E3330
20004	S1941	Toledo	K1	E0874
...				

Join Index

CustRowID	StoreRowID	Common Value*
10001	20001	Dayton
10001	20003	Dayton
10002	20002	Columbus
10003	20002	Columbus
10004	20004	Toledo
...		

* 这一列可以包括也可以不包括，根据需要确定。连接索引可以在这三列上任意存储。
有时创建两个连接索引，一个如上所示，另一个可以是两个互逆的 RowID 列。

a) 公共非主键列的连接索引

Order

RowID	Order#	Order	Date	Cust#(FK)
30001	O5532	10/01/2001	C3861	Ohio
30002	O3478	10/01/2001	C1062	Ohio
30003	O8734	10/02/2001	C1062	Ohio
30004	O9845	10/02/2001	C2027	Ohio
...				

Customer

RowID	Cust#(PK)	CustName	City	State
10001	C2027	Hadley	Dayton	Ohio
10002	C1062	Baines	Columbus	Ohio
10003	C0042	Ruskin	Columbus	Ohio
10004	C3861	Davies	Toledo	Ohio
...				

Join Index

CustRowID	OrderRowID	Cust#
10001	30004	C2027
10002	30002	C1062
10002	30003	C1062
10004	30001	C3861
...	20004	Toledo
...		

b) 匹配外键（FK）和主键（PK）的连接索引

图 5-7 连接索引

连接索引按行形式被创建并分配到数据库中，因此该索引也如同前面已讨论过的索引一样需要随时更新。如果没有图 5-7a 中数据库中的连接索引，那么任何要查找同一城市中商店和客户的查询都需要每执行一次该查询就要执行一次等价连接索引的计算。对于非常大的表，将一个表中的所有行与另外一个也可能很大的表中的行匹配是非常耗时的计算，因此也将严重延迟对该联机查询的响应。在图 5-7b 中，连接索引为 DBMS 提供空间以查找相关表行信息。连接索引类似其他索引，通过额外的存储空间和索引维护开销，查找匹配指明条件的数据节省了查询处理时间。为新的应用使用数据库，如数据仓库和联机决策支持，导致了新型索引的开发。这里鼓励用户调研自己所使用的数据库管理系统的索引能力，这样，当使用每种类型索引和如何调试索引结构性能时会有全面理解。

3. 哈希文件组织

在**哈希文件组织**中，每个记录的地址是由使用的哈希算法确定的（参见图 5-6c）。**哈希算法**是一个将主键值转换为记录地址的程序。虽然有几个哈希文件的变种，但大多数情况下记录不是被顺序地分配，而是根据哈希算法。因此顺序数据处理不实际。

典型的哈希算法使用除法技术，其方法是将每个主键值除以一个合适的素数，然后用余数作为相应的存储位置。例如，假定一个企业有近 1000 名员工记录在磁盘上存储。合适的素数是 997，因为它接近 1000。考虑员工 12396 的记录，当用其除以 997 时，余数是 432，这样该记录被存储在文件的 432 位置。另一种技术（在这里不讨论）必须要用来解决重复（或溢出）问题：当使用除法 / 余数方法时，两个或多个键被散列到同一个地址（名为 " hash clash"）。

哈希的限制之一是因为数据表行的定位由哈希算法给出，仅仅只有一个键能用于基于哈希的（存储和）检索。哈希和索引能够组成哈希索引表来克服这个限制。**哈希索引表**（hash index table）使用哈希将键映射到索引（有时也称为分散索引表，scatter index table）中的一个位置，该位置中有一个**指针**（pointer）（能用来定位相关字段或数据记录的目标地址的数据字段）指向与该哈希键匹配的实际数据记录。索引是哈希算法的目标，但是实际数据是与由哈希产生的地址分开存储。因为哈希产生索引中的一个位置，因此表行能被独立于哈希地址存储，可以使用任何一种文件组织，只要对数据表有意义就行（即顺序或首次有效空间）。这样，与最纯粹的哈希模式不同但与其他索引模式一样，在一个数据表上可以有多个主键或二级键，每一个有自己的哈希算法和索引表。

另外，由于索引表比数据表小得多，这样设计索引会比设计消耗更多空间的数据表更方便，以减少键冲突或溢出。索引虽然带来了额外的存储空间以及索引空间存储和维护开销，但是也为数据检索增加了灵活性和速度。哈希索引表的另一个应用是在某些使用并行处理的数据仓库数据库技术中。在这种情形下，DBMS 能够在存储设备间均衡地分配数据表行，以便能较好地在并行处理器上公平地分配工作，而利用哈希和索引可以快速地找到期望的数据存储在哪个处理器上。

如前所述，DBMS 将掌控任何哈希文件组织的管理。用户不必关心处理溢出、访问索引或哈希算法等。用户关心的是，作为一个数据库设计者，要理解不同文件组织的性质，以便于在所设计的数据库和应用中能够合理地选择数据库类型来处理所需要的文件组织。另外，理解 DBMS 使用的文件组织性质能够帮助查询设计者利用文件组织性质的方法写出查询。如同在第 6 章和第 7 章中所见到的，很多查询可以用不同的 SQL 语句表达，可是，不同的查询结构可能导致 DBMS 采用不同的执行步骤来实现查询。如果能知道 DBMS 是如何利用

179
∫
181

文件组织的（例如，什么时候和如何使用索引，什么时候使用哈希算法等），就可以设计更好的数据库和更有效的查询。

当设计物理文件和数据库时，有三个文件组织家族（涵盖了大多数文件组织）可以被使用。虽然可以构建更复杂的结构，但是它们不能够在数据库管理系统中使用。

表5-2汇总了顺序、索引和哈希文件组织的特性比较。用户应阅读该表并研究图5-6以明白为什么每个比较特性都是正确的。

5.4.2 对文件设计控制

数据库文件的一个特有的方面是，当数据库文件被破坏时，用户可以有设计控制类型的选择，这个控制可用于保护文件被破坏、污染或被重构造。因为数据库文件是由DBMS用合适的特征格式存储的，所以这里存在基本的访问控制。用户也许要附加有关字段、文件或数据库的安全控制。文件在其生命周期的某一点可能遭遇破坏，因此，迅速地重新存储被损坏的文件很重要。备份过程提供文件和改变该文件的事务的副本。当文件遭到损坏时，文件副本或当前文件以及事务日志被用来恢复文件到一个没有破坏的状态。用安全术语讲，最有效的方法是加密文件内容，这样具有访问解密过程的程序才能访问这些文件内容。

5.5   使用和选择索引

大多数数据库操作都需要定位满足某些条件的行（或行集合）。对于一个TB级大小的现代数据库，如果没有一定的帮助，定位数据就如同"大海捞针"一样困难，或者使用更现代的术语讲，就如同没有搜索引擎的帮助来查找互联网信息一样。例如，要查找给定邮编的所有客户或某个专业的所有学生。扫描表中的每一行，查找要找的那一行，可能是不可期待地缓慢，特别是当数据库非常大的时候，就如同在现实的应用中一样。使用索引，如前所述，就能够大大加速这个处理，因此，定义索引是物理数据库设计的重要组成部分。

如同索引那一节的描述，文件上的索引可以是主键索引，也可以是二级键索引，也可以二者都有。为每张表创建主键索引是常见的情形，索引本身是个表，具有两列：键以及该记录的地址，或是含有该键值的记录。对于主键，每个键值仅有一个索引条目存在。

5.5.1 创建唯一键索引

假设Customer表有主键CustomerID。使用如下ＳＱＬ命令可以在此字段上创建唯一键索引：

```
CREATE UNIQUE INDEX CustIndex_PK ON Customer_T(CustomerID);
```

在这个命令中，CustIndex_PK是创建用于存储索引条目的索引文件名。ON子句指明哪个表建索引并指明构成索引键的列。当该命令被执行时，Customer表中已存在的记录都将被索引。如果CustomerID值有重复，CREATE INDEX命令将失效。一旦索引被建立，DBMS将拒绝任何对Customer表上违反CustomerID唯一性约束的数据插入和更新。注意，每一个唯一性索引的创建都为DBMS带来了验证表中每一行的插入和更新是否违反唯一性约束的开销。稍后在学习何时创建索引问题时，会再次讨论这个问题。

当组合唯一键存在时，可以在 ON 子句中列出所有唯一键的元素。例如，客户订单 line 项目表有组合唯一键 OrderID 和 ProductID。为 OrderLine_T 表创建该索引的 SQL 命令如下：

```
CREATE UNIQUE INDEX LineIndex_PK ON OrderLine_T(OrderID, ProductID);
```

5.5.2 创建二级（非唯一）键索引

数据库用户常常需要基于各种不是主键的属性值做关系行的检索。例如，在 Product 表中，用户可以检索满足如下组合条件的记录：

- 所有桌子的产品（Description="Table"）
- 所有松木家具（ProductFinish="Oak"）
- 所有起居室家具（Room="DR"）
- 所有低于 $500 价格的家具（Price < 500）

为了加速这些检索，可以为每个检索的属性创建一个索引。例如，可以在 Product 表的 Description 字段上创建非唯一索引的 SQL 命令如下：

```
CREATE INDEX DescIndex_FK ON Product_T(Description);
```

注意，UNIQUE 术语不能用于二级（非唯一）键属性，因为每个属性值可能有重复。如同唯一键，二级键索引也能在组合属性上创建。

5.5.3 何时使用索引

在物理数据库设计阶段，用户必须选择使用哪个属性来创建索引。这就存在通过索引改进检索性能和由于对文件中的索引记录执行插入、删除、修改操作所带来的昂贵的维护费用而引起的性能降低之间的权衡折中。这样，数据库索引应该主要是支持数据检索，如数据仓库应用和决策支持等。而索引支持事务处理和其他具有很多更新需求的数据库应用时要谨慎，因为索引将引起额外开销。

下面是为关系数据库选择索引的一些规则：

1）在较大的表上索引多是有用的。

2）为每个表的主键声明一个唯一索引。

3）索引对频繁出现在 SQL 命令的 WHERE 子句中的用于选择行的列有用（例如，WHERE ProductFinish ="Oak"，则 ProductFinish 索引将加速检索），或者是链接（连接）表（例如，WHERE Product_T.ProductID = Orderline_T.ProductID，则在 OrderLine_T 表上 ProductID 上的二级键索引和在 Product_TT 表上 ProductID 上的主键索引将改进检索性能）。在后一种情形，索引是 OrderLine_T 表上的外键，用于连接表。

4）对 ORDERBY（排序）和 GROUPBY（聚类）子句中引用的属性使用索引。对这些子句要非常小心。必须要确保 DBMS 事实上会使用这些子句中的属性索引（例如，Oracle 使用 ORDERBY 子句中的属性索引，但不使用 GROUPBY 子句中的索引）。

5）当属性的值多变时使用索引。Oracle 建议，当属性的不同值少于 30 时索引没有用，只有属性的不同值超过 100 后索引才有用。类似地，仅当使用索引的查询结果不超过文件中全部记录的 20% 时索引才有用（Schumacher，1997）。

6）在一个具有长值的字段上建索引前，先考虑创建这个值的压缩版（用替代键编码该字段），然后在编码的版本上建索引（Catterall，2005）。在长索引字段上建大索引比小索引的处理要慢。

7）如果索引的键准备用于确定记录存放的位置，则该索引的键应该是替代键，从而使值可以均衡地分布在存储空间（Catterall，2005）。很多 DBMS 创建数字序列，这样每个新加入表中的元组被赋予这个序列中的下一个数字，这对于创建替代键通常是充分的。

8）检查所使用的 DBMS 上是否有对每个表上可以创建的索引数的限制。一些系统不允许超过 16 个索引，且限制索引键值的大小（例如，每个组合值不能超过 2000 字节等）。如果系统有这样的限制，则需要选择那些最能带来性能改进的二级键。

9）对有空值的属性建索引要非常小心。很多 DBMS 空值行将不在索引中被引用（这样基于属性值 NULL，它们将不被索引查找发现）。这样的查找必须使用扫描文件的方式。

索引选择在物理数据库设计中是最重要的问题，但是数据库性能的改进并不只有这一种方法。还有其他一些解决这个问题的方法，如减少重定位记录的开销、优化文件中额外的或所谓的自由空间的使用以及优化查询处理算法等（参见 Lightstore、Teorey 和 Nadeau，2007，有关增强物理数据库设计和效率等其他方法的讨论）。因为在大多数实例中期望数据处理性能能有所改进，所以在本章的下一节中将简洁地讨论查询优化问题，这个优化能够被用于支配 DBMS 如何使用包含的数据库设计选项。

5.6 为优化查询性能设计数据库

物理数据库设计的主要目的是优化数据库处理性能。数据库处理包括添加、删除、修改数据库以及各种数据检索活动。对于检索应用大于维护应用的数据库，为查询性能优化数据库（为用户产生联机或脱机的预期和临时的屏幕与报告）是其主要目的。本章已经涵盖了很多用户能够用于调试数据设计以适应数据库查询需求的决策（索引和文件组织等）。

数据库设计者需要投入优化查询性能的工作量很大程度上依赖于 DBMS。由于专业数据库开发人员的成本很高，因此开发者必须完成的数据库和查询设计工作越少，那么数据库使用和开发成本就越少。某些 DBMS 对于数据库设计者或查询编写者在查询如何被处理或为优化数据读写的数据的物理分配上提供很少的控制。还有一些系统给了应用开发人员很大的控制，而且常常需要做相当多的工作去调试数据库设计和查询结构以获取可观的性能。当工作负载非常聚集——有较少的批更新和非常复杂需要大段数据库的查询，如数据仓库——性能可以很好地通过 DBMS 中智能查询优化器调试，或者通过智能数据库和查询设计（或二者结合）完成。例如，Teradata DBMS 对于数据仓库环境中并行处理具有很高的调试能力。在这种情形，数据库设计者和查询编写者很少能够对 DBMS 存储和处理数据的能力做改进工作。可是，这种情况是很少的，因此对于数据库设计者考虑改进数据库处理性能非常重要，第 7 章将为编写有效查询提供更多的指导。

总结

在物理数据库设计期间，设计者将数据的逻辑描述转换成存储和检索数据的技术说明。

目标是创建一个提供合适性能的存储数据以及确保数据库完整性、安全性和可恢复性的设计。在物理数据库设计中，设计者要考虑规范化的关系和数据量评估、数据定义、数据处理需求和频率、用户的期待以及数据库技术特征，以建立用于使用数据库管理系统实现数据库的说明。

字段是应用数据的最小单位，对应于逻辑数据模型中的属性。设计者要确定数据类型、完整性控制，如何处理每个字段的缺失的数值以及其他一些因素。数据类型是表示组织数据的详细编码模式。数据可以编码以减少存储空间。字段完整性控制包括声明默认值、可允许的值范围、是否允许空值以及参照完整性。

去规范化处理是转换规范化的关系到非规范化实现的说明。去规范化是为了增进输入 /出操作效率，通过声明数据库的实现结构，使得那些需要在一起的数据元素在物理介质上也一起被访问。

物理文件是为了存储物理记录的目的在二级存储器上分配的一个命名部分。物理文件中的数据通过组合顺序存储和指针进行组织。指针是能够用于定位相关字段或数据记录的数据字段。

文件组织安排在二级存储设备上的文件记录。主要有三种文件组织分类：（1）顺序文件，它是按照主键值顺序地存储记录；（2）索引文件，这里存储的记录可以是顺序的或者是非顺序的，索引被用来跟踪数据记录在哪里存储；（3）哈希文件，这里每个记录地址都是通过将主键值变换为记录地址的算法来确定。

索引文件组织是当今应用最广泛的一种文件组织。索引可以基于唯一键或二级（非唯一）键，它允许同一个键值与多个记录相关。连接索引指明来自两个或多个表中的行，它们有共同的相关字段值。哈希索引表使数据的置换独立于哈希算法，并且允许同一数据可以由在不同字段上的数个哈希函数访问。索引在加速数据检索方面非常重要，特别是当在选择、排序或相关数据操作中有多个条件时，更是如此。索引在很多不同领域有用，包括大表、检索数据中频繁使用的列、字段有大量不同值以及且当数据处理主要是检索而不是维护时等。

本章包含了本书数据库设计的部分内容。当给出了完整的物理数据说明后，设计者可以准备开始用数据库技术实现数据库。实现数据库意味着定义数据库，编写客户端和服务器程序以处理数据库查询、报告和事务。这些是后面 5 章将要叙述的主题，涵盖了客户端平台、服务器平台、客户端 / 服务器环境和数据仓库技术上的关系数据库实现。

关键术语

Data type（数据类型）	Index（索引）
Denormalization（去规范化）	Indexed file organization（索引文件组织）
Extent（块）	Join index（连接索引）
Field（字段）	Physical file（物理文件）
File organization（文件组织）	Pointer（指针）
Hash index table（哈希索引表）	Secondary key（二级键）
Hashed file organization（哈希文件组织）	Sequential file organization（顺序文件组织）
Hashing algorithm（哈希算法）	Tablespace（表空间）

复习题

1. 定义下列术语：

    a. 文件组织　　　　b. 顺序文件组织　　　c. 索引文件组织　　　d. 哈希文件组织

    e. 去规范化　　　　f. 组合键　　　　　　g. 二级键　　　　　　h. 数据类型

    i. 连接索引

2. 将下列术语与合适的定义匹配：

    _____块　　　　　　　　　　　a. 表示组织数据的详细编码模式

    _____哈希算法　　　　　　　　b. 用于在文件中定位一个记录/多个记录的数据结构

    _____索引　　　　　　　　　　c. 二级存储上的命名区域

    _____物理记录　　　　　　　　d. 磁盘存储空间上一个连续部分

    _____指针　　　　　　　　　　e. 不含有业务数据的字段

    _____数据类型　　　　　　　　f. 变换一个键值到一个地址

    _____物理文件　　　　　　　　g. 相邻的字段

3. 比较如下术语：

    a. 物理文件；表空间　　　　　　　b. 规范化；去规范化

    c. 范围控制；空值控制　　　　　　d. 二级键；主键

4. 物理数据库设计的主要输入是什么？

5. 物理数据库设计的关键决策是什么？

6. 开发字段声明中必须要做的决定是什么？

7. 解释物理数据库设计如何在遵从法规管理中担任重要角色。

8. 为字段选择数据类型的目的是什么？

9. 解释为什么有时必须为数值字段保留比初始存储值需要的更多空间。

10. 为什么有时要对字段值编码？

11. 在字段层级控制数据完整性可用的选项是什么？

12. 描述三种处理缺失字段值的方法。

13. 解释为什么规范化的关系可能并不包括有效的物理实现结构。

14. 列举三个一般情况，该情况建议在数据库实施前将关系去规范化。

15. 解释为什么某些人反对实践去规范化。

16. 列举 7 个重要的选择最好文件组织的标准。

17. 哈希索引表的益处是什么？

18. 陈述选择索引的 9 个规则。

19. 有关索引的推荐之一是为每个主键声明一个唯一性索引。解释该推荐的理由。

20. 解释为什么只有当一个属性有足够多的不同值时索引才有用。

21. 索引显然是非常有益的，但为什么设计者不为数据库的每个表的每一列都创建一个索引？

问题与练习

1. 为 Millennium 学院考虑如下两个关系：

    STUDENT(StudentID, StudentName, CampusAddress, GPA)

    REGISTRATION(StudentID, CourseID, Grade)

    在这些关系上有如下典型查询：

    SELECT Student_T.StudentID, StudentName, CourseID, Grade

    FROM Student_T, Registration_T

    　　WHERE Student_T.StudentID = Registration_T.StudentID

    　　AND GPA > 3.0

ORDER BY StudentName;

a. 应该在哪个属性上创建索引才能加速该查询？对于选定的属性给出其理由。

b. 对于 a 中选定的索引属性，写出相应的创建索引的 SQL 命令。

　　问题与练习 2 ～ 5 是假设使用 Oracle 的数据库管理系统。如果不是这样，请根据你所熟悉的 DBMS 环境修改这些问题。你也可以对不同的 DBMS 比较答案。

2. 对图 5-3 中的规范化关系中的属性选择 Oracle 的数据类型。

3. 对第 4 章的问题与练习 19 中创建的规范化关系中的属性选择 Oracle 的数据类型。

4. 用你自己的语言解释 Oracle 数据类型 NUMBER 的精度（p）和大小（s）参数的含义。

5. 假设你要存储数值 3 456 349.233 4。下面几种 Oracle 数据类型哪一种适于存储该数值？

a. NUMBER（11）　　　　　　b. NUMBER（11，1）　　　　c. NUMBER（11，-2）

d. NUMBER（6）　　　　　　e. NUMBER

6. 假定你为你所在大学的学生记录中的年龄字段设计默认值。你将考虑使用哪个值，为什么？这个默认值如何适应学生中其他特征的变化，比如大学中的学院或学位等？

7. 当学生在大学中没有选择专业，大学通常对此输入一个值 "Undecided"，该值是否是表示空值的一种方式？它可以被用作默认值吗？仔细验证你的答案。 186

8. 考虑如下在大型零售商业链数据库中的规范化关系：

STORE (StoreID, Region, ManagerID, SquareFeet)
EMPLOYEE (EmployeeID, WhereWork, EmployeeName, EmployeeAddress)
DEPARTMENT (DepartmentID, ManagerID, SalesGoal)
SCHEDULE (DepartmentID, EmployeeID, Date)

　　为这个数据库定义物理记录时，去规范化这些关系的机会是什么？在什么环境下你将考虑创建这样的去规范化记录？

9. 考虑如下运动俱乐部的规范化关系：

TEAM(TeamID, TeamName, TeamLocation)
PLAYER(PlayerID, PlayerFirstName, PlayerLastName, PlayerDateOfBirth, PlayerSpecialtyCode)
SPECIALTY(SpecialtyCode, SpecialtyDescription)
CONTRACT(TeamID, PlayerID, StartTime, EndTime, Salary)
LOCATION(LocationID, CityName, CityState, CityCountry, CityPopulation)
MANAGER(ManagerID, ManagerName, ManagerTeam)

对于去规范化的机会有什么建议？你需要充分了解哪些附加的信息可以制定去规范化决策？

10. 在顺序文件组织中，是否有可能允许根据几个排序的记录来顺序扫描数据？如果不允许，为什么，如果允许，如何做？

11. 假定文件中的每个记录都是使用指针按照键的顺序前后连接，这样，每个记录可以有如下格式：主键，其他属性，指向前一个记录指针，指向下一个记录的指针。

a. 与顺序文件组织相比较，这样的文件组织的优点是什么？

b. 对照顺序文件组织，它能够在多个序列中保持记录吗？为什么可以或不可以？

12. 假定一个大学数据库中的学生表有在 StudentID（主键）上的索引和在 Major、Age、MaritalStatus 及 HomeZipCode（所有二级键）上的索引。进一步，假定学校需要满足如下条件的学生列表：专业是 MIS 或计算机科学，年龄大于 25 岁，已婚，或者学生的专业是计算机工程，单身，来自 45462 邮编地区。如何使用索引使得仅仅满足条件的学生可以被访问？

13. 考虑问题与练习 9 中的关系。假定该数据库不是按去规范化实现，并且该数据库中有数千个联盟、数万个运动队和数百万个运动员。为了适应这种情况，数据库中添加一个如下新关系：

LEAGUE(LeagueID, LeagueName, LeagueLocation)

另外，TEAM 表中添加一个新属性 TeamLeague。以下是典型的数据库操作：

● 添加新运动员

● 添加新的运动员合同

- 更新运动员专项编码
- 更新城市人口
- 按运动队报告运动员
- 按运动队和专项报告运动员
- 按薪酬顺序报告运动员
- 按城市报告运动队和它们的队员。

a. 指定外键。

b. 声明对该情形推荐的索引类型。解释如何使用上面列出的操作达到你给出的推荐。

14. 考虑图 5-6b。假定这个索引的叶子中的空行展示了可以存储新记录的空间，解释 Sooners 记录将被存储在哪里。Flashes 记录将被存储在哪里？当某个叶子已填满且新记录需要添加到叶子上时会发生什么事情？

15. 考虑图 4-35 和第 4 章问题与练习 19 的答案。假定组织需要的最重要的报告如下：

- 当前开发者的项目分配列表。
- 所有项目总代价的列表。
- 对于每个团队，它的成员历史列表。
- 对于每个国家，涉及该国家的开发者的所有项目的列表，包括项目的结束日期。
- 分别对每一年列表所有开发者，并且按照他们在哪一年完成的所有赋值的平均赋值分数排序。

基于这个信息，给出你为该数据库推荐要创建的索引。选择两个索引，写出创建该索引的 SQL 命令。

问题与练习 16 与 17 参考本书提供的 Pine Valley 家具公司数据集。

16. 为图 4-4 中的 Customer_T 和 Order_T 表上的 CustomerID 字段创建连接索引。

17. 参考图 4-4，为如下每一个报告（有样本数据）指明任何你认为有助于较快生成该报告的索引以及它的类型。

a. 不同洲，按产品（用户指定时间区间）

2010 年元旦到 3 月底，不同洲产品的报表

State	Product Description	Total Quantity Ordered
CO	8-Drawer Dresser	1
CO	Entertainment Center	0
CO	Oak Computer Desk	1
CO	Writer's Desk	2
NY	Writer's Desk	1
VA	Writer's Desk	5

b. 用户指定的月份中最频繁售出的产品材料

2010 年 3 月 1 日到 3 月 3 日最频繁销出的产品材料

Product Finish	Units Sold
Cherry	13

c. 上个月订出的所有订单

2010 年 3 月 1 日到 3 月 31 日月订单报表

Order ID	Order Date	Customer ID	Customer Name
19	3/5/10	4	Eastern Furniture

相关订单详情

Product Description	Quantity Ordered	Price	Extended Price
Cherry End Table	10	$75.00	$750.00
High Back Leather- Chair	5	$362.00	$1 810.00

Order_ID	Order Date	Customer IDs	Customer Name
24	3/10/10	1	Contemporary Casuals

相关订单详情

Product Description	Quantity Ordered	Price	Extended Price
Bookcase	4	$69.00	$276.00

d. 按照产品线销售的全部产品（用户指定时期）

2010 年 3 月 1 日到 3 月 31 日按产品线销售的全部产品

Product Line	Quantity Sold	Product Line	Quantity Sold
Basic	200	Modern	10
Antique	15	Classical	75

参考文献

Babad, Y. M., and J. A. Hoffer. 1984. "Even No Data Has a Value." *Communications of the ACM* 27,8 (August): 748–56.

Catterall, R. 2005. "The Keys to the Database." *DB2 Magazine* 10,2 (Quarter 2): 49–51.

Finkelstein, R. 1988. "Breaking the Rules Has a Price." *Database Programming & Design* 1,6 (June): 11–14.

Hoberman, S. 2002. "The Denormalization Survival Guide—Parts I and II." Published in the online journal *The Data Administration Newsletter*, found in the April and July issues of Tdan.com; the two parts of this guide are available at **www.tdan.com/i020fe02.htm** and **www.tdan.com/i021ht03.htm**, respectively.

Inmon, W. H. 1988. "What Price Normalization." *ComputerWorld* (October 17): 27, 31.

Lightstone, S., T. Teorey, and T. Nadeau. 2007. *Physical Database Design*. San Francisco, CA: Morgan Kaufmann.

Pascal, F. 2002a. "The Dangerous Illusion: Denormalization, Performance and Integrity, Part 1." *DM Review* 12,6 (June): 52–53, 57.

Pascal, F. 2002b. "The Dangerous Illusion: Denormalization, Performance and Integrity, Part 2." *DM Review* 12,6 (June): 16, 18.

Rogers, U. 1989. "Denormalization: Why, What, and How?" *Database Programming & Design* 2,12 (December): 46–53.

Schumacher, R. 1997. "Oracle Performance Strategies." *DBMS* 10,5 (May): 89–93.

扩展阅读

Ballinger, C. 1998. "Introducing the Join Index." *Teradata Review* 1,3 (Fall): 18–23. (Note: *Teradata Review* is now *Teradata Magazine*.)

Bieniek, D. 2006. "The Essential Guide to Table Partitioning and Data Lifecycle Management." *Windows IT Pro (March)*, accessed at **www.windowsITpro.com**.

Bontempo, C. J., and C. M. Saracco. 1996. "Accelerating Indexed Searching." *Database Programming & Design* 9,7 (July): 37–43.

DeLoach, A. 1987. "The Path to Writing Efficient Queries in SQL/DS." *Database Programming & Design* 1,1 (January): 26–32.

Elmasri, R., and S. Navathe. 2010. *Fundamentals of Database Systems*, 6th ed. Reading, MA: Addison Wesley.

Loney, K., E. Aronoff, and N. Sonawalla. 1996. "Big Tips for Big Tables." *Database Programming & Design* 9,11 (November): 58–62.

Roti, S. 1996. "Indexing and Access Mechanisms." *DBMS* 9,5 (May): 65–70.

Viehman, P. 1994. "Twenty-four Ways to Improve Database Performance." *Database Programming & Design* 7,2 (February): 32–41.

Web 资源

www.SearchOracle.com 和 www.searchSQLServer.com　有关数据库管理和 DBMS 的丰富信息的网站。每天都会有新的"贴士"，并且可以对网站的新发布订购灵活的服务。有很多关于通过更好的数据库和查询设计以增进查询性能的贴士。

www.tdan.com　数据管理通信网站。该网站常常发布数据库开发和设计方面的文章。

www.teradatamagazine.com　Teradata 数据仓库产品的杂志，包括有关数据库设计的文章。可以在该网站查找本章的关键术语（例如：连接索引（joint index））以及很多有关这些讨论的文献。

实　现

第四部分包括第 6 章到第 9 章。

这一部分讨论了与关系系统实现有关的内容，包括基于 Web 的互联网应用以及数据仓库。如在第 1 章讲述的，数据库实现主要包括数据库处理程序的编码和测试、数据库文档和培训材料的完成、安装数据库及需要时从之前系统的数据转换。这里要论述的是系统开发生命周期的最后一个问题。前面的行为——企业建模、概念数据建模、逻辑及物理数据库设计都是之前必需的阶段。最后，希望能实现一个可以满足用户需求的可运作的系统。之后，系统将会投入生产使用，在这个系统的生命周期中，要对数据库进行必要的维护。第四部分有助于你对数据库系统实现的复杂性及挑战有一个初步的了解。

第 6 章讲述结构化查询语言（SQL），它在关系数据库的创建和处理中已经成为一种标准语言（尤其在数据库服务器上）。对 SQL 历史的简要介绍包括目前被大多数 DBMS 使用的 SQL:1999 及被许多关系系统应用的 SQL:2008 标准，另外还对 SQL 语法做了阐述。数据定义语言（DDL）用于数据库创建，数据操作语言（DML）用于数据库查询。动态视图约束用户的环境到相关必要的表，以完成用户的工作，对此也给出了说明。

第 7 章继续介绍高级 SQL 的语法和结构，展示了多表查询、子查询和相关子查询。这些功能为 SQL 提供了更强的能力。事务完整性问题和数据字典结构的解释将 SQL 置于更广阔的背景。其他编程能力包括触发器和存储过程以及将 SQL 嵌入其他编程语言程序（比如 Oracle 的 PL/SQL）。本章将 SQL:1999 和 SQL:2008 的联机事务处理（OLTP）和联机分析处理（OLAP）特点做了对比，介绍了访问数据仓库所必需的 OLAP 查询，提供了编写和测试从简单到复杂的查询的策略。

189

　　第 8 章讨论了客户端／服务器体系结构的概念、应用、中间件及在现代数据库环境下的数据库访问，介绍了常用的创建二层及三层应用的技术，用简单的应用程序示例演示了怎样用流行的程序设计语言（比如 Java、VB.NET、ASP.NET、JSP）来访问数据库。对云计算对数据库应用的影响也做了介绍。本章还扩展介绍了在数据存储和检索领域新兴的可扩展标记语言（eXtensible Markup Language，XML）及相关技术，涵盖的主题包括 XML 模式、XQuery、XSLT、Web 服务和面向服务的体系结构（Service-Oriented Architecture，SOA）的基础知识。

　　第 9 章讲述了数据仓库的基本概念，解释了数据仓库被视为许多组织获得竞争优势的关键的原因，以及数据仓库独特的数据库设计和结构。主题包括可选择的数据仓库体系结构、数据仓库的数据类型以及数据集市的多维数据模型（星型模式）。此外还解释和举例说明了数据集市的数据库设计，包括代理键、事实表粒度、日期和时间建模、一致性维度和辅助／层次／引用表等。这一章还介绍了两种新的数据仓库的方法：列式数据库和 NoSQL。本部分的最后一章简要介绍了数据管理和数据质量。

　　正如前面对各章所做的概要所述，第四部分不仅提供了实现数据库应用所涉及问题的概念理解，还提供了对建立一个数据库原型所必需的过程的初步认识。常用策略的介绍（比如客户端／服务器、Web 支持、Web 服务和数据仓库等）可以使你了解未来数据库的发展方向。

190

SQL 导论

学习目标

学完本章后，读者应该能够：

- 准确地定义以下关键术语：关系数据库管理系统（RDBMS），目录，模式，数据定义语言（DDL），数据操作语言（DML），数据控制语言（DCL），标量聚集，矢量聚集，基本表，虚表，动态视图。
- 解释 SQL 在数据库开发中的历史及其作用。
- 使用 SQL 数据定义语言定义一个数据库。
- 使用 SQL 命令进行单表查询。
- 使用 SQL 建立参照完整性。
- 讨论 SQL:1999 和 SQL:2008 标准。

引言

有人将 SQL 读作 "S-Q-L"，有人读作 "sequel"，SQL 已经成为创建和查询关系数据库真正的标准语言（下一个标准会是 SQL 的延续吗？）。本章的主要目的是介绍在关系数据库中最常用的语言 SQL，它已经被美国国家标准协会（American National Standards Institute，ANSI）接受为 U.S. 标准，同时也是联邦信息处理标准（Federal Information Process Standard，FIPS）。另外，它也被国际标准化组织（International Organization for Standardization，ISO）认定为国际标准。ANSI 被信息技术标准国际委员会（International Committee for Information Technology Standards，INCITS）所认可作为一个标准发展组织；INCITS 正在致力于 SQL 标准下一个版本的推出。

SQL 标准就像是佛罗里达下午的天气（也可能像你所在地区的天气）———一会儿一变。ANSI SQL 标准最先在 1986 年颁布，并且在 1989、1992（SQL-92）、1999（SQL:1999）、2003（SQL:2003）、2006（SQL:2006）和 2008（SQL:2008）年进行了更新。（可以参见网址：http://en.wikipedia.org/wiki/SQL 查看 SQL 历史）。SQL 标准现在一般简称为 SQL:2008（也许过几天就是 SQL:201n 了）。

本书编写时，大部分数据库管理系统遵从 SQL:1992 标准，部分遵从 SQL:1999 和 SQL:2008。

除非注明为特定厂商的语法，本章中的例子都遵从 SQL 标准,。人们很关注 SQL:1999 和 SQL:2003/SQL:2008 是否是真正的标准，因为美国贸易部的 NIST 对标准的符合性已经不再给予认定（Gorman，2001）。"SQL 标准" 也许可以认为是个矛盾（像安全投资或者简易付款）！厂商之间对于 SQL 标准的解释各不相同，而且厂商对于他们的产品进行了扩展，加入了一些现有标准之外的专有特性，这使得一个厂商产品中的 SQL 很难运行于其他厂商的产品中。要求人们必须对所使用的 SQL 的特别版本非常熟悉，并且不能指望 SQL 代码能非常精确地移植到另一个厂商的 SQL 版本中。表 6-1 列出了在处理日期和时间值上的不同，以此说明各个 SQL 厂商（IBM DB2、Microsoft SQL Server、MySQL（开源 DBMS）、Oracle）之间的差异。

表 6-1 处理日期和时间值（Arvin，2005，基于 http://troelsarvin.blogspot.com/ 上的内容）

TIMESTAMP 数据类型：核心特性，该数据类型存储年、月、日、时、分及秒（秒的小数部分，默认是 6 个小数位）		
TIMESTAMP WITH TIME ZONE 数据类型：可以存储时区的扩展 TIMESTAMP		
实现：		
产品	遵循标准？	注解
DB2	只有 TIMESTAMP	包括有效性检查，不接受如 2010-02-29 00:50:00 这样的实体
MS-SQL	无	DATETIME 存储日期和时间，秒的小数位只有 3 位；DATETIME2 有着更大的日期范围和更多的小数位。有效性检查类似于 DB2 的功能
MySQL	无	当行里的其他数据更新时，TIMESTAMP 也会更新到当前日期和时间，并且为用户展示时区的值。DATETIME 类似于 MS-SQL，但是有效性检查的准确性较差，并且可能导致 0 值
Oracle	TIMESTAMP 和 TIMESTAMP WITH TIME ZONE	TIMESTAMP WITH TIME ZONE 不允许作为唯一性键值的一部分。它包括对于日期的有效性检查

SQL 已经同时在大型机和个人电脑系统上实现，所以这一章与上面两个计算环境相关。尽管许多 PC 数据库包使用示例查询（query-by-example，QBE）接口，但它们仍然包括了 SQL 编程这一选项。QBE 接口是以图形进行演示的，它们在查询执行之前将 QBE 动作解释成 SQL 语言代码。例如在微软 Access 中，可以在两个接口间来回切换；使用 QBE 接口构建的一个查询可以通过点击按钮查看，这一特性会有助于你更好地学习 SQL 语法。在客户端 / 服务器体系结构中，SQL 命令在服务器端执行，结果将返回到客户端工作站。

6.1 SQL 标准的起源

关系数据库技术的概念在 1970 年 E. F. Codd 的经典论文 "A Relational Model of Data for Large Shared Data Banks" 中被首次提出。位于加利福尼亚圣何塞的 IBM 研究院的工作人员承担了系统 R 的开发项目，想要证明在数据库管理系统中实现关系模型的可行性，他们使用了一种本研究院开发的被称为 "Sequel" 的语言。在 1974 年至 1979 年的项目过程中，"Sequel" 又被重命名为 "SQL"。该项目成果被应用在第一个商业化的关系数据库管理系统 SQL/DS（来自 IBM）的开发中。 SQL/DS 在 1981 年被首次推出，运行在 DOS/VSE 操作系统上。1982 年，推出了 VM 版本；1983 年，推出了 MVS 版本，也就是 DB2。

192

当系统 R 在安装用户中深受好评时，其他厂商开始开发使用 SQL 语言的关系型产品。其中一项来自于 Relational Software 的产品 Oracle，其实在 SQL/DS（1979）之前就已经进入市场。其他一些产品包括 Relational technology（1981）的 INGRES、Britton-Lee（1982）的 IDM、Data General Corporation（1984）的 DG/SQL 以及 Sybase（1986）的 Sybase 等。为了给关系 DBMS 的开发提供方向，ANSI 和 ISO 认可了由 X3H2 数据库科技委员会最初提出的 SQL 关系查询语言（功能和语法）标准（Technical Committee X3H2—Database，1986；ISO，1987），这就是后来的 SQL/86 标准。关于 SQL 标准的更详细的发展历史，请参见 www.wiscorp.com 的文档。

以下是 SQL 标准的最初目标：

1）详细说明 SQL 数据定义语言和数据操作语言的语法和语义。

2）为 SQL 数据库的设计、访问、维护、控制和保护定义数据结构和基本操作。

3）为相似的 DBMS 之间的数据库定义和应用模块的移植提供一种手段。

4）同时指定最小（1 级）和完整（2 级）标准，允许产品有不同程度的采用。

5）提供一个初始标准，尽管不完整，但是以后会被改进以包含处理以下问题的规范：例如参照完整性、事务管理、用户自定义函数、等值连接以外的连接运算符和国际字符集等。

关于 SQL，什么时候是标准？就如前面解释的，多数厂商为他们的 SQL 数据库管理系统加入了一些特有的特性和命令。那么，在厂商之间如此不同的情况下，提出 SQL 标准有哪些优点和缺点呢？这样一个标准化的关系语言的好处包括以下几点（尽管由于厂商差异没有绝对的好处，）：

- **减少培训成本**　一个组织内可以仅针对一种语言进行培训。大量信息系统（IS）专业人员接受过通用语言的培训，这样可以减少对新员工的再培训。
- **生产率**　IS 专业人员可以深入学习 SQL，并且可以通过以后的使用变得更加精通。组织可以提供工具，帮助专业人士提高他们的工作效率。另外，由于他们熟悉编程所用的语言，程序员能够更快地维护已有的程序。
- **应用的可移植性**　如果每台机器都使用 SQL，应用便可以在不同机器间移植。此外，对于计算机软件行业来说，当有一个标准语言的时候，开发通用应用软件会非常经济。
- **应用寿命**　一种标准化的语言会持续很长的时间，因此不用担心重写旧程序的问题。另外，由于标准语言的改进及新版本 DBMS 的引入，应用更新会变得很容易。
- **降低对单一厂商的依赖性**　当使用非专用语言时，用户更容易选用不同厂商的 DBMS、培训和教育设施、应用软件以及咨询帮助，更进一步地，这些厂商在市场上的彼此竞争可能会在降低价格的同时改进服务。
- **跨系统通信**　不同的 DBMS 和应用程序能够在数据管理和用户程序处理上更加容易地进行通信。

但是另一方面，标准会抑制创造力和创新性。一个标准永远不可能满足所有的需求，并且一项行业标准也会与理想情况相距甚远，因为它可能是各部门分析中的结果。一项标准很难被更改（因为关乎许多厂商的既得利益），所以修复缺陷必然会需要相当大的努力。通过专有特性扩展标准的另一个缺点是，使用由特定厂商添加到 SQL 的特有特性可能会导致本身一些优势的丢失，比如应用的可移植性。

193

许多产品都支持 SQL，并且可以运行在从个人计算机到大型机的各种型号的机器上。数据库市场正在逐步成熟，产品显著变化的频率会降低，但是它们仍然会基于 SQL。占有巨大市场份额的关系数据库厂商的数量还是在持续增加。根据 iStockAnalyst.com，高德的咨询公司报告显示，在 2010 年，甲骨文公司（Oracle）控制了数据库整体市场的 48%，IBM 位于第二，微软接近第三。Sybase 和 Teradata 所占份额虽然小得多，但是也很显著。开源产品像 MySQL、PostgreSQL 和 Ingres 加起来约占 10% 的市场份额。MySQL 作为 SQL 的开源版本很受欢迎，它可以运行在 Linux、UNIX、Windows 及 Mac OS X 等操作系统，广受欢迎。（可以从 www.mysql.com 免费下载 MySQL 软件。）随着时间的推移，MySQL 的市场地位可能会发生改变，它已经作为 Sun 公司的一部分被 Oracle 收购。一些小的厂商仍然有机会通过特定工业系统或利基市场（niche）应用来发展壮大。在你阅读本书时，即将到来的产品发布可能会改变数据库管理系统的相对优势，但是它们仍然会使用 SQL，并且会在一定程度上遵循这里列出的标准。

由于 Oracle 占据了巨大的市场份额，本书中我们多使用 Oracle 11g 语法来阐述 SQL。我们使用特定的关系 DBMS 来图解例子，这并不意味着是在推进 Oracle，而且我们知道此处使用的代码将在一些 DBMS 上工作。事实上，这些代码在大多数情况下都可以工作，因为很多关系 DBMS 都遵循 ANSI SQL 标准。

6.2 SQL 环境

对于如今的关系 DBMS 和应用程序开发环境，用户一般不会察觉到 SQL 在数据库体系结构中的重要性，许多访问数据库应用的用户根本就不具有 SQL 的知识。例如，Web 网站允许用户浏览他们的目录，单个产品展现出的信息（比如大小、颜色、描述及存量等）存储在数据库里。这些信息通过 SQL 查询来检索，但是用户并没有发出 SQL 命令，而是使用了一个预先写好的带有内嵌 SQL 命令的数据处理程序（如用 Java 编写的程序）。

一个基于 SQL 的关系数据库应用包括用户界面、一组数据库表及带有 SQL 功能的关系数据库管理系统（RBMS）。在 RDBMS 中，使用 SQL 来创建表、解释用户请求、维护数据词典和系统目录、更新和维护表、建立安全机制以及实施备份和恢复。**关系 DBMS**（RDBMS）是一个实现了关系数据模型的数据管理系统，其中数据存储在表集合里，通过共同值而非链接来表现数据联系。这种数据视图已经在第 2 章关于 Pine Valley 家具公司数据库系统做过阐述，并且将会在本章的 SQL 查询示例中使用。

图 6-1 是一个 SQL 环境的简要原理图，其遵循 SQL:2008 标准。如图所示，一个 SQL 环境包括一个数据库管理系统的实例和可以被 DBMS 访问的数据库及通过 DBMS 来访问数据库的用户和程序。每一个数据库都包含在一个**目录**（catalog）中，无论创建者是谁，目录都描述了属于数据库的一切对象。图 6-1 展示了两个目录：DEV_C 和 PROD_C。大多数公司都至少保留他们所使用的数据库的两个版本。产品版本（即这里的 PROD_C）这是在线版本，捕获了真实的商业数据，因而必须得到高度控制和监控。开发版本（即这里的 DEV_C）是在创建数据库时使用，并将继续作为开发工具，数据库的增强和维护工作可以先在这里进行充分测试，然后再应用到产品数据库。通常这种数据库是不被严格控制和监控的，因为它不包含实时的商业数据。每个数据库都会有一个与目录相关联的命名模式。**模式**（schema）是一系列相关对象的集合，包括但不仅限于基本表、视图、域、约束、字符集、触发器和角色。

如果不止一个用户在数据库里创建了对象，那么所有用户模式的组合信息将会产生整个数据库的信息。每个目录也必须包含一个信息模式，包含了该目录中所有模式的描述、表、视图、属性、权限、约束、域及其他与数据库相关的信息。目录中的信息是用户 SQL 命令的结果由 DBMS 维护，不需要用户的特意操作即可重建。这也是 SQL 语言强大能力的一个部分：一个语法简单的 SQL 命令就可能导致 DBMS 软件执行复杂的数据管理操作。用户可以通过使用 SQL 的 SELECT 语句浏览目录的内容。

SQL 命令可以分为三种类型。第一种是**数据定义语言**（Data Definition Language，DDL）命令，可以用来创建、更改和删除表、视图、索引，本章中最先对此进行讲述。DDL 可能会控制其他对象，这取决于 DBMS。 比如，许多 DBMS 支持为数据库对象定义同义词（缩写词），或者允许字段获得特定的序列号（这将有助于在表的元组中分配主键）。在产品数据库中，对 DDL 命令通常仅限于一个或者多个数据库管理员使用，以此来保护数据库结构免受意外的或不被允许的修改。在开发版或者学生版数据库中，DDL 权限将会被赋予更多的用户。

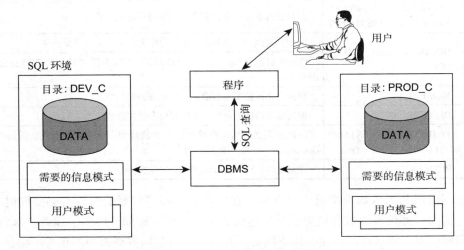

图 6-1　SQL:2008 标准所描述的典型 SQL 环境的简化原理图

第二种类型是**数据操作语言**（Data Manipulation Language，DML）命令。许多人认为 DML 命令是 SQL 的核心命令。这些命令被用来更新、插入、修改和查询数据库中的数据。它们可以交互地进行，语句执行之后立即就会返回查询结果；也可以被包含在像 C、Java、 PHP 和 COBOL 等编程语言或者使用 GUI 工具（比如 SQL 辅助 Teradata 或 MySQL 查询浏览器）编写的程序中。嵌入式 SQL 命令会提供给程序员关于报告产生时间、界面外观、错误处理和数据库安全性等方面更多的控制（见第 8 章）。本章大部分内容涵盖了基本的 DML 命令，采用的是交互格式。 DML 中 SQL SELECT 命令的常用语法参见图 6-2。

最后，**数据控制语言**（Data Control Language，DCL）命令帮助 DBA 控制数据库；命令包括赋予和收回对数据库或者数据库特定对象的访问权限及存储或移除可能会影响数据库的事务。

```
SELECT [ALL/DISTINCT] 列名
FROM 表名
[WHERE 条件表达式 ]
[GROUP BY 列名 ]
[HAVING 条件表达式 ]
[ORDER BY 列名 ]
```

图 6-2　DML 中 SELECT 查询
语句的常用语法

195

每个 DBMS 都有一个其所能处理的数据类型的定义列表，一般都包括数值、字符串和日期／时间类型的变量。有些还包括图形数据类型、空间数据类型或者图像数据类型，这些都增强了数据操作的灵活性。当创建表格的时候，必须为每个属性指定数据类型。特定数据类型的选择受到需要存储的数据值及对数据期望的使用的影响。单价需要按数值格式存储，因为在将单价与订单数量做乘法计算时需要进行数学运算。电话号码可以存为字符串数据类型，尤其是当数据集中包含国外电话号码时更是如此，因为即使电话号码只包含数字，但是对电话号码进行加或者乘的数学运算毫无意义。另外由于字符型的数据处理起来更快，所以如果没有预期的算术计算，数值型数据应该被存储为字符型数据。选择日期字段而不是字符串字段将允许开发者使用日期／时间计算功能。表 6-2 给出了 SQL 数据类型的一些例子。

SQL:2008 包含三种新的数据类型：BIGINT、MULTISET 和 XML。这些新的数据类型还没有作为现有标准的增强型加入 RDBMS 中，读者需要加以留意。

表 6-2 SQL 数据类型样本

字符串	CHARACTER（CHAR）	存储包含字符集中任意字符的字符串的值，CHAR 长度固定
	CHARACTER VARYING（VARCHAR 或 VARCHAR2）	存储包含字符集中任意字符的字符串的值，长度可变
	BINARY LARGE OBJECT（BLOB）	以十六进制形式存储二进制字符串值，BLOB 为可变长度
		Oracle 也包含 CLOB 和 NCLOB 以及在数据库之外存储非结构化数据的 BFILE）
数值	NUMERIC	根据定义的精度和数值范围存储准确的数字
	INTEGER（INT）	根据定义的精度和数值范围存储准确的整数
时间	TIMESTAMP TIMESTAMP WITH LOCAL TIME ZONE	使用预定义的精度存储事件发生的时刻。值对应于用户会话的时区（在 Oracle 和 MySQL 中同样适用）
布尔	BOOLEAN	存储真值：TRUE、FALSE 或 UNKNOWN

196

考虑到图形和图像数据类型十分丰富，在决定如何存储数据的时候有必要同时考虑业务需求。例如，颜色可以被存储为一个描述性的字符字段，比如"沙滩"或者"米色"。但是，在不同厂商之间这样的描述会是不同的，并且不包含空间数据类型所包含的信息量，像精确的红、绿、蓝强度值。如今，这样的空间数据类型存在于普遍的服务器中，它们可以处理数据仓库，并且在不久的未来也可能出现在 RDBMS 中。除了表 6-2 中的预定义数据类型，SQL:1999 和 SQL:2008 还支持构造数据类型和用户自定义数据类型。预定义数据类型远远不止表 6-2 列出的那些。熟悉你所使用的 RDBMS 的数据类型是非常必要的，这样才能使 RDBMS 的能力得到最大化的利用。

现在我们可以开始讲述 SQL 命令的样例了。图 6-3 显示了将会用到的样本数据（由微软的 Access 绘制），该图的数据模型与图 2-21 所展示的相一致。PVFC 数据库文件可以从本书的网站上得到；这个文件有几种不同的格式，以便可被不同的 DBMS 所用。该数据库还可以从 Teradata 大学网站上得到。本书的封面上有介绍如何找到它们。有两个 PVFC 文件，本书使用的是 BookPVFC（也称为标准 PVFC），你可以使用它来进行整个第 6 和第 7 章中的 SQL 查询演示。另一个文件是 BigPVFC，它包含更多的数据，而且并非总是与图 2-21 相一致，也不一定每次都能展示良好的数据库设计。在本章的最后会用 BigPVFC 做一些练习。

每个表名都遵循这样的命名标准：在表名的结尾加一个下划线和字母 T（table（表）的首字母），比如 Order_T 或 Product_T（多数的 DBMS 都不允许在表名或者属性名中有空格出现）。当查看这些表时，注意以下几点：

1）每个订单在 Order_T 表中必须有一个有效的客户编号 Customer ID。

2）在 Orderline_T 表中订单行的每一项必须包含有效的产品编号 Product ID 和与之相关的有效订单编号 Order ID。

3）这四张表展现了商业数据库系统中最常见的一种关系集的简化版本——客户产品订购。创建 Customer_T 和 Order_T 表所需的 SQL 命令在第 2 章中有过介绍，在这里将会做些扩展。

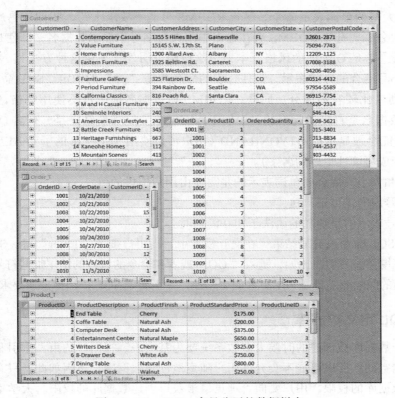

图 6-3 Pine Valley 家具公司的数据样本

本章的余下部分将会对 DDL、DML 和 DCL 命令进行阐述。图 6-4 给出了一个概要图，介绍了这几种不同类型的命令分别会在数据库开发过程的哪个阶段用到。在 SQL 的说明中，我们会用到以下符号：

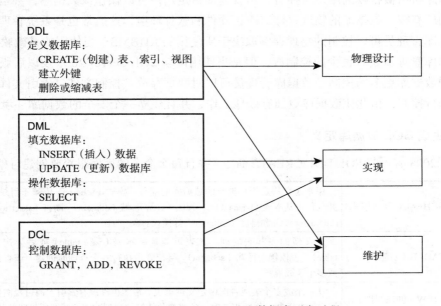

图 6-4 DDL、DML、DCL 和数据库开发过程

1）所有大写的单词表示命令。尽管 RDBMS 可能不要求大写，我们还是严格按照显示的形式来写入命令。有些 RDBMS 会在输出中用大写字母来显示数据名，即使是用小写字母输入的也如此（这是 Oracle 的风格，本书中除特别说明外均采用这种方法）。表、列、命名约束等以大小写混合的方式表示。记住，表的命名遵循"_T"的约定。SQL 命令没有"_"，所以表名和列名比较容易区分。同样，RDBMS 在数据名称中也不使用空格，ERD 的多个单词组成的数据名是直接拼起来的，中间不存在空格。这样的结果是，列名 QtyOnHand 在RDBMS 中可能会被显示成 QTYONHAND（用户可以使用 SELECT 的子句 ALIAS 对列名重命名，使其变成可读性更好的名字）。

2）小写和大小写混合的单词表示的是需要由用户提供的值。

3）方括号内的是可选语法。

4）省略号表示的是伴随的语法子句在需要时会重复。

5）每个 SQL 命令以分号结束。在交互模式中，当用户按下"Enter"键，SQL 命令将会被执行。要警惕某些习惯，比如，键入"GO"或者在命令的每行的结尾加些符号，例如连字符。本书使用的间隔和缩排是为了更好的可读性，并不属于 SQL 语法标准所要求的一部分。

6.3 用 SQL 定义数据库

由于一个数据库被创建的时候大多数系统要为基本表、视图、约束、索引和其他数据库对象分配存储空间，所以可能不会允许用户随意地创建数据库。正因如此，只有数据库管理员才有创建数据库的权限，用户要向管理员请求获得创建数据库的权限。大学里的学生可能会被分配给一个访问已有数据库的账户，或者也可以允许他们在有限的存储空间内创建自己的数据库（有时称表空间）。无论在何种情况下，创建一个数据库结构的基本命令都是：

CREATE SCHEMA AUTHORIZATION owner_user_id

数据库将由被授权的用户所拥有，尽管其他指定用户可以操作该数据库，甚至可以转移数据库的所有权。数据库的物理存储取决于硬件和软件环境，这通常也是系统管理员所关心的。数据库管理员可以控制的物理存储取决于所使用的 RDBMS。当使用的是微软的 Access时，数据库管理员具有很少的控制权，但是当使用微软 SQL Server 2008 及以后版本时，允许对物理数据库更多的控制。数据库管理员可以对数据存放、控制文件、索引文件、模式所有者等进行控制，由此使数据库更加有效地工作，并且建立一个安全的数据库环境。

6.3.1 生成 SQL 数据库定义

SQL:2008 有一些 SQL DDL CREATE 命令（并且每个命令的后面跟着要创建对象的名字）：

CREATE SCHEMA（创建模式）	用来定义特定用户拥有的数据库的部分。模式（schema）依赖于目录（catalog），并且包含基本表（base table）、视图（view）、域（domain）、断言（assertion）、字符集（character set）和排序（collation）等模式对象
CREATE TABLE（创建表）	定义新的表和表的列。该表可能是基本表（base table）或者导出表（derived table）。表依赖于模式（schema）。导出表由执行一个查询时创建，该查询中使用一或多个表或视图
CREATE VIEW（创建视图）	从一个或多个表或视图中定义逻辑表。视图也许没有索引。通过视图更新数据时存在一些限制。视图更新时，这些变化能够传递到建立该视图所参照的基本表中

当创建这些对象时，你不一定要做到非常完美，并且这些对象也不必一直存在。每一个 CREATE 命令都能够用一个 DROP（删除）命令删除。因此，"DROP TABLE 表名"语句可以销毁一个表，并包括它的定义、内容、一切约束、视图和与之关联的索引。通常，只有表的创建者可以删除该表。DROP SCHEMA 或者 DROP VIEW 命令可以销毁命名的模式或者视图。ALTER TABLE 命令可以用来添加、删除或修改一列或者删除一个约束来改变已有表的定义。有一些 RDBMS 不允许用户对表更改，以免该表中的当前数据违反新的定义（比如，当前数据违反一个约束时，就不能创建那个新约束，或者如果改变了数值列的精度，则可能使很多已有值的其他精度丢失）。 |199|

6.3.2 创建表

一旦数据模型被设计及规范化以后，每个表的列也就可以通过 SQL CREATE TABLE 命令进行定义。图 6-5 显示了 CREATE TABLE（创建表）的一般语法。下面是准备创建表时的一系列步骤：

1）为每个属性确定合适的数据类型，包括长度、精度和数值范围。

2）如第 5 章所讨论的，确定允许空值的列。指明不能为空值的列的列控制是在一个表创建的时候就建立了，并且在表有新数据输入的每次更新中都会被执行。

3）确定要保证唯一值的列。当某列的 UNIQUE 控制建立时，表中每行数据的列数据值必须均不相同（即无重复值）。当某个列或列集合被指定为 UNIQUE 时，那个列或列集合就是第 4 章讨论的候选键。尽管每个基本表都有多个候选键，但只有一个候选键可以被指定为 PRIMARY KEY（主键）。当一列被指定为 PRIMARY KEY 时，也就意味着那列不允许为空值（NOT NULL），即使没有特别指出也如此。UNIQUE 和 PRIMARY KEY 都是列约束。值得注意的是，图 6-6 定义了一个有组合主键的表 OrderLine_T。约束 OrderLine_PK 在主键约束中同时包含 OrderID 和 ProductID，这样就创建了组合键的方式。创建组合键所需要的属性被包含在圆括号中。

```
CREATE TABLE 表名
（{ 列定义  [ 表约束 ]}）....
[ON COMMIT {DELETE|P RESERVE} ROWS]);

其中列定义∷=
列名
    {域名 | 数据类型 [（大小）]}
    [ 列约束子句 ...]
    [ 默认值 ]
    [ 排序子句 ]
表约束∷=
    [CONSTRAINT 约束名 ]
    Constraint_type[ 约束属性 ]
```

图 6-5 数据定义语言中使用的 CREATE TABLE（创建表）的一般语法

4）确定所有的主键–外键对，如第 4 章所展示。外键可以随着一个表的创建或改变而立即建立。如果两个表存在父–子联系，应该先创建父表，这样当子表创建时就能参照已建立的父表。列约束 REFERENCES 可以用来实现参照完整性（例如，Order_T 表的 Order_FK 约束）。 |200|

5）确定要求默认值的那些列的插入值。当用户没有键入插入值时，DEFAULT 可以定义一个可自动插入的默认值。在图 6-6 中，创建 Order_T 表的命令就为 OrderDate 属性定义了一个 SYSDATE（Oracle 中表示当前日期的名称）的默认值。

6）确定需要使用域说明的列，这些列要比那些使用数据类型建立的列约束力更强。使用 CHECK 作为列约束，可以为插入到数据库中的值建立有效性规则。在图 6-6 中，Product_T 表的创建包含了一项 CHECK（检查）约束，列出了 Product_Finish 的可能值，因此，即使"White Maple"满足 VARCHAR 数据类型的约束检查，还是会被拒绝，因为"White Maple"不在约束值列表当中。

```
CREATE TABLE Customer_T
        (CustomerID                     NUMBER(11,0)            NOT NULL,
        CustomerName                    VARCHAR2(25)            NOT NULL,
        CustomerAddress                 VARCHAR2(30),
        CustomerCity                    VARCHAR2(20),
        CustomerState                   CHAR(2),
        CustomerPostalCode              VARCHAR2(9),
CONSTRAINT Customer_PK PRIMARY KEY (CustomerID));

CREATE TABLE Order_T
        (OrderID                        NUMBER(11,0),           NOT NULL,
        OrderDate                       DATE DEFAULT SYSDATE,
        CustomerID                      NUMBER(11,0),
CONSTRAINT Order_PK PRIMARY KEY (OrderID),
CONSTRAINT Order_FK FOREIGN KEY (CustomerID) REFERENCES Customer_T(CustomerID));

CREATE TABLE Product_T
        (ProductID                      NUMBER(11,0)            NOT NULL,
        ProductDescription              VARCHAR2(50),
        ProductFinish                   VARCHAR2(20)
                                        CHECK (ProductFinish IN ('Cherry', 'Natural Ash', 'White Ash',
                                            'Red Oak', 'Natural Oak', 'Walnut')),
        ProductStandardPrice            DECIMAL(6,2),
        ProductLineID                   INTEGER,
CONSTRAINT Product_PK PRIMARY KEY (ProductID));

CREATE TABLE OrderLine_T
        (OrderID                        NUMBER(11,0)            NOT NULL,
        ProductID                       INTEGER                 NOT NULL,
        OrderedQuantity                 NUMBER(11,0),
CONSTRAINT OrderLine_PK PRIMARY KEY (OrderID, ProductID),
CONSTRAINT OrderLine_FK1 FOREIGN KEY (OrderID) REFERENCES Order_T(OrderID),
CONSTRAINT OrderLine_FK2 FOREIGN KEY (ProductID) REFERENCES Product_T(ProductID));
```

图 6-6   Pine Valley 家具公司 SQL 数据库定义命令（Oracle 11g）

7）使用 CREATE TABLE 和 CREATE INDEX 语句创建表和所有需要的索引（CREATE INDEX 不属于 SQL:1999 标准。索引被用来解决性能问题，在大多数 RDBMS 中都有这种命令）。

图 6-6 使用 Oracle 11g 展示了数据库定义的命令，包括额外的列约束及命名的主键 – 外键。例如，Customer 表的主键是 CustomerID，主键约束被命名为 Customer_PK。在 Oracle 中，一旦一个约束被用户赋予了一个有意义的名字，数据库管理员将会很容易地识别客户表中的主键约束，因为约束名字 Customer_PK 将会是 DBA_CONSTRAINTS 表中 constraint_name 列的值。如果用户没有赋予一个有意义的约束名字，系统会自动分配 16 字节的系统标识符。这些标识符不仅难以阅读，并且更难与用户定义的约束匹配。现在还无法获得关于系统标识符是如何产生的文档，并且产生的方法也是随时改变。注意：请将所有约束命名，否则，以后会有很多额外的工作。

当定义外键约束时，将执行参照完整性。这是很好的：我们希望在数据库中实现业务规则。幸运的是，只要不在外键列中加入 NOT NULL 子句，外键就可以为空值（意味着是零候选联系）。比如，如果想要以一个无效的 CustomerID 值增加一个订单（每一个订单必须与一些客户相关联，因此在图 2-21 的 Submits 联系中，Customer 端的最小基数为 1），将会出现错误信息。每个 DBMS 厂商产生自己的错误信息，并且这些信息可能很难解释。微软 Access 的目标是成为个人和专业应用，其在对话框中提示简单的错误信息。比如，对于参照完整性错误，Access 会提示以下错误信息："你无法添加或修改该记录，因为表 Customer_T 中需要与之相关的记录"。除非该条记录参照的表 Customer_T 中的已有客户，否则该条记录无法插入。

Oracle、MySQL 和其他一些 RDBMS 有一个有趣的"虚拟表",它是由数据库自动定义的,称为"双重表"。双重表用于运行与系统变量相关的 SQL 命令,例如:

SELECT Sysdate FROM Dual;

显示当前时间,而

SELECT 8 + 4 FROM Dual;

显示该算术运算的结果。

6.3.3 建立数据完整性控制

在图 6-6 中,我们已经了解了建立外键的语法。为了在关系数据型中具有 1 对多(1:M)联系的两表之间建立参照完整性约束,"1"端的表的主键将会被"多"端的表的列所引用。参照完整性意味着,"多"端的相对应列的值必须与"1"端的某行的主键的值相一致,或者为 NULL。SQL REFERENCES 子句阻止了这样的外键值被插入,即在被引用的主键列中没有这样一个有效的值。除此之外,还有其他完整性问题。

6.3.4 修改表定义

基本表的定义可以通过在列说明上使用 ALTER 来进行改变。ALTER TABLE(修改表)命令可以用来为已有表增加新的列和修改已有的列,还可以添加或删除表约束。ALTER TABLE 命令包括关键字如 ADD(增加)、DROP 和 ALTER,并且允许修改列名称、数据类型、长度以及约束。通常,当添加新的列时,其空值状态会被标记为 NULL,从而表中已有的数据可以被处理。当新列被创建时,该列会被添加到表中的所有实例中,其取值为 NULL 将是最合理的。ALTER 命令不能用来修改视图。

语法:

ALTER TABLE table_name alter_table_action;

202

一些有效的修改表的操作如下:

```
ADD [COLUMN] 列定义
ALTER [COLUMN] 列名 SET DEFAULT 默认值
ALTER [COLUMN] 列名 DROP DEFAULT
DROP [COLUMN] 列名 [RESTRICT] [CASCADE]
ADD 表约束
```

命令: 对 Customer 表添加一个名为 CustomerType 的客户类型列。

```
ALTER TABLE CUSTOMER_T
ADD COLUMN CustomerType VARCHAR2 (2) DEFAULT "Commercial";
```

ALTER 命令对于一个数据库的一些不可避免的修改是非常重要的,这些修改可能是由于需求变化、原型迭代、发展演化和错误等原因。同时它对于实现将大量数据导入到含有外键的表中也非常有用。在导入时,约束可以暂时删除,等数据导入完成后,可以再启用约束。当约束被重启用后,对于那些有参照完整性问题的记录会产生一个日志。当大量数据在导入过程中有参照完整性问题发生时,并不是停止导入,而是由数据库管理员查阅日志并调整那些数量不多的(希望是不多的)有问题的记录。

6.3.5　删除表

要想从数据库中删除表，表的所有者可以使用 DROP TABLE 命令。删除视图可以使用类似的 DROP VIEW 命令。

命令：从数据库模式中删除一张表。

DROP TABLE Customer_T;

这个命令将会删除 Customer_T 这张表，并且保存对数据库引起的修改。只有表的所有者或是被授予了 DROP ANY TABLE 权限的用户才能删除该表。表删除也会引起关联的索引和获得的优先权被删除。DROP TABLE 命令可以用关键字 RESTRICT 和 CASCADE 进行限制。如果使用了 RESTRICT，当存在该表的依赖对象，比如视图或约束时，那么该命令将会失败，表也不会被删除。如果使用了 CASCADE，所有与此相关的对象都会随着该表的删除而被删除。多数 RDBMS 允许用户使用 TRUNCATE TABLE 命令删除表中输入的所有数据而保持表结构。更新和删除表中数据部分的命令将会在下节中介绍。

6.4　插入、更新和删除数据

表一旦被创建，那么在进行查询前便有必要向表中填充并维护数据。SQL 中用于向表中填充数据的是 INSERT 命令。当向表中的每一列输入值时，可以使用如下给出的命令，它是向 Pine Valley 家具公司的 Customer_T 表添加第一行数据。请注意，插入数据值的顺序必须与表中列的顺序相一致。

命令：向表中插入一行数据，表中每个属性均被插入一个相应值。

INSERT INTO Customer_T VALUES
(001, 'Contemporary Casuals', '1355 S. Himes Blvd.', 'Gainesville', 'FL', 32601);

当不是向表的每一列都插入值时，可以为那些空字段输入 NULL 或只指明那些需要插入数据的列。这里，数据值的顺序也必须与在 INSERT 命令里指明的列一致。例如，下面的语句用来向 Product_T 表中插入一行数据，因为"End Table"里没有产品线 ID。

命令：向表中插入一行数据，表的某些属性为空值。

INSERT INTO Product_T (ProductID,
ProductDescription, ProductFinish, ProductStandardPrice)
    VALUES (1, 'End Table', 'Cherry', 175, 8);

通常，INSERT 命令可以实现以下动作：根据命令语句中提供的值向表中插入新行，从其他数据库数据复制一行或多行到一个表中，或者从一个表中抽取数据并插入到另一个表。如果你想向一张表中填充数据，比如向与 CUSTOMER_T 表结构相同且仅含有 Pine Valley 的 California 客户的 CaCustomer_T 中填充数据，则可以使用下面的 INSERT 命令。

命令：通过使用与其表结构相同的另一个表的子集来填充该表。

INSERT INTO CaCustomer_T
SELECT * FROM Customer_T
    WHERE CustomerState = 'CA';

许多情况下，我们希望每次表中添加行时，产生唯一的主标识符或主键，客户的 ID 号就是一个很好的例子。SQL:2008 增加了一个新特性——标识列，从而省去了之前数据插入

时使用过程产生序列的行为。为了利用这一点，图 6-6 展示的 CREATE TABLE Customer_T
语句可以修改成以下形式：

```
CREATE TABLE Customer_T
(CustomerID INTEGER GENERATED ALWAYS AS IDENTITY
    (START WITH 1
    INCREMENT BY 1
    MINVALUE 1
    MAXVALUE 10000
    NO CYCLE),
CustomerName            VARCHAR2(25) NOT NULL,
CustomerAddress         VARCHAR2(30),
CustomerCity            VARCHAR2(20),
CustomerState           CHAR(2),
CustomerPostalCode      VARCHAR2(9),
CONSTRAINT Customer_PK PRIMARY KEY (CustomerID);
```

一个表中只有一列可以作为标识列。如果厂商使用了标识列，那么当新增加一个客户
时，客户 ID 会被隐式赋值。

因此，向表 Customer_T 中添加新客户的命令将会从

```
INSERT INTO Customer_T VALUES
(001, 'Contemporary Casuals', '1355 S. Himes Blvd.', 'Gainesville',
  'FL', 32601);
```

204

变为

```
INSERT INTO Customer_T VALUES
('Contemporary Casuals', '1355 S. Himes Blvd.', 'Gainesville', 'FL', 32601);
```

这里主键值 001 并不需要用户输入。SQL:2008 更是简化了自动产生序列的语法。

6.4.1 删除数据库内容

可以从数据库删除单行或多行数据。假设 Pine Valley 家具公司决定不再处理位于
Hawaii 的客户，那么位于 Hawaii 的客户的 Customer_T 表的行可以使用以下命令全部删除。

命令：从 Customer 表删除符合一定条件的数据行。

```
DELETE FROM Customer_T
WHERE CustomerState = 'HI';
```

最简单的 DELETE（删除）命令格式会删除一个表里的所有数据行。

命令：删除 Customer 表的所有数据行。

```
DELETE FROM Customer_T;
```

上面这种格式的命令使用起来要非常小心！

如果删除操作涉及多个关系的数据行时，使用起来也要当心。比如，我们如之前的操
作一样删除 Customer_T 表的一行，但是这个操作是发生在删除 Order_T 相关行之前，这时
将会违反参照完整性，并且这个删除命令也不会被成功执行。（注意：在字段定义使用 ON
DELETE 子句可以解决这个问题，如果忘记了 ON 子句可以参考 6.3.3 节。）SQL 会真实地删
除由 DELETE 命令选中的记录，因此，通常我们先执行一个 SELECT 命令来显示将要被删
除的记录，并且要确保只有我们期望删除的数据行包含在内。

6.4.2 更新数据库内容

使用 SQL 更新数据必须告知 DBMS 将会涉及哪些关系、行和列。如果 Product_T 表中输入了一个错误的餐桌价格，那么下面的 SQL UPDATE（更新）语句将会纠正该错误。

命令：将 Product 表的 7 号产品的标准价格调整为 775。

```
UPDATE Product_T
SET ProductStandardPrice = 775
    WHERE ProductID = 7;
```

SET 命令也可以将值改为 NULL，语法是 SET 列名 =NULL。和 DELETE 命令一样，UPDATE 命令的 WHERE 子句也可以包含一个子查询，但是被更新的表不会在子查询中引用。子查询的知识会在第 7 章进行讨论。

6.5 RDBMS 的内模式定义

关系数据库的内模式可以控制处理和存储效率。下面是调整关系数据库内部数据模型操作性能的一些技术：

1）为主键或二级键建立索引，以提高行选择、表连接和行排序操作的速度。也可以删除索引来提高表更新的速度。关于索引选择可以参考第 5 章的相关内容。

2）为基本表选择文件组织方式，选择的文件组织要与这些表上处理操作的类型相匹配（例如，通过频繁使用的报表排序键来保持一个表的物理有序）。

3）索引也是一种表，为索引选择与其使用方式相符的文件组织方式，并且为索引文件分配额外的存储空间，以便在索引增长过程中可以无须重新组织。

4）聚集数据，从而把需要频繁进行连接操作的表的相关数据行存储在相近的位置，以此来减少检索时间。

5）对于表与其索引维持统计信息，以便 DBMS 可以发现执行多种数据库操作的最有效方式。

以上这些技术并非适用于所有 SQL 系统。但是索引和聚集是通用的，所以在下面章节中将会对其进行讨论。

创建索引

多数 RDBMS 使用索引来提高对基本表数据的随机与顺序访问速度。因为 ISO SQL 标准通常不考虑性能问题，所以其中不包含创建索引的标准语法。这里给出的例子使用的是 Oracle 的语法，让读者大致了解多数 RDBMS 是如何处理索引的。请注意，尽管用户在编写 SQL 命令时并没有直接引用索引，但是 DBMS 会知道使用哪些已有的索引可以提高查询性能。通常，主键或二级键、单列或多列上都可以创建索引。在一些系统中，用户可以为索引键选择升序或降序索引。

例如，下面的 Oracle 命令为 Customer_T 表的 CustomerName 列按字母表顺序建立了索引。

命令：为 Customer 表的客户姓名列按字母表顺序建立索引。

```
CREATE INDEX Name_IDX ON Customer_T (CustomerName);
```

RDBMS 一般支持多种不同类型的索引，以此协助多种类型的关键字查找。比如，在

MySQL 中，可以创建唯一（适用于主键）、非唯一（适用于二级键）、全文（用于全文搜索）、空间（用于空间数据类型）和哈希（用于内存表）索引。

索引可以随时创建和删除。如果关键字列中已经存在数据，那么系统将会自动为已有数据填充索引。如果索引被定义为 UNIQUE（使用语法 CREATE UNIQUE INDEX…），但是已有的数据违反了这一条件，那么建立索引的操作将会失败。索引一旦被创建，它将会随着数据的输入、更新和删除而更新。

当我们不再需要这些表、视图和索引时，可以使用相关的 DROP 语句。比如，这里要从之前的例子中删除 NAME_IDX 索引。

命令：删除 Customer 表中关于客户姓名的索引。

DROP INDEX Name_IDX;

尽管可以为表中的每一列创建索引，但是在决定建立一个新的索引时还是需要谨慎。每一个索引会占用额外的存储空间，并且当索引数据值发生改变时还需要花费时间来维护索引。这些开销加在一起，会明显降低检索响应时间，给在线用户造成讨厌的延迟。即使可以为关键字建立多种复杂的索引，系统也可以只使用一种索引。数据库的设计者必须准确地知道特定的 RDBMS 是如何使用索引的，以便能够对索引做出明智的选择。Oracle 包含一个解释计划工具，可以用来查看 SQL 命令的处理顺序和用到的索引。输出还包括了一项开销估计，可以用来对多种不同索引下的语句执行进行比较，以此决定最有效的索引。

6.6 单表操作

"单表操作"可能看起来就像是镇里最热酒吧的星期五夜晚，但是它指的是其他一些事情。

SQL 里使用了四种数据操作语言命令。前面我们简要介绍了前三种（UPDATE、INSERT 和 DELETE），而且也见到了关于第四种命令 SELECT 的几个例子。尽管 UPDATE、INSERT 和 DELETE 命令允许用户修改表中数据，但是具有多种子句形式的 SELECT 命令允许用户查询表数据并提出各种查询问题及创建特别的查询。SQL 命令的基本结构相当简单并易于学习，但不要被此所蒙蔽。SQL 是一个十分强大的工具，它使用户可以指定复杂数据的分析过程。然而，由于基本语法易于学习，所以也较易编写出语法正确但是不能正确回答问题的 SELECT 查询语句。因此在将查询语法运行到大型数据库之前，通常会先在小型数据测试集上进行测试，确保能返回正确的结果。除了人工检查查询结果外，通常也将查询分为几个更小的部分，然后检查这些简单查询的结果，最后将它们进行合并。这会确保它们综合起来能够按预期的方式执行。我们首先讨论单个表的 SQL 查询，在第 7 章，将学习表的连接操作和多表查询。

6.6.1 SELECT 语句中的子句

大多数 SQL 数据检索语句会包含下面三个子句：

SELECT	列出基本表、导出表或视图的列（包括有关列的表达式），这些列会被投影到命令的结果表中（这也是"列出你想要展示的数据"的专业说法）
FROM	标识要显示的列来自的表、导出表或视图，包含查询处理过程中需要连接的表、导出表和视图
WHERE	包括 FROM 子句所包含的条目中的行选择条件以及表、导出表和视图的连接条件。因为 SQL 被认为是一种集合操作语言，所以 WHERE 子句对于定义被操作的行的集合是非常重要的

前两个子句是必须要求的,当只需检索表中部分数据行或多个表间有连接操作时要使用第三个子句。(本节中的大多数例子来自图 6-3 中的数据。)比如,可以展示 Pine Valley 家具公司 PRODUCT 表中标准价格低于 275 美元的那些产品的名字和数量。

查询: 哪些产品的标准价格低于 275 美元?

```
SELECT ProductDescription, ProductStandardPrice
    FROM Product_T
        WHERE ProductStandardPrice < 275;
```

结果:

PRODUCTDESCRIPTION	PRODUCTSTANDARDPRICE
End Table	175
Computer Desk	250
Coffee Table	200

如前所述,本书中使用 Oracle 方式展示结果,这就意味着列标题均使用大写字母。如果这对于用户来说太过困扰的话,可以将数据名定义为下划线连接的单词形式(而不是把词连在一起),或者用别名(在以下章节中会介绍)来重定义要显示的列名。

每个 SELECT 语句执行时会返回一个结果表(数据行的集合)。所以,SQL 是一致的——查询的输入和输出都是表。当涉及更复杂的查询时,这点会变得非常重要,因为这样就可以使用一个查询的结果作为另一个查询的一部分(比如,我们可以将 SELECT 语句作为元素之一包含在 FROM 子句中,创建一个导出表,本章后面会对此进行介绍)。

在显示结果列时有两个特殊的关键字可以使用:DISTINCT 和 *。如果用户不想在结果中出现重复的数据行,可以使用 SELECT DISTINCT。在之前的例子中,如果 Pine Valley 家具公司的其他一款 computer desk 的价格也是 250 美元,那么查询结果中将会出现重复数据行。而 SELECT DISTINCT ProductDescription 的结果表里则不会有重复的数据行。SELECT* 中的 "*" 表示所有的列,会显示来自 FROM 子句条目里的所有列。

请注意,SELECT 语句的子句必须保持正确的顺序,否则会产生语法错误,查询也无法被执行。可能还有必要根据所使用的 SQL 版本对数据库对象的名字进行规范化。如果在 SQL 命令里有任何模棱两可的地方,就必须注意要准确地指明查询数据来自于哪个表、导出表和视图。比如,图 6-3 的 CustomerID 列同时存在于表 Customer_T 和表 Order_T 里,当你拥有该数据库的使用权并且需要的是 Customer_T 表里的 CustomerID,那么需要使用 Customer_T.CustomerID 来指明。如果要 Order_T 表里的 CustomerID,那么需要用到 Order_T.CustomerID。即使你不关心 CustomerID 来自于哪个表,还是需要加以指明,因为没有用户的指令 SQL 无法解决这种模棱两可的问题。当被允许使用别人创建的数据时,你也必须通过所有者的用户 ID 来指明该表的所有者。现在从 Customer_T 表选择 CustomerID 的命令会变成这样:OWNER_ID.Customer_T.CustomerID。本书的例子中,均假设读者是这些表和视图的所有者,这样的 SELECT 语句将会更易于阅读。限定词将会在必要时使用,如果需要也可以一直包含在语句中。当限定词被省略时可能会发生错误,但是包含限定词时永远不会出错。

如果感觉输入限定词和列名比较麻烦,或列名对读者毫无意义,则可以为数据名建立别名,并且这些别名会在以后的查询中使用。尽管 SQL: 1999 不支持别名和同义词,但是它们已被广泛使用,并且有助于构建可读性好和简单的查询。

查询：名为 Home Furnishings 的客户的地址是什么？客户名使用别名"Name"（加粗的 AS 子句只是为了强调）。

```
SELECT CUST.CustomerName AS Name, CUST.CustomerAddress
    FROM ownerid.Customer_T AS Cust
        WHERE Name = 'Home Furnishings';
```

在许多 SQL 版本中，这条检索语句会返回下面的结果。在 Oracle 的 SQL*Plus 中，列的别名不能在除了 HAVING 子句以外的其他 SELECT 语句中使用，所以为了使查询能够执行，最后一行不能使用 Name 而是要用 CustomerName。请注意，结果表的列名是 Name 而非 CustomerName，尽管表的别名在 FROM 子句里才被定义，但是仍然可以在 SELECT 子句中使用。

结果：

NAME	CUSTOMERADDRESS
Home Furnishings	1900 Allard Ave.

可以看到 SQL 的输出结果清晰明了。使用别名可以使结果中的列名更具有可读性（别名还有其他作用，这些将会在后面提及）。多数 RDBMS 提供其他专门的 SQL 子句，用来提高数据的可展示性。比如，Oracle 的 SELECT 语句中有一个 COLUMN 子句，可以用来改变列标题文本、列标题的对齐方式和列值的格式，或者控制列数据的封装等。

当使用 SELECT 语句为结果表选择数据列时，这些列可以被重新组织，所以在结果表里会有不同于原表的列顺序。实际上，它们会按 SELECT 语句里的列顺序显示在结果中。回过头再看图 6-3，可以看出结果表与基本表之间列的顺序不同。

查询：列出 Product 表里所有产品的单位价格、产品名称和产品 ID。

```
SELECT ProductStandardPrice, ProductDescription, ProductID
FROM Product_T;
```

结果：

PRODUCTSTANDARDPRICE	PRODUCTDESCRIPTION	PRODUCTID
175	End Table	1
200	Coffee Table	2
375	Computer Desk	3
650	Entertainment Center	4
325	Writer's Desk	5
750	8-Drawer Desk	6
800	Dining Table	7
250	Computer Desk	8

6.6.2　使用表达式

基本的 SELECT...FROM...WHERE 子句可以通过很多方式用于单表。可以创建表达式来操作表里所选的数据行，这些表达式可以是表里数据的数学操作，也可以是已有的 SUM 或 AVG 等函数。数学操作可以使用如下运算符构造："+"表示加法，"−"表示减法，"*"表示乘法，"/"表示除法。这些运算符可以用于任何数值型的列。结果表的每一行都要进行表达式运算，比如显示一个产品的标准价格与单位价格的不同，或涉及列和函数的计算，比如一个产品的标准价格乘以订单中该产品卖出的数量（所有订单中的数量（QrderedQuantities）和）。一些系统还有取模的运算符，通常用"%"来表示。模是两个整数相除后的整余数。比如，14%4 的结果是 2，因为 14/4 结果为 3，余数为 2。SQL 标准支持年－月和天－时间间隔，使得可以对日期和时间进行算术运算（例如，从当前日期和出生日期来计算某人的年龄）。

[209]

也许你想要知道每件产品当前的标准价格及按 10% 比率增长时产品的将来价格，那么可以使用 SQL*Plus，下面是查询及结果。

查询：每件产品的标准价格及按 10% 比率增长后的标准价格分别是多少？

```
SELECT ProductID, ProductStandardPrice, ProductStandardPrice*1.1 AS
Plus10Percent
    FROM Product_T;
```

结果：

PRODUCTID	PRODUCTSTANDARDPRICE	PLUS10PERCENT
2	200.0000	220.00000
3	375.0000	412.50000
1	175.0000	192.50000
8	250.0000	275.00000
7	800.0000	880.00000
5	325.0000	357.50000
4	650.0000	715.00000
6	750.0000	825.00000

复杂表达式中运算符遵循优先规则，如同在其他编程语言和代数中一样。圆括号里的表达式将首先被计算，然后是乘法和除法按照从左到右的顺序进行计算，最后是加法和减法，也是从左往右计算。为了避免混淆，请使用圆括号来建立顺序。当有内嵌括号时，最里面的括号会被优先计算。

6.6.3 使用函数

标准 SQL 定义了一系列数学计算、字符串和日期操作等函数。本节会介绍一些数学计算函数，你可能需要了解你所使用的 DBMS 所提供的函数，其中一些是那个 DBMS 所特有。标准的函数包括：

数学计算	MIN、MAX、COUNT、SUM、ROUND（按指定的小数位将数据四舍五入）、TRUNC（舍掉无用数字）和 MOD（用于模运算）
字符串	LOWER（将所有字符变为小写格式）、UPPER（将所有字符变为大写格式）、INITCAP（只将首字母设为大写格式）、CONCAT（连接）、SUBSTR（取特定位置的字符）、COALESCE（在一列数据中找到第一个非空值）
日期	NEXT_DAY（计算满足指定条件的下一个日期）、ADD_MONTHS（计算给定日期之前或之后的给定月份数的日期）、MONTHS_BETWEEN（计算两个日期之间的月份数）
分析	TOP（找到一个集合中前 *n* 个值，比如年销售额最高的前 5 个客户）

[210]

也许你想要知道所有库存产品的平均标准价格。为得到整体平均值，可以使用 AVG 函数。这里可以用别名 AveragePrice 来对结果表达式进行命名。以下是使用 SQL*Plus 的查询和结果。

查询：所有库存产品的平均标准价格是多少？

```
SELECT AVG (ProductStandardPrice) AS AveragePrice
  FROM Product_T;
```

结果：

<u>AVERAGEPRICE</u>
440.625

SQL:1999 包含以下函数：ANY、AVG、COUNT、EVERY、GROUPING、MAX、MIN、SOME 和 SUM。SQL:2008 新增加了 LN、EXP、POWER、SORT、FLOOR、CEILING 和 WIDTH_BUCKET 这些函数。每个新的 SQL 标准都会增加新的函数，SQL:2003 和 SQL:2008 增加了更多的函数，其中许多用来进行数据的高级分析处理（例如，计算数据的移动平均数和统计样本）。正如上述例子所示，SELECT 命令里所指定列的函数（如 COUNT、MIN、MAX、SUM 和 AVG）可用来指定结果表包含的聚集数据，而非行数据。使用以上任何一种聚集函数，都将会产生单行结果。

查询：1004 号订单一共订购了多少种不同的产品？

```
SELECT COUNT (*)
  FROM OrderLine_T
    WHERE OrderID = 1004;
```

结果：

<u>COUNT (*)</u>
2

看起来可以通过简单地改变上述查询语句来列出 1004 号订单的所有产品。

查询：1004 号订单一共订购了多少种不同的产品？它们是什么？

```
SELECT ProductID, COUNT (*)
  FROM OrderLine_T
    WHERE OrderID = 1004;
```

以下是 Oracle 中的结果。

结果：

```
ERROR at line 1:
ORA-00937: not a single-group group function
```

下面是 Microsoft SQL Server 的结果。

结果：

```
Column 'OrderLine_T.ProductID' is invalid in the select list because
it is not contained in an Aggregate function and there is no
GROUP BY clause.
```

问题在于：ProductID 对应所选择的两行返回了 6 和 8 两个值，而 COUNT 对于 ID=1004 的行集合返回一个聚集值 2。在多数实现中，SQL 不能同时返回一个行值和一个集合值；用户必须分别执行两个查询，一个返回行信息，另一个返回集合信息。

如果想要知道每件产品的标准价格与所有产品平均标准价格（前面已经计算过）之间的差值，也会遇到类似问题。你可能认为的查询语句如下：

```
SELECT ProductStandardPrice – AVG(ProductStandardPrice)
  FROM Product_T;
```

然而，我们又将列值和聚集值混在了一起，这将会产生错误。回想一下，FROM 子句可以包含表、导出表和视图。一个解决上述错误查询的方法是：将聚集结果作为一个导出表，正如下面我们在下面的查询样本中所做的那样。

查询：对于每个产品显示其标准价格与所有产品的平均标准价格之间的差值。

```
SELECT ProductStandardPrice – PriceAvg AS Difference
  FROM Product_T, (SELECT AVG(ProductStandardPrice) AS PriceAvg
    FROM Product_T);
```

结果：

```
DIFFERENCE
   –240.63
    –65.63
   –265.63
   –190.63
    359.38
   –115.63
    209.38
    309.38
```

另外，函数 COUNT（*）和 COUNT 也容易混淆，之前查询里用到的 COUNT（*）函数会计算查询选中的所有行，不管是否是含有空值的行。而 COUNT 会忽略空值，只计数含非空数值的行。

SUM 和 AVG 函数只能用在数值列中。COUNT、COUNT（*）、MIN 和 MAX 可以用于任意数据类型中。比如，文本列使用 MIN 时，会找到列最小值，即首字母最接近字母表开始的值。不同的 SQL 实现对于字母表的顺序有不同的解释。比如，一些系统可能以 A ～ Z 开始，然后是 a ～ z，最后是 0 ～ 9 和其他特殊字符。有些系统将大写与小写字母同等处理。还有的系统从特殊字符开始，然后是数字、字母和其他专用字符。下面的查询返回按字母表顺序时 Product_T 里第一个 ProductName（产品名），使用了 Oracle 11g 的 AMERICAN 字符集。

查询：按字母表顺序，Product 表里的第一个产品的名字是什么？

```
SELECT MIN (ProductDescription)
  FROM Product_T;
```

这个查询给出了下面的结果，也说明了在这个字符集中数字是排在字母前面的。[注意：以下是 Oracle 的结果，Microsoft SQL Server 会返回相同的结果，但是使用 SQL 查询分析器给列（不是列名）标记，除非查询为结果指定了名字]

结果：

```
MIN(PRODUCTDESCRIPTION)
8-Drawer Desk
```

6.6.4 使用通配符

前面已经介绍过使用星号 * 作为 SELECT 语句里的通配符。在 WHERE 子句中，当无法做出精确匹配时，也可以用通配符。这里，关键字 LIKE 与通配符相匹配，通常是一个包含期望匹配的已知字符的字符串。通配符 % 用于表示任意字符集合。因此，当使用 LIKE '%Desk' 搜索 Product Description 时，将会得到 Pine Valley 家具公司所有不同类型的桌子。通配符下划线（_）用来表示单个字符，而非任意字符集合。因此，当使用 LIKE '_-drawer' 来搜索

Product Name 时，会得到所有产品名中带有 'drawer' 的产品，比如 3-drawer、5-drawer、8-drawer 梳妆台。

6.6.5 使用比较运算符

本节中，除了第一个 SQL 例子外，在 WHERE 子句中使用的都是"相等"比较运算符。第一个例子使用的是大于（小于）运算符。表 6-3 列出了 SQL 里最常见的比较运算符。（不同的 SQL DBMS 使用不同的比较运算符。）你可能习惯于对数值数据使用比较运算符，但是在 SQL 中，可以同样对字符数据和日期数据使用比较运算符。下面的查询列出了 2010 年 10 月 24 号之后的所有订单。

表 6-3 SQL 中的比较运算符

运算符	含义
=	相等
>	大于
>=	大于等于
<	小于
<=	小于等于
<>	不等于
!=	不等于

查询：哪些订单是在 2010 年 10 月 24 号之后提交的？

```
SELECT OrderID, OrderDate
  FROM Order_T
    WHERE OrderDate > '24-OCT-2010';
```

请注意：日期包含在单引号中，并且日期的格式也与图 6-3 中的有所不同，图 6-3 来自于 Microsoft Access。这个查询语句要在 SQL*Plus 中运行。你应该查看你所用的 SQL 语言的参考手册，以确定查询中及数据输入时的日期格式。

结果：

ORDERID	ORDERDATE
1007	27-OCT-10
1008	30-OCT-10
1009	05-NOV-10
1010	05-NOV-10

查询：Pine Valley 公司的哪些家具不是用樱桃木制作的？

```
SELECT ProductDescription, ProductFinish
  FROM Product_T
    WHERE ProductFinish != 'Cherry';
```

结果：

PRODUCTDESCRIPTION	PRODUCTFINISH
Coffee Table	Natural Ash
Computer Desk	Natural Ash
Entertainment Center	Natural Maple
8-Drawer Desk	White Ash
Dining Table	Natural Ash
Computer Desk	Walnut

213

6.6.6 使用 NULL 值

没有用 NOT NULL 子句定义的列可能会为空，这对于一个组织来说非常重要。你可能记得空值意味着某列没有值，值不为 0、不为空白或者其他特殊编码，只是简单地没有值存在。

我们已经知道，对于列值为空和列值为 0 这两种情况，函数所产生的结果不同。空值的情况是很常见的，所以在决定如何编写其他命令之前，先要检查是否有空值存在，或者只是简单地看一下表中含空值的数据。比如，在承担一个邮局邮件广告活动之前，你可能要执行以下查询：

查询：列出所有未知邮编的客户。

```
SELECT * FROM Customer_T WHERE CustomerPostalCode IS NULL;
```

结果：

幸运的是，在我们的样本数据库中该查询返回 0 行结果，所以可以把广告邮寄给所有的客户，因为我们知道他们的邮编。IS NOT NULL 返回指定列中没有空值的数据行。这使得用户可以只处理关键列上有值的行，而忽略其他行。

6.6.7　使用布尔运算符

你可能之前学习过有限或离散数学——逻辑、维恩图和集合论等课程。之前讲过 SQL 是面向集合的语言，所以很多时候可以用已学过的有限数学知识来编写复杂的 SQL 查询。有些复杂问题可以通过进一步调整 WHERE 子句来解决。布尔或逻辑运算符 AND、OR 和 NOT 可以有很重要的用途：

AND	连接两个或多个条件，只有当所有条件为真时返回结果
OR	连接两个或多个条件，任意一个条件为真时返回结果
NOT	对一个表达式求反

如果在一个 SQL 语句中使用了多个布尔运算符，则 NOT 先被计算，其次是 AND，然后是 OR。例如，考虑下面的查询：

查询：列出 Product 表中所有书桌（desk）的产品名称、材质和标准价格以及成本高于 300 美元的桌子（table）。

```
SELECT ProductDescription, ProductFinish, ProductStandardPrice
  FROM Product_T
    WHERE ProductDescription LIKE '%Desk'
      OR ProductDescription LIKE '%Table'
      AND ProductStandardPrice > 300;
```

结果：

PRODUCTDESCRIPTION	PRODUCTFINISH	PRODUCTSTANDARDPRICE
Computer Desk	Natural Ash	375
Writer's Desk	Cherry	325
8-Drawer Desk	White Ash	750
Dining Table	Natural Ash	800
Computer Desk	Walnut	250

上述查询结果列出了所有的书桌（desk），即使是标准价格低于 300 美元的 Computer Desk。但是只有一个桌子（table）被列出来了，标准价格低于 300 美元的桌子没有被列出来。在这个查询中（见图 6-7），会首先处理 AND，返回所有标准价格高于 300 美元的桌子。然后处理的是 OR 运算符之前的查询部分，返回所有的书桌。最后，查询的这两部分的结果合并（OR），最终结果就是所有的书桌和标准价格高于 300 美元的桌子。

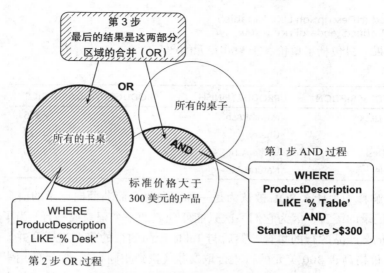

图 6-7 不使用圆括号的布尔查询 A

如果我们想要返回标准价格高于 300 美元的书桌及桌子，则需要在上述查询的 WHERE 之后和 AND 之前加上圆括号，如下面的查询 B 所示。图 6-8 显示了查询中使用了圆括号所导致的不同的处理过程，结果返回了所有标准价格高于 300 美元的书桌和桌子，在图中用水平线填充的区域表示。标准价格低于 300 美元的胡桃木书桌未被包含在结果中。

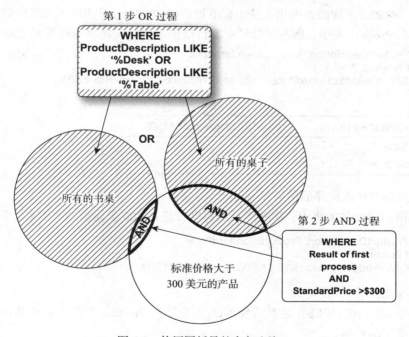

图 6-8 使用圆括号的布尔查询 B

查询 B：列出 PRODUCT 表中成本超过 300 美元的书桌及桌子的产品名、材质和标准价格。

```
SELECT ProductDescription, ProductFinish, ProductStandardPrice
  FROM Product_T;
  WHERE (ProductDescription LIKE '%Desk'
```

```
    OR ProductDescription LIKE '%Table')
  AND ProductStandardPrice > 300;
```

下面是结果，只包括了单价高于 300 美元的产品。

结果：

PRODUCTDESCRIPTION	PRODUCTFINISH	PRODUCTSTANDARDPRICE
Computer Desk	Natural Ash	375
Writer's Desk	Cherry	325
8-Drawer Desk	White Ash	750
Dining Table	Natural Ash	800

这个例子解释了为什么 SQL 被认为是一种面向集合而非面向记录的语言。（C、Java 和 Cobol 是面向记录的语言，因为它们一次只能处理表的一个记录或一行）为了应答这个查询 SQL 会找到 Desk 产品的行的集合，然后与 Table 产品的行的集合进行合并。最后，对合并的集合与标准价格高于 300 美元的行集合取交集（找到相同行）。如果使用索引，则查询的处理过程会更加快速，因为 SQL 会创建满足每个限制条件的索引实体的集合，并在这些索引实体上作集合操作，这会降低存储空间的使用，使得操作变得更快。第 7 章中以更加图形化的方式展示了用 SQL 面向集合的特征来解决涉及多表操作的更复杂的查询。

6.6.8 使用范围限制

比较运算符"＜"和"＞"用于建立值的范围，也可以使用关键字 BETWEEN 和 NOT BETWEEN。例如，下面的查询用于找出标准价格在 200 美元至 300 美元之间的产品。

查询：在 Product 表中，哪些产品的标准价格位于 200 美元至 300 美元之间？

```
SELECT ProductDescription, ProductStandardPrice
  FROM Product_T
    WHERE ProductStandardPrice > 199 AND ProductStandardPrice < 301;
```

结果：

PRODUCTDESCRIPTION	PRODUCTSTANDARDPRICE
Coffee Table	200
Computer Desk	250

下面的查询会产生同样的结果。

查询：在 PRODUCT 表中，哪些产品的标准价格在 200 美元至 300 美元之间？

```
SELECT ProductDescription, ProductStandardPrice
  FROM Product_T
    WHERE ProductStandardPrice BETWEEN 200 AND 300;
```

结果：与之前结果相同。

在这个查询的 BETWEEN 之前添加 NOT，会返回 Product_T 里所有价格小于 200 美元或高于 300 美元的产品。

6.6.9 使用 DISTINCT

有时，当返回行中不包含主键时会出现重复行。例如，参见下面的查询及其返回结果。

查询：OrderLine 表里包含哪些订单号？

```
SELECT OrderID
    FROM OrderLine_T;
```

结果返回了 18 行，由于许多订单对应多个条目，所以有许多重复行。

结果：

ORDERID
1001
1001
1001
1002
1003
1004
1004
1005
1006
1006
1006
1007
1007
1008
1008
1009
1009
1010

18 rows selected.

在这个结果中，我们真的需要哪些冗余 OrderID 吗？如果在查询语句中加入 DISTINCT 关键字，那么结果中将只有 10 个 OrderID，每个 OrderID 只返回一次。

查询：OrderLine 表里有哪些不同的订单号？　　217

```
SELECT DISTINCT OrderID
    FROM OrderLine_T;
```

结果：

ORDERID
1001
1002
1003
1004
1005
1006
1007
1008
1009
1010

10 rows selected.

DISTINCT 和 ALL 关键字在 SELECT 语句中只能出现一次。它在 SELECT 之后，但是在所有列出的列或表达式之前。如果一个 SELECT 语句投影多列，那么每列值相同的行会被删除。因此，如果之前的语句也包含 OrderedQuantity，那么会返回 14 行，因为这时重复的行数为 4 而不是 8。例如，1004 号订单的两个条目的数量均为 2，那么第 2 对 1004 和 2 将会被删除。

查询： OrderLine 表中，有哪些不同的订单号与订单数量的组合？

```
SELECT DISTINCT OrderID, OrderedQuantity
  FROM OrderLine_T;
```

结果：

ORDERID	ORDEREDQUANTITY
1001	1
1001	2
1002	5
1003	3
1004	2
1005	4
1006	1
1006	2
1007	2
1007	3
1008	3
1009	2
1009	3
1010	10

14 rows selected.

6.6.10 在列表中使用 IN 和 NOT IN

考虑使用 IN 来返回匹配值的列表。

查询： 列出所有居住在较温暖的州的客户。

```
SELECT CustomerName, CustomerCity, CustomerState
  FROM Customer_T
    WHERE CustomerState IN ('FL', 'TX', 'CA', 'HI');
```

结果：

CUSTOMERNAME	CUSTOMERCITY	CUSTOMERSTATE
Contemporary Casuals	Gainesville	FL
Value Furniture	Plano	TX
Impressions	Sacramento	CA
California Classics	Santa Clara	CA
M and H Casual Furniture	Clearwater	FL
Seminole Interiors	Seminole	FL
Kaneohe Homes	Kaneohe	HI

7 rows selected.

在有子查询的 SQL 语句中, IN 关键字具有特殊的作用。子查询的知识会在第 7 章中介绍。IN 的使用也非常符合 SQL 的集合特性。很简单, IN 之后括号中的列表 (值的集合) 可以是文字, 如上面的例子, 也可以是包含单列结果的 SELECT 语句, 该语句的结果将作为比较的值集插入。实际上, 有些 SQL 程序员经常使用 IN, 即使 IN 之后的括号内只包含单个条目也是如此。类似地, FROM 子句中的任何 table 可以是通过包含 FROM 子句中括号内的 SELECT 语句来定义的导出的表 (正如之前见到的, 关于每个产品的标准价格与所有产品的平均标准价格之间的差值的查询)。在 SQL 语句中涉及集合的地方使用 SELECT 语句是 SQL 非常强大和有用的功能, 并且这与 SQL 作为面向集合的语言完全相一致, 如图 6-7 和 6-8 所示。

6.6.11 结果排序: ORDER BY 子句

再看一下以上的查询结果, 可能这样的列表会更有意义: 先是 California 的客户, 之后是 Floridians、Hawaiians 和 Texans 的客户。这就带来了 SQL 语句其他三种基本成分:

ORDER BY	对最后的结果行进行升序或者降序排序
GROUP BY	在中间结果表中对行分组, 其中一列或多列上值相同行的被分到一组
HAVING	只能在 GROUP BY 之后使用, 作用如同第二 WHERE 子句, 只返回满足某个特定条件的分组

所以, 我们可以通过添加 ORDER BY 子句来对客户 (customers) 进行排序。

查询: 在 Customer 表中, 列出所有居住在 Florida、Texas、California 和 Hawaii 的所有客户的客户名字、城市和州。按州的字母序排序客户, 同一个州的客户按照客户名字字母序排序。

```
SELECT CustomerName, CustomerCity, CustomerState
  FROM Customer_T
    WHERE CustomerState IN ('FL', 'TX', 'CA', 'HI')
      ORDER BY CustomerState, CustomerName;
```

这时的查询结果更容易阅读了。

结果:

CUSTOMERNAME	CUSTOMERCITY	CUSTOMERSTATE
California Classics	Santa Clara	CA
Impressions	Sacramento	CA
Contemporary Casuals	Gainesville	FL
M and H Casual Furniture	Clearwater	FL
Seminole Interiors	Seminole	FL
Kaneohe Homes	Kaneohe	HI
Value Furniture	Plano	TX
7 rows selected.		

注意: 每个州的所有客户被列到一起, 并且同一个州的所有客户是按字母序排序的。排列的顺序是由 ORDER BY 子句中所包含的列的顺序决定的。在这个例子中, 先对州按字母序排序, 再对客户名字按字母序排序。如果是降序排序, 可以用 DESC 作为关键字放在要排序的列之后。在 ORDER BY 子句中, 也可以不用输入列的名字, 而选择用它们在 SELECT 列表中列的位置。例如, 在之前的查询中, 我们可以用下面的查询子句:

```
ORDER BY 3, 1;
```

有些情况下，结果表中有许多行，而你只需要前面几行的结果。许多 SQL 系统（包括 MySQL）支持 LIMIT 子句，如下面所示的查询，该查询仅列出了结果的前 5 行：

ORDER BY 3, 1 LIMIT 5;

下面的查询列出了跳过前 30 行之后的 5 行。

ORDER BY 3, 1 LIMIT 30, 5;

如何排序 NULL 值？ Null 值可以放在开始或最后，也可以排在有值的列的前面或后面。空值放在哪里由 SQL 的实现所决定。

6.6.12　结果分类：GROUP BY 子句

当使用聚集函数（如 SUM 或 COUNT）时，GROUP BY 子句非常有用。GROUP BY 可以将表分成（通过分组）多个子集合；然后使用聚集函数为分组提供汇总信息。之前的聚集函数例子中，返回的单值称为**标量聚集**（scalar aggregate）。当 GROUP BY 子句中使用聚集函数时，返回的多个值称为**矢量聚集**（vector aggregate）。

[220]

查询：计算我们送货的每个州的客户数。

```
SELECT CustomerState, COUNT (CustomerState)
  FROM Customer_T
    GROUP BY CustomerState;
```

结果：

CUSTOMERSTATE	COUNT(CUSTOMERSTATE)
CA	2
CO	1
FL	3
HI	1
MI	1
NJ	2
NY	1
PA	1
TX	1
UT	1
WA	1

11 rows selected.

也可以在组内再嵌入分组，这和多条目排序的逻辑相同。

查询：计算我们送货的每个城市的客户数。按州列出城市。

```
SELECT CustomerState, CustomerCity, COUNT (CustomerCity)
  FROM Customer_T
    GROUP BY CustomerState, CustomerCity;
```

尽管 GROUP BY 子句看起来非常直接，但是如果忘记了子句的逻辑，将会产生意想不到的结果（这对于 SQL 编程初学者来说很常见）。当使用 GROUP BY 子句时，允许在 SELECT 子句中指定的列是有限制的，只有每个组上是单值的列才会被包括进来。在之前的查询中，每个组由客户所在城市和所在州共同标识，SELECT 语句同时包含城市列和州列。这是有效的，因为每个城市和州的组合是一个 COUNT 值。但是如果本节第一个查询的 SELECT 子句也包含城市，则查询语句将会失败，因为 GROUP BY 只通过州分组。一个州有多个城市，这不满足 SELECT 子句中的每个值在 GROUP BY 组中只有一个值的要求，并且 SQL 也不能显示城市信息，因此是毫无意义的。如果使用以下规则编写查询语句，你的查询会是有效的：SELECT 语句中所引用的每个列必须在 GROUP BY 子句中被引用，除非该列是 SELECT 语句中聚集函数的一个参数。

6.6.13 限制分类结果：HAVING 子句

HAVING 子句的作用类似于 WHERE 子句，但是它是用于确定满足一些条件的分组而不是行。因此，你经常会看到 HAVING 子句紧跟着 GROUP BY 子句。

查询：找出有多个客户的州。 221

```
SELECT CustomerState, COUNT (CustomerState)
  FROM Customer_T
    GROUP BY CustomerState
    HAVING COUNT (CustomerState) > 1;
```

这个查询返回的结果去除了所有只有一个客户的州（组）。请记住，在这里使用 WHERE 是无效的，因为 WHERE 不允许聚集。另外，WHERE 限定的是行集合，而 HAVING 限定的是分组的集合。和 WHERE 一样，HAVING 的限定内容也可以和计算比较值的 SELECT 语句的结果进行比较（只有一个值的集合仍然是集合）。

结果：

CUSTOMERSTATE	COUNT(CUSTOMERSTATE)
CA	2
FL	3
NJ	2

为了在 HAVING 子句中包含多个条件，可以像在 WHERE 子句中一样使用 AND、OR 和 NOT。归纳起来，下面给出一条包含所有 6 个子句的命令；请记住，这 6 条子句必须按照以下顺序。

查询：对于给定的材质，按字母序列出材质平均标准价格低于 750 美元的产品材质及其平均标准价格。

```
SELECT ProductFinish, AVG (ProductStandardPrice)
  FROM Product_T
    WHERE ProductFinish IN ('Cherry', 'Natural Ash', 'Natural Maple',
'White Ash')
      GROUP BY ProductFinish
        HAVING AVG (ProductStandardPrice) < 750
          ORDER BY ProductFinish;
```

结果：

PRODUCTFINISH	AVG(PRODUCTSTANDARDPRICE)
Cherry	250
Natural Ash	458.333333
Natural Maple	650

　　图 6-9 显示了 SQL 处理一个查询语句的子句的顺序，箭头表示了路径。请记住，只有
SELECT 和 FROM 子句是必须要有的。注意，子句处理的顺序与创建整个查询语句的语法
顺序不同。每条子句的处理过程中会产生中间表，用于下一个查询子句。用户只能看到最终
的结果表，而看不见中间结果表。记住图 6-9 的执行顺序就可以对查询进行调试。调试时拿
走可选子句，然后按照它们被处理的顺序放回。用这种方法，可以看到中间表及发现可能的
问题。

图 6-9　SQL 语句处理顺序（基于 van der Lans，2006，p.100）

6.6.14　使用和定义视图

　　图 6-6 中的 SQL 语法演示了使用 Oracle 11g 数据库模式中四种**基本表**的创建。这些用
于物理地存储数据库数据的表与逻辑数据库设计的关系相一致。对于任何 RDBMS，通过
使用 SQL 查询，可以创建**虚表**（virtual table）或**动态视图**（dynamic view），它们的内容在
引用时被填入。这些视图操作的方式常常与基本表相同，也是通过 SQL 的 SELECT 查询
语句。

　　视图通常被认为是为了简化查询命令，但是它也可以提高数据安全性、显著提高程序
一致和数据库的工作效率。为了进一步强调视图的作用，让我们来看 Pine Valley 公司发
货单的处理过程。构造该公司的发货单需要访问图 6-3 中的 Pine Valley 数据库的四张表：
Customer_T，Order_T，OrderLine_T 和 Product_T。对于这种涉及多张表的查询，数据库新
手用户很容易出错。使用视图可以把这种关联预定义为单个虚表，并且作为数据库的一部
分。有了这样的视图，当一个用户只需客户发货单数据时，无须重构多表的连接来产生报告
或其他数据子集。表 6-4 总结了使用视图的优点和缺点。

222

视图 Invoice_V 是一个 SQL 查询（SELECT...FROM...WHERE）的结果。如果这个查询不再选择其他属性，那么可以去除 OrderedQuantity 之后的逗号。这个例子假设你会为查询添加其他属性。

223

表 6-4　使用动态视图的优点和缺点

优点	缺点
简化查询命令	每次使用视图时，都会有重建视图的处理时间
有助于提供数据安全性和一致性	可以或不可以直接更新
提高程序员工作效率	
包含大部分当前的基本表数据	
使用较少的存储空间	
为用户提供可定制的视图	
建立物理数据独立性	

查询：为客户创建一个发货单需要哪些数据元素？并将这个查询保存为名为 Invoice_V 的视图。

```
CREATE VIEW Invoice_V AS
  SELECT Customer_T.CustomerID, CustomerAddress, Order_T.OrderID,
  Product_T.ProductID,ProductStandardPrice,
  OrderedQuantity, and other columns as required
    FROM Customer_T, Order_T, OrderLine_T, Product_T
      WHERE Customer_T.CustomerID = Order_T.CustomerID
        AND Order_T.OrderID = OrderLine_T.OrderD
        AND Product_T.ProductID = OrderLine_T.ProductID;
```

这条 SELECT 子句指定或投影了视图中需要包含进来的数据元素（列）。FROM 子句列出了视图创建过程中涉及的表和视图。WHERE 子句指定了用于连接 Customer_T、Order_T、OrderLine_T 和 Product_T 这四张表的公用列名（在第 7 章中你会学到连接操作，但现在请记住用于引用其他表的外键，这些也是被用来执行连接操作的列）。因为视图是表，并且表的其中一项关系属性是行的顺序无关紧要，因此视图中的行可能不会被排序。但是引用该视图的查询可以以任何需要的顺序来显示结果。

下面的例子构建了一个查询，为 1004 号客户产生发货单，这个例子展示了视图的功能。我们可以从视图表 Invoice_V 包含进所有相关数据元素，而无须指定这四张表的连接。

查询：为订单号 1004 的订单创建发货单需要哪些数据元素？

```
SELECT CustomerID, CustomerAddress, ProductID,
  OrderedQuantity, and other columns as required
    FROM Invoice_V
      WHERE OrderID = 1004;
```

动态视图是虚表；它是随需要由 DBMS 自动创建，并且它不是作为永久数据被维护。任何 SQL SELECT 语句都可以用于创建视图。永久数据被存储在基本表里，也就是那些由 CREATE TABLE 命令创建的表。动态视图总是包含当前最新的导出值，因此，与从多个基本表创建临时表相比，在数据流动性上具有很大优势。另外，与临时表相比，视图花费很小的存储空间。然而，由于每次被请求（即每次视图在 SQL 语句中使用）时视图的内容都必须要计算，所以视图的代价很高。

224

视图可以与多个表或视图连接，并且可以包含导出列（或虚列）。比如，如果 Pine Valley

家具公司数据库的某一用户只想知道每件家具产品的订单的总额，则可以从 Invoice_V 视图创建一个视图。下面 SQL*Plus 中的例子说明了这一问题如何用 Oracle 实现，任何支持视图的 RDBNS 也可以完成该项操作。

查询：每件家居产品订单的总额是多少？

```
CREATE VIEW OrderTotals_V AS
    SELECT ProductID Product, SUM (ProductStandardPrice*OrderedQuantity)
    Total
        FROM Invoice_V
        GROUP BY ProductID;
```

我们可以为视图列赋予不同的名字（别名），而不是使用相关基本表或表达式的列名。这里，Product 是 ProductID 的重命名，只在该视图中有效。Total 是每件产品总销售额表达式的列名。（在有些关系型 DBMS 中，Total 可能会是一个不合法的别名，因为它可能是 DBMS 私有函数的保留字；当定义列名和别名时，必须要注意不要使用保留字）在随后的查询中，该表达式可以通过该视图作为数据列而非导出表达式被引用。基于其他视图而定义的视图会引起一些问题。比如，重新定义视图 Invoice_V，使其不再包含 StandardPrice 列，那么 OrderTotals_V 将不再有效，因为它将不能找到标准单位价格。

视图还有助于建立安全性。没有包含在视图中的表和列对视图的用户是不可见的。使用 GRANT 和 REVOKE 语句限制对视图的访问也增加了另一层安全性。比如，对于一些用户，赋予他们在视图中对聚集数据（比如 averages 函数）的访问权限，但是拒绝他们对具体的基本表数据的访问，这样他们就无法显示基本表的数据。

通过创建视图来限制用户只能使用其完成本职工作所需的数据，可以保证数据的私有性和机密性。如果一个办公室工作人员需要使用员工的地址数据，但是不被允许使用员工的赔偿金率数据，那么可以让他们访问一个不包含赔偿金信息的视图。

总结

本章介绍了如下关系数据库的 SQL 语言：数据库定义语言 DDL、数据库操作语言 DML 和数据库控制语言 DCL，它们经常用于关系数据库管理系统的定义和查询操作。该标准由于具有的一些缺点而受到批评。针对这些批评和为进一步增强该语言的功能，ANSI X3H2 委员会和信息技术标准国际委员会 INCITS 对其进行了扩展。当前通用的 SQL 标准是 SQL:1999，而且 SQL:2008 标准也正被一些 RDBMS 所实现。

SQL 标准的建立和一致性证明测试使得关系数据库成为新数据库开发的主要形式。SQL 标准的优势包括：减少了培训成本、提高了生产率、应用的可移植性和寿命、减少对单厂商的依赖以及改进了跨系统通信。

SQL 环境包括 SQL DBMS 的实例、可访问的数据库、相关用户和程序。每个数据库都包含在一个目录中，并且有一个描述数据库对象的数据库模式。目录中包含的信息由 DBMS 本身所维护，而不需 DBMS 的用户来维护。

SQL DDL 命令用于定义数据库，包括数据库的创建、表的创建、索引的创建和视图的创建。参照完整性也是通过 DDL 命令创建。SQL DML 命令用于载入、更新和查询数据库，使用的是 SELECT 语句。DCL 命令用于控制用户对数据库的访问。

SQL 命令可以直接影响由原始数据组成的基本表或已经创建的数据库视图。对于视图的修改和更新可能会影响基本表，也可能不会。SQL SELECT 语句的基本语法包括以下关键字：SELECT、FROM、WHERE、ORDER BY、GROUP BY 和 HAVING。其中，SELECT 语句决定了在查询结果表中将会显示哪些属性；FROM 决定了查询要用到哪些表和视图；WHERE 为查询设定了条件，包括需要的多个表之间的任意连接；ORDER BY 决定了结果将会按照什么顺序被显示；GROUP BY 用来对结果进行分类，并返回标量聚集或者矢量聚集；HAVING 通过分类限制输出结果。

理解了本章中的基本 SQL 语法，读者能够有效地使用 SQL，并且通过继续的练习，可以对更复杂的查询有更深入的理解。第 7 章中将会介绍高级 SQL。

关键术语

Base table（基本表）　　　　　　　　　　Dynamic view（动态视图）

Catalog（目录）　　　　　　　　　　　　Relational DBMS（RDBMS，关系 DBMS）

Data control language（DCL，数据控制语言）　Scalar aggregate（标量聚集）

Data definition language（DDL，数据定义语言）　Schema（模式）

Data manipulation language（DML，数据操作语言）　Vector aggregate（矢量聚集）

Virtual table（虚表）

复习题

1. 定义以下术语：
   a. 基本表　　　　　　　b. 数据定义语言　　　　c. 数据操作语言　　　d. 动态视图
   e. 参照完整性约束　　　　　　　　　　f. 关系 DBMS（RDBMS）
   g. 模式　　　　　　　　　　　　　　　h. 虚表

2. 将下列术语和合适的定义相匹配：
   _____视图　　　　　　　　　　　a. 值的列表
   _____参照完整性约束　　　　　　b. 数据库的描述
   _____动态视图　　　　　　　　　c. 逻辑表
   _____SQL:2008　　　　　　　　　d. 没有或不存在的值
   _____空值　　　　　　　　　　　e. 数据库的数据库对象的描述
   _____标量聚集　　　　　　　　　f. 嵌入 SQL 命令的编程语言
   _____矢量聚集　　　　　　　　　g. 使用外键建立的关系数据模型
   _____目录　　　　　　　　　　　h. 像表一样的视图
   _____模式　　　　　　　　　　　i. 当前提出的标准关系查询和定义语言
   _____主语言　　　　　　　　　　j. 单个值

3. 比较如下术语：
   a. 基本表；视图　　　　　　　　　　　　b. 目录；模式

4. 描述关系 DBMS（RDBMS），包括它的基础数据模型、数据存储结构及其数据联系是如何建立的。

5. 列出建立一个被广泛接受的 SQL 标准的 6 个好处。

6. 描述典型的 SQL 环境的组成和结构。

7. 区分数据定义命令、数据操作命令和数据控制命令。

8. 阐述创建 SQL 视图的一些目的，并解释视图如何能提高数据安全性。

9. 解释为什么当通过视图引用数据时，有必要对这些数据上的更新操作进行限制。

10. 描述为什么使用视图可以节省再编程工作。

11. 复习前面所学内容，解释当决定是否为某表用 SQL 创建关键字索引时，需要考虑哪些因素。

12. 至少给出一个例子解释如何具备 SQL 表的所有者资格。如何使一个用户可以使用另一个用户所拥有的表？

13. 如何改变结果表中属性的顺序？如何改变结果表中的列名？

14. SQL 中的 COUNT、COUNT DISTINCT 和 COUNT（*）有什么区别？什么情况下这三种命令会产生相同或不同的结果？

15. SQL 命令中的布尔运算符（AND、OR 和 NOT）的运算顺序是什么？如何能使运算符以期望的顺序而非规定的顺序执行？

16. 如果 SQL 语句含有 GROUP BY 子句，那么 SELECT 语句中要求的属性将会受到限制。请解释这种限制。

17. 描述一个需要使用 HAVING 子句的查询的场景。

18. IN 运算符用在 SELECT 语句的哪个子句中？IN 运算符之后是什么？SQL 中什么运算符可以执行和 IN 一样的操作？在什么情况下使用该运算符？

19. 解释为什么称 SQL 是面向集合的语言。

20. CREATE TABLE 命令中什么时候使用 LIKE 关键字是有帮助的？

21. 什么是标识列？解释 SQL 中使用标识列的好处。

22. SQL 语句中的子句是按照什么顺序执行的？

226 23. SQL 语句的哪些子句中可以定义导出表？

24. 在 ORDER BY 子句中，有哪两种方法可以引用查询结果排序的列？

25. 解释 CREATE TABLE SQL 命令中使用 CHECK 子句的目的。解释 CREATE VIEW SQL 命令中使用 WITH CHECK OPTION 的目的。

26. 使用 ALTER SQL 命令可以改变表定义的哪些内容？使用 ALTER 命令不能改变表定义的哪些内容？

27. 同一个 SELECT 语句中，可以同时使用 WHERE 和 HAVING 子句吗？如果可以，这两个子句分别用来实现哪些目的？

问题与练习

问题与练习 1 ～ 9 是基于图 6-10 中的课程安排 3NF 关系及一些样本数据。这个图中没有显示的是 ASSIGNMENT 关系的数据，它表示了教师和班级之间的多对多关系。

1. 使用 SQL 的 DDL 命令为下面所示的每个关系写出数据库描述语句（根据你所用的 SQL 版本，可以缩短、缩写或改变任何数据名称）。假设以下是属性的数据类型：

StudentID（整型，主键）

StudentName（25 个字符）

FacultyID（整型，主键）

FacultyName（25 个字符）

CourseID（8 个字符，主键）

CourseName（15 个字符）

DateQualified（日期类型）

SectionNo（整型，主键）

Semester（7 个字符）

STUDENT (StudentID, StudentName)

StudentID	StudentName
38214	Letersky
54907	Altvater
66324	Aiken
70542	Marra
...	

QUALIFIED (FacultyID, CourseID, DateQualified)

FacultyID	CourseID	DateQualified
2143	ISM 3112	9/1988
2143	ISM 3113	9/1988
3467	ISM 4212	9/1995
3467	ISM 4930	9/1996
4756	ISM 3113	9/1991
4756	ISM 3112	9/1991
...		

FACULTY (FacultyID, FacultyName)

FacultyID	FacultyName
2143	Birkin
3467	Berndt
4756	Collins
...	

SECTION (SectionNo, Semester, CourseID)

SectionNo	Semester	CourseID
2712	I-2008	ISM 3113
2713	I-2008	ISM 3113
2714	I-2008	ISM 4212
2715	I-2008	ISM 4930
...		

COURSE (CourseID, CourseName)

CourseID	CourseName
ISM 3113	Syst Analysis
ISM 3112	Syst Design
ISM 4212	Database
ISM 4930	Networking
...	

REGISTRATION (StudentID, SectionNo, Semester)

StudentID	SectionNo	Semester
38214	2714	I-2008
54907	2714	I-2008
54907	2715	I-2008
66324	2713	I-2008
...		

图 6-10　班级课程安排关系

2. 使用 SQL 定义下面的视图:

StudentID	StudentName
38214	Letersky
54907	Altvater
54907	Altvater
66324	Aiken

3. 由于参照完整性,在向 SECTION 表插入任意行之前,输入的 CourseID 必须已经存在于表 COURSE 中。写出一个执行此 SQL 约束的断言。

4. 为以下操作写出 SQL 数据定义命令:

a. 如何向 Student 表添加属性 Class ?

b. 如何移除表 Registration ?

c. 如何将 FacultyName 字段由 25 字符改为 40 字符?

5. 为以下操作写出 SQL 命令:

a. 写出两个不同形式的 INSERT 命令,用于向 Student 表添加一个 StudentID 为 65798 且姓为 Lopez 的学生。

b. 写出一个命令,将 Lopez 从 Student 表中删除。

c. 创建一个 SQL 命令,将课程 ISM 4212 的名称由 Database 修改为 To Introduction to Relational Databases。

6. 写出 SQL 查询来回答以下问题:

a. 哪些学生的 ID 号小于 50000 ?

b. ID 为 4756 的教师的姓名是什么?

c. 2008 的首个学期中最小的班级号是什么?

7. 写出 SQL 查询来回答以下问题:

a. 2008 的首个学期中,班级 2714 共招进了多少名学生?

b. 哪些教师自 1993 年起限定只教一门课程?列出该教师的编号、课程和限定日期。

8. 写出 SQL 查询来回答以下问题:

a. 哪些学生选了 Database 和 Networking?(提示:使用 SectionNo,这样就可以确定 Registration 表中的结果。)

b. 哪些教师不能同时教 Syst Analysis 和 Syst Design 课程?

c. 哪些课程在 2008 上学期开设却没有在下学期开设?

9. 写出 SQL 查询来回答以下问题:

a. Section 表中包含哪些课程?列出这些课程且每个课程只许列出一次。

b. 按 StudentName 的字母序列出所有学生。

c. 列出注册了 2008 第一学期所有课程的学生,由所注册的班级对这些学生分组。

d. 列出所有可选课程。以课程 ID 的前缀对它们进行分组(ISM 是显示的唯一前缀,但是还有许多其他前缀)。

　　问题与练习 10 ~ 15 是基于图 6-11 中所示的关系。这个数据库所描述的是成人教育项目。老师完成机构所提供的课程,学生完成评估面试,最后产生老师的报告和阅读分数。当一位老师与学生匹配后,老师每周见学生一次,每次 4 个小时。有的学生多年来都是跟随同一位老师,也有的学生跟随一位老师的时间小于 1 个月。如果感觉老师的教学风格不适合自己的学习方式,学生可以选择更改老师。许多老师已经退休了,只在那学年的一部分时间代课。老师的状态可以是 Active、Temp Stop 或 Dropped。

10. 有多少状态为 Temp Stop 的老师?哪些老师是 Active 的?

11. 没教过一个学生的老师的 TutorID 是什么?

12. 在一年里的前五个月中,成功找到老师的学生有多少?

13. 哪个学生有最高的阅读分数?

14. 每个学生在成人读写项目中的学习时间是多久?

15. 在这一项目中,学生在此学习的平均时间是多久?

　　问题与练习 16 ~ 43 是基于整个 Pine Valley 家具公司数据库的。注意:根据你所使用的 DBMS,有些字段名可能需要改变,以免使用到 DBMS 里的保留字。当第一次使用该 DBMS 时,检查表定义来为 DBMS 选择正确的字段名。数据可在 www.teradatauniversitynetwork.com 得到。

16. 通过添加 QtyOnHand 属性来修改 Product_T 表,该属性可用来追踪已完成产品的库存。该属性字段是有 5 个字符的整型字段,并且只接收正数。

17. 为 Product_T 表的 QtyOnHand 属性输入你自己选择的样本数据,通过把一项产品的库存修改为 10 000 来测试你对问题与练习 16 所完成的修改。再通过修改库存为 −10 来进行测试。如果你成功地进行了这些修改而没有出现错误信息,则你没有在问题与练习 16 中建立正确的约束。

18. 向 Order_T 表添加一个订单,该订单的每个属性都有一个值。

a. 首先,查看表 Customer_T 的数据,并且从中选择一客户为其输入一个订单。

b. 输入一个新客户的订单。除非你已经在 Customer_T 表中插入了该新客户的信息,否则这条输入语句会被拒绝。参照完整性约束会阻止你插入一条客户信息不存在的订单。

19. 使用 Pine Valley 数据库回答以下问题:

a. Pine Valley 有多少工作中心?

b. 这些工作中心位于哪里?

20. 列出姓以 L 开头的员工。

21. 哪些员工是在 1999 年被雇用的？

22. 列出居住在 California 或 Washington 的客户。将他们按邮编由高到低的顺序排序。

227
~
228

23. 列出所有由樱桃木做成的原材料，并且这些材料的规格（厚和宽）为 12*12。

TUTOR (TutorID, CertDate, Status)

TutorID	CertDate	Status
100	1/05/2008	Active
101	1/05/2008	Temp Stop
102	1/05/2008	Dropped
103	5/22/2008	Active
104	5/22/2008	Active
105	5/22/2008	Temp Stop
106	5/22/2008	Active

STUDENT (StudentID, Read)

StudentID	Read
3000	2.3
3001	5.6
3002	1.3
3003	3.3
3004	2.7
3005	4.8
3006	7.8
3007	1.5

MATCH HISTORY (MatchID, TutorID, StudentID, StartDate, EndDate)

MatchID	TutorID	StudentID	StartDate	EndDate
1	100	3000	1/10/2008	
2	101	3001	1/15/2008	5/15/2008
3	102	3002	2/10/2008	3/01/2008
4	106	3003	5/28/2008	
5	103	3004	6/01/2008	6/15/2008
6	104	3005	6/01/2008	6/28/2008
7	104	3006	6/01/2008	

图 6-11 成人教育项目（问题 10 ～ 15）

24. 列出所有由樱桃木、松树或胡桃木做原材料的 MaterialID、MaterialName、Material、MaterialStandard Price 和 Thickness。按照 Material、MaterialStandardPrice 和 Thickness 对结果进行排序。

25. 显示产品线 ID 和每一产品线中所有产品的平均标准价格。

26. 对于下订单的产品，列出产品 ID 和总数量（将该结果标记为 TotalOrdered）。列出最受欢迎的产品和最不受欢迎的产品。

27. 对于每个客户，列出 CustomerID 和总的订单数。

229

28. 对于每位销售人员，显示 CustomerID 的列表。

29. 对于每件产品，列出 ProductID 和订单总数。按照产品被下订单的次数对结果进行降序排序，并将该结果列标记为 NumOrders。

30. 对于每个客户，列出其 CustomerID 和 2010 年下的总订单数。

31. 列出每位销售人员的总订单数。

32. 列出订单数多于两个的客户的 CustomerID 和总订单数。

33. 列出所有多于一个销售人员的销售部门的 TerritoryID。

34. 哪个产品被订购得最为频繁？

35. 对于有多于一个销售人员的销售部门，列出 TerritoryID 和销售人员的数目。结果中将销售人员数目标记为 NumSalesPersons。

36. 列出除了 3、5、9 的销售人员的 SalesPersonID 和其接受的订单数。编写该查询语句时，尽量使用较少的子句，尽可能多地使用 SQL 的功能。

37. 按月列出 2010 年每位销售人员的总订单数（提示：如果你使用的是 Access，可以用 Month 函数；如果使用的是 Oracle，则把日期类型（data）转为字符串（string）类型，然后使用 TO_CHAR 函数，格式字符串为 'Mon'[比如，TO_CHAR（order_date，'MON'）]；如果使用的是其他 DBMS，则需要研究如何处理该查询的月份）。

38. 对于不是樱桃木或橡树并且宽度大于 10 英寸的原材料，列出其 MaterialName、Material 和 Width。使用 Venn 图展示你构建的查询。

39. 对于 ProductStandardPrice 高于 400 美元的橡树产品或 StandardPrice 低于 300 美元的樱桃木产品，列出其 ProductID、ProductDescription、ProductFinish 和 ProductStandardPrice。使用 Venn 图展示你构建查询的过程。

40. 列出每个订单的订单 ID、客户 ID、订单日期，并列出所有订单中最近完成的一个订单日期。使用 Venn 图展示构建查询的过程。

41. 列出每个客户的客户 ID、订单数目、该客户的订单数目与所有客户总订单数目的比值。（这个比值也就是每个客户订单占总订单的百分比。）

42. 在一行中列出产品 1、2、7 的单位价格，这样结果有三列，分别代表三种产品的单位价格，标记为 Prod1、Prod2、Prod7。

43. 并非所有的数据库版本对外键都有参照完整性约束。为你所用的 RDBMS 编写可用的命令，研究是否缺少参照完整性约束。写出缺少的约束并把其加入相关的表定义中。

44. Tyler Richardson 在搬入 Seattle 的新家时，建立了一套住宅警报系统。为了安全考虑，他将自己的所有邮件（包括他的警报系统清单）发送到本地 UPS 存储。尽管这个警报系统是可工作的并且公司对自己的物理地址很谨慎，但是 Richardson 接收到了发送到他物理地址的多个重复的提议邮件，恳求他使用当前的系统保护自己的住宅。你认为该公司的数据库系统可能出现了什么问题？

参考文献

Arvin, T. 2005. "Comparison of Different SQL Implementations" this and other information accessed at **http://troelsarvin.blogspot.com**.

Codd, E. F. 1970. "A Relational Model of Data for Large Shared Data Banks." *Communications of the ACM* 13,6 (June): 77–87.

Gorman, M. M. 2001. "Is SQL a Real Standard Anymore?" *The Data Administration Newsletter* (July), available at **www.tdan.com/i016hy01.htm**.

van der Lans, R. F. 2006. *Introduction to SQL; Mastering the Relational Database Language*, 4th ed. Workingham, UK: Addison-Wesley.

扩展阅读

Bagui, S., and R. Earp. 2006. *Learning SQL on SQL Server 2005*. Sebastopol, CA: O'Reilly Media, Inc.

Bordoloi, B., and D. Bock. 2004. *Oracle SQL*. Upper Saddle River, NJ: Pearson Prentice Hall.

Celko, J. 2006. *Joe Celko's SQL Puzzles & Answers*, 2nd ed. San Francisco: Morgan Kaufmann.

Eisenberg, A., J. Melton, K. Kulkarni, J. E. Michels, and F. Zemke. 2004. "SQL:2003 Has Been Published." *SIGMOD Record* 33,1 (March):119–26.

Guerrero, F. G., and C. E. Rojas. 2001. *Microsoft SQL Server 2000 Programming by Example*. Indianapolis: QUE Corporation.

Gulutzan, P., and T. Petzer. 1999. *SQL-99 Complete, Really*. Lawrence, KS: R&D Books.

Nielsen, P. 2003. *Microsoft SQL Server 2000 Bible*. New York: Wiley Publishing, Inc.

Web 资源

http://standards.ieee.org　　IEEE 标准委员会主页。

http://troelsarvin.blogspot.com/　该博客提供了不同 SQL 实现的详细比较，包括 DB2、Microsoft SQL、MySQL、Oracle 和 PostGreSQL。

www.1keydata.com/sql/sql.html　该网站提供了 ANSI 标准 SQL 命令子集的教程。

www.ansi.org　ANSI 及最新国内和国际标准的信息。

www.coderecipes.net　该网站解释了大量 SQL 命令并给出了示例。

www.fluffycat.com/SQL/　该网站定义了样本数据库，并给出了该数据库上的 SQL 查询示例。

www.incits.org　国际信息技术标准委员会主页，该委员会的前身是曾被称作公认标准委员会 X3 的美国信息技术标准委员会。

http://www.iso.org/iso/home.html　国际标准化组织网站，现行标准可从该网站购买。

www.itl.nist.gov/div897/ctg/dm/sql_examples.htm　该网站给出了使用 SQL 命令创建表和视图、更新表内容及执行 SQL 数据库管理命令的示例。

www.java2s.com/Code/SQL/CatalogSQL.htm　该网站提供了在 MySQL 环境中使用 SQL 的教程。

www.mysql.com　MySQL 的官方主页，包含了很多可以在 MySQL 上使用的免费下载组件。

www.paragoncorporation.com/ArticleDetail.aspx?ArticleID=27　该网站提供了 SQL 功能的简要说明及很多 SQL 查询示例。

www.sqlcourse.com 与 www.sqlcourse2.com　网站提供了 ANSI SQL 子集的教程，并带有练习数据库。

www.teradatauniversitynetwork.com　在该网站上，教师已经为你创建了支持 Web 版 Teradata SQL 助手运行的一些课程环境，该环境中带有本书中 Pine Velley 家具公司和山泉社区医院的多个数据集。

www.tizag.com/sqlTutorial/　关于 SQL 概念和命令的教程。

www.wiscorp.com/SQLStandards.html　Whitemarsh 信息系统有限公司的网站，它是关于包括 SQL:2003 的 SQL 标准及标准后续版本的很好的资源。

231

高级 SQL

学习目标

学完本章后，读者应该能够：

- 准确定义以下关键术语：连接，等值连接，自然连接，外连接，关联子查询，事务，向后恢复（回滚），触发器，方法，过程，嵌入式 SQL，动态 SQL。
- 使用 SQL 命令写单表和多表查询。
- 定义三种类型的连接命令并会用 SQL 写这些命令。
- 能写无关联和关联子查询，并知道什么时候使用这些子查询。
- 理解 SQL 在过程语言中的使用，包括标准的（如 PHP）和私有的（如 PL/SQL）。
- 理解数据库触发器和存储过程的普遍用法。

引言

前一章节已介绍了 SQL，并探讨了其单表查询的能力。关系模型的真正强大之处在于它将数据存储在许多关联实体中。利用这种方法存储数据需要建立联系和构造使用多个表数据的查询。本章将详细介绍多表查询。使用不同的方法展示来自多个表中得到的数据结果，包括使用子查询、内连接、外连接和联合连接。

一旦理解了基本 SQL 语法，理解在应用创建中怎样使用 SQL 便非常重要。触发器是包含 SQL 的小型代码模块，当触发器中定义的条件成立时它就会自动执行。过程是相似的代码模块，但是必须在执行之前调用。SQL 命令经常嵌入到用其他主语言写的代码模块中，例如 C、PHP、.NET 或 Java。动态 SQL 在运行中创建 SQL 语句，并在需要时插入参数值，它在 Web 应用中至关重要。本章将会对这些方法作简单介绍并举例说明。Oracle 是一个主要的关系数据库管理系统（RDBMS）厂商，遵从 SQL:1999 标准。

本章的结束会给出 SQL 复习以及它使用的一些方式。一些在特殊情况中用到的很多额外特性通常在更详细的 SQL 文档中"模糊"提到。练习本章所提到的语法将会是你学习神秘 SQL 的一个好的开始。

7.1 多表处理

我们已经探讨了单表处理的一些方法，现在该是拿出"光剑"、"喷气机"和"举重工具"来完成这项艰难的工作的时候了：同时处理多表数据。在处理多表的时候，RDBMS 的能力将会展现。当多个表之间存在联系时，这些表就可以在查询中连接在一起。记得在第 4 章中，这些联系的建立是通过在联系需要的每个表中包含公共列实现。联系经常是通过设置主键–外键联系建立的，其中一个表的外键引用另一个表的主键，并且它们的值来自相同的域。可以通过查找这些列的共同值来建立两个表间的连接。图 7-1 选择了图 6-3 的两个关系，描述了 Pine Valley 家具公司的部分数据库。注意 Order_T 表的 CustomerID 值和 Customer_T 表的 CustomerID 值对应。使用这种对应可以推出，Contemporary Casuals 下了订单 1001 和 1010，因为 Contemporary Casuals 的 CustomerID 是 1，并且从 Order_T 表看出 CustomerID 为 1 的客户下了 OrderID 为 1001 和 1010 的订单。在关系系统中，来自关联表中的数据被合并成一个结果表或者视图，然后直接显示或者作为一个表格或报告定义的输入。

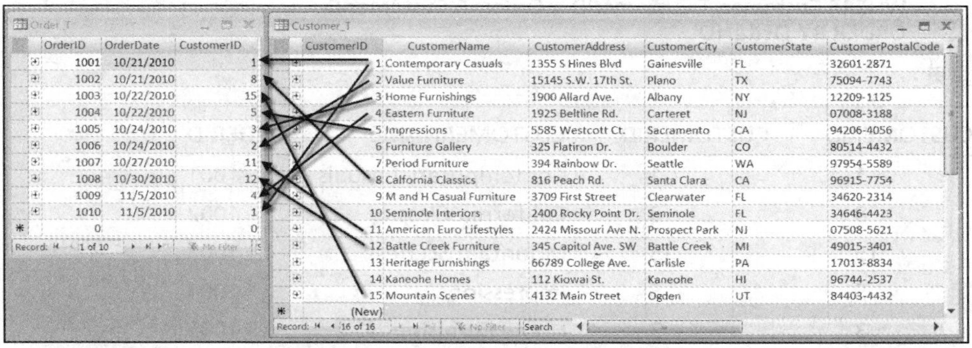

Order_T

OrderID	OrderDate	CustomerID
1001	10/21/2010	1
1002	10/21/2010	8
1003	10/22/2010	15
1004	10/22/2010	5
1005	10/24/2010	3
1006	10/24/2010	2
1007	10/27/2010	11
1008	10/30/2010	12
1009	11/5/2010	4
1010	11/5/2010	1
0		0

Record: 1 of 10

Customer_T

CustomerID	CustomerName	CustomerAddress	CustomerCity	CustomerState	CustomerPostalCode
1	Contemporary Casuals	1355 S Hines Blvd	Gainesville	FL	32601-2871
2	Value Furniture	15145 S.W. 17th St.	Plano	TX	75094-7743
3	Home Furnishings	1900 Allard Ave.	Albany	NY	12209-1125
4	Eastern Furniture	1925 Beltline Rd.	Carteret	NJ	07008-3188
5	Impressions	5585 Westcott Ct.	Sacramento	CA	94206-4056
6	Furniture Gallery	325 Flatiron Dr.	Boulder	CO	80514-4432
7	Period Furniture	394 Rainbow Dr.	Seattle	WA	97954-5589
8	Calfornia Classics	816 Peach Rd.	Santa Clara	CA	96915-7754
9	M and H Casual Furniture	3709 First Street	Clearwater	FL	34620-2314
10	Seminole Interiors	2400 Rocky Point Dr.	Seminole	FL	34646-4423
11	American Euro Lifestyles	2424 Missouri Ave N.	Prospect Park	NJ	07508-5621
12	Battle Creek Furniture	345 Capitol Ave. SW	Battle Creek	MI	49015-3401
13	Heritage Furnishings	66789 College Ave.	Carlisle	PA	17013-8834
14	Kaneohe Homes	112 Kiowai St.	Kaneohe	HI	96744-2537
15	Mountain Scenes	4132 Main Street	Ogden	UT	84403-4432
(New)					

Record: 16 of 16 Search

图 7-1 Pine Valley 家具公司的 Customer_T 和 Order_T 表，包括从客户到他们的订单的箭头

关联表的连接随着关系系统类型不同而不同。在 SQL 中，SELECT 命令的 WHERE 子句也用于多表操作。实际上，SELECT 可以在同一个命令中同时包括 2 个、3 个或者更多表的引用。如下将描述的，SQL 有两种方式使用 SELECT 合并关联表的数据。

最常用的关系操作是将两个或多个关联表的数据放到一个结果表中，称为**连接**（join）。最初，SQL 通过在 WHERE 子句中引用来隐式地说明连接，以匹配表连接需要的公共列。自 SQL-92 标准后，连接也可以在 FROM 子句中说明。无论哪种情况，当每个表都有一列和另一个表的列共享一个共同域时，这两个表就可以连接。之前提到过，一个表的主键和另一个表中引用该主键的外键将共享一个共同域，它们经常用来建立连接。有时使用共享共同域但不是主键 – 外键联系的列来建立连接也是可以的（例如，可能根据数据库的数据模型中根本不存在联系的共有邮政编码来将客户和销售员连接起来）。连接操作的结果是一个单表，包括从所有表中选择的列，返回的每一行包括了公共列的值匹配的不同输入表的行的数据。

显式的 JOIN...ON 命令包含在 FROM 子句中。如在标准库中包含的连接操作，而每个 RDBMS 产品只支持如下关键字的一个子集：INNER、OUTER、FULL、LEFT、RIGHT、CROSS 和 UNION。（下面章节将会解释这些关键字。）NATURAL 是一个可选关键字。无论你使用哪种连接，每对连接的表都应该有一个 ON 或 WHERE 说明。因此，如果两个表结合，那么一个 ON 或 WHERE 条件语句是必要的，但是如果有三个表（A、B 和 C）结合，233
那么两个 ON 或 WHERE 条件语句是必需的，因为这里有两对表（A-B 和 B-C），依此类推。大多数系统都支持在一个 SQL 命令中最多 10 对表的连接。

下面将介绍不同类型的连接操作。

7.1.1 等值连接

等值连接（equal-join）的连接条件是基于共同列的值相等。例如，如果想知道哪些客户下了订单，这个信息保存在两个表 Customer_T 和 Order_T 中。必须使用他们的订单来匹配客户，然后收集一些信息（例如，客户的名字和订单编号）放在一个表中来回答这个问题。

通过查询创建的表称作结果或答案表。

查询：所有有订单的客户的 ID 和名字以及他们的订单编号是哪些？

```
SELECT Customer_T.CustomerID, Order_T.CustomerID,
  CustomerName, OrderID
    FROM Customer_T, Order_T
      WHERE Customer_T.CustomerID = Order_T. CustomerID
      ORDER BY OrderID
```

结果：

CUSTOMERID	CUSTOMERID	CUSTOMERNAME	ORDERID
1	1	Contemporary Casuals	1001
8	8	California Classics	1002
15	15	Mountain Scenes	1003
5	5	Impressions	1004
3	3	Home Furnishings	1005
2	2	Value Furniture	1006
11	11	American Euro Lifestyles	1007
12	12	Battle Creek Furniture	1008
4	4	Eastern Furniture	1009
1	1	Contemporary Casuals	1010

10 rows selected.

来自两个表的冗余 CustomerID 列证明客户的 ID 被匹配并且该匹配给出了所下订单的一行。给 CustomerID 列添加各自的表名作为前缀，这样 SQL 知道在 SELECT 列表中的各个元素引用的是哪个 CustomerID 列；没有必要给 CustomerName 或 OrderID 添加其关联表名作为前缀，因为这些列都只能在 FROM 列表中的一个表中找到。建议读者学习图 7-1 中的 10 个箭头对应的查询结果中的 10 行。并且，注意在查询结果中没有没有订单的客户的行，因为在 Order_T 中没有这些 CustomerID 的匹配。

如果 WHERE 子句被去掉，可以看到表之间匹配的重要性。这时查询会返回所有客户和订单的组合，或 150 行，包括两个表之间行的所有可能组合（也就是说，一个订单会与每个客户相匹配，而不是与下这个订单的客户）。这种情况下，连接没有反映两个表之间存在的联系，得到的也不是有用或有意义的结果。连接结果的行数等于每个表的行数的乘积（10 个订单 × 15 个客户 = 150 行）。这叫作笛卡儿连接。当 WHERE 子句中多个条件的某个连接部分丢失或者错误时会使笛卡儿连接得到假的结果。只在极少的情况下想要得到笛卡儿连接的结果，这时去掉 WHERE 子句中的配对条件。（在你确定真正想要的时候使用这个查询，因为在产品数据库上的一个交叉连接将会产生成百上千行并且消耗巨大的计算机时间——足够叫一个比萨快递了！）

关键词 INNER JOIN...ON 用在 FROM 子句中建立等值连接。这里使用的是 Microsoft Access SQL 语法，在其他一些系统（例如 Oracle 和 Microsoft SQL Server）直接使用没有 INNER 的 JOIN 关键词建立等值连接：

查询：所有有订单的客户的 ID 和名字以及他们的订单编号是哪些？

```
SELECT Customer_T.CustomerID, Order_T.CustomerID,
   CustomerName, OrderID
FROM Customer_T INNER JOIN Order_T ON
   Customer_T.CustomerID = Order_T.CustomerID
ORDER BY OrderID;
```

结果：与之前的查询结果相同。

如果你使用的 RDBMS 支持的话，最简单是使用 JOIN...USING 语法。如果数据库的设计者事先经过考虑并且主键和外键使用了相同的列名称，就像表 Customer_T 和 Order_T 中的 CustomerID 一样，就可以使用下面的查询：

```
SELECT Customer_T.CustomerID, Order_T.CustomerID,
   CustomerName, OrderID
FROM Customer_T INNER JOIN Order_T USING CustomerID
ORDER BY OrderID ;
```

注意这里的 WHERE 子句只是发挥了其作为过滤器作用的传统角色。由于 FROM 子句通常先于 WHERE 子句处理，因此一些用户选择在 FROM 子句中使用 ON 或 USING 的新语法。剩下的语句只要处理满足连接条件的更小的记录集，这样可能会提高性能。所有的数据库管理系统（DBMS）产品都支持传统方式在 WHRER 子句中定义连接。Microsoft SQL Server 支持 INNER JOIN...ON 语法，Oracle 从 9i 开始支持，MySQL 从版本 3.23.17 开始支持。

再次强调，SQL 是面向集合的语言。因此，这个连接示例是通过将客户表和订单表看作两个集合并且将 Customer_T 表和 Order_T 表中有相同 CustomerID 值的行连接在一起产生的。这是一个集合交集操作，就是从匹配的行中选择列连接在一起。图 7-2 使用集合图解方式展示了最普通的双表连接。

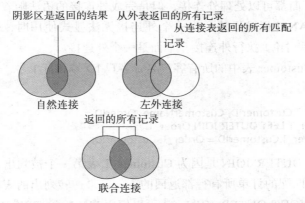

图 7-2　形象化显示不同的连接类型，返回的结果以阴影区域显示

7.1.2　自然连接

自然连接（natural join）与等值连接类似，只是它是在匹配列上执行，并且结果表中不存在重复的列。自然连接是最常用的连接操作。（不，"自然"连接不是带有更多纤维素的更健康的连接，并且没有非自然连接；但是你会发现它在关系数据库中的自然性和至关重要的功能。）注意下面命令中的 CustomerID 仍然要被限制因为它们仍然有二义性；CustomerID 在 Customer_T 和 Order_T 中都存在，因此必须明确 CustomerID 是来自哪个表。当连接在 FROM 子句中定义时，NATURAL 是一个可选关键字。

查询：对每个下订单的客户，其 ID、名字和订单号是什么？

```
SELECT Customer_T.CustomerID, CustomerName, OrderID
FROM Customer_T NATURAL JOIN Order_T ON
Customer_T.CustomerID = Order_T.CustomerID;
```

注意在 FROM 子句中表名的顺序无关紧要。DBMS 中的查询优化器将会决定处理每个表的次序。公共列上是否存在索引也会影响表处理的次序，就如在 1:*M* 联系中哪个表在 1、哪个表在 *M* 一样。如果对于 FROM 子句中表的顺序不同查询耗费不同的时间，那么就表示 DBMS 没有好的查询优化器。

7.1.3　外连接

在连接两个表时，经常会发现一个表的行在另一个表中没有与之匹配的行。例如，一些 CustomerID 号在 Order_T 表中没有出现。在图 7-1 中，箭头是从客户指向他们的订单。Contemporary Casuals 有 两 个 订 单。Furniture Gallery、Period Furniture、M&H Casual Furniture、Seminole Interiors、Heritage Furnishings 和 Kaneohe Homes 在这个简单的例子中没有订单。可以假设这是因为这些客户从 2010 年 10 月 21 日起没有下订单，或者他们的订单不在这个简短的 Order_T 表中。因而，之前展示的等值连接和自然连接的结果并不包括 Customer_T 中的所有客户。

当然，企业可能会对找出没有订单的客户感兴趣。它可能是想联系他们产生新的订单，或者可能对分析这些客户为什么没有下订单感兴趣。使用**外连接**（out join）会产生这些信息：在共有列中没有匹配值的行也出现在结果表中。表之间没有匹配的列中显示空值。

主流 RDBMS 厂商都可以处理外连接，但是完成外连接的语法随着厂商不同而不同。这里给出的例子使用 ANSI 标准语法。当一个外连接无法显式使用时，使用 UNION 和 NOT EXISTS（在本章之后讨论）执行外连接。下面是一个外连接。

查询：列出在 Customer 表中的所有客户名、客户 ID 号和订单号，包括没有订单的客户的客户名和客户 ID 号。

```
SELECT Customer_T.CustomerID, CustomerName, OrderID
 FROM Customer_T LEFT OUTER JOIN Order_T
 WHERE Customer_T.CustomerID = Order_T. CustomerID;
```

选择语法 LEFT OUTER JOIN 是因为 Customer_T 表第一个被列出，并且是希望无论在 Order_T 表中是否有匹配的订单所有行都返回的表。如果逆转列出的表的顺序，要得到相同的结果就需要使用 RIGHT OUTER JOIN。还可以使用 FULL OUTER JOIN。在这种情况下，两个表中的所有行都会被返回和匹配，如果可能的话，包括任何在另一个表中没有匹配的行。INNER JOIN 比 OUTER JOIN 更常用，因为外连接只在用户需要看到另一个表中没有匹配的行的行数据时才有必要。

另外，外连接的结果表中可能会显示 NULL（或一个符号，例如 ??）作为在第二个表中没有匹配项的列的值。如果那些列可能有 NULL 作为数据值，那么你不知道该行是否是匹配行或非匹配行，除非你运行另一个查询，检查基本表或视图中的空值。同样，一个被定义为 NOT NULL 的列也可能在 OUTER JOIN 的结果表中被分配一个 NULL 值。在如下结果中，NULL 值显示为空白值（也就是一个没有订单的客户的 OrderID 列没有值）。

结果：

CUSTOMERID	CUSTOMERNAME	ORDERID
1	Contemporary Casuals	1001
1	Contemporary Casuals	1010
2	Value Furniture	1006
3	Home Furnishings	1005
4	Eastern Furniture	1009
5	Impressions	1004
6	Furniture Gallery	
7	Period Furniture	
8	California Classics	1002
9	M & H Casual Furniture	
10	Seminole Interiors	
11	American Euro Lifestyles	1007
12	Battle Creek Furniture	1008
13	Heritage Furnishings	
14	Kaneohe Homes	
15	Mountain Scenes	1003

16 rows selected.

回顾一下图 7-1 和图 7-2 将有助于你的理解。在图 7-2 中，左边的圆代表客户，右边的圆代表订单。表 Customer_T 和 Order_T 的 NATURAL JOIN 之后，只有图 7-1 中画箭头的 10 行会被返回。在 Customer_T 上的 LEFT OUTER JOIN 返回所有有订单的客户和所有没有订单的客户。由于 Customer 1 Contemporary Casuals 有两个订单，因此两个订单都会被返回，最终返回 16 行数据。

外连接的优点是信息不会丢失。这里，无论客户是否有订单，他们的名字都被返回。使用 RIGHT OUTER JOIN 将会返回所有的订单。（因为参照完整性需要每个订单与一个合法的客户 ID 相关联，所以这个右外连接只能保证参照完整性被执行。）没有订单的客户将不在结果中。

查询：列出订单表中所有订单的客户名、客户 ID 号和订单号，包括没有客户名和客户 ID 号的订单的订单号。

```
SELECT Customer_T.CustomerID, CustomerName, OrderID
  FROM Customer_T RIGHT OUTER JOIN Order_T ON
    Customer_T.CustomerID = Order_T.CustomerID;
```

7.1.4 四表连接示例

关系模型的很多功能来自于它处理数据库各个对象之间的联系的能力。设计一个数据库时将每个对象的数据分开保存在不同的表中简化了维护费用和数据完整性。通过表的连接将各个对象联系在一起的能力给员工提供了关键的商业信息和报告。尽管在第 6 章和本章提供的示例都很简单并且只是用来提供对 SQL 的基本理解，但认识到这些命令可以并经常被用来建立更复杂的查询从而为报告和程序提供准确信息则非常重要。

237

这里有一个包含四表连接的连接查询样例。该查询产生的结果表包括建立订单 1006 发票所需要的信息。想要客户信息、订单和订单行信息以及产品信息就要连接四个表。图 7-3a 显示了这个查询中包含的四个表的注释 ERD；图 7-3b 显示四个表的抽象实例图，其中假设订单 1006 有两个行条目，分别对应产品 Px 和 Py。鼓励读者画这样的图表以帮助构思查询中涉及的数据以及怎样构造相应的 SQL 连接命令。

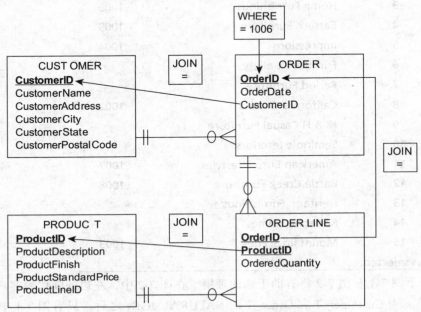

a) 带有在四表连接中使用的关系注释的 ERD

b) 在四表连接中使用的关系注释的实例图表

图 7-3 描述四表连接的图表

查询：收集 1006 号订单生成发票所必需的所有信息。

```
SELECT Customer_T.CustomerID, CustomerName, CustomerAddress,
    CustomerCity, CustomerState, CustomerPostalCode, Order_T.OrderID,
    OrderDate, OrderedQuantity, ProductDescription, StandardPrice,
```

```
(OrderedQuantity * ProductStandardPrice)
FROM Customer_T, Order_T, OrderLine_T, Product_T
  WHERE Order_T.CustomerID = Customer_T.CustomerID
    AND Order_T.OrderID = OrderLine_T.OrderID
    AND OrderLine_T.ProductID = Product_T.ProductID
    AND Order_T.OrderID = 1006;
```

图 7-4 显示了查询的结果。记住，由于连接涉及了四个表，因此这里有三个列连接条件，如下所示：

1）Order_T.CustomerID = Customer_T.CustomerID 连接一个订单和其相关联的客户。

2）Order_T.OrderID = OrderLine_T.OrderID 连接每个订单和该订单的项目细节。

3）OrderLine_T.ProductID = Product_T.ProductID 连接每个订单的详细记录和记录行对应的产品描述信息。

CUSTOMERID	CUSTOMERNAME	CUSTOMERADDRESS	CUSTOMER CITY	CUSTOMER STATE	CUSTOMER POSTALCODE
2	Value Furniture	15145 S. W. 17th St.	Plano	TX	75094 7743
2	Value Furniture	15145 S. W. 17th St.	Plano	TX	75094 7743
2	Value Furniture	15145 S. W. 17th St.	Plano	TX	75094 7743

ORDERID	ORDERDATE	ORDERED QUANTITY	PRODUCTNAME	PRODUCT STANDARDPRICE	(QUANTITY* STANDARDPRICE)
1006	24-OCT -10	1	Entertainment Center	650	650
1006	24-OCT -10	2	Writer's Desk	325	650
1006	24-OCT -10	2	Dining Table	800	1600

图 7-4　四表连接的结果

7.1.5　自连接

有时候一个连接需要将一个表的一些行和该表的另一些行匹配起来——将一个表和它本身连接。在 SQL 中没有专门的命令来进行这一操作，但人们通常称这个操作为自连接（self-join）。自连接出现有多种原因，最普遍的是一元联系。这种联系通过（例如）在 EmployeeSupervisor 列中放置员工的管理人（即另一个员工）的 EmployeeID（外键）来实现。利用这种递归循环的外键列，可以问以下问题：

查询：每个员工的 ID、名字和他 / 她的经理（即标记为 Manager 的管理人员）的名字是什么？

```
SELECT E.EmployeeID, E.EmployeeName, M.EmployeeName AS Manager
  FROM Employee_T E, Employee_T M
  WHERE E.EmployeeSupervisor = M.EmployeeID;
```

结果：

EMPLOYEEID	EMPLOYEENAME	MANAGER
123-44-347	Jim Jason	Robert Lewis

图 7-5 用 Venn 图和实例图来描述了这个查询。在这个查询中有两点需要注意。首先，Employee 表实际上是为两个角色服务的：员工和经理。因此 FROM 子句中引用了

Employee_T 表两次，每次都是为了其相应的角色。但是，为了在查询的其他部分区分这些角色，我们给每个 Employee_T 表取了一个别名（在这个例子中，E 是员工的别名，M 是经理的别名）。这样 SELECT 列表中的列都清楚了：首先是员工 ID 和员工名字（有前缀 E），然后是经理的名字（有前缀 M）。哪个经理？这是下一个关键点：WHERE 子句将"员工"和"经理"表根据外键从员工（EmployeeSupervisor）到经理（EmployeeID）连接起来。根据之前的 SQL，它将 E 和 M 表看作两个不同的但是有相同列名的表，所以这些列名必须有一个前缀来区分它每次被引用时选择的是哪个表。

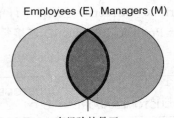

有经验的员工
WHERE E.EmployeeSupervisor = M.EmployeeID

Employees (E)

EmployeeID	EmployeeName	EmployeeSupervisor
098-23-456	Sue Miller	
107-55-789	Stan Getz	
123-44-347	Jim Jason	678-44-546
547-33-243	Bill Blass	
678-44-546	Robert Lewis	

Managers (M)

EmployeeID	EmployeeName	EmployeeSupervisor
098-23-456	Sue Miller	
107-55-789	Stan Getz	
123-44-347	Jim Jasno	678-44-546
547-33-243	Bill Blass	
678-44-546	Robert Lewis	

图 7-5　自连接例子

加上一元联系，读者会发现使用自连接可以写出很多有趣的查询。例如，哪些员工的工资要比他们的经理高（在职业棒球中比较常见，但在商业和政府机构很少），或者（如果数据库有这些数据的话）是否有员工与他 / 她的经理结婚的（在家族企业不罕见，但可能在很多企业被禁止）？本章后面的一些问题与练习可能需要用到自连接的查询。

就像其他连接一样，基于外键和明确的一元联系来建立自连接不是必需的。例如，当一个销售人员计划去拜访一个特定的客户时，她可能想知道与该客户有相同邮编的其他所有客户是谁。记住，可以根据列来连接不同（或相同）表中的行，只要这些列来自相同的数值域并且这些列中数值的连接有意义。例如，即使 ProductFinish 和 EmployeeCity 可能有相同的数据类型，它们并不是来自同样的数值域，并且通过这些列将产品和员工连接起来没有什么必要的商业原因。但是，一个人可能想通过销售人员销售的订单时间和他 / 她的被雇佣时间来了解销售人员的业绩。你无法想象 SQL 可以回答什么问题（即使可以对 SQL 怎样显示结果有有限的控制）。

7.1.6　子查询

之前的 SQL 示例说明了连接两个表的两种基本方法之一：连接技术。SQL 也提供了子查询技术，它包括将一个内查询（SELECT...FROM...WHERE）放置在另一个（外）查询的

WHERE 或 HAVING 子句中。内查询为外查询的搜索条件提供一个或更多的数值集。这样的查询被认为是子查询或嵌套子查询。子查询可以被嵌套多次。子查询也是将 SQL 理解面向集合语言的最好的例子。

有时，连接和子查询技术可以完成相同的结果，关于使用哪种技术，不同的人有不同的偏好。其他时候，只能使用连接或只能使用子查询完成。连接技术在检索和显示来自多个关系的数据并且这些联系没有必要嵌套的时候非常有用，然而子查询技术只允许外查询中提到的表中的数据显示。比较一下返回相同结果的两个查询。它们都回答了这个问题：订单编号为 1008 的客户的名字和地址是什么？首先，使用连接查询，这在图 7-6a 中用图形描述。

查询：订单编号为 1008 的客户的名字和地址是什么？

```
SELECT CustomerName, CustomerAddress, CustomerCity,
    CustomerState, CustomerPostalCode
FROM Customer_T, Order_T
WHERE Customer_T.CustomerID = Order_T. CustomerID
    AND OrderID = 1008;
```

238 ~ 241

在集合处理过程中，这个查询找到 Order_T 表中 OrderID = 1008 的子集合，然后将该子集合中的行与 Customer_T 表中有相同 CustomerID 值的行相匹配。在这个方法中，只有一个订单拥有 OrderID 值 1008 是没有必要的。现在，看一下使用子查询技术的相同查询，这在图 7-6b 中用图形描述。

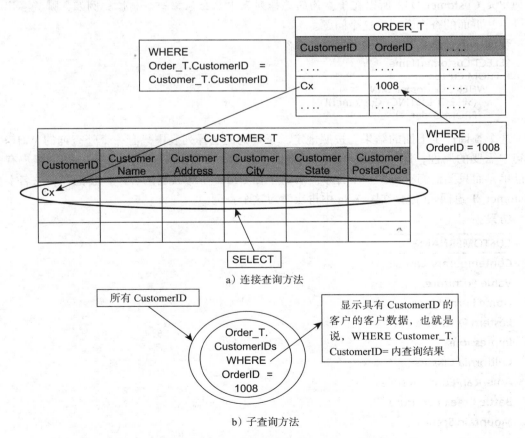

a）连接查询方法

b）子查询方法

图 7-6　用两种使用不同类型的连接应答查询的图形描述

查询：订单编号为 1008 的客户的名字和地址是什么？

```
SELECT CustomerName, CustomerAddress, CustomerCity,
CustomerState, CustomerPostalCode
  FROM Customer_T
    WHERE Customer_T.CustomerID =
      (SELECT Order_T.CustomerID
        FROM Order_T
          WHERE OrderID = 1008);
```

[242]

注意这个子查询（即在阴影和圆括号中的部分）遵循 SQL 查询构建格式，它可以看作为一个独立的查询。因此，子查询的结果与其他查询一样是行的集合——本例中，是一个 CustomerID 值的集合。已知结果中只有一个值。（因为订单编号为 1008 的订单只有一个 CustomerID。）为了安全考虑，可以并且应该在写子查询时使用 IN 运算符而不是"="。子查询可以使用在这个查询中是因为只需要显示外查询表中的数据。OrderID 的值在查询结果中没有出现；它是作为内查询的选择标准。把子查询中的数据包含到结果中，要使用连接技术，因为子查询中的数据不能被包含进最终结果中。

如上所述，我们事先已知道先前的子查询将会返回最多一个值，即与 OrderID 1008 关联的 CustomerID。如果没有编号为 1008 的订单，结果将为空。（建议读者检查你的查询对于子查询返回 0、1 或多个值时是否成立。）如果它包含关键字 IN，则子查询可以返回一系列（集合）的数值（包括 0、1 或多个）。由于子查询的结果只被用来与一个属性作比较（在这个查询中是 CustomerID），所以在子查询的选择列表中只会包含一个属性。例如，哪些客户下过订单？下面的查询会回答这个问题。

查询：下过订单的客户的名字是什么？

```
SELECT CustomerName
  FROM Customer_T
    WHERE CustomerID IN
      (SELECT DISTINCT CustomerID
        FROM Order_T);
```

这个查询产生下面的结果。按照规定，子查询的选择列表中只有一个外查询的 WHERE 子句中需要的属性，即 CustomerID。子查询中使用 DISTINCT 是由于不关心一个客户有多少订单，而只要他们有至少一个订单。对每个在 Order_T 中找出的客户，会把客户的名字从 Customer_T 返回。（你会在图 7-8a 中再次学习这个查询。）

结果：

CUSTOMERNAME
Contemporary Casuals
Value Furniture
Home Furnishings
Eastern Furniture
Impressions
California Classics
American Euro Lifestyles
Battle Creek Furniture
Mountain Scenes

9 rows selected.

限定词 NOT、ANY 和 ALL 都要在 IN 之前或与运算符（如 =、> 和 <）一起使用。因为 IN 在内查询中与 0、1 或多个这些值一起使用，很多程序设计员只简单使用 IN 代替所有查询中的 "="，即使 "=" 符号可以使用。下面的例子中使用 NOT，它也说明连接可以用在内查询中。 243

查询：哪些客户没有订购过电脑桌？

```
SELECT CustomerName
  FROM Customer_T
  WHERE CustomerID NOT IN
  (SELECT CustomerID
    FROM Order_T, OrderLine_T, Product_T
      WHERE Order_T.OrderID = OrderLine_T.OrderID
        AND OrderLine_T.ProductID = Product_T.ProductID
        AND ProductDescription = 'Computer Desk');
```

结果：

CUSTOMERNAME

Value Furniture
Home Furnishings
Eastern Furniture
Furniture Gallery
Period Furniture
M & H Casual Furniture
Seminole Interiors
American Euro Lifestyles
Heritage Furnishings
Kaneohe Homes
10 rows selected.

结果显示有 10 个客户没有订购电脑桌。内查询返回一个订购了电脑桌的所有客户的列表（集合）。外查询列出那些不在内查询返回列表中的客户名字。图 7-7 形象地分开了子查询和主查询的结果。

除了 IN 之外，限定词 <ANY 或 >=ALL 也有用。例如，限定词 >=ALL 可以用来匹配集合中的最大值。但是小心：一些限定词的组合可能没有意义，如 =ALL（只有在集合中所有元素的值相同时才有意义）。

其他两个与使用子查询相关联的条件是 EXISTS 和 NOT EXISTS。这些关键字都放在 SQL 查询中与 IN 相同的位置，只是在子查询开始的前面一点。如果子查询返回一个包括一行或多行的中间结果表（也就是非空集合），则 EXISTS 会返回一个值 true；如果没有行返回（也就是空集），则会返回 false。如果没有行返回，NOT EXISTS 会返回一个值 true；如果返回至少一行，则会返回 false。

所以，什么时候使用 EXISTS 或 IN，什么时候使用 NOT EXISTS 或 NOT IN？当你只是对子查询返回一个非空（空）集（也就是你不关心什么在集合中，只是关心它是否为空）感兴趣时，可以使用 EXISTS（NOT EXISTS），当你需要知道什么值在（不在）集合中时，则需要使用 IN（NOT IN）。记住，IN 和 NOT IN 只返回一个列的数值的集合，然后与外查询中的一列作比较。EXISTS 和 NOT EXISTS 只返回一个 true 或 false 值，这依赖于内查询或子查询中得到的结果表是否有数据行。

考虑下面的包括 EXISTS 的 SQL 语句。

[244] **查询**：包括天然亚麻材质的家具的所有订单的订单 ID 是什么？

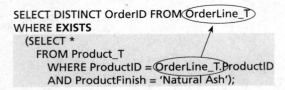

```
SELECT DISTINCT OrderID FROM OrderLine_T
WHERE EXISTS
  (SELECT *
   FROM Product_T
      WHERE ProductID = OrderLine_T.ProductID
      AND ProductFinish = 'Natural Ash');
```

SELECT CustomerName FROM Customer_T

WHERE CustomerID NOT IN

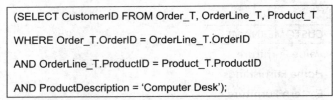

(SELECT CustomerID FROM Order_T, OrderLine_T, Product_T

WHERE Order_T.OrderID = OrderLine_T.OrderID

AND OrderLine_T.ProductID = Product_T.ProductID

AND ProductDescription = 'Computer Desk');

1. 子查询（显示在方框中）先执行，并创建一个中间结果表。它返回每个至少买了一个电脑桌的客户的 CustomerID

2. 主查询后执行并返回子查询结果给所有 NOT IN 客户

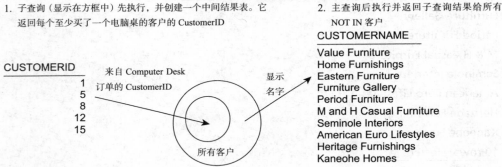

图 7-7　使用 NOT IN 限定词

外查询的每个订单行都要执行子查询。子查询为每个订单行检查是否该行上的产品材质是天然亚麻（用上面查询的箭头表示）。如果是 true（EXISTS），外查询就显示那个订单的订单 ID。外查询会一次性地对引用行的集合中的每行（OrderLine_T 表）检查这一行。结果中显示有 7 个这样的订单。（我们会在图 7-8b 中进一步讨论这个查询。）

结果：

ORDERID

1001

1002

1003

1006

1007

1008

1009

[245] 7 rows selected.

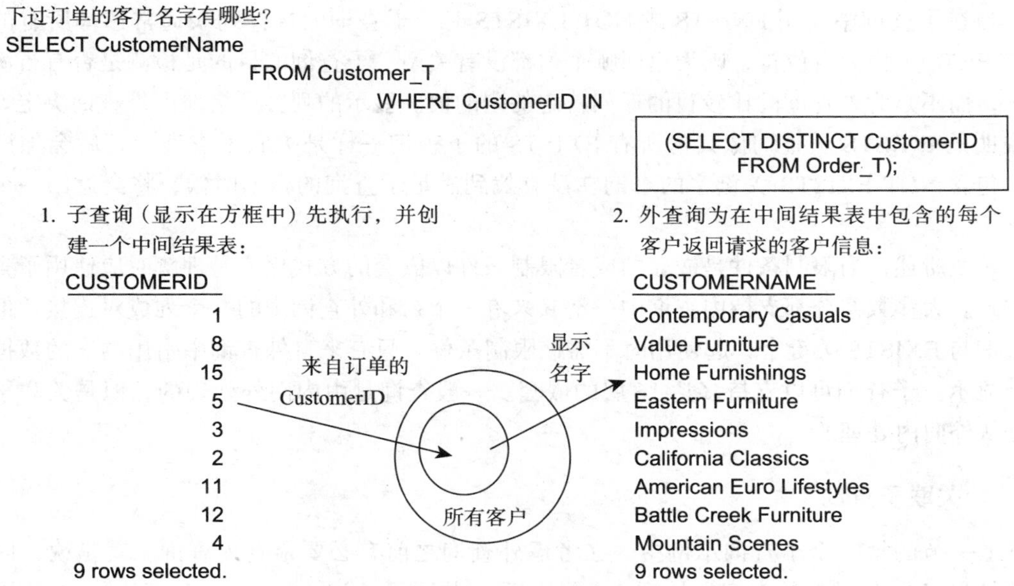

下过订单的客户名字有哪些?

```
SELECT CustomerName
        FROM Customer_T
        WHERE CustomerID IN
```

```
(SELECT DISTINCT CustomerID
    FROM Order_T);
```

1. 子查询(显示在方框中)先执行,并创建一个中间结果表:

CUSTOMERID

1
8
15
5
3
2
11
12
4

9 rows selected.

来自订单的 CustomerID

所有客户

显示名字

2. 外查询为在中间结果表中包含的每个客户返回请求的客户信息:

CUSTOMERNAME

Contemporary Casuals
Value Furniture
Home Furnishings
Eastern Furniture
Impressions
California Classics
American Euro Lifestyles
Battle Creek Furniture
Mountain Scenes

9 rows selected.

a) 处理一个非关联子查询

包括天然亚麻材质的家具的所有订单的订单 ID 是什么?

```
SELECT DISTINCT OrderID FROM OrderLine_T
WHERE EXISTS
        (SELECT  *
        FROM Product _T
                WHERE ProductID = OrderLine_T.ProductID
                AND Productfinish = 'Natural Ash');
```

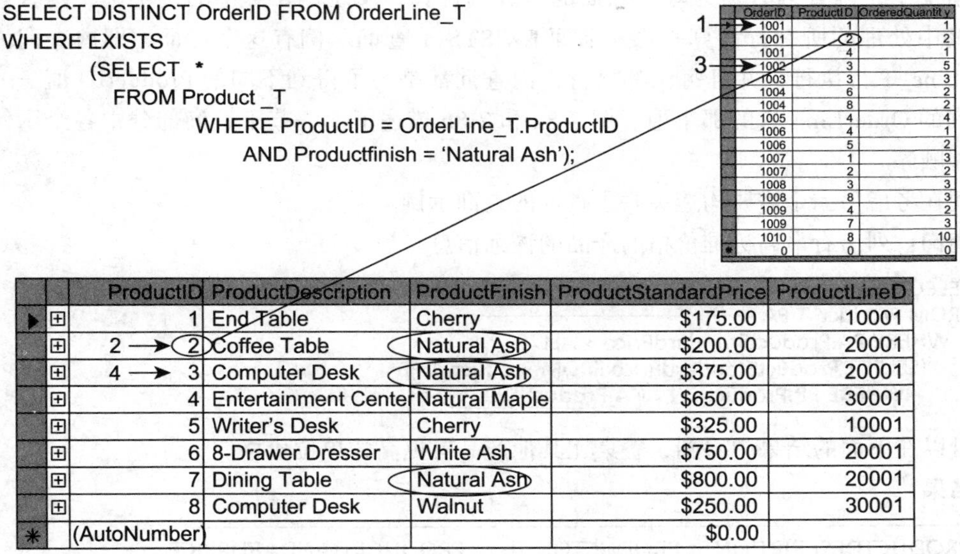

OrderID	ProductID	OrderedQuantity
1001	1	1
1001	2	2
1001	4	1
1002	3	5
1003	3	3
1004	6	2
1004	8	2
1005	4	4
1006	4	1
1006	5	2
1007	1	3
1007	2	2
1008	3	3
1008	8	3
1009	4	2
1009	7	3
1010	8	10
0	0	0

		ProductID	ProductDescription	ProductFinish	ProductStandardPrice	ProductLineD
▶	⊞	1	End Table	Cherry	$175.00	10001
	⊞	2	Coffee Table	Natural Ash	$200.00	20001
	⊞	3	Computer Desk	Natural Ash	$375.00	20001
	⊞	4	Entertainment Center	Natural Maple	$650.00	30001
	⊞	5	Writer's Desk	Cherry	$325.00	10001
	⊞	6	8-Drawer Dresser	White Ash	$750.00	20001
	⊞	7	Dining Table	Natural Ash	$800.00	20001
	⊞	8	Computer Desk	Walnut	$250.00	30001
∗		(AutoNumber)			$0.00	

1. 第一个从 OrderLine_T 中选择的订单 ID:OrderID = 1001。
2. 子查询用来评估该订单是否有天然亚麻材质的产品。Product 2 有并且是该订单的一部分。EXISTS 的值是 true 并且订单 ID 也被添加到结果表中。
3. 下一个从 OrderLine_T 中选择的订单 ID:OrderID = 1002。
4. 子查询用来评估该订单是否有天然亚麻材质的产品。结果是有。EXISTS 的值是 true 并且订单 ID 也被加入结果列表中。
5. 继续处理其他的订单 ID。订单 1004、1005 和 1010 都没有包含进结果表是因为它们不包括任何天然亚麻家具成品。

b) 处理一个关联子查询

图 7-8 子查询处理

当在子查询中使用 EXISTS 或 NOT EXISTS 时，子查询的选择列表通常选择所有的列（SELECT *）作为占位符，因为返回哪个列都没有关系。子查询的目的是检测是否有行满足条件，而不是为外查询的比较目的返回特定的列的值。显示的列会严格地由外查询决定。之前说明的 EXISTS 子查询像其他所有 EXISTS 的子查询一样是关联子查询，之后会加以介绍。包含 NOT EXISTS 关键字的查询在没有找到满足子查询的行的时候，将会返回一个结果表。

综上所述，当限制条件是嵌套的或者限制条件以嵌套的方式更容易理解时应使用子查询的方式。大多数系统都支持内查询中一个且只有一个列和外查询中的一个列成对连接，但当子查询与 EXISTS 关键字一起使用时不需该限制条件。只有来自外查询中引用的表的数据才能被显示。子查询可以支持多达 16 层的嵌套。一般查询是由内向外处理的，但是关联子查询是从外向内处理的。

7.1.7 关联子查询

上一节的第一个子查询示例中，在考虑外查询之前有必要检查内查询。就是说，内查询的结果经常会限制外查询的处理。与此相反，**关联子查询**（correlated subquery）使用外查询的结果来决定内查询的处理。换言之，对于外查询引用的每个行内查询多少有点不同。这种情况下，内查询必须为每个外面的行分别计算，反之，在更早的例子中，内查询只为外查询中处理的所有行计算一次。前面 EXISTS 子查询示例有这个特征，即内查询为每个 OrderLine_T 行执行，并且每次都执行，内查询都是为了得到不同的 ProductID 值——来自外查询的 OrderLine_T 的那个值。图 7-8a 和 7-8b 描述了上一节子查询部分中各个示例的不同处理顺序。

现在考虑另一个需要构造关联子查询的查询示例。

查询：列出有最高标准价格的产品的详细信息。

```
SELECT ProductDescription, ProductFinish, ProductStandardPrice
FROM Product_T PA
  WHERE PA.ProductStandardPrice > ALL
    (SELECT ProductStandardPrice FROM Product_T PB
      WHERE PB.ProductID ! = PA.ProductID);
```

可以在下面的结果中看到，餐桌比其他产品有更高的单位价格。

结果：

PRODUCTDESCRIPTION	PRODUCTFINISH	PRODUCTSTANDARDPRICE
Dining Table	Natural Ash	800

上面的查询中添加的箭头表明了内查询从外查询的表中得到的一个值的交叉引用。该 SQL 语句的逻辑是子查询会为每个产品执行一次以保证没有其他产品有更高的标准价格。注意这里比较的是表中的行和其本身，通过给表两个别名 PA 和 PB 来实现；可回顾之前将其确定为自连接。首先，ProductID 1 会被考虑。当执行子查询时，它将返回一个数值集，该数值集是每个产品的标准价格，除了在外查询中正被处理的那个产品（产品 1，第一次被执行的）。然后，外查询会检查正被处理的产品的标准价格是否比子查询返回的所有标准价格大。如果是，它将会被作为查询结果返回。如果不是，将会处理外查询中的下一个标准价

格，并且内查询会返回一个包括其他所有产品的标准价格的列表。内查询返回的结果列表随着外查询中的产品变化而变化，这使它成为一个关联子查询。你能确定标准价格的一个特殊集合使这个查询不会给出想要的结果吗（参见问题与练习 38）？

7.1.8　使用导出表

子查询不只限于在 WHERE 子句中使用。就像在第 6 章中看到的一样，它们也可能被用在 FROM 子句中来创建在查询中用到的临时导出表（或集合）。创建有聚集值的导出表（如 MAX，AVG 或 MIN）允许在 WHERE 子句中使用聚集。这里，超过平均标准价格的家具零件被列出。

查询：给出标准价格高于平均标准价格的全部产品的产品描述、产品标准价格和平均标准价格。

```
SELECT ProductDescription, ProductStandardPrice, AvgPrice
  FROM
    (SELECT AVG(ProductStandardPrice) AvgPrice FROM Product_T),
    Product_T
  WHERE ProductStandardPrice > AvgPrice;
```

结果：

PRODUCTDESCRIPTION	PRODUCTSTANDARDPRICE	AVGPRICE
Entertainment Center	650	440.625
8-Drawer Dresser	750	440.625
Dining Table	800	440.625

为什么这个查询需要一个导出表而不是一个子查询呢？原因是这里想显示所有选择的产品的标准价格和平均标准价格。在之前关联子查询的部分中的类似查询可以成功地显示外查询中的数据，即产品表。但是，要在每行中显示标准价格和平均标准价格，就需要把这两个值都放入"外"查询，就像在上面的查询中做的一样。

7.1.9　联合查询

有时，无论你有多聪明，也不能使用 SELECT 语句将想要的所有行放入一个结果表中。幸运的是，你有救生索！ UNION 子句用来组合多个查询的输出（也就是联合行的集合）到一个单独的结果表中。使用 UNION 子句，每个涉及的查询必定输出相同的列数，并且都是 UNION 兼容的。这表示输出的每个查询的每个列应该是数据类型兼容的。不同的 DBMS 产品的兼容数据类型不同。当执行一个列的输出将会合并两种不同数据类型的联合时，最安全的是自己使用 CAST 命令来控制数据类型转换。例如，在 Order_T 中的 DATE 数据类型可能需要转换成文本数据类型，如下的 SQL 命令将会完成这一点：

```
SELECT CAST(OrderDate AS CHAR) FROM Order_T;
```

接下来的查询确定了买了最多的 Pine Valley 产品的客户和购买了最少产品的客户，并将结果返回在一个表中。

查询：

```
SELECT C1.CustomerID, CustomerName, OrderedQuantity,
```

246 ～ 248

```
'Largest Quantity' AS Quantity
FROM Customer_T C1,Order_T O1, OrderLine_T Q1
    WHERE C1.CustomerID = O1.CustomerID
    AND O1.OrderID = Q1.OrderID
    AND OrderedQuantity =
    (SELECT MAX(OrderedQuantity)
    FROM OrderLine_T)

UNION
SELECT C1.CustomerID, CustomerName, OrderedQuantity,
'Smallest Quantity'
FROM Customer_T C1, Order_T O1, OrderLine_T Q1
    WHERE C1.CustomerID = O1.CustomerID
    AND O1.OrderID = Q1.OrderID
    AND OrderedQuantity =
        (SELECT MIN(OrderedQuantity)
        FROM OrderLine_T)
ORDER BY 3;
```

注意表达式 Quantity 在创建的时候插入了 'Smallest Quantity' 和 'Largest Quantity' 以增加可读性。ORDER BY 子句用来组织输出行的次序。图 7-9 将查询分成两个部分来帮你理解它是怎样处理的。

结果:

CUSTOMERID	CUSTOMERNAME	ORDEREDQUANTITY	QUANTITY
1	Contemporary Casuals	1	Smallest Quantity
2	Value Furniture	1	Smallest Quantity
1	Contemporary Casuals	10	Largest Quantity

```
SELECT C1.CustomerID, CustomerName, OrderedQuantity, 'Largest Quantity' AS Quantity
    FROM Customer_T C1,Order_T O1, OrderLine_T Q1
    WHERE C1.CustomerID = O1.CustomerID
        AND O1.OrderID = Q1.OrderID
        AND OrderedQuantity=
            (SELECT MAX(OrderedQuantity)
            FROM OrderLine_T)
```

1. 在以上的查询中,子查询先处理并创建一个中间结果表。它包括 OrderLine_T 中数量最多的订单且它的值是 10。
2. 下一个主查询选择订单数量为 10 的客户的客户信息。当前是订单数量为 10 的订单。

```
SELECT C1.CustomerID, CustomerName, OrderedQuantity, 'Smallest Quantity
    FROM Customer_T C1, Order_T O1, OrderLine_T Q1
    WHERE C1.CustomerID = O1.CustomerID
        AND O1.OrderID = Q1.OrderD
        AND OrderedQuantity=
                (SELECT MIN(OrderedQuantity)
                FROM OrderLine_T)
ORDER BY 3;
```

1. 在第二个主查询中是相同的处理,但是结果返回的是最少订单量的订单。
2. 这两个查询由 UNION 命令连接在一起。
3. 结果根据 OrderedQuantity 的值排序。默认是升序值,所以有最少订单量 1 的订单列在第一个。

图 7-9 使用 UNION 联合查询

这里必须用 UNION 回答该问题吗？是否也能使用 SELECT 和一个复杂的有很多 AND 和 OR 合成的 WHERE 子句来实现呢？通常来说，有时可以（另一个更学术的回答是"视情况而定"）。经常，使用几个简单的 SELECT 和 UNION 来构思和写查询更容易。或者，如果它是你经常运行的查询，一种方式要比另一种更高效。你将会从经验中学到对于给定的环境哪种方式对你来说更自然更好。

如果你从有限的数学中记得并集操作，你可能也会记得另一个集合操作——交（找两个集合中的相同元素）和差（找一个集合中不在另一个集合的元素）。这些操作——INTERSECT（交）和 MINUS（差）——在 SQL 中都是可以的，它们的使用与 UNION 类似，都是操作由两个 SELECT 创建的结果集合。

7.2 创建查询的技巧

SQL 的简单基本结构使它成为一个新手就可以写简单特殊查询的查询语言。同时，它也有足够的灵活性和语法操作来完成产品系统中的复杂查询。这两个特征也导致了创建查询的潜在难题。就像在其他计算机编程中那样，你可能不会在第一时间写出正确的查询。确信你已经见过 RDBMS 生成的错误代码解释。最初可以使用一个测试数据集，通常很小，你可以手动计算出想要的结果，以此来测试你的代码。在写 INSERT、UPDATE 或 DELETE 命令时尤其要这样，这是组织要测试、开发和生产数据库版本的原因，这样不可预期的开发错误才不会破坏产品数据。

作为一个写查询程序的新手，你可以发现写运行时不报错的查询很简单。祝贺你，但是结果可能不是你真正想要的。有时，你会发现有明显的问题，特别是忘记用 WHERE 子句定义表之间的连接，然后得到记录的所有可能组合的笛卡儿连接。其他时候，你的查询看似正确，但使用一个测试数据集仔细检查会发现当应该返回 25 行时，你的查询只返回了 24 行。有时它会返回你不想要的或部分需要的重复数据，有时它不会运行，因为你试图将不能分组的数据分组。你要小心这些错误类型以免它们出现在你的作业中。在一个已经想好的测试数据集上手动运行可以帮你找出错误。当你创建测试数据集时，添加一些常见的数据值示例。然后考虑可能出现的异常情况。例如，真实数据可能不想包含空值数据、超出范围的数据或不可能的数据值。

249
～
250

在写任何查询的时候某些步骤是必需的。当前可用的图形化界面使得创建查询以及记录你使用的表和属性名更容易。有一些建议可以帮助你（假设你正在一个已经定义并创建好的数据库上工作）：

- 熟悉已经建立的数据模型、实体和联系。数据模型可能表达了很多业务规则，它们可能是你考虑的业务或问题所特有的。对数据有比较好的了解非常重要。就像在图 7-8a 和 7-8b 中说明的一样，你可以画出想在查询中引用的数据模型片段，然后通过注释来表明限制条件和连接标准。你可以用样本数据画出类似于图 7-6 和 7-7 这样的图和 Venn 图表，这也能帮你构思怎样建立子查询或者可以在更复杂的查询中用作组成的导出表。
- 确定理解想从查询中得到什么结果。经常，用户陈述需求时不够清晰，所以在你与用户合作后要注意和列出任何问题。
- 指出你在查询结果中想要的属性。把这些属性写在 SELECT 关键字之后。

- 在数据模型中定位你要的属性并确定所需数据存储的实体。将这些包括在 FROM 关键字之后。
- 检查 ERD 和在之前步骤中确定的实体。确定使用每个表中的哪些列来建立联系。考虑你在每个实体集合中想要什么类型的连接。
- 为每个连接建立一个 WHERE 相等关系。计算涉及的实体个数和建立的连接个数。通常实体数比 WHERE 子句多一个。当你建立了基本的结果集合，查询可能就完成了。无论如何，运行并检查你的结果。
- 当你有一个基本的结果集时，可以添加 GROUP BY 和 HAVING 子句、DISTINCT 和 NOT IN 等来微调你的查询。添加关键字后测试查询，确保你得到想要的结果。
- 直到你有更多的查询编写经验，你的第一个查询可能是处理你期望遇到的数据。现在，试着考虑通常数据可能遇到的异常情况并且用包括非正常数据、丢失数据、不可能值等的测试数据集来测试你的查询。如果可以处理这些，那你的查询几乎完成了。记住手动检查也是有必要的，因为 SQL 运行并不意味着它正确。

[251] 　　当你开始使用附加语法来写更复杂的查询时，调试查询可能更加困难。如果你使用子查询，那么将每个子查询作为独立查询运行可能更容易定位逻辑错误。从嵌套最深的子查询开始。当它的结果正确时，使用测试过的子查询和要使用它的结果的外查询。你也可以使用类似的过程处理导出表。按照这个流程一直下去直到你测试了整个查询。如果你的简单查询中有语法问题，试着将查询分离来查找问题。可以发现如果只返回一些重要的属性值并且一次检查一个处理会更容易定位问题。

　　当你有更多的经验时，便可以为更大的数据库开发查询了。随着必须处理的数据量的增多，成功运行查询的时间也会明显变化，这些依赖于你怎样写查询。可在更强大的数据库管理系统（如 Oracle）中使用查询优化器，但是也有一些简单的写查询策略对你有帮助。如果想要写出更高效的查询，下面是一些需要考虑的常见策略：

- 花时间把你在查询中需要的列属性名都包含进来，而不是使用 SELECT * 选项。如果你使用一个宽表并且只需要一些属性，那么使用 SELECT * 将会产生大量不必要的网络堵塞，因为要在网络中接收不必要的属性。然后，当查询合并到产品系统中，基本表中的改变可能会影响查询结果。指定属性名会使发现和纠正这些问题更简单。
- 试着建立多个查询，以便从一个查询中得到你想要的结果。仔细检查你的逻辑以尽可能地减少查询中的子查询。每个添加的子查询都需要 DBMS 返回一个中间结果集并与其他的子查询合为一体，这增加了处理时间。
- 有时一个表的数据可能被多个独立的报表使用。创建一个单独的查询，检索需要的所有数据，而不是在几个独立的查询中得到这些数据；通过访问这个表一次而不是重复访问减少了消耗。考虑部门经常使用和为部门使用创建视图的数据会帮你分辨这种情况。

好的查询设计指南

　　现在你已经获取了一些开发查询的策略，这些查询会给出你想要的结果。但是这些策略会产生高效的查询吗？或许它们会产生"地狱查询"，耗费的时间足够预订一个比萨快递、看星际迷航选集或整理你的衣柜。很多数据库专家（例如 Deloach（1987）和 Holmes（1996））为改进查询处理提供了一系列设置建议。本章和之前章节的结尾的 Web 资源中，也可以看到发布的查询设计的建议的网址链接。这里总结了一些建议，适用于很多场景：

1）**理解索引在查询处理中是怎样使用的** 很多 DBMS 只在查询中使用每个表一个索引——经常是最有辨别力的那个（也就是有最多的关键值）。一些与表的行数相比有很少数值的表从不使用索引。另外一些可能会阻止在与表行的交叉点处有很多空值的列上使用索引。监控索引的访问然后删除不经常使用的索引。这将会提高数据库更新操作的性能。普遍来说，有等值规则选择表行的查询（例如，WHERE Finish ="Birch" OR "Walnut"）比有更多复杂限制条件的查询（例如，WHERE Finish NOT="Walnut"）处理得更快，因为等值规则可以使用索引实现。

2）**保持优化器统计信息最新** 一些 DBMS 不是自动更新查询优化器需要的统计信息。如果性能退化，就强制运行一个类似更新统计信息的命令。

3）**对查询中的字段和文字使用兼容数据类型** 使用兼容数据类型表明 DBMS 可以避免在查询处理中转换数据。

4）**编写简单查询** 通常最简单的查询对 DBMS 来说最容易执行。例如，由于关系 DBMS 是基于集合论的，因此编写操作行集合和文字的查询。

5）**将复杂查询分离为多个简单的部分** 因为 DBMS 可能在每个查询中只使用一个索引，所以将复杂查询分离为多个简单的部分通常更好（这样每个都会使用一个索引），然后将简单查询的结果合并在一起。例如，由于关系 DBMS 基于集合，因此 UNION 两个简单、独立的查询结果的行集对于 DBMS 来说更容易。

6）**不要把一个查询嵌套到另一个中** 通常嵌套查询不比避免子查询产生同样结果的查询高效。这是使用 UNION、INTERSECT 或 MINUS 的另一种情况并且多个查询可以更高效地产生结果。

7）**不要把表和它本身合并** 如果可以的话，避免使用自连接。通常为表制作一个临时拷贝并关联原来的表和临时表会更好（处理查询时更高效）。临时表由于很快被废弃，因此应该在它们达到目的后快速删除。

8）**为多个查询创建临时表** 如果可以，重复使用在一系列查询中使用的数据。例如，如果一系列查询都要引用数据库中同样的数据子集，则先把这个子集存储在一个或多个临时表中，然后在这一系列查询中引用这些临时表可能会更高效。这样会避免重复地将相同的数据合并在一起或重复地扫描数据库为每个查询查找相同的数据库片段。这样做的不足是在查询运行中原始表的更新不会改变临时表。使用临时表是导出表的一种可能替代，并且它们对一系列的引用只创建一次。

9）**合并更新操作** 如果可能，可将多个更新命令合并到一个中。这将会减少查询处理的负载并允许 DBMS 找寻并行处理更新的方式。

10）**只检索你需要的数据** 这会减少访问的和转换的数据量。这可能很明显，但是有一些查询的简写与这个建议相悖。例如，SQL 命令 SELECT * FROM EMP 将会检索 EMP 表的所有行的所有字段。但是，如果用户只需要查看表的某些列，转换额外的列将会增加查询处理的时间。

11）**尽量在 DBMS 排序时使用索引** 如果数据以排序的顺序显示并且排序字段不存在索引，那么就会在检索到没有排好序的数据后在 DBMS 外对数据排序。通常一个排序程序会比 DBMS 在没有索引的帮助下使用的排序快。

252

12）**学习！** 跟踪查询处理时间，使用 EXPLAIN 命令查看查询计划，提高你对 DBMS 决定怎样处理查询的方式的理解。参加你的 DBMS 厂商举办的关于写高效查询的专门训练，将使你更好地了解查询优化器。

13）**为特殊的查询考虑整个查询的处理时间** 总时间包括程序员（或终端用户）写查询语句和查询处理的时间。很多时候，对于特殊的（ad hoc）查询，最好是使 DBMS 做额外工作以便让用户更快地写查询。并且，那不正是技术想要完成的吗——让人们更多产？所以，不要花太多的时间（特别是对于特殊查询）尝试写更高效的查询。写一个逻辑正确的查询（也就是产生想要的结果）并让 DBMS 完成工作。（当然，首先使用 EXPLAIN 来确保你没有写"灾难查询"，这样其他用户会看到在查询处理时间中的严重延迟。）这就得出一个推论：如果可能，当数据库轻负载的时候运行查询，因为总的查询处理时间包括其他负载在 DBMS 和数据库上产生的延迟。

每个 DBMS 并不是所有的选项都有用，并且每个 DBMS 根据其底层设计有其特别的选项。你应该查看你的 DBMS 参考手册以知道哪个特殊的选项对你有用。

7.3 确保事务完整性

RDBMS 与其他类型的数据库管理员没有什么不同，他们的最主要职责是确保准确完整地进行数据维护。即使是大量的测试，就像在前一部分建议的一样，好的数据管理员身上会发生坏的情况：数据维护程序可能不能正确工作，这是因为有人提交了两次工作，数据中出现一些出人意料的异常情况，或者计算机硬件、软件或电源故障在事务期间发生。数据维护是在称作**事务**的工作单元中定义的，它包括一个或多个数据操作命令。事务是由一系列紧密相关的必须都完成或都不完成从而使得数据库保持合法的更新命令组成。例如，参见图 7-10。当一个订单写入 Pine Valley 数据库时，所有的订购项目也要在同一时间写入。因此，表格中所有的 OrderLine_T 的行和 Order_T 的所有信息都写入，或都不写入。这里，商业事务是完整的订单，而不是单个订购的项目。我们需要的是定义事务边界的命令，将事务的工作作为数据库的永久修改提交，以及在需要的时候正确地有目的地终止事务。另外，在事务中间出现数据库处理的异常终止后，需要数据恢复服务清理残局。可能订单表是准确的，但是在输入订单过程中，计算机系统故障或断电。这种情况下，不希望一些修改完成而另一些没有完成。如果想要一个合法的数据库，要么都做，要么都不做。

当一个单独的 SQL 命令构成一个事务时，一些 RDBMS 会在命令运行后自动提交或回滚。但是用户定义的事务需要运行多个 SQL 命令，无论完全提交还是完全回滚，这些命令都需要明确地管理事务。很多系统有 BEGIN TRANSACTION 和 END TRANSACTION 命令来标记逻辑工作单元的边界。BEGIN TRANSACTION 创建日志文件并开始在这个文件中记录数据库的所有修改（插入、删除和更新）。END TRANSACTION 或 COMMIT（WORK）提取日志的内容，并将它们应用到数据库中，这样使得修改永久化，然后清空日志文件。ROLLBACK（WORK）请求 SQL 清空日志文件，有效取消所有修改并产生回滚或**向后恢复**。一些 RDBMS 也有 AUTOCOMMIT（ON/OFF）命令说明在每个数据修改命令之后是否使是永久修改（ON）还是只在工作被 COMMIT WORK 命令明确永久化（OFF）。

用户定义的事务可以提高系统性能，因为事务可以作为集合处理而不是单独的事务，这样减少了系统负载。当 AUTOCOMMIT 被设置为 OFF 时，修改只有在事务结尾处才自动提交。当 AUTOCOMMIT 被设置为 ON 时，修改会在每个 SQL 语句结束的时候自动提交；这将不会允许用户定义的事务作为一个整体提交或回滚。

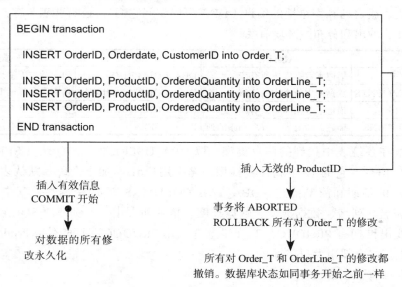

图 7-10 一个 SQL 事务序列（伪代码）

254

SET AUTOCOMMIT 是一个交互命令，因此可以根据适当的完整性度量动态控制用户会话。每个 SQL INSERT、UPDATE 和 DELETE 命令一次只在一个表上工作。有些数据维护需要对要完成的工作更新多个表。因此，这些事务完整性命令对于保持数据库完整性而明确定义必须作为整体完成的数据库修改的单元非常重要。

进一步，一些 SQL 系统对处理并发用户在共享数据库的更新时有并发控制。这些控制可以记录数据库修改，这样数据库可以在事务中间的异常终止后恢复。它们也可以撤销错误事务。例如，在银行应用中，银行账户余额由两个并发用户的更新应该是累积的。这样的控制在 SQL 中对用户透明：不需要用户通过编程来确保并发访问数据的合适控制。要确保一个特定数据库的完整性，要关注事务完整性和恢复问题，并且确信应用程序员知道什么时候使用这些命令。

7.4 数据字典

RDBMS 把数据库定义信息存储在安全的由系统创建的表中；我们可以认为这些系统表是数据字典。熟悉 RDBMS 的系统表会获取有价值的信息，无论你是用户还是数据库管理员。因为信息存储在表中，所以可以使用 SQL SELECT 语句访问，生成系统使用、用户权限和限制等的报告。而且，RDBMS 也会产生特殊的 SQL（所有权）命令，例如 SHOW、HELP 或 DESCRIBE，以显示之前定义的数据字典的内容，包括创建数据库对象的 DDL 的内容。进一步，如果用户理解系统表结构，就能扩展存在的表或建立其他的表以提高内置特性（例如，包含谁负责数据完整性的数据）。但是，用户经常被限制直接修改系统表的结构或内容，因为 DBMS 维护这些表，并依赖它们来解释和分析查询。

每个 RDBMS 为这些定义保留了多种内在表。在 Oracle 11g 中，有 522 种数据字典视图供 DBA 使用。很多这样的视图或 DBA 视图的子集（也就是与单独用户有关的信息）对于没有 DBA 特权的用户也可以使用。这些视图的名字以 USER（有权限使用数据库的用户）或 ALL（任何用户）而不是 DBA 开始。以 V\$ 开头的视图提供数据库更新的性能统计。这里的列表给出了表、簇、列和安全性的信息（DBA 可以访问它们）。还有些表与存储、对象、索引、锁、审计、输出和分布式环境有关。

表	描述	表	描述
DBA_TABLES	描述了数据库中所有表	DBA_COL_PRIVS	包含数据库中列上的所有者
DBA_TAB_COMMENTS	数据库中所有表的注解	DBA_COL_COMMENTS	所有表和视图上的注解
DBA_CLUSTERS	描述了数据库中所有簇	DBA_CONSTRAINTS	数据库中所有表上的约束定义
DBA_TAB_COLUMNS	描述了所有表、视图和簇的列	DBA_USERS	数据库中所有用户信息

255

　　为了了解在系统表中找到的信息类型，以 DBA_USERS 为例。DBA_USERS 包括数据库的合法用户信息；它的 12 个属性包括用户名、用户 ID、加密密码、默认表空间、临时表空间、创建的日期和简要描述。DBA_TAB_COLUMNS 有 31 个属性，其中包括每个表的拥有者、表名、列名、数据类型、数据长度、精度和大小。下例使用 SQL 查询在 DBA_TABLES 上找出谁拥有 PRODUCT_T。（注意这里用 PRODUCT_T 而不是 Product_T，因为 Oracle 存储数据名全部用大写字母。）

　　查询：谁拥有 PRODUCT_T 表？

```
SELECT OWNER, TABLE_NAME
  FROM DBA_TABLES
    WHERE TABLE_NAME = 'PRODUCT_T';
```

　　结果：

OWNER	TABLE_NAME
MPRESCOTT	PRODUCT_T

7.5　触发器和例程

　　触发器和**例程**是非常有用的数据库对象，因为它们都存储在数据库中而且被 DBMS 控制。因此，创建它们需要的代码都存储在一个地方并被集中管理。对于表和列的约束，提高了数据完整性和在数据库中使用的一致性；它在数据审计和安全中创建数据更新的信息日志非常有用。触发器不仅可以用来阻止数据库的非授权修改，也能用来评估修改和根据修改的性质来采取行动。由于触发器只被存储一次，因此代码维护也被简化了（Mullins, 1995）。而且，由于它们能包括复杂的 SQL 代码，因此要比表和列约束更强；但是约束通常更高效，如果可能的话应该用来替换等价的触发器。相对约束而言，为完成同样的控制触发器的一个重要优势是，触发器的处理逻辑可以针对特定的事件产生用户定制的信息，然而，约束只会产生一个标准的 DBMS 错误信息，通常对于特殊事件不是非常清楚。

　　触发器和例程都包含程序代码块。例程存储的是必须被调用执行（参见图 7-11）的代码块，它们

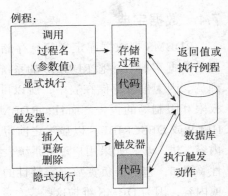

图 7-11　触发器与存储过程对比

来源：基于 Mullins（1995）

不自动运行。与之相反，只要触发事件（例如 UPDATE）发生，被存储在数据库中的触发器代码就自动运行。触发器是一种特殊类型的存储过程，并可响应 DML 或 DDL 命令运行。触发器的语法和功能在不同的 RDBMS 中不同。当数据库变成 Microsoft SQL Server时，为 Oracle 数据库写的触发器就需要重写，反之亦然。例如，Oracle 触发器可以在执行一个 INSERT、UPDATE 或 DELETE 命令就触发一次或对于命令影响的每行都触发一次。Microsoft SQL Server 触发器可以对每个 DML 命令触发一次，但不能对每行都触发一次。

7.5.1　触发器

由于触发器在数据库中存储和执行，因此它们可以针对所有访问数据库的应用执行。触发器也可以级联，触发其他的触发器。因此，来自客户端的一个单独请求能够导致在服务器上执行一系列的完整性或逻辑检查而不在客户端和服务器之间产生大量的网络堵塞。触发器可以用来确保应用完整性、强制业务规则、创建审计跟踪、复制表或激活一个过程（Rennhackkamp，1996）。

约束可以被认为是触发器的一个特例。它们也是作为数据修改命令的结果自动运行（触发），但是它们的精确语法要由 DBMS 确定，而且缺少触发器的灵活性。

当在特殊的条件下需要执行某些动作作为一些数据库事件（例如，DML 语句 INSERT、UPDATE 或 DELETE，或者 DDL 语句 ALTER TABLE 的执行）结果时，使用触发器。因此，一个触发器有三个部分——事件、条件和动作——这些部分都在触发器的编码结构中反映了。（图 7-12 中是一个简单触发器语法。）考虑如下来自 Pine Valley 家具公司的一个例子：负责存货维护的经理需要知道（被通知的动作）在 Product_T 表中修改存货项目的标准价格（事件）。在创建一个新表 PriceUpdates_T 后，可编写一个触发器，当产品更新时触发器写入每个产品修改的日期和新的标准价格。触发器被命名为 StandardPriceUpdate，它的代码如下：

```
CREATE TRIGGER StandardPriceUpdate
AFTER UPDATE OF ProductStandardPrice ON Product_T
FOR EACH ROW
INSERT INTO PriceUpdates_T VALUES (ProductDescription, SYSDATE,
ProductStandardPrice);
```

```
CREATE TRIGGER trigger_name
    {BEFORE| AFTER | INSTEAD OF} {INSERT | DELETE | UPDATE} ON
    table_name
    [FOR EACH {ROW | STATEMENT}] [WHEN( search condition)]
    <triggered SQL statement here>;
```

图 7-12　SQL:2008 中的触发器语法

在这个触发器中，事件是 ProductStandardPrice 的更新，条件是 FOR EACH ROW（也就是，不仅仅是某些行），事件之后的动作是在 PriceUpdates_T 表中插入特定的值，该表存储了修改发生的时间（SYSDATE）和表 ProductStandardPrice 中每行修改的重要信息。也有可能有更复杂的条件，例如对新的 ProductStandardPrice 达到一些限制或产品只与某个产品线关联时采取动作。记住触发器中的程序在事件发生的任何时候都会执行非常重要；没有用户必须请求触发器触发，也没有任何用户可以阻止它触发。因为触发器与 Product_T 表关联，所以无论是什么资源（应用）引起的事件，触发器都会触发；因此，一个交互的 UPDATE 命令或在应用程序中的 UPDATE 命令或在 Product_T 表中针对 ProductStandardPrice 的存储过程都会导致触发器执行。与之相反，例程（或存储过程）只有在用户或程序请求运行时才会执行。

触发器可以在引起触发器执行的语句之前、之后或替代（instead of）的时候发生。"替代"触发器与之前的触发器不同，如果"替代"触发器触发是代替指定的事务执行，则触发时指定的事务不出现。DML 触发器可以在 INSERT、UPDATE 或 DELETE 命令上发生。它们也可以在每个行被影响时触发，也可以在每个语句触发一次，而无论有多少行被影响。在刚刚显示的示例中，触发器应该在 Product_T 表更新后插入新的标准价格信息到 PriceUpdate_T 表中时被触发。

DDL 触发器在数据库管理中有用，也可以用来微调数据库操作和执行审计功能。它们触发响应 DDL 事件，例如 CREATE、ALTER、DROP、GRANT、DENY 和 REVOKE。下面的示例触发器是从 SQL Sever 2008 在线书（http://msdn2.microsoft .com/en-us/library/ms175941）中摘录，展示了怎样利用触发器阻止数据库中不想要的修改或表的删除：

```
CREATE TRIGGER safety
ON DATABASE
FOR DROP_TABLE, ALTER_TABLE
AS
      PRINT 'You must disable Trigger "safety" to drop or alter tables!'
      ROLLBACK;
```

7.5.2　例程

与触发器在指定的事件发生时就自动运行不同，例程必须被明确调用，就像 MIN 内置函数被调用一样。SQL 调用例程可以是过程或函数。在其他编程语言中，过程和函数的使用方式一样。**函数**只返回一个值且只有输入参数。你已经看到了很多在 SQL 中包含的内置函数。**过程**可以有多个输入参数、输出参数和既是输入又是输出的参数。你可以用 RDBMS 产品的私有代码来声明和命名一个过程代码单元或调用（通过 CALL 访问外程序）一个主语言库例程。SQL 产品在 SQL：1999 发布之前开发了自己的例程版本，所以要对你使用的产品的语法和功能熟悉。一些私有语言（如 Microsoft SQL Sever 的 Transact-SQL 和 Oracle 的 PL/SQL）被广泛使用并将会一直有效。为了使你更多了解各种产品的存储过程语法有多少变化，表 7-1 测试了三个 RDBMS 厂商使用的 CREATE PROCEDURE 语法，这是一个存储在数据库中的过程的语法。这个表来自 Peter Culutzan 的 www.tdan .com/i023fe03.htm（在 2007 年 6 月 6 日访问，之后没有访问过）。

下面是一些 SQL 调用例程的优点：

- **灵活性**　例程可能比被限制在数据修改环境中的约束和触发器在更多的情况下使用。就像触发器比约束有更多的代码选项一样，例程比触发器有更多的代码选项。
- **高效性**　例程可以细心制作并优化，比普通的 SQL 语句运行得更快。
- **共享性**　例程可以在服务器上隐藏起来并对所有的用户有效，因而它们不必被重写。
- **实用性**　例程作为数据库的一部分存储，可能应用在整个数据库而不是限于一个应用。这是共享性的一个必然结果。

表 7-1 存储过程中不同的厂商语法差异比较

在存储过程中厂商的语法差别比在通常的 SQL 中更多。为了清楚说明这一点，下面的图表显示了在三种语言中 CREATE PROCEDURE 是什么样的。我们使用一行来表示每个重要的部分，那么你可以在每行比较三种语言。

SQL：1999/IBM	Microsoft/Sybase	Oracle（PL/SQL）
CREATE PROCEDURE	CREATE PROCEDURE	CREATE PROCEDURE
Sp_proc1	Sp_proc1	Sp_proc1
（param1 INT）	@param1 INT	（param1 IN OUT INT）
MODIFIES SQL DATA BEGIN DECLARE num1 INT;	AS DECLARE @num1 INT	AS num1 INT; BEGIN
IF param1 <> 0	IF @param1 <> 0	IF param1 <> 0
THEN SET param1 = 1;	SELECT @param1 = 1;	THEN param1 : =1;
END IF		END IF;
UPDATE Table1 SET column1 = param1;	UPDATE Table1 SET column1 = @param1	UPDATE Table1 SET column1 = param1;
END		END

来源：数据来自 *SQL Performance Tuning*（Culutzan and Pelzer, Addison-Wesley, 2002）。查看 www.tdan.com/i023fe03.htm, June 6, 2007（该网址不可访问）。

图 7-13 中显示了 SQL:2008 的过程和函数创建的语法。就像你所看到的那样，语法很复杂，这里不会深入到每个子句的细节中。但是，如下的一个简单过程可以使你了解代码是怎样工作的。

```
{CREATE PROCEDURE| CREATE FUNCTION} routine_name
([parameter [{,parameter} . . .]])
[RETURNS data_type result_cast] /* for functions only */
[LANGUAGE {ADA|C| COBO L| FORTRAN| MUMPS| PASCAL| PLI| SQL}]
[PARAMETER STYLE {SQL| GENERAL}]
[SPECIFIC specific_name]
[DETERMINISTIC| NOT DETERMINISTIC]
[NO SQL| CONTAINS SQL| READS SQL DATA| MODIFIES SQL DATA]
[RETURNSNULL ON NULL INPUT| CALLED ON NULL INPUT]
[DYNAMIC RESULT SETS unsigned_integer]    /* for procedures only */
[STATIC DISPATCH]                          /* for functions only */
[NEW SAVEPOINT LEVEL | OLD SAVEPOINT LEVEL]
routine_body
```

图 7-13 SQL:2008 例程创建语法

过程是在模式中分配了特殊名字并存储在数据库中的程序化的 SQL 语句的集合。当需要运行过程的时候，使用名字调用。当被调用时，在过程中的所有语句都会被执行。由于所有的语句被一次性传输而不是单独发送，因此过程的这个特征减少了网络拥塞。过程可以访问数据库内容，也可能有本地变量。当过程访问数据库内容时，如果调用过程的用户 / 程序没有权限访问过程使用的数据库部分，过程就会产生一个错误信息。

7.5.3 Oracle PL/SQL 中的例程示例

这一节将展示一个使用 Oracle PL/SQL 的过程示例。PL/SQL 是宿主 SQL 的扩展编程语言。由于篇幅所限这里只显示一个简单的例子。

为了建立一个设置售价的简单过程，在 Pine Valley 家具公司的 Product_T 表中增加了新列 SalePrice 存储产品的售价：

```
ALTER TABLE Product_T
ADD (SalePrice DECIMAL (6,2));
```

结果：

Table altered.

这个简单的 PL/SQL 过程将执行两个 SQL 语句，没有输入和输出参数；如果要给出函数，就与 CREATE TABLE 命令中的列类似，在过程名之后列出参数并在括弧子句中给出参数的 SQL 数据类型。该过程扫描 Product_T 表中的所有行。为 ProductStandardPrice 高于 $400（含）的产品打折 10%，ProductStandardPrice 低于 $400 的产品打折 15%。与其他数据库对象一样，有创建、修改、替换、删除和显示过程代码的 SQL 命令。如下是一个 Oracle 代码模块，它将创建并存储名为 ProductLineSale 的过程：

```
CREATE OR REPLACE PROCEDURE ProductLineSale
  AS BEGIN
   UPDATE Product_T
     SET SalePrice = .90 * ProductStandardPrice
     WHERE ProductStandardPrice > = 400;
   UPDATE Product_T
     SET SalePrice = .85 * ProductStandardPrice
     WHERE ProductStandardPrice < 400;
END;
```

如果语法被接受，Oracle 返回注释"Procedure created"。

要在 Oracle 中运行过程，使用下面这个命令（可以作为一个应用程序的一部分或其他存储过程的一部分交互运行）：

```
SQL > EXEC ProductLineSale
```

Oracle 如下响应：

PL/SQL procedure successfully completed.

现在 Product_T 包括如下内容：

PRODUCTLINE	PRODUCTID	PRODUCTDESCRIPTION	PRODUCTFINISH	PRODUCTSTANDARDPRICE	SALEPRICE
10001	1	End Table	Cherry	175	148.75
20001	2	Coffee Table	Natural Ash	200	170
20001	3	Computer Desk	Natural Ash	375	318.75
30001	4	Entertainment Center	Natural Maple	650	585
10001	5	Writer's Desk	Cherry	325	276.25
20001	6	8-Drawer Dresser	White Ash	750	675
20001	7	Dining Table	Natural Ash	800	720
30001	8	Computer Desk	Walnut	250	212.5

已经强调了很多次 SQL 是面向集合的语言，意思是 SQL 命令的结果是行的集合。你可能注意到在图 7-13 中过程可以跟很多不同的主语言一起工作，它们很多都是面向记录的语言，意味着它们是一次操作一个记录或行。这个不同经常被叫作 SQL 和使用 SQL 命令的主语言间的阻抗失配（impedance mismatch）。当 SQL 调用一个 SQL 过程，如上例所示，这不是一个问题，但是当过程被调用时，例如，被 C 程序调用，这就是一个问题了。下一节将

考虑主语言中的嵌入式 SQL 和一些需要的附加能力，以便使 SQL 与用其他面向集合的语言写的程序无缝结合。

7.6 嵌入式 SQL 和动态 SQL

之前已经使用了交互或直接形式的 SQL。在交互 SQL 中，SQL 命令的输入和执行是在同一时间。每个命令构成工作的一个逻辑单元或一个事务。维护有效数据库的必要命令（如 ROLLBACK 和 COMMIT）在大多数交互 SQL 情景下都是对用户透明的。SQL 本来只是为处理数据库访问而创建，没有流控制或创建一个应用必要的其他结构。在 SQL:1999 中介绍的 SQL/PSM 提供了开发数据库应用所需的各种类型的纲领性扩展。

比 SQL/PSM 更早，其他两种类型的 SQL 被广泛地应用在客户端和服务器端来创建应用；它们被称为**嵌入式 SQL**（embedded SQL）和**动态 SQL**（dynamic SQL）。如果命令被放在 3GL 主语言的合适位置的话，SQL 命令可以被嵌入到第三代语言（3GL），如 Ada 和 COBOL 以及 C、PHP、.NET 和 Java 中。如在上一节看到的一样，Oracle 也提供 PL/SQL 或 SQL 过程语言，这是一个通过添加一些过程语言特性（如变量、类型、控制结构（包括 IF-THEN-ELSE 循环）、函数和过程）来扩展 SQL 得到的一种私有语言。PL/SQL 代码块也能嵌入到 3GL 程序中。

动态 SQL 在运行时导出明确的 SQL 语句。程序员写应用程序接口（API）是为了实现语言之间的接口。嵌入式 SQL 和动态 SQL 将会继续被使用。程序员习惯了它们，并且在很多情况中，与将 SQL 作为应用语言来进行数据库创建、管理和查询相比，它们仍然是更简单的方式。

以下是在 3GL 中嵌入 SQL 的理由：

1）它有可能为用户创建一个更灵活可访问的接口。使用交互 SQL 需要对 SQL 和数据库结构都有透彻的理解——一个普通的应用用户可能没有的理解。尽管很多 RDBMS 提供表格、报告和应用产生器（或这些功能作为附加组件），使用这些工具不容易完成开发者频繁想象的功能，但使用 3GL 能够很容易地完成。大型的复杂程序需要访问关系数据库，可能最好使用 3GL 和嵌入式 SQL 调用 SQL 数据库编程。

2）使用嵌入式 SQL 可能改进性能。使用交互 SQL 需要每个查询被执行的时候，把查询转换成可执行的机器代码。或是在直接 SQL 情况下自动运行的查询优化器可能不能成功优化查询，导致查询运行缓慢。使用嵌入式 SQL，开发者有更多的数据库访问控制并能获得巨大的性能提高。知道什么时候依赖 SQL 转换器和优化器、什么时候通过程序控制依赖于问题的性质，并且只有通过经验和测试才能更好地决策。

3）使用嵌入式 SQL 可能改进数据库安全性。限制访问可以通过 DBA 使用 SQL 的 GRANT 和 REVOKE 许可或使用视图实现。相同的限制也能在嵌入式 SQL 应用中被调用，这样提供另一层保护。复杂的数据完整性检查也能更容易完成，包括交叉字段的一致性检查。

261

使用嵌入式 SQL 的程序包括使用 3GL（如 C 或 COBOL）写的主程序和一些穿插其中的 SQL 代码段。每个 SQL 代码段都以 EXEC SQL 开始，关键字表示嵌入式 SQL 命令将在预编译的时候被转换成主源代码。对计划使用的每个主语言需要不同的预编译器。对每一种语言要确定 3GL 编译器与你的 RDBMS 预编译器兼容。

当预编译器遇到一个 EXEC SQL 语句时，它会把 SQL 命令翻译成主程序语言。一些（但不是全部）预编译器会检查 SQL 语法正确性并在这个点生成需要的错误信息。其他预编译器在 SQL 语句试图执行的时候才产生错误消息。一些产品的预编译器（DB2、SQL/DS、Ingres）创建 SQL 语句的单独文件，该文件随后被称为绑定器的单独工具处理，绑定器决定引用对象存在，用户有足够权限运行语句和使用的处理方式。其他产品（Oracle、Informix）在运行时解释语句而不是编译语句。无论哪种情况，结果程序将包括 DBMS 例程的调用，连接 / 编辑程序会将这些例程连接到程序中。

动态 SQL 在应用处理时生成合适的 SQL 代码。很多程序员使用 API，如 ODBC，这些 API 可以把 SQL 命令传输到任何 ODBC 兼容的数据库。动态 SQL 对很多 Internet 应用很重要。因为准确的 SQL 查询是在运行时确定的，包括传输的参数数目和要访问哪个表等，这使得开发者能够创建更灵活的应用。在一个 SQL 语句被重复使用且每次执行获取不同的参数值的时候，动态 SQL 非常有用。

嵌入式和动态 SQL 都易受恶意篡改的攻击。任何包括或者是构成 SQL 语句的过程都应检查这种易损性。攻击的通常形式涉及将恶意代码插入到与 SQL 命令串联的用户输入变量中然后被执行。另外，恶意代码包含在存储在数据库的文本中。只要恶意代码在结构上正确，SQL 数据库引擎就会执行它。阻止和识别这种攻击很复杂，这也超出了本书的范围。我们鼓励读者做一个关于 SQL 攻击主题的网络调查。至少用户输入要小心验证，强类型的列应当限制暴露，由于输入数据能被过滤或修改，特殊 SQL 字符（例如，；）或单词（例如，DELETE）要放在引用中，这样它们就不会被执行。

目前，开源数据库连接（ODBC）标准是最常用的 API。SQL：1999 包含 SQL 调用层接口（SQL/CLI）。它们都是用 C 编写，也都是基于相同的早期标准。Java 数据库连接（JDBC）使用 Java 连接的行业标准。它还不是 ISO 标准。在 SQL：2008 中没有添加这方面的新功能。

随着 SQL：2008 更完全的实现，嵌入式和动态 SQL 的使用将变得更加标准化，因为该标准首次创建了计算完全的 SQL 语言。大多数厂商都是独立创建这些功能，因此，未来几年将是 SQL：2008 标准产品和更老的版本产品同时存在的时代。用户需要意识到这些可能性并理解它们。

总结

本章延续了第 6 章的内容，继续介绍了 SQL 语言，包括等值连接、自然连接、外连接和联合连接。等值连接是基于要连接的表的共同列的值相等，并且返回所有请求的结果，包括从连接中包含的每个表中得到的公共列的值。自然连接返回所有的请求结果，但是只包含了公共列的值一次。外连接返回了连接中的一个表中的所有值，而不论在另一个表中是否有匹配值存在。联合连接返回连接的每个表中的所有数据到一个表中。

嵌套子查询是多个 SELECT 语句嵌套在一个单独的查询中，对复杂查询情况很有用。关联子查询是子查询的一个特殊形式，在内查询执行前需要知道外查询中的一个值。其他子查询处理内查询，返回一个结果给下一个外查询，然后处理这个外查询。

其他高级 SQL 主题包括嵌入式 SQL 的使用和触发器和例程的使用。SQL 可以被包含在很多第三代语言中，如 COBOL、C、Fortran 和 Ada 以及更多现代语言（如 C、PHP、.NET 和 Java）的上下文中。嵌入式 SQL 的使用允许更灵活的接口开发，提高了性能和数据库安全性。用户定义的在记录插入、更新或删除时自动运行的功能被称为触发器。过程是能被调用执行的用户定义的代码模块。OLTP 和 OLAP 分别用来操作事务处理和数据分析。

SQL 调用例程，包括触发器、函数和过程，都包括在 SQL:1999 中。用户必须明白这些功能都是作为厂商特定的扩展，并且将会持续存在一段时间。

动态 SQL 是网络连接数据库的一个完整部分，将会在第 8 章详细说明。本章提供了 SQL 的一些更复杂的功能，并确立了构建数据库应用程序必须掌握的 SQL 的扩展和复杂功能的意识。

关键术语

Backward recovery (rollback)（向后恢复（回滚））　　Join（连接）

Correlated subquery（关联子查询）　　Natural join（自然连接）

Dynamic SQL（动态 SQL）　　Outer join（外连接）

Embedded SQL（嵌入式 SQL）　　Procedure（过程）

Equi-join（等值连接）　　Trigger（触发器）

Function（函数）　　Transaction（事务）

复习题

1. 定义下列术语：
   a. 动态 SQL　　b. 关联子查询　　c. 嵌入式 SQL　　d. 过程
   e. 连接　　f. 等值连接　　g. 自连接　　h. 外连接
   i. 函数
2. 把下列术语与合适的定义匹配起来：

   _____等值连接　　　　　　　　a. 撤销表的修改

   _____自然连接　　　　　　　　b. 返回指定表的所有记录

   _____外连接　　　　　　　　　c. 保持多余的列

   _____触发器　　　　　　　　　d. 表的永久性修改

   _____过程　　　　　　　　　　e. 在主语言中包含 SQL 语句的过程

   _____嵌入式 SQ　　　　　　　f. 应用能实时生成特定 SQL 代码的过程

   _____COMMIT　　　　　　　　g. 不保留多余的列

   _____动态 SQ　　　　　　　　h. 在给定条件下执行的 SQL 语句集合

   _____ROLLBACK　　　　　　　i. 存储并命名的过程和 SQL 语句集合
3. 什么时候外连接用来替换自然连接？
4. 解释说明关联子查询的处理顺序。
5. 解释如下关于 SQL 的语句：任何可以使用子查询方法写的查询都可以使用连接的方法写，但反之不行。
6. 在 SQL 中 COMMIT 命令的目的是什么？提交是怎样与商业事务的概念联系起来的（例如，在输入一个客户订单或在分配客户的货物时）？
7. 在为数据库写触发器的时候必须小心练习。可能会遇到什么问题？
8. 解释定义触发器代码模块的结构。
9. 在什么情况下可以使用 UNION 子句？

10. 讨论触发器和存储过程之间的不同。

11. 列出四个 SQL 调用例程的优点。

12. 什么时候会考虑使用嵌入式 SQL？什么时候会使用动态 SQL？

13. 你认为在 SQL 中 CASE 关键字什么时候会有用？

14. 解释导出表的使用。

15. 描述一个你想要使用导出表的例子。

16. 什么是 PL/SQL，它在 SQL 之外还包含了什么？

17. 如果在 UNION 操作中涉及的两个查询包含不兼容数据类型的列，怎样解决这个问题？

18. 当连接不止两个表时，外连接容易实现吗？为什么？

19. 本章讨论了 Oracle 11g 的数据字典视图。调研另一个 RDBMS，例如 Microsoft SQL Server，报告它的数据字典功能，并与 Oracle 进行比较。

问题与练习

问题与练习 1～5 是基于课程安排的 3NF 关系和图 7-14 中的样本数据。对于问题与练习 1～5，画一个 Venn 或 ER 图并显示你希望在你的查询中用来产生结果的数据。

STUDENT (StudentID, StudentName)

StudentID	StudentName
38214	Letersky
54907	Altvater
66324	Aiken
70542	Marra
...	

QUALIFIED (FacultyID, CourseID, DateQualified)

FacultyID	CourseID	DateQualified
2143	ISM 3112	9/1988
2143	ISM 3113	9/1988
3467	ISM 4212	9/1995
3467	ISM 4930	9/1996
4756	ISM 3113	9/1991
4756	ISM 3112	9/1991
...		

FACULTY (FacultyID, FacultyName)

FacultyID	FacultyName
2143	Birkin
3467	Berndt
4756	Collins
...	

SECTION (SectionNo, Semester, CourseID)

SectionNo	Semester	CourseID
2712	I-2008	ISM 3113
2713	I-2008	ISM 3113
2714	I-2008	ISM 4212
2715	I-2008	ISM 4930
...		

COURSE (CourseID, CourseName)

CourseID	CourseName
ISM 3113	Syst Analysis
ISM 3112	Syst Design
ISM 4212	Database
ISM 4930	Networking
...	

REGISTRATION (StudentID, SectionNo, Semester)

StudentID	SectionNo	Semester
38214	2714	I-2008
54907	2714	I-2008
54907	2715	I-2008
66324	2713	I-2008
...		

图 7-14 课程安排关系（问题与练习 1～5）

1. 为下面每个查询写 SQL 检索语句命令。

   a. 显示所有课程中包含 ISM 前缀的课程的 ID 和名字。

   b. 显示教授 Berndt 可以教的所有课程。

   c. 显示班级花名册，包括在 ISM 4212 的班级 2714 注册的所有学生的名字。

2. 写一个 SQL 查询解决如下问题：哪个教员可以教 ISM 3113？

3. 写一个 SQL 查询解决如下问题：是否有教员可以教 ISM 3113 但不可以教 ISM 4930？

4. 写解决如下问题的 SQL 查询：

　a. 有多少学生在学期 I-2008 的 2714 班级注册？

　b. 有多少学生在学期 I-2008 的 ISM 3113 课程注册？

5. 写一个 SQL 查询解决如下问题：哪些学生在学期 I-2008 没有在任何课程中注册？

　　问题与练习 6 ~ 14 基于图 7-15。这个问题的设置延续了第 6 章的基于图 6-11 的问题与练习 10 ~ 15。

6. 确定在图 7-15 中四个实体之间的联系。列出每个实体的主键以及建立联系和保留参照完整性所必要的外键。当你建立 TUTOR REPORTS 中的主键时，要特别注意这个表中的数据。

TUTOR (TutorID, CertDate, Status)

TutorID	CertDate	Status
100	1/05/2008	Active
101	1/05/2008	Temp Stop
102	1/05/2008	Dropped
103	5/22/2008	Active
104	5/22/2008	Active
105	5/22/2008	Temp Stop
106	5/22/2008	Active

MATCH HISTORY (MatchID, TutorID, StudentID, StartDate, EndDate)

MatchID	TutorID	StudentID	StartDate	EndDate
1	100	3000	1/10/2008	
2	101	3001	1/15/2008	5/15/2008
3	102	3002	2/10/2008	3/01/2008
4	106	3003	5/28/2008	
5	103	3004	6/01/2008	6/15/2008
6	104	3005	6/01/2008	6/28/2008
7	104	3006	6/01/2008	

STUDENT (StudentID, Read)

StudentID	Read
3000	2.3
3001	5.6
3002	1.3
3003	3.3
3004	2.7
3005	4.8
3006	7.8
3007	1.5

TUTOR REPORT (MatchID, Month, Hours, Lessons)

MatchID	Month	Hours	Lessons
1	6/08	8	4
4	6/08	8	6
5	6/08	4	4
4	7/08	10	5
1	7/08	4	2

图 7-15　成人教育程序（问题与练习 6 ~ 14）

7. 写 SQL 命令，在 STUDENT 表中添加 MATH SCORE。

8. 写 SQL 命令，在 TUTOR 中添加 SUBJECT。SUBJECT 中允许的数据只能是 Reading、Math 和 ESL。

9. 如果一个教师登记注册表示想要教阅读和数学，你需要做什么？画出新的 ERD 图并写出在处理这个开发时需要的 SQL 语句。

10. 写 SQL 命令找出在 7 月还没有提交报告的老师。

11. 你认为学生和老师的信息（例如名字、地址、电话和邮件）应当保存在哪里？写出必要的 SQL 命令来保留这些信息。

12. 列出所有在六月活跃的学生的名字（如果你确定建立了原型数据库，则修改名字和其他数据），包括学生接受教学的小时数和他们完成的课程数。

13. 哪些教师可以教学？列出他们的名字。写出 SQL 命令。

14. 需要提醒哪个教师上交报告？写出 SQL 命令。使用 Venn 或其他类型的图表明怎样建立查询。

问题与练习 15 ～ 44 基于完整的（"大"版本）Pine Valley 家具公司数据库。注意：基于你使用的 DBMS，一些字段的名字要改变以避免与 DBMS 中的保留词冲突。当你第一次使用 DBMS 时，检查表的定义，看你的 DBMS 使用的是什么字段名。该数据库在 www.teradatauniversitynetwork.com 上可查到。

15. 写出 SQL 命令找出没有下订单的所有客户。

16. 列出所有管理的员工数多于两个的经理的名字和管理的员工数目（这个值记为 HeadCount）。

17. 列出所有出生早于他们的经理的员工的名字、他或她的出生日期、他或她的经理的名字以及经理的出生日期；经理的数据标记为 Manager 和 ManagerBirth。使用 Venn 或其他类型的图说明怎样建立这个查询。

18. 写 SQL 命令显示一些特别客户的订单号、客户号码、订单日期和预订的条目。

19. 写 SQL 命令显示订单 1 预订的项目、它的标准价格和每个预订项目的总价格。

20. 写 SQL 命令，计算订单 1 的总费用。

21. 计算每个产品的总的原材料的费用（记为 TotCost）并与它的标准产品价格相比。结果中显示产品 ID、产品描述、标准价格和总费用。

22. 对每个接收的订单，显示订单 ID、订单还未支付的钱的数目（可能需要从一个或更多的表中计算出这个总数；结果标记为 TotalDue）、收到的订单支付的钱的数目（假设每个订单只有一次支付）。为了使这个查询简单一点，不需要包括还没有支付的订单。以总欠款和支付数量之间的差值降序列出结果。

23. 写 SQL 查询列出买电脑桌的客户和卖给每个客户的数目。使用 Venn 或其他类型的图说明怎样建立这个查询。

24. 以字母序列出使用技能 ID BS12 管理员工的经理的名字；每个经理的名字只列出一次，即使他使用这个技能管理多个员工也如此。

25. 显示每个销售员的名字、产品材质和每个销售员卖出的每个产品数量（记为 TotSales）。

26. 写出查询列出每个工作中心生产的产品数目（记为 TotalProducts）。如果某个工作中心没有生产任何产品，显示结果数目为 0。

27. 在 PVFC 的产品经理正关注用户拥有的产品的购买部分的支持。他想做一个简单的分析来确定对每个客户有多少个销售商与这个客户在同一个州。使用名字列出所有 PVFC 客户和与该客户在同一个州的销售商的数目。（计算结果标记为 NumVendors。）

28. 显示在订单上没有任何支付的客户的订单 ID。在查询中使用集合命令 UNION、INTERSECT 或 MINUS。

29. 显示有客户居住但是没有销售员居住的州的名字。有多种方式写这个查询，试试不用 WHERE 语句写这个查询。用两种方式写这个查询：使用集合命令 UNION、INTERSECT 或 MINUS；不使用这些命令。对你来说哪个是更自然的方式，为什么？

30. 写 SQL 查询产生所有产品（也就是产品描述）的列表和每个产品被预订的次数。使用 Venn 或其他图说明建立查询的过程。

31. 显示所有客户订单的客户 ID、名字和订单 ID。对没有订单的客户只在结果中显示一次。

32. 显示不拥有技能 Router 的员工的 EmployeeID 和 EmployeeName。以 EmployeeName 的顺序显示结果。使用 Venn 或其他图说明构建查询的过程。

33. 显示客户 16 的名字和与客户 16 有相同邮政编码的所有客户的名字。（确定查询对任何客户都有用。）

34. 对所有客户重写问题与练习 33 的答案，而不仅仅是客户 16。

35. 显示所有客户订单的客户 ID、名字和订单 ID。对没有订单的客户在结果中只显示一次并显示其订单 ID 为 0。

36. 显示所有在同一个订单中同时订购 ID 为 3 和 4 的产品的客户的客户 ID 和名字。

37. 显示订购过（在相同或不同的订单中）ID 为 3 和 4 的产品的客户的名字。

38. 复习 7.1.7 节的第一个查询。能否给出一个特殊的标准价格集合使得该查询不可能产生想要的结果？怎样重写查询来处理这个情况？

39. 写 SQL 查询列出订单数量多于产品平均订单数量的所有订单的号码和订单数量。（提示：这涉及使用关联子查询。）

40. 写 SQL 查询列出卖掉最多电脑桌的销售员。

41. 以产品 ID 的顺序列出产品 ID 和购买了最多该产品的客户预订的该产品的总数量；在 FROM 子句中使用导出表来写这个查询。

42. 显示每个州中比在该州中最近雇佣的员工更早的所有员工的员工信息。

43. 市场部的领导对产品的交叉销售机会比较感兴趣。她认为识别交叉销售机会的方法是知道对每个产品在相同的订单中有多少其他产品被卖给相同的客户（例如，一个与很多其他产品在同一个订单中被客户一起购买的产品要比被单独购买的产品是交叉销售的更好的候选者）。

    a. 为帮助市场部经理，首先列出所有订单中销售总量超过 20 个的所有产品的 ID。（这些热门产品也是她考虑作为潜在交叉销售的触发器的产品。）

    b. 写一个新的查询列出包括满足第一个查询的产品的订单的 ID 和这些订单中的产品数量。只有有 3 个或更多产品的订单对市场部经理来说才有意义。尽可能写出覆盖第一个查询所有答案的通用查询。也即，如果产品 X 是在来自 a 部分结果集的一个产品，那么在 b 部分也想要看到包括产品 X 的所有订单的订单信息。

    c. 市场部经理需要知道在 b 部分的结果中的订单上的其他产品。（再一次，写一个查询得到 b 部分的普遍查询结果，而不是特殊的。）这些是卖出的产品，例如，来自 a 部分的产品 X，如果这些是人们买了的产品，可以试着向他们交叉售卖产品 X，因为历史显示他们可能把它和其他产品一起买。写一个查询找出其他产品的 ID 和描述。在你的结果中可以包括"产品 X"（也就是，不需要排除 a 部分的结果中的产品）。

44. 使用关联子查询，对每个产品，以产品 ID 升序显示产品 ID 和描述，并显示购买最多该产品的客户 ID 和名字，也显示客户（购买最多该产品的客户）预订的总数量。

266

参考文献

DeLoach, A. 1987. "The Path to Writing Efficient Queries in SQL/DS." *Database Programming & Design* 1,1 (January): 26–32.

Holmes, J. 1996. "More Paths to Better Performance." *Database Programming & Design* 9, 2 (February):47–48.

Mullins, C. S. 1995. "The Procedural DBA." *Database Programming & Design* 8,12 (December): 40–45.

Rennhackkamp, M. 1996. "Trigger Happy." *DBMS* 9,5 (May): 89–91, 95.

扩展阅读

American National Standards Institute. 2000. *ANSI Standards Action* 31,11 (June 2): 20.

Celko, J. 2006. *Analytics and OLAP in SQL*. San Francisco: Morgan Kaufmann.

Codd, E. F. 1970. "A Relational Model of Data for Large Shared Data Banks." *Communications of the ACM* 13,6 (June): 77–87.

Date, C. J., and H. Darwen. 1997. *A Guide to the SQL Standard*. Reading, MA: Addison-Wesley.

Itzik, B., L. Kollar, and D. Sarka. 2006. *Inside Microsoft SQL Server 2005 T-SQL Querying*. Redmond, WA: Microsoft Press.

Eisenberg, A., J. Melton, K. Kulkarni, J. E. Michels, and F. Zemke. 2004. "SQL:2003 Has Been Published." *SIGMOD Record* 33,1 (March):119–26.

Itzik B., D. Sarka, and R. Wolter. 2006. *Inside Microsoft SQL Server 2005: T-SQL Programming*. Redmond, WA: Microsoft Press.

Kulkarni, K. 2004. "Overview of SQL:2003." Accessed at **www.wiscorp.com/SQLStandards.html#keyreadings**.

Melton, J. 1997. "A Case for SQL Conformance Testing." *Database Programming & Design* 10,7 (July): 66–69.

van der Lans, R. F. 1993. *Introduction to SQL*, 2nd ed. Workingham, UK: Addison-Wesley.

Winter, R. 2000. "SQL-99's New OLAP Functions." *Intelligent Enterprise* 3,2 (January 20): 62, 64–65.

Winter, R. 2000. "The Extra Mile." *Intelligent Enterprise* 3,10 (June 26): 62–64.

See also "Further Reading" in Chapter 6.

也可以参见第 6 章的"扩展阅读"。

Web 资源

www.ansi.org 美国国家标准协会（American National Standards Institute）的网址。它包含 ANSI 联盟和最新国家和国际标准的信息。

www.coderecipes .net 解释和显示大量 SQL 命令示例的网址。

www.fluffycat.com/SQL/ 定义样例数据库和显示在该数据库上的 SQL 查询示例的网址。

www.iso.ch 国际标准化组织（ISO）的网址，提供 ISO 的信息，现行标准的副本可以从这里购买。

www.sqlcourse.com 和 **www.sqlcourse2.com** 提供 ANSI SQL 子集的教程并有练习数据库的网址。

standards.ieee.org IEEE 标准组织的主页。

www.tizag.com/sqlTutorial/ 提供 SQL 理念和命令的教学集合的网址。

http://troelsarvin .blogspot.com/ 提供不同 SQL 实现的详细比较的博客，包括 DB2、Microsoft SQL、MySQL、Oracle 和 PostGreSQL。

www.teradatauniversitynetwork.com 在这个网站上，你的指导教师可能已经为你创建了一些课程环境，提供使用 Web 版本的 Teradata SQL 助手，使用本书中的一个或多个 Pine Valley Furniture 和 Mountain View Community Hospital 数据集。

267

数据库应用开发

学习目标

学完本章后，读者应该能够：

- 准确定义以下关键术语：客户端 / 服务器系统，应用划分，胖客户端，数据库服务器，中间件，应用程序接口（API），开放式数据库连接（ODBC），三层体系结构，瘦客户端，Java servlet，可扩展标记语言（XML），XML 结构定义（XSD），XPath，XQuery，可扩展样式表转换语言（XSLT），Web 服务，通用描述、发现（Discovery）与集成（UDDI），Web 服务描述语言（WSDL），简单对象访问协议（SOAP）和面向服务的体系结构（SOA）。
- 理解客户端 / 服务器系统的三个组成部分：数据表示服务、数据处理服务以及数据存储服务。
- 区分二层和三层体系结构。
- 描述在二层体系结构应用中采用 VB.NET 和 Java 程序连接数据库的过程。
- 描述 Web 应用的关键组件以及各组件之间的信息通信方式。
- 描述在三层体系结构 Web 应用中用 JSP（Java Server Pages）和 ASP.NET 程序连接数据库的过程。
- 理解 XML 的意义以及 XML 在互联网标准化数据交换中的作用。
- 理解如何用 XQuery 查询 XML 文档。
- 理解 XML 如何促进 Web 服务的传播以及如何产生面向服务的体系结构。

引言

客户端 / 服务器系统 在网络环境中运行，应用程序处理被拆分为前端客户端和后端处理器两部分。一般来说，客户端处理请求服务器提供的资源。客户端与服务器可以配置在同一台电脑上，也可以在不同的电脑上进行配置，通过网络互通合作。不管是客户端还是服务器都是智能的和可编程的，所以根据两者的计算能力，可以设计有效甚至高效的应用。

过去 20 年，很难过高评价客户端 / 服务器应用产生的巨大影响。随着个人计算机技术的进步、计算机图形用户界面（GUI）以及网络、通信的迅速发展，使用计算机系统的业务也发生了改变，以满足用户日益增长的业务需求。电子商务要求客户端浏览器可以访问动态 Web 页面，这些页面连接到可以提供实时信息的数据库。通过网络连接的个人计算机一般都支持工作组计算。为了能在客户端 / 服务器环境运行并获取个人计算机和工作站网络更大的经济效益，主机应用程序需要被重写。客户端 / 服务器结构因其灵活性、伸缩性（无须重新设计即可升级系统的能力）和可扩展性（定义新数据类型和操作的能力）为特定的业务环境提供更优秀的解决方案。

8.1 客户端 / 服务器体系结构

客户端 / 服务器体系结构可以通过应用逻辑组件在客户端和服务器中的分布来区分。应用逻辑有 3 个组件组成（见图 8-1）。第一部分是输入 / 输出（I/O）组件，或表示逻辑组件，主要负责数据的格式化并将数据展示在用户电脑屏幕上或输出到其他输出设备，并管理用户利用键盘或其他输入设备输入的数据。表示逻辑一般驻留在客户端，是用户与系统交互的机制。第二部分组件是逻辑处理组件，负责处理数据逻辑、业务规则逻辑和数据管理逻辑。数据处理逻辑包括数据校验和错误处理标识等活动。在数据库管理系统（DBMS）中如果还没有对业务规则进行编码，可以在处理组件中进行编码。数据逻辑对处理事务或查询所必需的数据进行标识。处理逻辑可以驻留在客户端和服务器中。第三种组件是存储组件，主要负责从与应用相关联的物理存储设备上进行数据的存储及检索。存储逻辑一般驻留在接近数据物理存储位置的数据库服务器中。DBMS 的部分操作在存储逻辑组件中进行。例如，数据完整性通常控制约束检验等操

| 表示逻辑 输入 输出 |
| 处理逻辑 I/O 处理 业务规则 数据管理 |
| 存储逻辑 数据存储和检索 |

图 8-1 应用逻辑组件

作。触发器一般在满足特定的条件时，会运行与之相关联的插入、修改、更新和删除命令。存储过程一般可以直接使用存储在数据库服务器上的数据。

客户端 / 服务器体系结构一般归为三类：两层、三层或多层体系结构，依赖于三种应用逻辑的结构布局而定。目前为止，还没有一个最佳的客户端 / 服务器体系结构能够解决所有的业务问题。但是客户端 / 服务器体系结构内在的灵活性提供了剪裁配置的能力，可以满足组织中的特殊处理需求。**应用划分**有助于应用环境配置的剪裁。

图 8-2a 描述了基于逻辑处理布局的三种常用的二层系统的配置。在**胖客户端**中，应用处理全部在客户端进行，而在瘦客户端中，应用处理主要在服务器上进行。在分布式结构中，应用处理工作将在客户端和服务器间进行划分。

图 8-2b 展示了典型的三层和多层体系结构的配置。这些体系结构类型是基于 Web 系统开发的常见结构。如二层系统中，部分处理逻辑可以在客户端进行。但在 Web 驱动的客户端 / 服务器环境中典型的客户端应该是一个瘦客户端，通过浏览器实现表示逻辑。中间层主要采用具备可移植性的语言编写，如 C 或 Java。n 层体系结构因其灵活性和易管理性而逐渐流行，尽管同时也增加了各层之间通信管理的复杂性。更新快、分布式、异构环境的互联网和电子商务项目的发展同时促进了 n 层体系结构的发展。

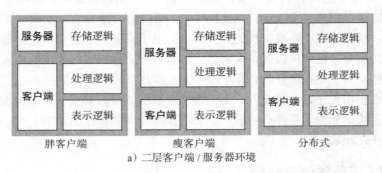

a）二层客户端 / 服务器环境

图 8-2 常见逻辑分布

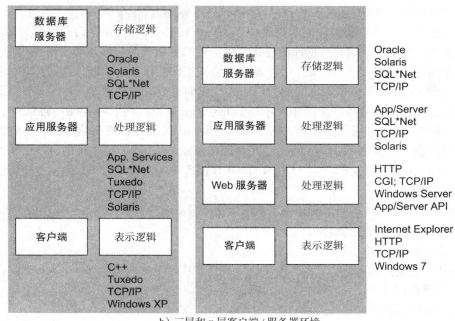

b）三层和 *n* 层客户端 / 服务器环境

图 8-2　（续）

270

前面对不同类型的客户端 / 服务器体系结构的优缺点进行了对比，接下来的两节将通过具体示例阐述数据库在这些体系结构类型中的作用。

8.2　二层体系结构中的数据库

在二层体系结构中，客户端工作站负责管理用户界面，包括表示逻辑、数据处理逻辑和业务规则逻辑，而**数据库服务器**负责数据库存储、访问和处理。图 8-3 展示了一个典型的数据库服务器体系结构。随着数据库服务器上安装越来越多的 DBMS，局域网（LAN）通信量减少，因为只有那些满足请求标准的记录才被传输至客户端工作站，而不是传输整个数据文件。人们习惯将核心 DBMS 功能称为后端功能，而将客户端 PC 上的应用程序称为前端程序。

根据这种体系结构，只有数据库服务器需要具备处理数据库的能力，并且将数据库存储在服务器上，而不是客户端。因此，数据库服务器可

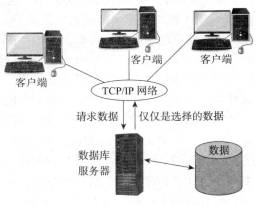

图 8-3　数据库服务器体系结构（二层体系结构）

以调整以优化数据库处理性能。因为局域网发送的数据量越少，通信的负载压力越小。用户认证、完整性校验、数据字典的维护、查询以及更新处理都在数据库服务器的同一个位置上进行。

使用二层体系结构的客户端 / 服务器项目一般用于用户数相对较少的部门应用。这种应用不是那么至关重要，事务量较低时多数是成功的，对实时性、安全性要求都不高。但是公司希望寻求获得更多客户端 / 服务器项目的益处，如可伸缩性、灵活性、低成本等。这样，

就必须开发新的客户端/服务器体系结构来满足应用需求。

大多数的二层体系结构应用都用类似于 Java、VB.NET 或 C# 等编程语言编写。这些常见的编程语言编写的应用与数据库的连接都由一种被称为面向数据库的中间件的特殊软件来实现。中间件一般起到使客户端/服务器应用协调工作的作用。中间件用于描述 *n* 层体系结构中 PC 客户端和关系数据库之间的软件组件。简而言之，**中间件**是一种可以使不同的软件组和应用相互操作的软件，无须用户了解，并且用较简单代码即可实现互通操作（Hurwiz，1998）。应用连接到数据库所需的数据库中间件由两部分组成：**应用编程接口**（API）和连接指定类型数据库的数据库驱动（例如，SQL 服务器或 Oracle）。最常见的 API 是**开放式数据库连接**（ODBC）和微软平台的 ADO.NET（VB.NET 和 C#）以及 Java 程序中使用的 Java 数据库连接（JDBC）。

无论采用哪种 API 或者编程语言，从应用访问数据库的基本步骤都比较相似，如下所述：

1）标识并注册数据库驱动。

2）打开到数据库的连接。

3）执行数据库的查询。

4）处理查询结果。

5）必要时重复步骤 3～4。

6）关闭数据库连接。

8.2.1　VB.NET 例子

接下来，看一下上述步骤在一个简单的 VB.NET 应用中是如何发挥作用的。图 8-4 所示代码片段的作用是向学生数据库中插入一条新记录。为了表示的简洁，代码中没有显示错误处理的相关部分。此外，虽然在下面的代码中嵌入了数据库连接密码，但是在商业应用中则要通过其他机制获取数据库连接密码。

图 8-4 所示的 VB.NET 代码使用了 ADO.NET 数据访问框架和 .NET 数据提供商连接数据库。.NET 框架有不同的数据提供商（或者说是数据库驱动）可以支持开发人员通过 .NET 编程语言编写程序连接数据库。框架中常见的数据提供商有 SQL server 和 Oracle。

图中的 VB.NET 代码显示了在 Oracle 数据库中如何实现一个简单的 INSERT（插入）语句。图 8-4a 中的 VB.NET 代码显示创建了一个简单的表单，允许用户输入自己的姓名、院系编号和学号。图 8-4b 显示了连接数据库的详细步骤以及如何提交一个数据插入的查询语句。

通过阅读图中文本框中的注释，可以看出之前章节描述的访问数据库的一般步骤贯穿了整个 VB.NET 程序的实施过程。图 8-4c 展示了如何访问数据库和处理 SELECT 查询的结果。最主要的区别是用 ExecuteReader() 方法代替了 ExecuteNonQuery() 方法，后者主要用于 INSERT、UPDATE 和 DELETE 查询。表中显示的结果通过 SELECT 查询中的 OracleDataReader 对象获取。可通过每次一行遍历对象的方式访问结果中的行。通过 Get 方法和参照查询结果中列的位置（或名称）访问对象中的每一列数据。ADO.NET 提供两种可选的处理查询结果的对象：DataReader（例如，图 8-4c 中的 OracleDataReader）和 DataSet 对象。两种对象的主要区别是：前者限制查询结果必须一次一行通过循环进行查询。如果有大量的行数据，这种查询方法会非常复杂。DataSet 对象提供数据库无连接的快照，可以在编程语言中应用这些特性操控程序。本章后面将介绍如何通过 .NET 数据控件（采用 DataSet 对象）提供清晰、简单的方法在程序中操控数据。

a）接收用户输入的设置方法

b）连接到数据库并执行 INSERT 查询

图 8-4　在 VB.NET 代码中数据库 INSERT 操作演示示例

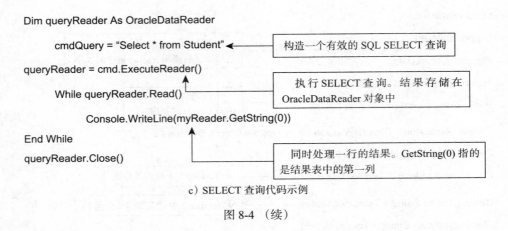

c) SELECT 查询代码示例

图 8-4　（续）

8.2.2　Java 例子

现在来看一个如何让 Java 应用连接到数据库的例子（参见图 8-5）。这个 Java 应用实际上和图 8-4 中 VB.NET 应用连接的是同一个数据库，其目的是检索并输出学生（Student）表中的所有学生姓名。在这个例子中，Java 程序使用 JDBC 的 API 接口和 Oracle 的瘦驱动程序访问 Oracle 数据库。

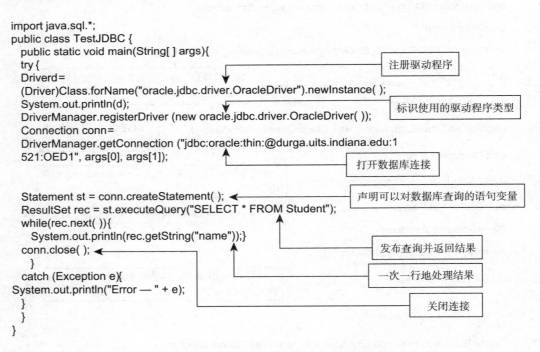

图 8-5　通过 Java 程序访问数据库

注意，与 VB.NET 示例中所示的 INSERT 语句不同，运行一个 SQL SELECT 语句需要捕获对象内部数据来处理表格中的数据。JDBC 提供了两种关键机制来处理表格：ResultSet 对象和 RowSet 对象。两者之间的区别类似于在 VB.NET 例子中的 DataReader 和 DataSet 对象之间的区别。

272
～
274

ResultSet 对象提供游标机制，指向当前数据行。当 ResultSet 对象被初始化时，游标定位在第一行之前。这就是为什么在检索数据前需要先调用 next() 方法的原因。ResultSet 对象用于循环处理每一行数据并且检索需要访问的列值。在这种情况下，用 JDBC API 中的 rec. getString 方法访问姓名列的值。对于一般数据库类型，有相应的 get 和 set 方法允许对数据库中的数据进行检索和存储。表 8-1 提供一些 SQL-to-Java 映射的常见表达。

表 8-1　Java 到 SQL（Java-to-SQL）常用映射

SQL 类型	Java 类型	Get/Set 常用方法
INTEGER	int	getInt(), setInt()
CHAR	String	getString, setString()
VARCHAR	String	getString, setString()
DATE	java.util.Date	getDate(), setDate()
TIME	java.sql.Time	getTime(), setTime()
TIMESTAMP	java.sql.Timestamp	getTimestamp(), setTimestamp()

需要注意的是 ResultSet 对象能否保持对数据库的有效连接，这取决于表的大小，整个表（即，查询结果）可以（或不可以）存储在客户端设备。数据如何及何时在数据库和客户端之间传输由 Oracle 驱动处理。默认情况下，ResultSet 对象是只读属性，并且只能在一个方向（向前）进行遍历。然而，新版本的 ResultSet 对象允许在两个方向上滚动和更新。

8.3　三层体系结构

　　一般来讲，**三层体系结构**比之前提到的客户端和数据库服务器层（参见图 8-6）又附加了一个服务器层。这样的配置也被称为 *n* 层、多层或增强的客户端 / 服务器体系结构。这个附加的服务器层在三层体系结构中可以用于不同的目的。通常，应用程序可以在附加服务器上驻留并运行，在这种情况下，附加服务器被称为应用服务器。或者当另一个服务器承载企业数据库时，附加服务器承载本地数据库。这种配置可以称为三层体系结构，由于每个配置性能不同，所以要根据不同的情况进行合理的配置。三层体系结构相比于二层体系结构的主要优点是在扩展性、灵活性、表现性和可重用性上有所体现，对网络应用程序

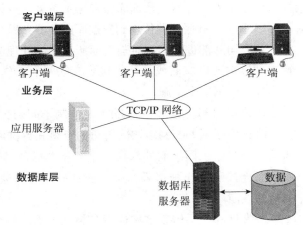

图 8-6　通用三层体系结构

和网络为中心的信息系统开发来说，三层体系结构是非常受欢迎的选择。这些优点在后面的章节有详细的讨论。

　　在三层体系结构中，大多数的应用程序代码存储在应用服务器上。这种情况与二层体系结构中将存储过程存入数据库服务器上的功能等价。利用应用服务器，通过使用机器代码可提高性能，灵活的代码可以应用到其他平台，从而减少了对专有语言的依赖。在许多情况

275

下，大多数的业务处理是在应用服务器上而不是在客户端工作站或数据库服务器上，从而产生了**瘦客户端**。Web 浏览器的使用就是一个瘦客户端的实例。一般情况下，应用驻留在服务器上并在服务器上执行，不需要把应用下载到客户端。因此，升级应用程序不需要在客户端工作站，而只需要在应用服务器上加载新版本即可。

现代组织中最常见的三层体系结构应用是基于 Web 的应用。因特网或内联网可以访问这些应用。图 8-7 表示建立因特网和内联网数据库驱动能的连通性所需的基本环境。图中右侧方框里是一个内部网络的示意图，从标记中可以明显看出客户端 / 服务器体系结构的性质。网络结构使用 TCP/IP 建立客户端工作站、Web 服务器和数据库服务器的连接。也使用多层连接结构，如图 8-7 显示了一个简单架构，

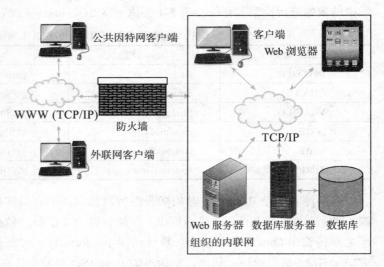

图 8-7　数据库驱动的内联网 / 因特网环境

来自客户端浏览器的请求通过网络发送至 Web 服务器，存储 HTML 脚本页面并通过客户端浏览器返回和显示。如果该请求需要从数据库中获取数据，Web 服务器将构建一个查询并将其发送到数据库服务器，数据库服务器负责处理查询并且返回结果集。同样，客户端输入的数据可以通过 Web 服务器传递到数据库服务器，提交数据到数据库并存储在数据库中。

从公司外部进行连接时与上面所描述的处理流程类似。这种情况下，连接是否仅适用于特定的客户或供应商或其他连接到互联网的工作站。然而，对外开放的 Web 服务器需要增加额外的数据安全措施。

在公司内部，通常是由 DBMS 控制访问的数据，数据库管理员设置员工的数据访问权限。防火墙限制外部网络访问公司的资料和数据以及防止公司数据泄露到公司外部。所有的通信是通过组织网络的外部代理服务器进行。代理服务器控制组织网络的信息或文件通路。不需要连接到 Web 服务器来显示页面，也可以通过高速缓存保存被频繁请求的页面来提高网站的性能。

最常见的三层体系结构应用是 Web 应用，在下一节中，将详细讨论 Web 应用中的重要组件。本书的例子中选择两种常见的语言（JSP 和 ASP.NET）进行简单的 Web 应用开发。

8.4 Web 应用组件

图 8-2 展示了典型的 Web 应用中的各种组件。一个 Web 应用站点需要四个重要组件一起创建：

1）**数据库服务器**　存储应用逻辑和 DBMS 的主机。常用的 DBMS 包括 Oracle、Microsoft SQL Server、Informix、Sybase、DB2、Microsoft Access 和 MySQL 等。DBMS 可

以在一台独立的机器上安装，也可以与 Web 服务器在同一台机器上安装。

2）**Web 服务器**　　Web 服务器提供了接收和响应客户端浏览器请求的基本功能。这些请求主要使用 HTTP 或 HTTPS 协议。最常见的 Web 服务器软件是 Apache，但也可能经常见到微软的互联网信息服务器（IIS）Web 服务器。Apache 可以在不同的操作系统上运行，如Windows、UNIX 或 Linux。而 IIS 则主要面向 Windows 服务器。

3）**应用服务器**　　该软件提供了用于创建动态 Web 网站和基于 Web 的应用的构建模块。例如，微软的 .NET 架构、Java 平台企业版（Java EE）和 ColdFusion。虽然技术上不必考虑应用服务平台，但使用 PHP、Python 和 Perl 等应用编程语言写的软件属于应用服务器范畴。

4）**Web 浏览器**　　微软的 IE、Mozilla 的 Firefox（火狐）、苹果的 Safari、谷歌 Chrome 和 Opera 都是常用浏览器的实例。

综上所述，可用于 Web 应用开发的工具集合非常复杂。虽然图 8-7 给出了该体系结构的概述，但并没有描述把组件组合在一起的正确方法。通常，Web 技术在同一类项目中可以交替使用。对于一种开发工具可以解决的问题，其他开发工具同样可以解决。以下是开发中遇到的常见组合。

277

- IIS Web 服务器、SQL Server 或 Oracle 作为 DBMS，用 ASP.NET 编写应用程序。
- Apache Web 服务器、Oracle 或 IBM 作为 DBMS，用 Java 编写应用程序。
- Apache Web 服务器，Oracle、IBM 或 SQL Server 中的一个作为 DBMS，用 ColdFusion 编写应用程序。
- 对于 Linux 开源操作系统、Apache Web 服务器、MySQL 数据库，用 PHP、Python 或 Perl（也被称为 LAMP 栈）编写应用程序。

开发环境可能由管理者决定，一旦确定了要使用的开发环境，便会有很多选择可以有效地学习甚至精通这些工具。管理者可以组织开发者参加培训班，甚至聘请专家与开发者一起工作。通过网络搜索或书店查阅，可以发现每种特定的工具都有一本或多本使用说明书。图 8-8 展示创建动态 Web 网站的必要组成部分。

数据库 (可以与 Web 服务器共用同一台机器进行开发)(Oracle,
Microsoft SQL Server, Informix, Sybase, DB2, Microsoft Access, MySQL…)

程序设计语言 (C, C#, Java, XML, XHTML, JavaScript…)
开发技术 (ASP.NET, PHP, ColdFusion…)
客户端插件 (ActiveX, plug-in, cookie)
Web 浏览器 (Internet Explorer, Navigator, Firefox…)
文本编辑器 (Notepad, BBEdit, vi, Dreamweaver…)
FTP 功能 (SmartFTP, FTP Explorer, WS_FTP…)

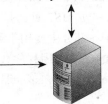

Web 服务器 (Apache, Microsoft-IIS)
服务器端插件 (JavaScript Session Management Service & LiveWireDatabase
Service, FrontPage Extensions…)
Web 服务器接口 (CGI, API,Java Servlet)

图 8-8　动态 Web 开发环境

8.5   三层应用中的数据库

图 8-9a 展示了在 Web 应用中信息流的一般概况。用户提交的 Web 页面请求不能分辨返回的是静态 Web 页面或是由静态信息和从数据库中检索的动态信息组成的混合 Web 页面。Web 服务器返回的是一种能够被浏览解析的标准格式数据（例如，HTML 或 XML）。

如图 8-9a 所示，如果 Web 服务器确认客户端发送的请求无须传递到应用服务器处理，那么它会直接处理客户端发送的请求并且返回近乎标准格式的信息给客户端机器。这种方法一般是基于文件后缀。例如，所有的 .html 和 .htm 文件可以由 Web 服务器自行处理。

278

然而，如果请求带有特定的后缀，就需要应用服务器的干预，图 8-9 是消息流被调用的过程。根据需要，应用调用数据库，使用前面描述的（ADO.NET 或 JDBC）或专用机制中的一种。虽然各种流行平台（JSP/ Java 程序、ASP.NET、ColdFusion 和 PHP）处理请求的内部细节差异较大，但用于创建 Web 应用程序的逻辑却非常相似，如图 8-9b 所示。

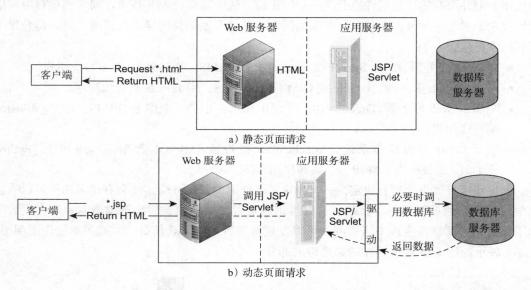

图 8-9   三层体系结构中的信息流

8.5.1   JSP Web 应用

综上所述，有几个合适的语言和开发工具可用于创建动态 Web 页面。其中最流行的语言是 Java 服务器页面（JSP）。JSP 页面是一种兼容 HTML 和 Java 的语言。HTML 部分可以在浏览器上显示信息。Java 部分主要用于处理 HTML 表单发送的信息。

图 8-10 示例中显示的 JSP 应用程序代码用于捕获用户注册信息并把数据存储在数据库中。假设页面的名字为 registration.jsp。那么，这个 JSP 页面执行以下功能：

- 显示注册表单。
- 处理用户填写的表格，并检查常见错误，如缺失项检查或密码字段匹配。
- 如果出现错误，则重新显示整个表单，并用红色标记错误信息。
- 如果没有错误，则将用户信息存入数据库并向用户发送"成功"页面。

现在来查看各部分代码是如何实现上述功能的。在 <% 和 %> 之间是所有 Java 代码的内容，并且不在浏览器中显示，在浏览器中只显示包含在 HTML 标签之间的内容。

```jsp
<%@ page import="java.sql.*" %>
<%
// Create an empty new variable
String message = null;

// Handle the form
if (request.getParameter("submit") != null)
{
  String firstName = null;
  String lastName = null;
  String email = null;
  String userName = null;
  String password = null;

  // Check for a first name
  if (request.getParameter("first_name")=="") {
     message = "<p>You forgot to enter your first name!</p>";
     firstName = null;
  }
  else {
     firstName = request.getParameter("first_name");
  }

  // Check for a last name
  if (request.getParameter("last_name")=="") {
     message = "<p>You forgot to enter your last name!</p>";
     lastName = null;
  }
  else {
     lastName = request.getParameter("last_name");
  }

  // Check for an email address
  if (request.getParameter("email")==""){
     message = "<p>You forgot to enter your email address!</p>";
     email = null;
  }
  else {
     email = request.getParameter("email");
  }

  // Check for a username
  if (request.getParameter("username")==""){
     message = "<p>You forgot to enter your username!</p>";
     userName = null;
  }
  else {
     userName = request.getParameter("username");
  }

  // Check for a password and match against the confirmed password
  if (request.getParameter("password1")==""){
     message = "<p>You forgot to enter your password!</p>";
     password = null;
  }
```

`<%@page%>` 指令适用于整个 JSP 页面。导入属性指定 Java 包，应该包含在整个 JSP 文件中

检查表单是否需要处理

验证名字

验证姓氏

验证邮箱地址

验证用户名

验证密码

a）验证和数据库连接代码

图 8-10 JSP 应用示例

```
else{
  if(request.getParameter("password1").equals(request.getParameter("password2"{)))
  password = request.getParameter("password1");
  }
  else {
  password = null;
  message = "<p>Your password did not match the confirmed password!</p>";
  }
}

// If everything's OK
PreparedStatement stmt = null;
Connection conn = null;
if (firstName!=null && lastName!=null && email!=null && userName!=null && password!=n{ull)

// Call method to register student
 try {

// Connect to the db
DriverManager.registerDriver(new oracle.jdbc.driver.OracleDriver( ));
conn=DriverManager.getConnection("jdbc:oracle:thin:@localhost:1521:xe","scott","tiger");

// Make the query
String ins_query="INSERT INTO users VALUES ('"+firstName+"','"+lastName+"','"
+email+"','"+userName+"','"+password+"')";
stmt=conn.prepareStatement(ins_query);

 // Run the query
 int result = stmt.executeUpdate(ins_query);
conn.commit();
message = "<p> <b> You have been registered ! </b></p>";

 // Close the database connection
stmt.close();
conn.close();
}
catch (SQLException ex){

message = "<p> <b> You could not be registered due to a system error. We apologize
for any inconvenience. </b></p>"+ex.getMessage()+"</p>";
stmt.close();
conn.close();
}
}
 else{
  message = message+"<p>.Please try again</p>";
  }
}
%>
```

如果用户的所有信息都通过验证，那么该数据被插入数据库中（本例中是一个 Oracle 数据库）

连接到数据库
连接字符串：jdbc:oracle:thin:@localhost:1521:xe
用户名：scott
密码：tiger

准备并且执行 INSERT 查询

如果 INSERT 成功执行，则打印信息

关闭连接和声明

如果 INSERT 没有成功执行，则打印错误消息

结束 JSP 代码

a) (续)

图 8-10 (续)

在 JSP 应用中用 HTML 代码创建表单

```
<html>                                                    ←──────  HTML 开始表单
<head> <title> Register </title> </head>
<body>
<% if (message!=null) {%>
<font color ='red'> <%=message%> </font>
<%}%>
<form method="post">
<fieldset>
<legend>Enter your information in the form below:</legend>
<p> <b> First Name:        </b>
        <input type="text"    name="first_name" size="15" maxlength ="15" value=""/></p>
<p> <b> Last Name:        </b>
        <input type="text"    name="last_name"  size="30" maxlength ="30" value=""/></p>
<p> <b> Email Address:    </b>
        <input type="text"    name="email"      size="40" maxlength ="40" value=""/></p>
<p> <b> User Name:        </b>
        <input type="text"    name="username"    size="10" maxlength ="20" value=""/></p>
<p> <b> Password:         </b>
        <input type="password" name="password1"   size="20" maxlength ="20" value=""/></p>
<p> <b> Confirm Password: </b>
        <input type="password" name="password2"   size="20" maxlength ="20" value=""/></p>
</fieldset>
<div align="center"> <input type="submit" name="submit" value="Register"/></div>
</form> <!-- End of Form -->
</body>
</html>
```

b）在 JSP 应用中用 HTML 代码创建表格

c）JSP 应用中的输出表单示例

图 8-10 （续）

当用户在浏览器中输入 URL（http://myserver.mydomain.edu/regapp/registration.jsp）来访问 registration.jsp 页面时，Web 参数值为空值。因为 IF 条件语句失败，所以 HTML 表单不显示错误信息。注意，这个表单有一个提交按钮，并且表单动作值表明要进行数据处理的页面也是 registration.jsp。

当用户填写详细信息并点击提交按钮时，数据将被发送到 Web 服务器，这些 Web 服务器上的数据（称为参数）被传递到应用服务器，然后代码返回到动作参数指定的页面（即 registration.jsp 页面）。页面中的代码采用 Java 语言编写，并被封装在 "<%" 和 "%>" 中。这段代码有多处用来进行错误检查的 IF–ELSE 语句，包含了数据库中存储用户表单的数据逻辑部分。

如果用户项缺失或密码不匹配，Java 代码会将 "message" 值设置为一个非 "NULL" 的值。检查结束后，显示原始表单，这时，由于第一个 IF 语句的设置，错误信息将会用红色在表单的顶部标注显示。

　　另外，如果表单填写正确，则执行向数据库中插入数据的代码段。请注意，此代码段和之前 Java 示例中的代码非常相似。在用户信息被插入数据库之后，<jsp：forward> 触发应用服务器执行称为 success.jsp 的新 JSP 页面。这些信息应该由 success.jsp 页面来显示。注意，该页面显示的信息值由 Web 参数进行传递。需要注意的是，所有的 JSP 页面在执行之前都要在应用服务器上编译成 **Java servlet 程序**。

　　如果从数据库访问的角度分段检查应用（从 try 块开始），会发现前述的 JSP 页面的内部代码和 Java 应用的代码没有本质的差别，它与本章前面所确定的六个步骤相同。这种情况下的主要的区别是，数据库访问代码作为 Java servlet 程序的一部分在应用服务器上运行，而不是在客户端运行。

8.5.2　ASP.NET 例子

　　最终的代码段显示如何用 ASP.NET 编写注册页面（图 8-11）。

```
<%@ Page Language="C#" AutoEventWireup="true" CodeFile="users.aspx.cs" Inherits="users" %>
<html xmlns="http://www.w3.org/1999/xhtml" >
<head runat="server">
  <title>Register</title>
</head>
<body>
<form id="form1" runat="server">
<div>
<asp:DetailsView ID="manageUsers" runat="server" DataSourceID="usersDataSource">
        <Fields>
                <asp:BoundField DataField="username" HeaderText="User Name" />
                <asp:BoundField DataField="first_name" HeaderText="First Name" />
                <asp:BoundField DataField="last_name" HeaderText="Last Name" />
                <asp:BoundField DataField="email" HeaderText="Email Address" />
                <asp:BoundField DataField="password" HeaderText="Password" />
                <asp:CommandField ShowInsertButton="True" ButtonType="Button" />
        </Fields>
        </asp:DetailsView>
<asp:SqlDataSource ID="usersDataSource" runat="server"
        ConnectionString="<%$ ConnectionStrings:StudentConnectionString %>"
        InsertCommand="INSERT INTO users(username, first_name, last_name, email, password,
        registration_date) VALUES (@username, @first_name, @last_name, @email, @password, GETDATE())"
        SelectCommand="SELECT [username], [first_name], [last_name], [email], [password] FROM [users]">
</asp:SqlDataSource>
</div>
</form>
</body>
</html>
```

a）用户注册 ASP.NET 代码示例

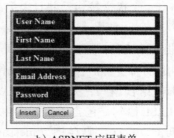

b）ASP.NET 应用表单

图 8-11　采用 ASP.NET 编写注册页面

请注意，ASP.NET 代码比 PHP 或 JSP 代码短很多。这是因为在这一部分代码中没有包含所有错误检查。此外，ASP.NET 提供了强大的内置控件功能，可以帮助完成另外两种语言需要自行编写的部分代码，以执行主要功能。例如 DetailsView 控件，从 Web 页面的各种文本字段中自动抓取数据并且给相应的数据字段变量赋值（例如，用户名（User Name）表单字段存储在用户名（username）数据字段中）。此外，SqlDataSource 控件隐藏了包括数据库连接、数据库查询和结果检索等步骤的细节。

8.6　三层应用中的关键因素

前面章节介绍了应用中使用的数据库组件，注意从二层应用到三层应用转变过程中，数据库的基础操作（如数据库连接、检索和存储操作）基本不变。事实上，真正改变的是访问数据库位置的代码。那么，为了保证创建一个稳定的高性能的应用，应用开发人员在开发过程中要牢记几个关键因素。

8.6.1　存储过程

存储过程（和过程类似，见第 7 章定义）是实现应用逻辑功能代码的模块，经编译后存储在数据库服务器上。正如 Quinlan（1995）所阐述的，存储过程有如下优点：

- 提高了 SQL 语句的编译性能。
- 减少了从客户端到服务器的网络流量。
- 如果采用存储过程，避免终端直接访问数据并且代码不在服务器上直接运行，安全性更高。
- 多个应用访问同一个存储过程时，数据完整性有所提高。
- 存储过程可以在瘦客户端和胖数据库服务器上运行。

然而，编写存储过程耗费的时间比用 VB 和 Java 开发程序要多。同时，存储过程独有的性质降低了其可移植性，并且很多情况下，如果不重写存储过程很难对 DBMS 进行修改。但是如果存储过程使用恰当，则可以提高数据库代码的处理效率。

如图 8-12a 所示是一个用 Oracle 的 PL/SQL 语言编写的检查用户名在数据库中是否重名的存储过程示例。图 8-12b 所示是一个表示可以在 Java 程序中调用存储过程的代码片段示例。

8.6.2　事务

到目前为止所示的例子中，仅研究了单个 SQL 操作的组成代码。然而很多商业应用需要多个 SQL 查询来共同完成业务事务。默认情况下，大多数数据库连接都假设数据库执行查询的结果是即时提交的。其实，可以在程序中定义业务事务的概念。图 8-13 展示了如何利用 Java 程序执行数据库事务。

考虑到可能会有成千上万的用户在任意给定的时间点（考虑亚马逊和 eBay）通过 Web 应用试图同时访问和 / 或更新数据库，应用开发人员需要精通数据库事务的概念，并且能利用这些事务概念开发相应的应用。

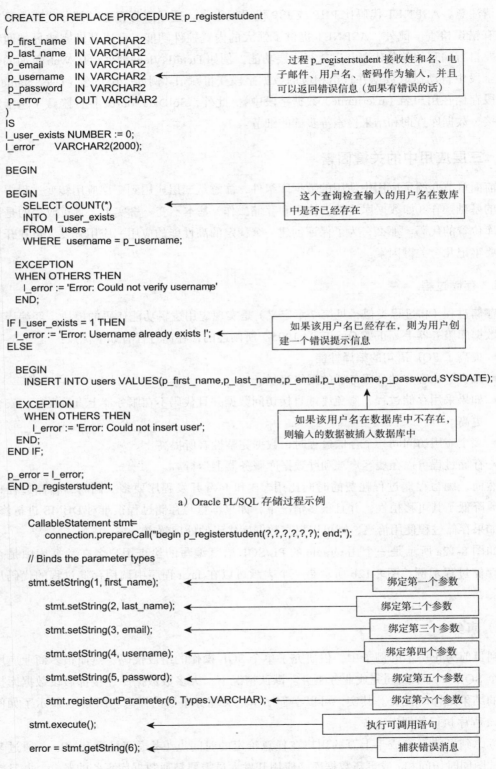

```
CREATE OR REPLACE PROCEDURE p_registerstudent
(
p_first_name  IN VARCHAR2
p_last_name   IN VARCHAR2
p_email       IN VARCHAR2
p_username    IN VARCHAR2
p_password    IN VARCHAR2
p_error       OUT VARCHAR2
)
IS
l_user_exists NUMBER := 0;
l_error       VARCHAR2(2000);

BEGIN

BEGIN
    SELECT COUNT(*)
    INTO  l_user_exists
    FROM  users
    WHERE  username = p_username;

  EXCEPTION
  WHEN OTHERS THEN
    l_error := 'Error: Could not verify username'
  END;

IF l_user_exists = 1 THEN
  l_error := 'Error: Username already exists !';
ELSE

  BEGIN
    INSERT INTO users VALUES(p_first_name,p_last_name,p_email,p_username,p_password,SYSDATE);

  EXCEPTION
    WHEN OTHERS THEN
      l_error := 'Error: Could not insert user';
  END;
END IF;

p_error = l_error;
END p_registerstudent;
```

过程 p_registerstudent 接收姓和名、电子邮件、用户名、密码作为输入，并且可以返回错误信息（如果有错误的话）

这个查询检查输入的用户名在数库中是否已经存在

如果该用户名已经存在，则为用户创建一个错误提示信息

如果该用户名在数据库中不存在，则输入的数据被插入数据库中

a）Oracle PL/SQL 存储过程示例

```
CallableStatement stmt=
    connection.prepareCall("begin p_registerstudent(?,?,?,?,?,?); end;");

// Binds the parameter types

stmt.setString(1, first_name);

stmt.setString(2, last_name);

stmt.setString(3, email);

stmt.setString(4, username);

stmt.setString(5, password);

stmt.registerOutParameter(6, Types.VARCHAR);

stmt.execute();

error = stmt.getString(6);
```

绑定第一个参数

绑定第二个参数

绑定第三个参数

绑定第四个参数

绑定第五个参数

绑定第六个参数

执行可调用语句

捕获错误消息

b）调用 Oracle PL/SQL 存储过程的 Java 代码示例

图 8-12   Oracle PL/SQL 存储过程示例

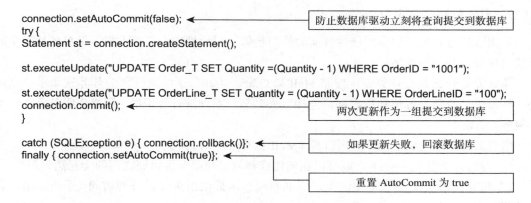

图 8-13 SQL 事务 Java 部分代码示例

8.6.3 数据库连接

在大多数三层应用中，Web 服务器和应用服务器通常架设在同一台机器上，数据库服务器则通常配置在其他机器上。在这种情况下，数据库连接和保持数据库连接处于活动状态的行为非常耗费资源。并且，大多数数据库对同一时刻连接数据库用户的个数都设定了最大连接上限。这对于互联网应用来说是种挑战，因为很难预估互联网上同时访问数据库的用户数量。幸运的是大多数数据库驱动为了减轻程序开发人员的负担，采用了数据库连接池的概念对数据库连接进行管理。但是，应用开发人员在设计应用程序时仍需注意数据库连接的频率，并且要保证数据库连接的时间间隔。

8.6.4 三层应用的主要优点

合理使用三层应用进行设计开发具备以下优势（Thompson，1997）：

- **可扩展性** 三层体系结构比二层体系结构具备更好的可扩展性。例如，中间层可以使用事务处理（TP）监听器减少数据库服务器的连接数量，从而减轻数据库服务器上的负载，也可以通过添加应用服务器进行分布式应用处理。事务处理监听器是指控制客户端和服务器之间的数据交换并为联机事务处理（OLTP）提供稳定环境的程序。
- **技术灵活性** 虽然需要重写触发器和存储过程，但是在三层体系结构中更换 DBMS 引擎更简单。中间层甚至可以被移植到其他平台继续使用。简化的表示层服务可以更加方便地实现不同需求的接口，比如在 Web 浏览器或查询机上。
- **降低长期成本** 中间层使用现有的组件或服务可以替代应用的部分模块，而不需要替换整个应用，从而降低开发成本。
- **更符合业务系统需求** 不仅支持通用模块开发，还支持有特定业务需求的新模块的应用开发。
- **改进了客户服务** 为访问同一个业务流程为不同的客户端提供了不同的接口。
- **竞争优势** 当业务发生变化时，为了满足业务需求，只需改变部分代码模块而不需要改变整个应用程序，比二层应用更有竞争力。
- **降低风险** 三层应用具有快速实现小代码模块的能力，利用从代码销售商购买的代码，就可整合完成一个应用程序的开发，这降低了直接开发一个大型应用程序的风险。

8.6.5 云计算和三层应用

284
～
286

利用云计算开发三层应用成为目前的热门趋势，云计算广告已经占据了世界各地黄金时段的电视节目和大型机场。

那么究竟什么是云计算呢？按照 Mell 和 Grance（2011）的说法，云计算这个术语指的是一种提供"普适、方便和按需网络连接"去共享一系列的计算资源（网络、服务器、应用和服务）的模型。

所有云技术都有以下几个共同特征（Mell 和 Grance，2011）：

1）按需自选服务——IT 功能可以在创建或释放时与服务提供商之间的交互达到最小。

2）拓宽网络连接——IT 功能可以借助网络技术提供给更多设备的访问（手机、桌面客户端等）。

3）资源共享——服务提供商能够为各种不同的客户机构提供服务并共享其资源（存储、服务器等），从而达到满足不同客户的服务需求。

4）快速伸缩性——客户可以很容易地（通常会自动的）扩大或缩减服务提供商提供的功能。

5）计量服务——客户能够控制自身所需要使用的功能规模，并仅为他们需要的服务付费。因此，服务提供商可以通过消费者的消费水平来衡量服务使用情况。

Mell 和 Grance（2011）还阐述了几种流行的云技术类别：

1）基础设施即服务：这类云计算指的是采用运营商提供的技术，如服务器、存储和网络。这类服务对于公司来说最主要的优势在于购买、运行以及设备和软件的维护任务都由运营商承担。基础设施即服务（Iaas）模型最典型的示例是微软的 Azure 和 Rackspace。

2）平台即服务：这类云计算是指在云上搭建关键技术解决方案模块。示例包括应用服务器、Web 服务器和数据库技术。现在流行的数据库如 SQL Server、MySQL、Oracle 和 IBM 的 DB2 都可以通过这种平台模型由销售商直接提供，例如，微软的 SQL Azure/Oracle 的公共云，或者通过像亚马逊的 EC^2 这样的云服务。

3）软件即服务：指将整个应用或应用集合放置在云端运行，提供用户在互联网上访问，而不再是放置在公司自己的基础设施中。该模型的典型的示例是 Salesforce.com 的 CRM 系统。目前 SAP 和 Oracle 也发布了"cloud ready"版本的企业应用程序。

从专业的数据库应用程序开发角度观察，云计算的普及可能会在两个主要方面产生影响。第一，当开发三（或更多）层应用时，可能有一层或更多层——Web、应用和（或）数据库——可以交给云服务提供商进行托管。第二，云数据库/应用平台的普及使得利用各种数据库/应用平台进行开发和部署应用变得简单，因为负责购买、安装、配置和维护典型的 n 层应用组件的任务得到了简化。这对于那些拥有有限 IT 预算/资源的公司来说非常有利。值得一提的是云计算并没有明显改变本章前面所提到的开发三层应用的核心原则。然而，云端托管的数据库会对数据库管理员产生深远影响。

8.7 可扩展标记语言

可扩展标记语言（XML）是数据交换的一个重要发展，并将继续改变互联网中的数据交换方式。XML 所涉及结构中的数据表示和格式可以通过 Internet 进行交换，并且能通过不

同的组件进行解释（例如浏览器、Web 服务器、应用服务器）。XML 并没有代替超文本标记
语言（HTML），它与 HTML 共同完成互联网中数据的迁移、交换和操作。

　　XML 使用标签和包含在一对尖括号（<>）内的简短语句来描述数据。XML 中的尖括号
和 HTML 中标签的使用方法类似。HTML 标签主要用于描述网页中内容的呈现，而 XML
标签不仅能描述内容还能描述数据本身。考虑下述的 XML 文档，它用于描述 PVFC 中的产
品，存储在文件名为 PVFC.xml 的文档中。

```
<?xml version = "1.0"/>
<furniturecompany>
    <product ID="1">
        <description>End Table</description>
        <finish>Cherry</finish>
        <standard price>175.00</standard price>
        <line>1</line>
    </product>
</furniturecompany>
```

　　符号 <description> 和 <finish> 等都是 XML 标签的示例；<description>End Table
</description> 是示例中的一个元素。因此，XML 文档包含一系列的嵌套元素。XML 对
构成标签的元素没有严格的限制。但是，XML 文档必须保证其结构符合 XML 文档规则。
XML 主要采用三种技术来验证其文档结构是否正确（即遵循所有规则构成一个有效的 XML
文档）：文档结构声明（DSD）、**XML 模式定义**（XSD）和 Relax NG。它们都是文档类型声明
（DTD），DTD 被称为 XML 的第一个版本，所以存在某些不足。DTD 在 XML 文档中不能指
定数据类型，也不允许采用自定义语言编写。此外，DTD 不支持部分新增加的 XML 特性，
如命名空间等。

　　为了克服上述缺点，万维网协会（W3C）在 2001 年 5 月发布了 XML 模式标准。该标
准提供 XML 文档数据定义数据模型和构建数据类型的标准。W3C 的 XML 模式定义（XSD）
语言采用一些常用的 XML 词汇来描述 XML 文档。XSD 代表了自 DTD 后的进展，允许在
XML 文档内部描述数据类型。下面是描述销售员记录的结构、数据类型以及验证的简单
XSD 模式示例。

```
<?xml version="1.0" encoding="utf-8" ?>
<xsd:schema id="salespersonSchema"
xmlns:xsd="http://www.w3.org/2001/XMLSchema">
  <xsd:element name="Salesperson" type="SalespersonType" />
  <xsd:complexType name="SalespersonType">
      <xsd:sequence>
          <xsd:elementname="SalespersonID"
                      type="xsd:integer"/>
          <xsd:elementname="SalespersonName"
                      type="xsd:string" />
          <xsd:element name="SalespersonTelephone"
                      type="PhoneNumberType">
          <xsd:element name="SalespersonFax"
                      type="PhoneNumber" minOccurs="0" />
          </xsd:element>
      </xsd:sequence>
  </xsd:complexType>
  <xsd:simpleType name="PhoneNumberType">
      <xsd:restriction base="xsd:string">
          <xsd:length value="12" />
```

```
                    <xsd:pattern value="\d{3}-\d{3}-\d{4}" />
                </xsd:restriction>
            </xsd:simpleType>
        </xsd:schema>
```

下面给出的 XML 文档符合之前列出的模式。

```
<?xml version="1.0" encoding="utf-8" ?>
<Salesperson xmlns:xsi=http://www.w3.org/2001/XMLSchema-instance
xsi:noNamespaceSchemaLocation="salespersonSchema.xsd">
    <SalespersonID>1</SalespersonID>
    <SalespersonName>Doug Henny</SalespersonName>
    <SalespersonTelephone>813-444-5555</SalespersonTelephone>
</Salesperson>
```

虽然可以定义自己的 XML 词汇表，但也可以直接使用各种公共 XML 词汇表来标记数据。这些词汇表可以在 http://wdvl.com/Authoring/Languages/Xml/Specifications.html 和 www.service-architecture.com/xml/articles/xml_vocabularies.html. 中查找。这些词汇使组织间的数据交换变得更简单。选择最佳的 XML 词汇描述数据库非常重要。由于 XML 的普及，可用的外部 XML 模式库越来越多，但是目前，网络搜索和口碑是为应用找到合适模式的最有效机制。

基于 XML 的新词汇（如可扩展商务报告语言（XBRL）和结构化产品标签（SPL））已成为开放标准，该标准无须与之前的标准做明确的比较。金融机构可以通过 XBRL 连续记录多达 2000 个财务数据点，使用标准的 XBRL 标记可以定义如成本、资产和净收入等内容。这些数据点可以进行组合，也可以与金融报告进行对比。作为产品，由于 XBRL 的易用性及市场的接受度，大型金融机构希望花尽量少的时间清理和规范数据并与业务伙伴交换数据。规模较小的机构可以提前进行预测，以获得经济实惠的财务分析（Henschen，2005）。FDA 也开始要求使用结构化产品标签（SPL），对处方药和非处方药记录药品标签中提供的信息。

现在，对 XML 的文档结构已经有基本的了解，接下来将注意力转移到如何将 XML 数据用于现代计算环境中以及分析 XML 带来的挑战。

8.7.1 存储 XML 文档

随着 XML 数据变得更加丰富，需要回答的一个最大问题是"这些数据存储在哪里？"。虽然 XML 数据可以作为一系列的文件进行存储，但会带来在第 1 章中讨论的文件处理系统中同样的缺点。幸运的是，可以有多种存储 XML 数据的选择：

1）**通过分解 XML 文档在关系数据库中存储 XML 数据** 分解 XML 文档本质上意味着用一个表独立地存储 XML 模式中的每个元素，同时用另外的表存储元素之间的联系。现代数据库（如 Microsoft SQL Server 和 Oracle）提供 SQL 之外的功能，可以用来存储和检索 XML 数据。

2）**在具有存储大对象存储能力的字段中存储整个 XML 文档，如二进制大对象（BLOB）或字符大对象（CLOB）** 如果需要搜索 XML 文档中的数据，这种技术不是非常有用。

3）**使用数据库中特殊的 XML 列存储 XML 文档** 例如，这些 XML 列可以和 XSD 相关联，以保证被插入的 XML 文档是个有效文档。

4）**使用原生 XML 数据库存储 XML 文档** 设计专门的非关系数据库来存储 XML 文档。一般情况下，后两种方式主要用于处理的主要信息初始化为 XML 格式。例如，许多学术和专业会议开始要求作者提交演讲和论文的 XML 格式。另外,前两种方式主要在 XML 作为浏览器和应用服务器之间的数据交换格式时使用。

8.7.2 检索 XML 文档

现代数据库对于从 XML 格式的数据库中检索信息提供了广泛支持。XPath 和 XQuery 是检索 XML 数据的关键技术。之前列出的存储选项提供了检索 XML 格式数据的详细机制。对于前三个选项,需要扩展的 SQL 语言(基于 XPath 和 XQuery)的支持。如果是原生 XML 数据库,XQuery 可能是最好的选择。XQuery 帮助定位和提取 XML 文档中的元素,它可以用来完成如 XML 数据到 XHTML 的转换、提供信息给 Web 服务使用、生成汇总报表和搜索 Web 文档等功能。

XML Query 工作组在 www.w3c.org/XML/Query 上对 XQuery 进行了简单的介绍:"XQuery 是一种包含了文档、数据库、网页等几乎所有内容的标准化语言,具有广泛的应用,功能强大且简单易学。XQuery 可以取代专有中间件语言和 Web 应用开发语言。XQuery 可以用几行简单代码取代复杂的 Java 或 C++程序。相对于其他替代方案 XQuery 更简单和易于维护。"

基于 XPath 表达式,XQuery 支持目前主要的关系数据库引擎,其中包括对 IBM、Oracle 和 Microsoft 的支持。

观察图 8-14a 所示的 XML 文档,思考如下返回标准价格 >300.00 的所有产品元素的 XQuery 表达式:

```
for $p in doc("PVFC.xml")/furniture company/product
where $p/standardprice>300.00
order by $p/description
return $p/description
```

从示例中可以看出 XQuery 和 SQL 之间非常相似。所以常说,XQuery 作为 XML 的查询相当于 SQL 作为关系数据库的查询。这个演示示例可以更顺畅地理解 XQuery,就像理解 SQL 一样。XQuery 表达式被称为 FLWOR 表达式。FLWOR 是 FOR、LET、WHERE、ORDER BY 和 RETURN 的缩写:

- FOR 子句从家具公司选择所有产品元素,并命名变量为 $P。
- WHERE 子句选择标准价格高于 $300.00 的所有产品元素。
- ORDER BY 子句设置结果的排序顺序为描述元素的顺序。
- RETURN 子句指定返回元素的描述。

上述 XQuery 的结果如下:

```
<description>8-Drawer Desk</description>
<description>Computer Desk</description>
<description>Dining Table</description>
<description>Entertainment Center</description>
<description>Writer's Desk</description>
```

290

这个示例展示了如何查询 XML 格式的数据。鉴于 XML 作为数据交换格式的重要性,许多关系数据库也提供了从 XML 格式的关系表中返回数据的机制。在 Microsoft SQL Server 中,可以通过在典型的 SELECT 查询结尾添加 FOR XML AUTO 或 PATH 语句来实现查询。本质上是将 SELECT 结果表转换成 XML 格式并返回给调用程序。在后台,许多附加功能都基于 XPath 查询。

```
<?xml version = "1.0"?>
<furniture company>
    <product ID="1">
        <description>End Table</description>
        <finish>Cherry</finish>
        <standard price>175.00</standard price>
        <line>1</line>
    </product>
    <product ID="2">
        <description>Coffee Table</description>
        <finish>Natural Ash</finish>
        <standard price>200.00</standard price>
        <line>2</line>
    </product>
    <product ID="3">
        <description>Computer Desk</description>
        <finish>Natural Ash</finish>
        <standard price>375.00</standard price>
        <line>2</line>
    </product>
    <product ID="4">
        <description>Entertainment Center</description>
        <finish>Natural Maple</finish>
        <standard price>650.00</standard price>
        <line>3</line>
    </product>
    <product ID="5">
        <description>Writers Desk</description>
        <finish>Cherry</finish>
        <standard price>325.00</standard price>
        <line>1</line>
    </product>
    <product ID="6">
        <description>8-Drawer Desk</description>
        <finish>White Ash</finish>
        <standard price>750.00</standard price>
        <line>2</line>
    </product>
    <product ID="7">
        <description>Dining Table</description>
        <finish>Natural Ash</finish>
        <standard price>800.00</standard price>
        <line>2</line>
    </product>
    <product ID="8">
        <description>Computer Desk</description>
        <finish>Walnut</finish>
        <standard price>250.00</standard price>
        <line>3</line>
    </product>
</furniture company>
```

a）XML 模式

图 8-14   XML 代码段

```
<?xml version = "1.0"?>
<xsl:stylesheet version="1.0" xmlns:xsl="http://www.w3.org/1999/XSL/Transform">
<xsl:template match="/">
    <html>
        <body>
        <h2>Product Listing</h2>
        <table border="1">
        <tr bgcolor="orange">
                <th>Description</th>
                <th>Finish</th>
                <th>Price</th>
        </tr>
        <xsl:for-each select="furniturecompany/product">
        <tr>
            <td> <xsl:value-of select="description"/></td>
            <td> <xsl:value-of select="finish"/></td>
            <td> <xsl:value-of select="price"/></td>
        </tr>
        </xsl:for-each>
        </table>
        </body>
    </html>
</xsl:template>
</xsl:stylesheet>
```

b）XSLT 代码

Product Listing

Description	Finish	Price
End Table	Cherry	175.00
Coffee Table	Natural Ash	200.00
Computer Desk	Natural Ash	375.00
Entertainment Center	Natural Maple	650.00
Writers Desk	Cherry	325.00
8-Drawer Desk	White Ash	750.00
Dining Table	Natural Ash	800.00
Computer Desk	Walnut	250.00

c）XSLT 转换输出

图 8-14　（续）

8.7.3　显示 XML 数据

注意，到目前为止，在这些 XML 示例中，对如何处理 XML 数据的相关信息较少。事实上，如何从显示数据中分离出格式化的数据是 XML 比 HTML 越来越受欢迎的关键原因之一，其中数据和格式相互混杂。通过采用**可扩展样式表语言转换**（XSLT）规定样式表控制 XML 数据在 Web 浏览器中显示。大多数现代浏览器和编程语言都支持 XSLT。因此，XML 可以在应用服务器层或者 Web 服务器层进行转换。图 8-14b 是以 HTML 表的形式显示销售人员数据的 XSLT 规范。产生的输出如图 8-14c 所示。

XSLT 的优势之一是，可以用来处理目前在互联网中使用的各种设备。智能手机设备具有内置浏览器，允许用户访问互联网。一部分浏览器要求采用无线标记语言（WML）通过无线应用协议（WAP）提交内容。还有一部分浏览器可以处理 HTML，只要 HTML 已经转化为可选的、适合在移动设备屏幕显示的大小即可。通过使用 XSLT、XML 和其他技术，无须单独为每个设备编写代码，就可以使同一个数据集在不同的设备中呈现。

8.7.4 XML 和 Web 服务

互联网就像是一个强大的驱动程序，增进了应用软件提供者和应用使用者之间的交流与融合。随着互联网的发展，作为分布式计算平台，一组新的标准正在影响着软件开发及销售。软件程序通过使用 XML 编码和网络协议（如 HTTP 和电子邮件协议），可以轻松地自动通信。一种被称为 **Web 服务**的新应用正在改善计算机在互联网上进行自动通信的能力，因此，Web 服务有助于公司内部或跨产业应用的开发和部署。现有的建立通信的方式（如电子数据交换（EDI））仍在使用，但 XML 具有的普适性意味着 Web 服务方式更容易创建适用于在分布式环境中执行的应用程序模块。

Web 服务承诺体现了不同应用之间标准化通信系统的发展，Web 服务基于 XML 核心技术。由于开发人员无须熟悉集成应用相关的技术细节，也无须学习集成应用的相关编程语言，所以集成应用变得更简单。随着建立企业级集成应用和 B2B 联系所需的时间和精力显著减少的业务敏捷特性可以预测，企业对建立 Web 服务的兴趣越来越大。图 8-15 为一个订单输入系统的简单图，包括内部 Web 服务（Order Entry（订单输入）和 Accounting（支付））和公司外部 Web 服务（Newcomer，2002），提供认证以及信用验证服务企业的 Web 服务。

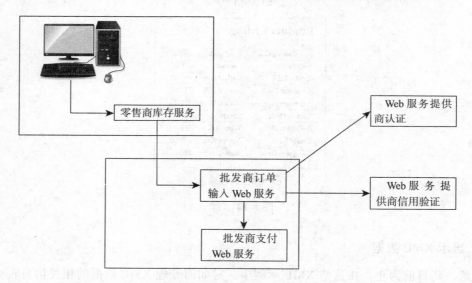

图 8-15 一个典型的使用 Web 服务的订单输入系统

资料来源：基于 Newcomer（2002）

还有一些与使用 Web 服务相关联的关键附加条款。图 8-16 描绘了一个通用的数据库 / Web 服务协议栈。应用程序和数据库中流入和流出的数据转换和通信都依赖于基于 XML 的协议。**通用描述、发现与集成（UDDI）**是一种技术规范，用于在企业和 Web 服务之间建立一种基于 Web 服务进行通信的分布式注册规范。**Web 服务描述语言（WSDL）**是一种基于 XML 的语法或语言，用来描述 Web 服务和说明如何通过公共接口使用 Web 服务。WSDL 用于创建自动生成客户端接口的文件，允许开发人员参加业务逻辑设计，而不仅仅是应用通信需求。公共接口的定义可以指明 XML 消息的消息格式、数据类型、用于指定 Web 服务的位置信息和使用的传输协议（HTTP、HTTPS 或电子邮件）等。这些描述被存储在 UDDI 资源库中。

简单对象访问协议（SOAP）是基于 XML 的通信协议，用于互联网上应用之间的消息发送。因为它是一个独立于语言的平台，因而能够使不同应用之间进行通信。随着 SOAP 向 W3C 标准的演变，对之前基于特定程序之间的特殊基础上的功能进行了推广。很多观点认为 SOAP 是最重要的 Web 服务。SOAP 将信息分为三个部分：一个可选的标题，必需的主体，可选的附件。标题支持传输过程中的处理，因此可以处理防火墙的安全问题。

Publish, Find, Use Services	UDDI	通用描述、发现与集成
Describe Services	WSDL	Web 服务描述语言
Service Interactions	SOAP	简单对象访问协议
Data Format	XML	可扩展标记语言
Open Communications	Internet	

图 8-16　Web 服务协议栈

下面的例子改编于 http://en.wikipedia.org/wiki/SOAP 上显示的例子，是关于 Pine Valley 家具公司如何从供应商请求 SOAP 格式的产品信息。PVFC 需要得到供应商产品编号为 32879 的产品。

```
<soap:Envelope xmlns:soap=http://schemas.xmlsoap.org/soap/envelope/>
  <soap:Body>
    <getProductDetails xmlns=http://supplier.example.com/ws
      <productID>32879</productID>
    </getProductDetails>
  </soap:Body>
</soap:Envelope>
```

供应商的 Web 服务可以格式化其应答消息，其中包含相关产品的需求信息，如下所示：

```
<soap:Envelope xmlns:soap=http://schemas.xmlsoap.org/soap/envelope/>
  <soap:Body>
    <getProductDetailsResponse xmlns="suppliers.example.com/ws">
      <getProductDetailsResult>
        <productName>Dining Table</productName>
        <Finish>Natural Ash</Finish>
        <Price>800</Price>
        <inStock>True</inStock>
      </getProductDetailsResult>
    </getProductDetailsResponse>
  </soap:Body>
</soap:Envelope>
```

图 8-17 展示了应用程序和系统与 Web 服务的交互。需要注意的是对于企业之间或从客户到企业的事务处理，SOAP 处理器创建一个消息信封，允许格式化的 XML 数据在 Web 中交换。因为 SOAP 消息连接远程站点，为了保持数据的完整性，要采取适当的安全措施。

在过去的几年里，Web 服务作为企业和客户之间的自动通信保证，无论是企业或零售客户，对 Web 服务都有很多讨论和期待。采用 Web 服务方式主要存在交易敏捷性、安全性和可靠性等问题。连接到 Web 上的计算机之间的自动通信开放系统必须进一步发展与安全性和可靠性相匹配的传统业务应用。

显然，Web 服务将继续发展，一些组织通过他们使用的 Web 服务已经引起了广泛的关注。无论是亚马逊（Amazon.com）还是谷歌，这两个具有较高知名度的网站均广泛使用 Web 服务。谷歌程序于 2002 年 4 月开始允许开发者直接访问它的搜索数据库以用于非商业用途，并建立自己的数据接口。2002 年 7 月亚马逊提供对库存数据库的访问。结合博客工

294

具和服务，API 允许博客作者创建一个一步到亚马逊相关产品的链接。程序员受益于改进的更易于访问的方式，使客户通过更多有效的搜索获得帮助，同时使亚马逊和谷歌继续提升他们的品牌影响力。谷歌"亚马逊 Web 服务文档"或"谷歌 Web 服务"成为越来越多用户所熟知的免费资源和机会。

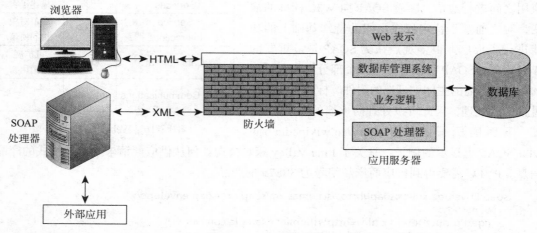

图 8-17　Web 服务部署

资料来源：基于 newcomer（2002）

还有一些付费的 Web 服务。微软的 .NET 开发者可以使用微软的 MapPoint Web 服务，相关网站提供基于位置的服务（LBS）。MapPoint Web 服务提供可以在任何 HTTP 连接访问位置和映射的功能。MapQuest 提供类似的功能。支付安装程序费用后，用户可以选择每年或者每月的支付方式，费用取决于交易次数。地形和卫星图像可通过 MSR Maps 获取（见 http://msrmaps.com）。

Web 服务的日益普及和可用性对组织中 IT 应用和功能的发展方式产生了影响。一种新的被称为**面向服务的体系结构**（SOA）的模式得以立足。SOA 是以某种方式进行相互通信的服务的集合，通常是传递数据或协调商业活动。而这些服务不一定是 Web 服务，但 Web 服务是主要的使用机制。SOA 不同于传统的面向对象的方法，是一种松耦合和可互操作的服务。软件组件具有很好的可重用性，同时可以在不同的开发平台上运行，如 Java 和 .NET。使用 XML、SOAP 和 WSDL 使建立必要的连接得到了简化。

由 SOA 方式引出建立一个支持高效开发应用的建模、设计和软件开发过程。已经采用这种方法的组织机构统计发现，开发时间至少减少了 40 %。组织机构不仅经历更短的开发时间，也希望在应对瞬息万变的商业环境中能够充分展示更大的灵活性。

总结

客户端／服务器体系结构提供的商业机会可以改善计算机系统，使之更符合自身业务需求。目前讨论的焦点是，如何建立客户端／服务器和大型数据库管理系统之间的平衡问题。客户端／服务器体系结构在互联网中的应用很著名，包括动态数据访问。客户端／服务器结构对应用代码部分进行划分后，分别被写入客户端或服务器以达到更好的性能和互操作性。使用应用划分有望提高开发人员的效率，但开发人员必须能够正确理解和存放每个操作。

在二层体系结构中，客户端管理用户接口和业务逻辑，而数据库服务器管理数据库存储和访问。这种体系结构减少了网络流量，减少了对客户端的依赖，可统一管理用户权限、完整性检查、数据字典维护和数据库服务器上的查询和更新处理。对于二层应用，采用VB.NET 和 Java 编写的例子验证了从数据库检索数据所需的六个步骤。

三层体系结构包括除客户端和数据库服务器层以外的一个附加服务器，应用代码可以存储在这个服务器上。这种方法可以在附加的服务器上执行业务处理，从而产生一个瘦客户端。三层体系结构的优势包括可扩展性、技术灵活性、更低的长期成本、更好的系统与业务需求匹配、改进的客户服务水平、竞争优势以及降低风险。但短期成本较高、缺乏先进工具的使用和培训、缺乏经验丰富的人员、标准不兼容以及终端用户工具短缺等问题对采用三层或 *n* 层体系结构带来了挑战。

三层应用中最常见的类型是基于互联网的 Web 应用。其中最简单的形式是客户端浏览器把请求通过网络发送到 Web 服务。如果发送的请求需要从数据库中获取数据，Web 服务器将构造查询，同时发送到数据库服务器处理查询并且返回查询结果。防火墙用于限制外部对公司数据的访问。云计算有可能成为未来几年中三层应用中的流行模式。

295 ≀ 296

互联网架构的通用组件包括编程和可标记语言、Web 服务器、应用服务器、数据库服务器、数据库驱动程序以及用于各种组件进行相互连接的中间件。为了帮助大家了解如何创建Web 应用，本书提供了用 JSP 和 APS.NET 编写的三层应用，并研究了这些应用中与数据库相关的关键问题。

最后，讨论了数据交互标准 XML 在 Internet 中的作用。验证了数据库中 XML 文档存储、使用 XML 的 XQuery 和 XPath 语言进行检索以及把 XML 数据转换成显示文稿格式（如HTML）的相关问题。此外，还验证了多种基于 XML 的技术，如 UDDI、WSDL 和 SOAP等，这些技术使 SOA 和 Web 服务变得更丰富，允许公司内部或世界各地不同的应用之间进行交互。

关键术语

Application partitioning（应用划分）

Application program interface（API，应用程序编程接口）

Client/server system（客户端/服务器系统）

Database server（数据库服务器）

eXtensible Markup Language（XML，可扩展标记语言）

eXtensible Stylesheet Language Transformation（XSLT，可扩展样式表转换语言）

Fat client（胖客户端）

Middleware（中间件）

Open Database Connectivity（ODBC，开放式数据库连接）

Service-oriented architecture（SOA，面向服务的体系结构）

Simple Object Access Protocol（SOAP，简单对象访问协议）

Thin client（瘦客户端）

Three-tier architecture（三层体系结构）

Universal Description, Discovery, and Integration（UDDI，通用描述、发现与集成）

Web services（Web 服务）

Web Services Description Language（WSDL，Web服务描述语言）

XML Schema Definition（XSD，XML 模式定义）

复习题

1. 定义下列术语：

   a. 应用划分 　　　　　　　　b. 应用编程接口（API） 　　　　c. 客户端 / 服务器系统

   d. 中间件 　　　　　　　　　e. 存储过程 　　　　　　　　　　f. 三层体系结构

   g. Java 数据库连接（JDBC） 　h. XML 模式 　　　　　　　　　i. Web 服务

   j. XSLT 　　　　　　　　　　k. SOAP

2. 把下列术语与合适的定义匹配起来：

   _____客户端 / 服务器系统 　　　a. 负责处理应用逻辑和表示逻辑的客户端

   _____应用程序接口（API） 　　　b. 配置用于处理某个应用的表示层和业务逻辑处理的个人计算机

   _____胖客户端 　　　　　　　　c. 以某种方式进行相互通信的服务集合

   _____数据库服务器 　　　　　　d. 具有方便的互操作性，并且可以减少程序员编码工作的软件

   _____中间件 　　　　　　　　　e. 负责数据库存储和访问的设备

   _____三层体系结构 　　　　　　f. 应用逻辑组件分布系统

   _____瘦客户端 　　　　　　　　g. 方便前端程序和后台数据库服务器之间进行通信的软件

   _____XSD 　　　　　　　　　　h. 三层客户端 / 服务器体系结构

   _____SOA 　　　　　　　　　　i. 用于定义 XML 数据库的语言

3. 与其他计算方法进行对比，列出客户端 / 服务器体系结构的几个主要优势。

4. 对比下列术语：

   a. 二层体系结构；三层体系结构　 b. 胖客户端；瘦客户端

   c. ODBC；JDBC 　　　　　　　　　d. XHTML；XSLT

   e. SQL；XQuery 　　　　　　　　　f. Web 服务；SOA

5. 描述二层体系结构的优缺点。

6. 描述三层体系结构的优缺点。

7. 描述创建基于 Web 应用所需的常用组件。

297

8. 用于访问数据库的 API 编程语言有哪些？

9. 常见的通过典型程序访问数据库的六个步骤是哪些？

10. 如果由你负责开发客户端 / 服务器应用，你会如何确保成功地开发？

11. 云计算服务的三种常见类型是什么？

12. 有哪四种常见方法用来存储 XML 数据？

13. 解释说明为什么采用 XML 模式是采用文档类型声明（DTD）的升级。

14. 什么是 XSLT，它与 XML 有何不同？它在创建 Web 应用中起到什么样的作用？

15. 对 UDDI 进行讨论。对电话簿的白色、黄色、绿色页面进行对比和比较。（如果你的电话簿中没有绿色页面，则需要从另外的电话簿中研究绿色页面的功能。）

问题与练习

1. 要求你准备一份可以对新客户应用系统的所有分支机构进行处理的客户端 / 服务器解决方案的评估报告。你准备对哪些业务特征进行评估，对哪些技术特征进行评估？为什么？

2. 解释静态 Web 站点和动态站点之间的区别。动态站点具备哪些特征可以更好地支持电子商务的发展？

3. 从历史行为分析，什么类型的应用已经快速转移到客户端 / 服务器数据库系统？哪些类型的应用转移得较慢，为什么？你认为在未来发展中，客户端 / 服务器数据库系统与大型数据库系统的使用比例是多少？

4. 讨论与互联网应用开发相关的语言。根据每种语言为应用提供的功能对语言进行归类。不一定使用

与本章中相同的分类方案。

5. 查找一些包含如图 8-10 和图 8-11 所示的动态 Web 站点代码，并且如这些图中一样对每段代码进行注释，尤其注意涉及与数据库相互作用的元素。（提示：通过 Google 查找关键词"JSP"和"ASP.NET"，可以搜索到一系列代码示例。）

6. 用 VB.NET 重新编写如图 8-5 所示的例子。

7. 用 Java 重新编写如图 8-4 所示的例子。

8. 观察图 8-10 和图 8-11 的代码示例，假设不是从本地服务器访问数据，而是从提供相应的应用服务器（如 ASP.NET）和数据库技术的云提供商访问数据，代码有没有变化，如果有，请写出相关代码段。

9. 访问至少有两个提供云数据库服务的云服务提供商的 Web 网站。使用这些网站上列出的云数据库服务有哪些共同的优势？如果不知道从哪里开始，可以尝试访问 aws.amazon.com 或 cloud.oracle.com 两个网站。

10. 构造一个描述导师的简单 XML 结构，包括导师的姓、名、电话、邮箱地址以及作为导师（TUTOR）子元素的认证日期。

11. 采用问题与练习 10 中的结构，写一个 FLWOR 的 XQuery 表达式，要求只列出导师的名字，并且按姓氏字母进行排序。

12. 采用问题与练习 10 中的结构，写一个 XSLT 程序，在 HTML 表中显示导师的信息。

13. 讨论 Web 服务如何有效集成业务应用和数据。在网上搜索目前使用 XML、SOAP、UDDI 和 WSDL 的 Web 服务的资源。至少找出其中三个并讨论它们的使用情况，包括来自业界的例子。

参考文献

Henschen, D. 2005. "XBRL Offers a Faster Route to Intelligence." *Intelligent Enterprise 8,8* (August): 12.

Hurwitz, J. 1998. "Sorting Out Middleware." *DBMS* 11,1 (January): 10–12.

Mell, P., and T. Grance. 2011. "The NIST Definition of Cloud Computing" *National Institute of Standards and Technology*, **http://csrc.nist.gov/publications/nistpubs/800-145/SP800-145.pdf**, accessed 12/18/2011.

Newcomer, E. 2002. *Understanding Web Services, XML, WSDL, SOAP, and UDDI*. Boston: Addison-Wesley.

Quinlan, T. 1995. "The Second Generation of Client/Server." *Database Programming & Design* 8,5 (May): 31–39.

Thompson, C. 1997. "Committing to Three-Tier Architecture." *Database Programming & Design* 10,8 (August): 26–33.

扩展阅读

Anderson, G., and B. Armstrong. 1995. "Client/Server: Where Are We Really?" *Health Management Technology* 16,6 (May): 34, 36, 38, 40, 44.

Cerami, E. 2002. *Web Services Essentials*. Sebastopol, CA: O'Reilly & Associates, Inc.

Frazer, W. D. 1998. "Object/Relational Grows Up." *Database Programming & Design* 11,1 (January): 22–28.

Innocenti, C. 2006. "XQuery Levels the Data Integration Playing Field." *DM Review* accessed at *DM Direct*, **http://www.information-management.com/infodirect/20061201/1069184-1.html** (December).

Mason, J. N., and M. Hofacker. 2001. "Gathering Client-Server Data." *Internal Auditor* 58:6 (December): 27–29.

Melton, J., and S. Buxton. 2006. *Querying XML, XQuery, XPath, and SQL/XML in Context*. Morgan Kaufmann Series in Data Management Systems. San Francisco: Morgan Kaufmann.

Morrison, M., and J. Morrison. 2003. *Database-Driven Web Sites*, 2nd ed. Cambridge, MA: Thomson-Course Technologies.

Richardson, L., S. Ruby, and D. H. Hansson. 2007. *RESTful Web Services*. Sebastopol, CA: O'Reilly Media, Inc.

Wamsley, P. 2007. *XQuery*. Sebastopol, CA: O'Reilly Media, Inc.

Web资源

www.javacoffeebreak.com/articles/jdbc/index.html David Reilly 编写的"Getting Started with JDBC"。

http://www.w3schools.com/ASPNET/default.osp ASP.NET 教程。

www.cs.wisc.edu/arch/www WWW 计算机体系结构站点，由威斯康星大学计算机科学领域的计算机体系结构组织维护。

www.w3.org/html/wg   W3C 的 HTML 主页。

www.w3.org/Markup   W3C 的 XHTML 主页。

www.w3.org/XML/Query   W3C 的 XQuery 主页。

www.w3.org/XML/1999/XML-in-10-points   W3C 的 " XML 中 in 10 points" 文章，它叙述了基本 XML
概念。

www.netcraft.com   Netcraft Web 服务器调查，它跟踪不同 Web 服务器和 SSL 站点操作系统的市场占
有率。

www.projectliberty.org   自由联盟主页。在此可以下载开放标准规范和规范的草稿。

www.w3schools.com/default.asp   Web 开发者网站，提供从基本 HTML 和 XHTML 到高级 XML、
SQL、数据库、多媒体以及 WAP 相关主题的 Web 构建的教程。

www.ws-i.org   Web 服务互操作组织（WS-I）的主页。

www.oasis-open.org/home/index.php   结构化信息标准促进组织（OASIS）的主页。

XML.apache.org/cocoon   Cocoon 项目，它是 Java Web 发布框架，分离文档内容、风格和逻辑，并
且允许独立设计、创建和各自的管理。

数据仓库

学习目标

学完本章后，读者应该能够：

- 准确定义以下关键术语：数据仓库，操作型系统，信息系统，数据集市，独立数据集市，相关数据集市，企业数据仓库（EDW），操作型数据存储（ODS），逻辑数据集市，实时数据仓库，调和数据，派生数据，临时数据，定期数据，星模式，粒度，一致维，雪花模式，大数据，NoSQL，联机分析处理（OLAP），关系 OLAP（ROLAP），多维 OLAP（MOLAP），数据可视化，数据挖掘，数据治理和数据管家。
- 给出在信息管理者的需要和一般可用信息之间经常出现"信息差距"的两个主要原因。
- 列出当今绝大多数组织需要数据仓库的两个主要原因。
- 命名并简要描述数据仓库结构中的三个层次。
- 描述星模式中的两个主要组件。
- 在对数据库维数给出可靠假设的前提下，估计事实表的行数和大小（用字节数表示）。
- 使用各种模式来设计数据集市，以规范化或去规范化维、记录事实历史、维之间层次性联系和改变维属性的值。
- 从支持决策的问题中开发数据集市的需求。

引言

如今，容易获取的高质量信息在商业社会中是非常重要的。考虑以下实际发生的情形：

2004 年 9 月，飓风"弗朗西斯"正逼近佛罗里达州的大西洋海岸。在 1400 英里[⊖]之外的阿肯色州本顿维尔，沃尔玛的管理者们已经做好了准备。经过对他们数据仓库中在数周之前飓风"查理"造访佛罗里达海湾海岸时产生的 460TB 销售数据的分析，管理者们已经可以预测到在迈阿密人们即将最需要购买什么商品。显然，他们需要手电筒，并且沃尔玛还发现他们同时还购买了草莓味的 Pop Tarts 以及啤酒。这就使得沃尔玛可以提前储藏这些需求量大的商品来提供给顾客并防止售罄，从而获得了本来可能没有的收益。

除了像飓风这样特殊的情形，通过学习每个顾客的购物篮里买了什么，沃尔玛还可以调整价格来吸引那些想买廉价商品的顾客，这是因为他们可以在同一个购物车中放入一些利润较高的商品。详细的销售数据还可以帮助沃尔玛来决定针对不同的时间、假期、天气、价格以及分店等情况安排多少收银员。沃尔玛的数据仓库中包含各种销售数据，足以解答飓风"弗朗西斯"到来时产生的问题，而且还能在用户使用信用卡和借记卡购买商品时与其他个人顾客统计数据来进行匹配。在这家公司的山姆会员连锁店中，会员卡会提供同样的个人身份认证。使用这些身份识别数据，沃尔玛可以将产品销售数据与位置、收入、房价和其他个人统计数据相关联。这样的数据仓库有助于对每个独立消费者提供最合适的商品推销。更深入一点，沃尔玛还可以将这些销售数据用来与它的供应商们进行谈判，以在配送、价格和促

300

⊖　1 英里 = 1609.344 米。

销等活动上获得更好的供应链。所有这一切都可以通过一个整合的、全方位的、企业范围的并且有着强力分析工具的数据仓库来从庞大的数据中提取出来（改编自 Hays，2004）。

鉴于对信息的高度重视以及近些年来在信息技术上的发展，可以期待大多数组织会拥有这样高度开发的系统来为管理者和其他用户提供信息。然而，事实并非如此。实际上，由于有海量的数据（PB级）和太多的数据库，大部分组织对他们拥有的信息没有达到理想的使用程度。管理者们常常对他们在使用数据和信息上的无力感到沮丧。这样的情形导致了一些人断言所谓的"商务智能"是一个矛盾。

现代组织被数据所淹没，但是却又饥渴于信息。尽管这是一个比喻，但看起来十分准确地描述了很多数组织面临的问题。出现这种现象的原因是什么？让我们来看看在大部分组织中都存在信息差距的两个主要（并相关）的原因。

信息差距存在的第一个原因是多年来各种组织在开发他们的信息系统和支持数据库时使用的分段方法。本文强调的重点是一个仔细设计的、有着结构化开发方法的系统将产生一个兼容的数据库集合。然而，实际上，由于时间和资源上的约束，大多数组织采取的是"一次一事"的开发方法，这就制造了很多信息系统的孤岛。这样的方法不可避免地产生了一群不兼容和常常冲突的数据库。通常，数据库一般建立在很多的硬件软件平台上和各种购买的应用上，是各种组织兼并、收购和重组的结果。在这样的环境下，它极其复杂，以至于管理者无法定位到用户的精确信息。

信息差距的第二个原因是大部分系统旨在支持操作型处理，很少或压根没有考虑制定决策所用的分析工具和信息。操作型处理也叫事务处理，它获取、存储和操作数据来支持一个组织的日常操作。它在数据库设计上趋向于优化与事务相关的小数据集的存取（例如客户、命令以及相关的产品数据）。信息型处理（informational processing）是数据分析或提供支持决策的其他形式的信息。为了导出信息，它需要一个大的数据"样本"（例如在数年内，每个销售区域中全部商品的销售数据）。大部分内部开发的系统或者从外部销售商购买的系统都支持操作型处理，而几乎不考虑信息型处理。

数据仓库是连接信息差距的桥梁，它巩固和整合了内部及外部来源的信息并将其安排成一种有意义的格式，使得可以做出精确和及时的商业决策。它支持管理者、决策者和商业分析者通过各式应用来做出复杂的商业决策，这些应用有趋势分析、目标营销、竞争分析、客户关系管理等。数据仓库已经演化为在不干扰现有操作型处理的情况下满足上述需求。

基于 Web 的客户交互的增长使得现在的情形变得更有趣并且更实时。在一个组织的 Web 站点上客户和供应商的活动提供了一笔丰富的点击数据来帮助理解行为和偏好，并且提供了一个独特的机会来进行正确的信息交流（例如提供交叉交易信息）。一些扩展的细节（例如时间、IP 地址、访问过的页面、请求页面的内容、链接、在页面上的停留时间等）都可以在不被发现的情况下获得。这些数据与客户交易、付款、退货、查询以及其他历史信息通过不同的事务系统综合到了数据仓库中，可以用于个性化页面。这些合理并且主动的交互可以使得客户和商业合作伙伴更加满意，并导致了更加合算的商业联系。一个相似的决策数据增长发生在不断增长的 RFID（无线射频识别）和 GPS（全球定位系统）数据的使用上，它们可以用于跟踪货物、库存以及人的移动。

本章概述了数据仓库。这一非常广泛的主题通常需要一整本书来讲述，尤其是重点讲述商务智能这个主题时，为此大部分有关这个主题的书籍只涉及其中某个方面，比如数据仓库的设计和管理、数据质量和治理或者商务智能。我们关注的是两个和数据库管理内容相关的领域：数据仓库的数据体系结构和数据库设计。你首先会学习数据仓库如何与现有的操作型系统中的数据库相关联；之后学习数据仓库环境的三层数据体系结构；然后展示数据仓库实现中使用最频繁的特定数据库设计元素。接下来介绍最新的数据仓库方法，即列式数据库——强调何为"大数据"以及 NoSQL——用于搜索非结构化或文本数据的数据仓库；最后将学习用户如何与数据仓库交互，包括联机分析处理、数据挖掘和数据可视化。最后一个主题架起了本书与数据仓库最常被使用的领域——商务智能之间的桥梁。

数据仓库需要提取现有操作型系统中的数据，净化和转化数据用于决策制定，再载入它们进入一个数据仓库——这个过程通常被称为"提取 - 转化 - 载入（ETL）"。在这个过程中，一个固有的部分是保证数据质量，这在综合不同系统的数据时是最关心的步骤。数据质量和数据治理在数据仓库以及相关活动中非常重要，本章最后会简单描述这两个必需的主题。

9.1 数据仓库的基本概念

数据仓库是一个面向主题的、集成的、时变的和不可更新的数据集合，用于支持管理决策程序和商务智能（Inmon 和 Hackathorn，1994）。其中每个关键词的定义如下：

- **面向主题**　数据仓库是根据企业的关键主题（或高层实体）组织的。主要的主题包括客户、患者、学生、产品和时间等。

302

- **集成**　数据仓库中存放的数据使用一致的命名规则、格式、编码结构和相关特征来定义，相关特征来自于许多内部系统的记录和组织外部的资源。这意味着数据仓库中存放着"真实"的版本。
- **时变**　数据仓库中的数据包含一个时间维，这样它们可以用于研究趋势和改变。
- **不可更新**　数据仓库中的数据被操作型系统载入和刷新，但是不能被终端用户所更新。

数据仓库并不仅仅是一个组织中的全部操作型数据库的综合。因为它着重于商务智能、外部数据和时变数据（不仅是当前状态），因此数据仓库是一种特别的数据库。幸运的是，你不需要为了使用数据仓库而另外学习一套不同的数据库技能。大部分数据仓库是关系数据库，用于优化决策支持而不是操作型数据处理。所以在本书前面的章节里你学习到的全部东西在这儿仍然适用。这一章中，你会学习到新增添的特性、数据库设计结构和概念来使得数据仓库变得特别。

数据仓库实现（data warehousing）是一个组织创建并维护数据仓库、提取含义并通过这些数据仓库获得决策信息资产的过程。成功的数据仓库实现需要如下已证明的数据仓库实现经验：健全的工程管理、强力的组织承诺和正确的技术决策。

9.1.1 数据仓库简史

数据仓库是近些年来信息系统领域发展进步的结果。以下是一些关键的技术发展：

- 数据库技术的改进，尤其是关系数据模型和关系数据库管理系统（RDBMS）的发展。
- 计算机硬件的发展，尤其是大容量存储器和并行计算机体系结构的出现。
- 终端用户计算的出现，由强大的、直观的界面和工具助推。
- 中间件产品的发展使得企业数据库可以在不同的平台之间相连（Hackathorn，1993）。

促进数据仓库发展的关键发现是认识（并且随后定义）了操作型（或事务处理型）系统（有时也叫作记录系统，因为其任务是保存组织官方的、合法的记录）和信息（或决策支持）系统之间的基本差别。Devlin 和 Murphy (1988) 基于这个区别发表了第一篇描述数据仓库体系结构的文章。在 1992 年，Inmon 出版了第一本关于数据仓库的书籍，他随后也成为这一领域著作最多的专家之一。

9.1.2　数据仓库的需求

当今大多数组织需要数据仓库的两个主要原因是：

1）商业需要高质量信息的一个集成的企业范围视图。

2）信息系统部门必须将信息型系统和操作型系统区分出来以便显著提高管理公司数据的性能。

1. 企业范围视图的需求

操作型系统中的数据一般是分段的且不一致的，即所谓的数据孤岛。它们通常也分布在不相容的硬件和软件平台上。例如，某个包含客户数据的文件可能位于一个基于 UNIX 的服务器的 Oracle DBMS 中，另一个文件可能位于一台 IBM 主机的 DB2 DBMS 中。而对于决策需求，通常需要提供信息的单个企业视图。

为了理解导出单个企业视图的难度，可以看一下图 9-1 里的一个简单例子。图中展示了位于 3 个不同记录系统的 3 个表，每个表包含着相似的学生数据。表 STUDENT DATA 来自班级注册系统，表 STUDENT EMPLOYEE 来自人员系统，表 STUDENT HEALTH 则来自一个健康中心系统。每个表都包含着关于学生的某些唯一的数据，但是即使是公共的数据（如学生姓名）也使用不同的格式存储。

STUDENT DATA

StudentNo	LastName	MI	FirstName	Telephone	Status	• • •
123-45-6789	Enright	T	Mark	483-1967	Soph	
389-21-4062	Smith	R	Elaine	283-4195	Jr	

STUDENT EMPLOYEE

StudentID	Address	Dept	Hours	• • •
123-45-6789	1218 Elk Drive, Phoenix, AZ 91304	Soc	8	
389-21-4062	134 Mesa Road, Tempe, AZ 90142	Math	10	

STUDENT HEALTH

StudentName	Telephone	Insurance	ID	• • •
Mark T. Enright	483-1967	Blue Cross	123-45-6789	
Elaine R. Smith	555-7828	?	389-21-4062	

图 9-1　异构数据的例子

假设你想获得每个学生的概要信息，将全部数据整合到一种文件格式下。以下这些问题

肯定需要解决:

- **不一致的键结构** 前两个表的主键是某种形式的学生社保号,而 STUDENT HEALTH 表的主键是 StudentName(学生姓名)。
- **同义词** 在表 STUDENT DATA 中,主键名是 StudentNo,而在表 STUDENT EMPLOYEE 中主键名是 StudentID(在第 4 章已经讨论过同义词的问题)。
- **自由格式字段与结构字段** 表 STUDENT HEALTH 中,StudentName 是单个字段,在表 STUDENT DATA 中,StudentName 分解成了它的组成部分:LastName、MI 和 FirstName。
- **不一致的数据值** Elaine Smith 在表 STUDENT DATA 和表 STUDENT HEALTH 中有两个不同的电话号码。这是一个错误,还是他有两个电话号码?
- **缺失数据** 表 STUDENT HEALTH 中,Elaine Smith 的 Insurance 值缺失,这个值要如何定位?

304

这个简单的例子说明了设计单个企业视图的必要性,但是却没有涉及问题的复杂性。现实生活中的一个场景可能有几十(几百)个文件和几千(几百万)条记录。

为什么组织需要把数据从众多系统的记录中收集起来?最终原因是为了获得更多利润,提高竞争力,增加客户数量。这可以通过增加决策速度和灵活性、改进商业过程或更加理解客户行为等方法来实现。回到之前的例子,学校管理者可能想调查学生的学习成绩是否和健康以及学习时间有关,选修某些课程是否和学生健康有关,或者是否需要花费更多来帮助成绩不好的学生,例如提供医疗支出或其他支出。总而言之,组织中的一些倾向鼓励了对数据仓库的需求,这些倾向包括:

- **没有单个的记录系统** 几乎没有组织只有一个数据库。这看起来很奇怪,不是吗?回想一下在第 1 章讨论过的使用数据库和使用单个文件处理系统的原因,因为在不同操作环境下对数据有着不同的要求,因为企业的合并和收购,因为组织规模的扩大,所以需要多个操作型数据库。
- **多个系统不同步** 即使可能,将分离的数据库合并也很困难。即使元数据是可控制的而且是由一个数据管理者所创建的,同一个属性的数据值也不一定一致。这是因为更新周期不同,每个系统获得同一个数据的位置也不同。所以为了得到一个统一的组织视图,不同系统中的数据必须定期统一同步到另一个数据库中。可以看到实际上有两种这样的综合数据库——操作型数据存储和企业数据仓库,两者都在讨论的数据仓库主题的范围内。
- **组织想用一种平衡的方式来分析活动** 许多组织已经实现了某些形式的平衡计分卡——在金融、人员、客户满意度、产品质量以及其他一些参数上同时度量。为了保证这种多维的组织视图能表示一致的结果,需要一个数据仓库。当平衡计分卡出现问题的时候,使用数据仓库的分析软件可以进行"下钻"、"切片和切块"、可视化以及通过其他一些方法挖掘商务智能。
- **客户关系管理** 各行业的组织都意识到将客户在各个接触点的交互组成一个完整的拼图有很大价值。不同的接触点(例如对于银行,接触点包括 ATM、网上银行、柜员、电子转账、投资组合管理和贷款)是由分散的操作型系统支持的。所以当一个用户是来进行一笔大的、非典型的自动存款业务时，如果没有数据仓库，一个柜员可能不知道要将一个银行的基金出售给客户。想获得一个客户的完整活动拼图需要来自不同操作型系统的综合数据。

● **供应商关系管理** 对于很多组织来说，管理供应链已经成为减小开销和提高产品质量的一种重要方式。组织想基于供应商的各种活动的完整拼图建立一种战略供应伙伴关系，例如付账、会谈交货日期、控制质量、定价、支持等。关于这些活动的数据可能分散在不同的操作型系统中（例如账单支付、运送和接收、生产安排和维护）。ERP系统通过将许多这样的数据放进一个数据库来改进了这种情形。然而，ERP系统趋向于设计成优化操作型（而不是信息型或分析型）处理。下面将会加以讨论。

2. 区分操作型系统和信息型系统的需求

操作型系统是一个基于当前数据运行实时商业活动的系统。例如销售订单处理、预订系统、患者挂号系统等。操作型系统必须处理大量相对简单的读/写事务并提供迅速的响应。操作型系统也叫作记录系统。

信息型系统是基于历史数据和预测数据来支持决策的系统。该系统同样用于复杂的查询和数据挖掘应用。例如销售趋势分析、客户分类、人力资源规划等。

操作型系统和信息型系统的关键区别见表9-1。这两类系统几乎在每一种比较中都有着非常不同的特征，尤其是有着非常不同的用户群。操作型系统一般被营业员、销售员、管理员以及其他进行商业事务的人员所使用，而信息型系统的用户则是经理、执行官、商业分析家和客户，这些人通常正在搜索状态信息或者是决策者。

表 9-1   操作型系统和信息型系统的比较

特征	操作型系统	信息型系统
主要目的	在现有基础上运行商业活动	支持管理者决策
数据类型	当前商业状态的表示	历史快照和预测
主要用户	营业员、销售员、管理员	经理、商业分析家、客户
应用范围	狭窄、预定、简单的更新和查询	广泛、特殊、复杂的查询和分析
设计目标	性能：吞吐、可用性	容易访问和使用
量	对表的一行或者一些行进行许多不变的更新和查询	定期对许多或全部行进行批量更新和查询

区分操作型系统和信息型系统的需求主要基于以下三点：

1）数据仓库将分散在不同操作型系统中的数据集中起来，并使它们可用于支持决策的应用。

2）一个合适的数据仓库设计改进了数据的质量和一致性从而提升了数据的价值。

3）一个独立的数据仓库消除了在信息型应用和操作型处理混杂时的许多资源竞争。

9.2   数据仓库体系结构

数据仓库的体系结构已经有了很大发展，组织在建立数据仓库时有很大的考虑范围。这里关注为大多数实现奠定基础的两种核心结构。第一种是自底向上的增量式的三层体系结构；第二种也是三层数据体系结构，但通常自顶向下，强调更多的协调和企业范围的视角。虽然这两种是不同的方法，但是它们之间有很多相似的特征。

9.2.1 独立的数据集市数据仓库环境

数据仓库的独立数据集市体系结构如图 9-2 所示。建立这样的体系结构需要 4 个基本步骤（图 9-2 中从左向右）：

1）从各种内部和外部资源系统的文件和数据库中提取数据。在一个大的组织中，有几十甚至几百个这样的文件和数据库。

306

2）来自各种资源系统的数据在载入数据集市之前先进行转化并集成。如果在数据转化和集成中发现错误，会向资源系统提交事务以修正错误。数据仓库被视为数据集市的集合。

3）数据仓库是一个物理上不同的数据库集合，它为决策提供支持，既包含详细数据又包含总体数据。

4）用户使用各种查询语言和分析工具来访问数据仓库。结果（例如预测）可能会被反馈给数据仓库和操作型数据库。

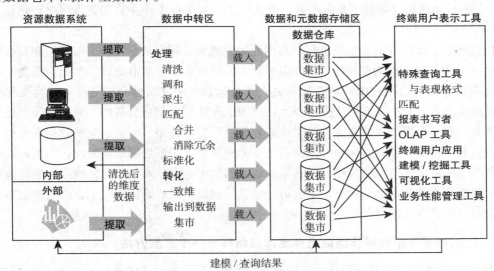

图 9-2 独立数据集市数据仓库体系结构

数据的提取和载入是定期进行的——可能是每天、每周或每月。因此，数据仓库中经常没有也不需要有当前数据。需要记住，数据仓库不（直接）支持操作型事务处理，虽然它其中可能放着事务数据（但更可能是存放着事务的总结和状态变量（如账户余额或库存水平）的快照）。对于大多数的数据仓库应用，用户并不是要寻找一个具体事务的反应，而更多的是想通过数据仓库的一个大子集来了解组织的趋势和模式。最少会有 5 个季度的数据会存储在数据仓库中，这样至少可以分析出一整年的趋势和模式。过时的数据可能会被清除或者存档。之后会看到一个先进的数据仓库体系结构——实时数据仓库，它建立在一个对当前数据不同需求的假设上。

与本章之前讨论的一些原则相反，独立数据集市方法并不建立一个数据仓库，而是建立多个分散的数据集市，每个都建立在数据仓库的基础上，而不是事务处理数据库技术。**数据集市**是一个范围受到限制的数据仓库，它为某个特定终端用户组的决策应用专门定制。它的内容来自独立的 ETL 处理（对于如图 9-2 所示的**独立数据集市**），或者来自数据仓库，下面两节将讨论这个问题。数据集市用于优化明确定义的和可以预见的应用的性能，有时包括一个或一些查询。例如，一个组织可能有一个市场数据集市、一个金融数据集市和一个供应链数据集市等来支持已知的分析处理。每个数据集市可以使用不同的工具构建，例如，金融数据集市可以使用专用多维工具（如 Hyperion 公司的 Essbase）构建，销售数据集市可以使用更通用的数据仓库平台（如 Teradata）构建，并使用 MicroStrategy 和其他工具来做报表、进行查询和对数据可视化。

我们之后会给出不同数据仓库体系结构间的一个比较，但是现在就可以看出独立数据集市策略的一个明显特征：终端用户需要访问分散的数据集市中数据时的复杂性（从连接全部数据集市和终端用户表现工具的互相交错的连线上可以看出）。这个复杂性不仅由于需要访问分散的数据集市中数据库的数据，还可能由于新一代不一致数据系统——数据集市所导致。如果有一组跨所有数据集市的元数据，并且在数据中转区域进行全部数据集市的一致性维护活动（例如图 9-2 数据中转区域中的"一致维"），那么对于用户的复杂性就会减小。图9-2 中，ETL 处理的复杂性不是很明显，但实际上，要为每个独立数据集市建立转化和载入步骤。

独立数据集市经常由于组织进行一系列的短期商业目标而被建立。有限的短期目标可以与建立一个相比之下较为低成本（钱和组织资本）的独立数据集市兼容。然而，围绕一些不同的短期目标设计数据仓库环境意味着失去了长远目标的灵活性和应对商业环境变化的能力。而应变能力对于决策支持十分重要。在组织上和政治上创建分散的小数据仓库要比让全部组织同意一个组织视图来建立一个中心数据仓库容易许多。而且，某些数据仓库技术有技术上对其支持的数据仓库大小的限制，之后会称其为可扩展性问题。因此，如果你在理解你的数据仓库需求之前先将自己局限在某一特定的数据仓库技术集合上，技术可能比商业更能决定数据仓库的体系结构。下一节会讨论独立数据集市体系结构相较于它的主要竞争对手的体系结构的优点和缺点。

9.2.2　相关数据集市和操作型数据存储体系结构：一个三层方法

图 9-2 所示的独立数据集市体系结构有着几个重要的局限性（Marco, 2003; Meyer, 1997）：

1）为每个数据集市都要开发一个独立的 ETL 流程，这会产生大量的冗余数据并且需要花费很多精力。

2）数据集市之间可能会不一致，因为它们由不同的技术开发。这还可能导致它们不能提供一个涉及重要主题的清晰企业范围视图，例如客户、供应商、产品等主题。

3）没有能力下钻更详细的细节或与其他数据集市或共享数据知识库相关的事实，所以分析是有局限的或者是困难的（例如在分散平台上不同的数据集市之间做连接）。本质上，数据集市的数据关联是一个由数据仓库外部用户所执行的任务。

4）扩大规模的成本非常昂贵，因为每个新应用需要建立一个独立的数据集市时，都需要重复全部的提取和载入步骤。通常，操作型系统在批量提取数据时会有受限制的时间窗，所以在某些时候，在操作型系统上的载入需要一些新的技术并伴随额外的开销。

5）维护分散的数据集市间的一致性也会有很高的开销。

关于独立数据集市的价值，曾经有过激烈的争论。Kimballl（1997）强力支持独立数据集市的开发作为决策支持系统分段开发的一种辅助决策策略。Armstrong（1997）、Inmon（1997，2000）和 Marco（2003）指出了前面所述的 5 个以及更多的局限性。关于独立数据集市的实际价值主要有下面两方面的争论：

1）关于实现数据仓库环境使用的分段方法的性质，争论的焦点在于每个数据集市是否应该以一种自底向上的方式从企业范围决策支持数据的子集演变而来。

2）另一个则围绕合适的分析处理的数据库体系结构，争论的焦点在于数据集市数据库应该规范化到何种程度。

这两方面争论的本质会贯穿本章。在章末设计了一道练习来更深入地研究这些争论。

早期提出的用于解决独立数据集市局限性的最流行的方法是使用一种 3 层方法——相关数据集市和操作型数据存储体系结构（如图 9-3 所示）。在这里，操作型数据存储是一个新层，数据和元数据的存储层经过了重新配置。第一条和第二条局限性通过从**企业数据仓库**（EDW）载入**相关数据集市**的方法来解决。企业数据仓库是一个核心的、集成的数据仓库，它是支持终端用户决策支持应用的控制点和唯一的"真实版本"。相关数据集市的另一个目标是提供用户群决策需要的一个简单、高性能的环境。一个数据集市可能是一个独立的物理数据库（不同的数据集市可能在不同的平台上），也可能是一个架空的逻辑（用户视图）数据集市。下一节将介绍逻辑数据集市。

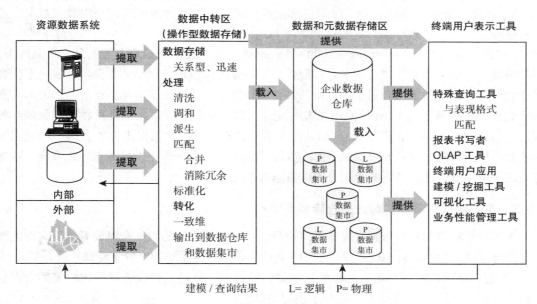

图 9-3　相关数据集市和操作型数据存储体系结构：三层体系结构

一个用户组可以访问它自己的数据集市，当需要其他数据时，用户可以访问 EDW 来获得。相关数据集市的冗余是可控制的，并且是一致的，因为每个数据集市都以同步的方式自同一数据源（或数据仓库的某一视图）载入。数据集成是管理企业数据仓库的 IT 职员的职责，而不应该靠终端用户为每个查询或应用集成独立数据集市的数据。相关数据集市和操作型数据存储体系结构也称为"中心和辐射"方法，其中，EDW 作为中心，资源数据系统和数据集市作为输出和输入辐射的终端。

通过为操作型数据存储中的全部操作型数据提供集成资源的方法可以解决第三条局限性。**操作型数据存储**（ODS）是一个集成的、面向主题的、可连续更新的、当前值的（伴有最近历史）、组织范围的、详细的数据库，为操作型用户决策支持进程提供服务（Imhoff,

1998；Inmon，1998）。ODS 是一个典型的关系数据库，并且像记录系统中的数据库一样规范化，但被调整为支持决策应用。例如，索引和其他关系数据库设计元素被调整为面向检索大量数据的查询，而不是面向事务处理或查询独立的和直接关联的记录（如一个客户的订单）。因为 ODS 有着易失、当前和最近的历史数据，所以对 ODS 同样的查询在不同时间可能会出现不同结果。相比 EDW，ODS 一般不包含"深度"历史，而 EDW 则会保留组织状态在数年间的历史快照。一个 ODS 可能来自于一个 ERP 应用数据库，但是由于大部分组织不止拥有一个 ERP 数据库而且不在一个 ERP 上运行全部操作，所以 ODS 通常不同于一个 ERP 数据库。ODS 也作为数据中转区将数据载入 EDW。ODS 可以立刻或经过一些延迟后从记录系统接收数据，对于它支持的决策需求是实用的且可接受的。

相关数据集市和操作型数据存储体系结构也叫作合作信息工厂（CIF）（Imhoff，1999）。它被视为组织数据的一个全面视图，用于支持全部的用户数据需求。

这个领域中，不同的领导者拥护不同的数据仓库方法。拥护独立数据集市方法的人们认为这种方法有两个显著优点：

1）它允许数据仓库的概念在一系列小的工程上得以展示。

2）直到从数据仓库处获益，时间长度才得以缩短，这是因为组织在全部数据被集中前没有延时。

CIF 的主张者们（Armstrong，2000；Inmon，1999）提出了独立方法的几个严重问题，包括前面列出的独立数据集市的 5 点局限性。Inmon 建议物理分离相关数据集市的一个优势在于它们可以被调整来适合每个用户群的需要。特别是，他提出了对探索型仓库的需求，探索型仓库是一个特别的 EDW，使用先进的统计、数学建模和可视化工具对数据挖掘和商务智能进行优化。Armstrong（2000）和其他人深入讨论了独立数据集市拥护者提出的优点实际上是采用分段的方法来开发数据仓库。分段的方法在 CIF 框架中也可能很好地完成，这促进完成了下一节讲述的最终的数据仓库体系结构。

9.2.3　逻辑数据集市和实时数据仓库体系结构

逻辑数据集市和实时数据仓库体系结构只适用于中等大小的数据仓库或者使用高性能数据仓库技术时，例如 Teradata 系统。如图 9-4 所示，这种体系结构有以下特征：

1）**逻辑数据集市**不是物理分离的数据库，而是一个物理上稍微去规范化的关系数据仓库的另一种关系视图。（参考第 6 章关于视图的概念。）

2）数据移动到数据仓库中而不是分离的数据中转区，以利用仓库技术的高效计算能力来执行清洗和转化步骤。

3）新数据集市可以迅速建立，因为并不需要建立物理数据库和数据库技术，也不需要书写加载程序。

4）数据集市的数据总是最新的，因为当引用视图时，才创建视图中的数据。当用户有一系列的分析和查询要在同一个数据集市实例上进行时，视图可以被物化。

无论是逻辑上还是物理上，数据仓库和数据集市在一个数据仓库环境中都扮演着不同角色，这些不同角色汇总在表 9-2 中。尽管在规模上有限制，但数据集市可能不会太小。因此可扩展技术常常很重要。当用户自身需要集成分散的物理数据集市中的数据时（如果可能的话），一大部分代价和负担就会落到用户身上。当数据集市增加时，数据仓库可以按阶段建立，其中最容易的方法是遵循逻辑数据集市和实时数据仓库体系结构。

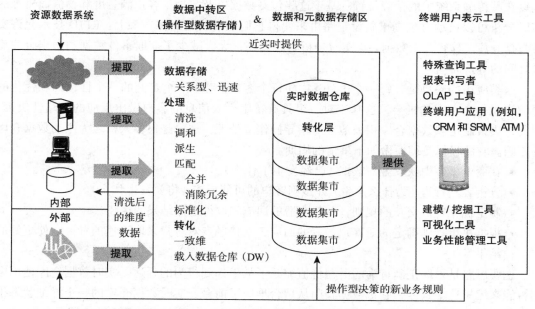

图 9-4 逻辑数据集市和实时数据仓库体系结构

表 9-2 数据仓库与数据集市

	数据仓库	数据集市
规模	· 独立应用 · 集中式，可能是企业范围 · 有计划的	· 特定的 DSS 应用 · 按用户区域离散化 · 有机的，可能无规划
数据	· 历史的、详细的、概括的 · 稍微去规范化	· 一些历史的、详细的、概括的 · 高度去规范化
主题	· 多主题	· 用户关心的某个核心主题
资源	· 许多内部和外部资源	· 几乎没有内部和外部资源
其他特征	· 灵活性 · 面向数据的 · 长生命期 · 大 · 单一的复杂结构	· 限制性 · 面向工程的 · 短生命期 · 开始小，逐渐增大 · 多、半复杂结构，总体复杂

图 9-4 中展示的**实时数据仓库**体系结构意味着资源数据系统、决策支持服务、数据仓库交换数据和业务规则是近实时的，这是因为对于组织来说，有对当前总体局势的迅速反应（即行为）要求。实时数据仓库的目的是了解现在正在发生什么、什么时候发生以及通过操作型系统让合理的事发生。例如，一个回答问题和记录问题票据的桌面帮助专家要对客户的最近销售联系人、账单和支付事务、维护活动和订单有一个全面的了解。通过这些信息，支持帮助桌面的系统可以基于对数据仓库里的最新数据进行连续分析得到的操作型决策规则，自动为专家生成一个脚本来售卖一个通过分析得出的可能和盈利的维护合同、升级产品或者一个有着相似资料客户买过的其他产品。对重要的事件（例如新产品订单到了）可以迅速做出反应使得组织了解更多客户之间的联系。

实时数据仓库（与实时分析）的另一个例子是一个快递服务需要频繁地扫描包裹来知道包裹在其传输系统中的精确位置。基于这些包裹数据以及定价、客户满意度和物流商机等的实时分析可以自动对包裹重新设定路由来使得它们能准确送到客户手上。RFID 技术允许实时数据仓库（具有大量数据）与实时分析一起使用，大大减少了获取事件数据到做出合适反应之间的等待时间。

这类应用的趋势是，每一个事件（比如每个客户）对于一个定制的、个性化的和优化的通信来说是个潜在的机会，这基于对一个具有特定个人信息的客户做出反应的战略性决策。因此，决策制定和数据仓库积极地参与指导操作型处理，这也是很多人称之为主动数据仓库的原因。它的目标是缩短做如下事情的周期：

- 在商业事件中获取客户数据（已经发生了什么）。
- 分析客户行为（为什么发生）并预测客户的可能反应（将要发生什么）。
- 制定优化客户交互的规则，包括合适的回应和取得最好结果的途径。
- 根据决策规则确定的对客户最好的回应，在接触点对客户采取迅速的行为，使更好的结果发生。

主要思路是采取正确行为的潜在价值缩减了从事件到行为的延迟。实时数据仓库使用全部智能来缩短这个延迟，它把数据仓库从后台推向了前台。实时数据仓库的一个详细状态报告详见 Hackathorn（2002）。其他作者的文章可以参考面向行为的或者活跃的数据仓库。

9.2.4　三层数据体系结构

图 9-5 展示了一个数据仓库的三层数据体系结构。这种体系结构有以下特征：

1）操作型数据存储在遍布组织中的许多操作型记录系统（有时在外部系统）中。

2）**调和数据**是存储在企业数据仓库和操作型数据存储中的数据。它们是详细的当前数据，是所有决策支持应用的唯一、权威性资源。

3）**派生数据**是存储在每个数据集市中的数据。它们是经过筛选、格式化、聚集后用于终端用户决策支持应用的数据。

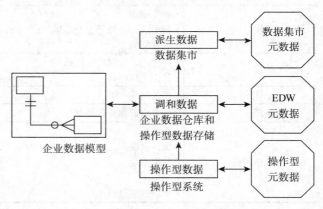

图 9-5　数据仓库的三层数据体系结构

跨资源系统的调和数据处理是数据质量和数据集成的一部分，它受组织规则和与数据管理相关的处理的影响。几个比简单数据仓库还要大的主题，在本章最后的单独一节中进行简单介绍。和数据仓库相关的是派生数据，这将在本章后面讨论。图 9-5 所示的体系结构中的两个组件扮演着重要角色：企业数据模型和元数据。

1. 企业数据模型的作用

图 9-5 中展示了调和数据层连接到企业数据模型。回想一下第 1 章，企业数据模型表现了组织需要的全部数据的一个整体图。如果调和数据层是决策支持所需的所有数据的唯一权威性资源，它必须符合企业数据模型的设计。于是，企业数据模型控制着数据仓库的分段演

化。通常企业数据模型在新问题或新的决策应用产生时会进行改进。开发企业数据模型会消耗太多时间，对决策制定的动态需求可能在数据仓库建好前就已经改变了。

2. 元数据的作用

从图 9-5 中可以看出，元数据层与 3 层数据的每一层都连接着。回想第 1 章，元数据是用于描述其他数据性能和特征的技术和商业数据。下面是图 9-5 中所示的三种元数据的简明定义：

1）**操作型元数据** 描述了在各个操作型系统（以及外部数据）中提供给企业数据仓库的数据。操作型元数据一般有多种格式以及很差的数据质量。

2）**企业数据仓库（EDW）元数据** 派生自（或者至少一致于）企业数据模型。EDW 元数据描述了调和数据层以及提取、转化、载入操作型数据到调和数据的规则。

3）**数据集市元数据** 描述了派生数据层以及将调和数据转化到派生数据的规则。

数据仓库元数据的详细描述参见 Marco（2000）。

9.3 数据仓库数据的一些特征

为了理解和建模数据仓库三层数据体系结构中每一层的数据，需要学习一些存储在数据仓库数据库中数据的基本特征。数据仓库的数据特征与操作型数据库的数据特征是不同的。

9.3.1 状态数据与事件数据

状态数据与事件数据之间的区别见图 9-6。图中有一条 DBMS 记录的典型日志记录，这条记录是一个银行应用处理一个业务交易时产生的。这条日志记录包含了状态数据与事件数据："前像"和"后像"表示了该银行账号在取款前后的状态。图中间则代表着取款（或者更新事件）的数据。

事务是一种在数据库层面上导致一个或多个商业事件的商业活动。一个事件导致了一个或多个数据库操作（创建、更新或删除）。图 9-6 中的取款事务导致了一个更新，使得账户余额里的存款从 750 减为 700。在另一方面，钱从一个账户转到另一个账户会产生两个动作：一个取款更新和一个存款更新。有时，非事务也是重要的活动，需要被记录进数据仓库中，例如取消在线购物车、忙信号、网络连接断开、一个商品放入购物车后并未付款就被删除等。

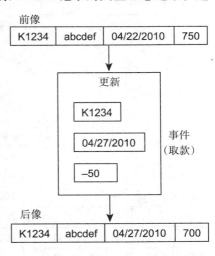

图 9-6 一条 DBMS 日志记录的例子

状态数据和事件数据都存储在数据库中。然而，实际上，大多数数据库中的数据（包括数据仓库）都是状态数据。数据仓库可能会有事务状态数据的历史快照或总结（比如每小时合计）或者事件数据。代表着事务的事件数据可能会存储一定的时间，之后就会被删除或存档以腾出存储空间。状态数据和事件数据一般存储在数据库日志中（如图 9-6 所示），以应备份或恢复之需。稍后会说明数据库日志在填充数据仓库中发挥着重要作用。

9.3.2 临时数据与定期数据

数据仓库中经常会有一些关于过去事件发生时间的记录。这当然是必要的，例如在某个特定的日子或时间段与去年同期的销售和库存水平相比较时。

大部分的操作型系统建立在临时数据的使用上。**临时数据**是这样一类数据，其中现有记录覆盖了之前的记录导致之前数据内容损坏。记录不经保存就被删除。

通过参考图 9-6 可以可视化临时数据。如果后像覆盖了前像，那么前像（包括以前的账目）就会丢失。然而，由于这是一条数据库日志，因此两者都正常地保存下来。

定期数据是存储后从来不会被物理改变或删除的数据。图 9-6 表示的前像和后像就是定期数据。注意，每条记录都带有一条最近一次事件更新时的时间戳来表示日期。（第 2 章曾介绍过时间戳。）

9.3.3 临时数据与定期数据例子

一个更详细地比较临时数据和定期数据的例子见图 9-7 和图 9-8。

Table X (10/09)

Key	A	B
001	a	b
002	c	d
003	e	f
004	g	h

Table X (10/10)

Key	A	B
001	a	b
002	r	d
003	e	f
004	y	h
005	m	n

Table X (10/11)

Key	A	B
001	a	b
002	r	d
003	e	t
005	m	n

图 9-7　临时操作型数据

Table X (10/09)

Key	Date	A	B	Action
001	10/09	a	b	C
002	10/09	c	d	C
003	10/09	e	f	C
004	10/09	g	h	C

Table X (10/10)

Key	Date	A	B	Action
001	10/09	a	b	C
002	10/09	c	d	C
002	10/10	r	d	U
003	10/09	e	f	C
004	10/09	g	h	C
004	10/10	y	h	U
005	10/10	m	n	C

Table X (10/11)

Key	Date	A	B	Action
001	10/09	a	b	C
002	10/09	c	d	C
002	10/10	r	d	U
003	10/09	e	f	C
003	10/11	e	t	U
004	10/09	g	h	C
004	10/10	y	h	U
004	10/11	y	h	D
005	10/10	m	n	C

图 9-8　定期仓库数据

1. 临时数据

图 9-7 展示了一个关系（表 X），它初始包含 4 行。这个表有 3 个属性：1 个主属性和 2

个非主属性 A 和 B。10/09 这一天的各个属性值已在图中给出，例如，对于记录 001，属性 A 的值是 a。

在 10/10 这天，表中有 3 个改变（表左边有箭头标识处）。002 行被更新，属性 A 的值从 c 变成 r。004 行也被更新，属性 A 的值从 g 变成 y。新的一行（键是 005）被插入到表中。

注意，当 002 行和 004 行被更新时，新的一行替代了原来的行，这样原来的数据就丢失了。这些数据没有任何历史记录。这就是临时数据的特征。

在 10/11 这一天发生了更多的改变（为简化讨论，假设在给定日期对给定行只能作一次改变）。003 行更新，004 行被删除。注意，没有任何记录表明 004 行曾经存储在数据库中。图 9-7 展示的数据处理方法就是操作型系统中临时数据的典型特征。

2. 定期数据

数据仓库的一个典型目标是保存关键事件的历史记录或者为特殊变量（如销量）创建一个时间序列。这通常需要存储定期数据而不是临时数据。图 9-8 将图 9-7 中的表进行修改，以表示定期数据，主要有以下改变：

1）表 X 新增加了两列：

a. Date 列是表示了对应行最近一次修改的时间戳。

b. Action 列用于记录发生改变的类型。该属性可能的值有 C（新建）、U（更新）和 D（删除）。

315
～
316

2）一旦一条记录存储到表中，那条记录就再也不会进行更改。当对某条记录进行更新操作时，前像和后像都会存入表中。尽管一条记录可能在逻辑上被删除，但是被删除记录的历史版本会留在数据库中（至少 5 个季度）用于分析趋势。

现在让我们检查一下图 9-7 中一组相同的操作。假设所有 4 行都在 10/09 这天被创建，如第一个表所示。

第二个表中，002 行和 004 行被更新，表中现在既包括这些行 10/09 的旧版本，也包括 10/10 的新版本。表中还包括 10/10 新创建的行 005。

第三个表（10/11）中，003 行的更新使得新老版本并存。004 行被删除，现在这个表中有 3 个 004 行的版本：10/09 的初始版本、10/10 的更新后版本以及 10/11 的删除版本。最后一行的值 D 表示 004 这一行已经在逻辑上被删除了，所以它对于用户和他们的应用程序已经不可用。

在图 9-8 中可以看出为什么数据仓库的增长是非常迅速的。存储定期数据会占用大量的存储空间，因此用户必须谨慎选择需要用这类方式处理的关键数据。

3. 数据仓库的其他改变

除了上面概述的数据值的定期变化外，仓库数据模型还有 6 种其他的改变需要数据仓库支持：

1）**新描述属性**　例如，产品或客户的新特征需要存入仓库中，这需要被数据仓库所容纳。本章后面称其为维表的属性。这个改变相当容易被容纳，只需增加新的列并允许已知的行有空值即可（如果历史数据在资源系统中存在，空值可以不必存储）。

2）**新商业活动属性**　例如，必须容纳已经存储在仓库中的事件的新特征，如图 9-8 中表的列 C。这可以和第一条一样处理，但是会复杂很多，因为新的事实可能会更精确，像

图 9-8 中数据与周相关联，而不是月和年。

3）**新描述属性类** 这相当于向数据库中添加新表。

4）**描述属性变得更精细** 例如，商店的数据必须根据收款机来区别以便统计销售数据。这是个非常重要的变化，这在本章后面会讨论。这可能会是一个非常难支持的变化。

5）**描述数据相互关联** 例如，商店的数据和地理数据相关。这导致了新的联系常常分层包括在数据模型中。

6）**新数据资源** 这是一个很普遍的改变，一些新的商业需求导致数据来自额外的资源系统或安装新的操作型系统提供仓库。这类改变可能导致之前所述的任何改变发生，同时还可能需要新的提取、转化和载入处理。

考虑到数据仓库中存放着全部的历史数据，一般情况下，不太可能通过恢复和重载数据仓库来满足全部这些变化。但是必须平滑地适应这些变化来使得数据仓库满足新的商业条件和信息与商务智能的需要。因此，考虑变化而设计数据仓库是很重要的。

9.4 派生数据层

现在回到派生数据层。这是一个关联逻辑或物理数据集市的数据层（见图 9-5）。用户们一般通过与这个数据层交互来获得他们的决策支持应用所需的信息。理想情况下，无论数据集市是独立的、相关的还是逻辑的，调和数据层都应该最先被设计，并作为派生数据层的基础。为了派生任何可能需要的数据集市，EDW 有必要成为一个完全规范化的关系数据库并且包容临时数据和定期数据。这样就有非常大的灵活性来将数据以最简单的形式满足用户需求，即使是 EDW 设计时没有想到的需求。本节先讨论派生数据层的特征，然后介绍当今实现这一数据层的最流行的数据模型——星模式（或维模型）。星模式是一个特殊设计的去规范化关系数据模型。这里强调派生数据层可以使用企业数据仓库中的规范化关系，然而，大部分组织还是会建立很多数据集市。

9.4.1 派生数据的特征

之前定义了派生数据是经过筛选、格式化和聚集后用于终端用户决策支持应用的数据。换句话说，派生数据是代替原数据的信息。从图 9-5 中可知，派生数据的来源是调和数据，是经过一系列非常复杂的数据处理将来自于组织内外记录系统中的数据集成并一致化后得到的数据。数据集市中的派生数据通常为了满足某一特定的用户群（如部门、工作组或者个人）而进行优化以便度量和分析商业活动和趋势。一个普遍的操作方式是先从企业数据仓库中按日期选择相关数据，根据需要将这些数据格式化并聚集，然后加载数据和创建索引到目标数据集市。数据集市通常通过联机分析处理（OLAP）工具来访问，本章最后一节将讨论 OLAP。

派生数据的目标与调和数据的目标大不相同，典型的目标如下：

- 为决策支持应用提供便捷的使用。
- 为预定义的用户查询和信息请求提供迅速的响应（信息通常以指标的形式呈现，以便估计组织在某些方面的健壮程度，例如客户服务、盈利能力、流程效率或销售增长）。
- 为特定的目标用户组定制数据。
- 支持特殊查询和数据挖掘以及其他分析应用。

为了满足这些需求，派生数据中应有以下特征：

- 既有详细数据也有聚集数据：
  a. 详细数据经常是（但不总是）定期数据。也就是说，提供的是历史记录。
  b. 聚集数据被格式化以迅速响应预先确定的（或一般的）查询。
- 数据分布在不同的数据集市中为不同的用户组服务。
- 数据集市最通用的数据模型是维模型，通常是一种类关系模型，即星模式模型（这类模型被关系联机分析处理（ROLAP）工具所使用）。专有模型（类似于超立方体）有时也会被使用（这类模型被多维联机分析处理（MOLAP）工具所使用）。这些工具在本章后面也会介绍。

9.4.2 星模式

星模式是一种简单的数据库设计（适合特殊查询），星模式中，维数据（描述数据如何聚集）与事实或事件数据（描述商业活动）分开。星模式是维模型（Kimball，1996）的一个版本。尽管星模式适用于特殊查询（和其他形式的信息处理），它并不适合联机事务处理，因此并不广泛运用到操作型系统、操作型数据存储或EDW中。它被称为星模式是因为模型的形状，而不是因为在好莱坞星光大道被人所认可。

318

1. 事实表和维表

星模式中包含两种类型的表：一个事实表和一个或多个维表。事实表包含商业的事实或量化数据（度量方法是数字的、连续值的以及可增加的），例如售出单位、预订订单等。维表里存有关于商业主题的描述型数据（文本）。维表一般是属性的来源，这些属性用于修饰、分类和概括查询、报告和图标中的事实。因此，维数据一般是文本化且离散的（即使是数字）。一个数据集市可能包含许多星模式，它们有着相似的维表，但有着不同的事实表。典型的商业维（主题）有产品、客户、时期。时期或时间一定会是一个维。这样的结构见图9-9，图中包括4个维表。正如很快就会看到的，在这个基础的星模式结构上有一些变化可以提供更多的概括和分类事实的能力。

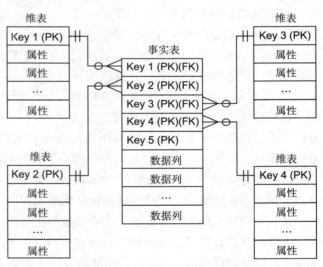

图9-9 星模式的组成部分

每个维表和中间的事实表之间是一对多的关系。每个维表通常包括一个简单的主键和一些非主属性。这些主键在事实表中依次是外键（如图9-9所示）。事实表的主键是一个复合键，它包括了全部的外键（图中有4个），可能再加上一些与维不对应的其他组件。每个维表和事实表之间的联系提供了一条连接路径，允许用户使用SQL语句可以很容易地进行预先定义好的或特殊的查询操作。

到现在为止，你可能已经了解到星模式并不是新的数据模型，而只是一个去规范化的关系数据模型的实现。事实表扮演着一个规范化的*n*元关联实体的角色，它联系起众多维的实例，这些维是第二范式，而且可能不是第三范式的。回顾一下关联实体，参考第 2 章，图 2-11 和图 2-14 是使用关联实体的一个例子。维表是去规范化的，大部分专家将这个去规范化看作是可接受的，因为维不需要进行更新并且避免了高开销的连接操作。因此，星模式围绕着重要的事实和商业对象进行优化来响应具体的信息需求。维之间的联系是不允许的，尽管在组织中可能存在这样的联系（例如在员工和部门之间），这样的联系处于星模式的范围外。之后会看到，可能会有其他的表与维相关，但是那些表将永远不会与事实表相关。

2. 星模式的例子

星模式给出了一系列的商业问题的答案。例如以下问题：

1）哪座城市的大型产品销量最高？

2）商店经理的平均月销售额是多少？

3）哪家商店的哪样产品带来了亏损？这个亏损会随着季度变化吗？

一个简单的星模式就可以解答以上问题，如图 9-10 所示。这个例子中有 3 个维表：PRODUCT、PERIOD 和 STORE ；还有 1 个事实表：SALES。事实表用来记录 3 种商业事实：总销售单位、总销售金额和总开销金额。这些合计数据按天（最小的周期（PERIOD）单位）来统计。

这些问题可以被一个完全规范化的事务数据的数据模型所回答吗？是的，一个完全规范化和详细的数据库可以最灵活地来支持回答绝大多数问题。然而，其中需要涉及更多的表和连接操作、用标准方式聚集更多数据、用可理解的序列排序数据。这可能会让一个典型商业经理更难于

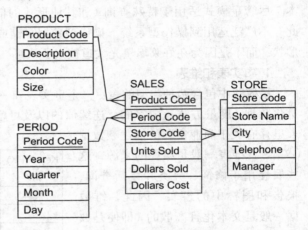

图 9-10　星模式的例子

分析数据（尤其当他使用原始 SQL 语句），除非他使用的商务智能（OLAP）工具能帮助减少数据复杂度（见本章后面有关用户界面的小节）。而且足够的销量历史需要被保存下来，这个量远比事务处理应用程序所需要的来得多。如果使用数据集市，则连接和概括数据（这会导致大量的数据库处理）的操作就被转移到了调和层，就不会让终端用户来做这些事，而直接给出了他们需要的回答。然而，在设计数据集市前，需要知道哪些问题会被问到，从而在设计上进行优化以便于处理。更长远考虑，当这 3 个问题对于组织来说不再感兴趣时，数据集市（如果是物理数据集市）就可以被抛开，另外新建一个数据集市来回答新的问题，而完全规范化模型更适合为长期的、较少改变的数据库所需要（可能伴有为了满足临时需求的逻辑数据集市）。本章后面会介绍一些简单的方法来判断如何从这些商业问题中确定一个星模式模型。

图 9-11 中展示了这个星模式的一些数据样例。从事实表中可以发现，产品 110 在时期 002 期间有下列事实：

1）商店 S1 卖出了 30 个单位的产品。总销售额为 1500，总开销金额为 1200。

2）商店 S3 卖出了 40 个单位的产品。总销售额为 2000，总开销金额为 1200。

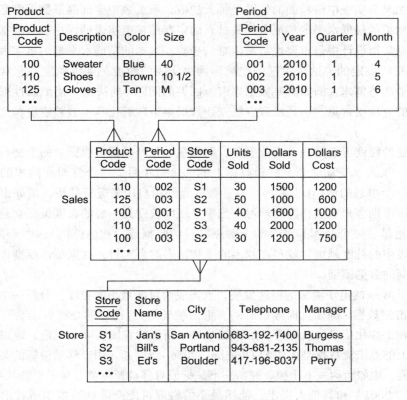

图 9-11 星模式的样本数据

关于这个例子的详细维信息可以从维表中看出。例如，在表 PERIOD 中，可以发现时期 002 对应于 2010 年第一季度的 5 月。其他的维也可以用类似的方法看出。

3. 代理键

每个用于连接事实表和维表的键都应该是代理键（surrogate key）（非智能或系统指定的），而不能是一个使用商业值的键（有时称为自然键、智能键或产品键）。在图 9-10 中，Product Code、Store Code 和 Period Code 在事实表和维表中都应是代理键。例如，如果需要知道产品的目录号、工程编号或者库存号，这些属性将会与 Description、Color 和 Size 一样存储在产品维表中。下面是使用代理键规则的主要原因（Kimball，1998a）：

- 商业键经常随着时间慢慢改变。对于同一个商业对象，我们需要记录它以前和现在的商业键值。在之后的小节中会看到缓变维——一个很容易掌握变化和未知键的代理键。
- 使用一个代理键也允许随时间跟踪同一个产品键的非主属性值。这样，如果一个产品包装的尺寸发生了改变，可以把同一产品的产品键和代表不同包装尺寸的代理键相关联。
- 代理键通常比较简单和简短，尤其当产品键是一个复合键时。
- 代理键可以有着相同的长度和格式，无论商业维是怎样参与到数据库中的，甚至是日期。

每个维表的主键是它的代理键。事实表的主键是一个它所有关联着的维表的所有代理键组成的一个复合键，这个复合键中的每个属性自然就是其关联的维表的一个外键。

4. 事实表的粒度

星模式的原数据保存在事实表中。事实表的全部数据是由复合键元素的相同组合决定的。例如，如果事实表中最精确的数据是每天的值，那么表中全部测量数据都必须是每天的值，并且时期维的最低水平的特征必须是日。确定存储在事实表的详尽事实数据的最低水平可以说是数据集市设计中最重要也是最困难的步骤。数据的精确水平是由事实表主键的全部组成部分的交所决定的。这个主键的交被称为事实表的**粒度**。确定粒度是非常重要的，而且必须由商业决策需求（例如需要数据集市所回答的问题）所决定。用维属性来聚集事实数据进行概括的方法很常见，但是没有方法来让数据集市理解比事实表粒度更精细水平的商业活动。

一个普通的粒度可能是一个商业事务，例如在一张产品销售收据上的个别行项目或个别扫描项目、一条人事变动命令、材料收据上的一个行项目、一个针对保险单的索赔、一个登机牌或者一个单独的 ATM 事务等。事务粒度允许用户用来进行分析，例如市场购物篮分析，这是对于个别客户购买行为的学习。比事务层面粒度高一级的粒度可能会是在某一天某一产品的全部销量、一个仓库某个月间全部原材料的收据或一次 ATM 会话中全部的 ATM 事务等。事实表中的粒度越细，就存在越多的维和越多的事实行，数据集市模型也越像一个操作型数据存储的数据模型。

由于基于 Web 的电子商务的迅速发展，点击成为可能最小的粒度。分析一个网站的购买习惯需要点击流数据（例如页面停留时间、页面跳转等）。这样的分析可能会有助于理解网站的可用性和个性化信息导航服务。然而这个过于精细的粒度实际上太慢，难以使用，据估计，90% 以上的点击流数据是无用的（Inmon，2006）。例如，用户移动鼠标的某些行为丝毫没有商业价值，比如活动一下手腕、撞击一下鼠标或者移动鼠标绕开桌子上的某些障碍物等。

Kimball（2001）和其他人提出，使用最小的粒度可能会限制数据集市技术。尽管当数据集市用户信息需求是某一特定水平的聚集粒度，但经常在某些应用后，用户会询问一些更详细的问题（下钻）来解释为什么这样的聚集形式存在。你不能"下钻"到比事实表粒度更深的地方（而不访问其他数据资源，例如 EDW、ODS 或者原始资源系统，从而提供更合适的分析结果）。

5. 数据库的持续时间

对于 EDW 或 ODS，另一个在设计数据集市时重要的决策是需要保存的历史长度，即数据库的持续时间。一般的持续时间大约在 13 个月或者 5 个季度，这是足够观察 1 年的数据周期。一些商业企业（例如金融机构）需要更长的持续时间。如果数据源需要额外的属性，那么旧数据可能很难溯源和清洗。即使旧数据的数据源可以访问，也会很难找到维数据的旧值，它们比事实数据更难保留。而旧的事实数据如果缺少了与维数据的关联性也就没有使用价值。

6. 事实表的大小

正如你所预料的，粒度和持续时间对事实表的大小有直接影响。可以按照下列规则来估计事实表的行数：

1）估计每个维表与事实表关联的可能值的个数（换句话说，事实表中每个外键的可能值的个数）。

2）进行一些必要的调整后，将步骤 1 得到的值相乘。

对图 9-11 所示的星模式使用这种方法。假设各个维的值如下：

商店总数 =1000

产品总数 =10 000

时期总数 =24（2 年间的月度数据）

虽然总共有 10 000 个产品，但是一个给定的月内只有一部分产品会有销售记录。因为只有产生销量的记录才会出现在事实表中，所以需要进行一些调整。假设平均有 50% 的产品在一个月内有销售记录，那么事实表中行数的一个估计值如下：

总行数 =1000 商店 *5000 活跃产品 *24 月 =120 000 000 行

这样，在这个相对较小的例子中，包含着两年月度记录的事实表预计行数会超过 1 亿行。这个例子很好地说明了事实表可能会比维表大上许多倍。例如，表 STORE 有 1000 行，表 PRODUCT 有 10 000 行，表 PERIOD 有 24 行。

如果知道事实表中每个字段的大小，就可以估算出它的字节数。事实表 SALES 有 6 个字段，如果平均每个长 4 字节，那么大小总共为：

总大小：120 000 000 行 * 6 个字段 *4 字节 / 字段 =2 880 000 000 字节 =2.88GB

事实表的大小取决于维数和事实表的粒度。假设图 9-11 中的数据库经过了一段时间的使用后，市场部需要计算表中的每日总和（这是数据集市的一个典型演化）。由于粒度变成了日，因此总行数变为：

总行数 =1000 商店 *2000 活跃产品 *720 天（2 年）=1 440 000 000 行

在这个计算中，假设有 20% 的产品销售记录在一天中是活跃的。数据库现在就有了超过 10 亿行。数据库的大小为：

总大小 =1 440 000 000 行 *6 个字段 *4 字节 / 字段 =34 560 000 000 字节 =34.56GB

对于大型的零售商（例如沃尔玛）或者电子商务厂商（例如 Travelo city.com, 亚马逊），现在都有数据仓库（或数据集市）。这些数据仓库的大小达到了多 TB 级，并且随着人们继续添加新的维和更细的粒度，它们的大小还在快速增长中。

7. 日期和时间建模

由于数据仓库和数据集市随着时间记录维的事实，所以时间和日期（之后简称为时间）始终会有一个维表，时间的代理键也始终是事实表主键的组成部分之一。因为用户可能想在很多不同的时间上对事实进行聚集，因此时间维可能含有很多非主属性。另外，因为有些时间特征是和国家或事件相关的（例如是否是一个假期，或某天是否有固有的活动，如节日或足球比赛），对时间维建模会比之前所说的更加复杂。

图 9-12 展示了一个典型的时间维设计。就像之前说的，时间的代理键是事实表主键的一部分，并且是时间维表的主键。时间维表中的非主属性包括了用户所用到的分类、总结、分组不随国家和事件改变的事实的全部特征。对于一个在许多国家（或在许多不同地理单位有不同时间特征）进行商业活动的组织，加入了一个 Country Calendar 表来保存每个国家的每个时间的特征。这样，Date 键是 Country Calendar 表的外键，而 Country Calendar 表的每一行经过其复合主键中的 Date 键和 Country 的组合后都是唯一的。在某一天可能会发生特殊的事件（简单起见，假设一天不会发生超过一个特殊事件）。我们已经通过建立一个 Event（事件）表规范化了 Event 数据，所以每个事件的描述性数据（如 "Strawberry Festival" 或 "Home coming Game"）只被存储一次。

有可能会出现很多时间与一个事实所关联，例如事实发生时间、事实报告时间、事实记录到数据库的时间和事实改变值的时间等。其中的每一个都可能对某一类分析很重要。

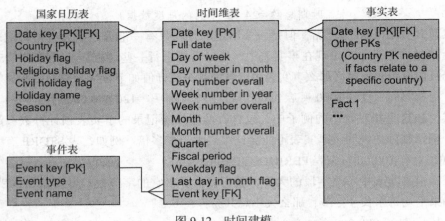

图 9-12　时间建模

8. 多重事实表

有时由于性能或者其他缘故，一个星模式中会定义不止一个事实表。比如当很多用户需要不同聚集水平（不同表粒度）的数据时，通过为每种聚集水平定义不同的事实表可以改进性能。很显然这要与存储空间做权衡。每新增加一个事实表，存储需求会显著增加。更一般地，需要多重事实表为不同的用户组存储不同的维组合。

图 9-13 展示了一个典型的有两个相关星模式的多重事实表。这个例子中，有两个事实表，分别是一个星模式的中心：

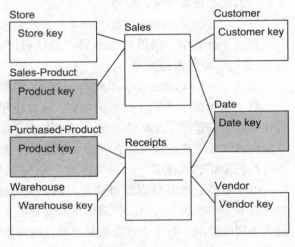

图 9-13　一致维

1）Sales——关于某天商店中某产品对于某客户的销量的事实

2）Receipts——关于某天某个销售商为某个仓库提供的某产品的收据的事实

很普遍的是，关于一个或多个商业主题的数据需要为每个事实表（即 Sales 和 Receipts）而存入维表中。在这种设计中，使用了两种方法来处理共享的维表。其一，对销售和收据来说，描述产品的方式有很大不同，所以创建了两个不同的产品维表。另一方面，因为用户想要相同的时间描述，所以共用一个时间维表。这两种情形下创建了**一致维**，这个维对于每个事实表的意义相同，也因此拥有相同的代理主键。尽管这两个星模式可能被存储在不同的物理数据集市中，如果维是一致的，就有了跨数据集市回答问题的潜力（例如某个销售商是否发觉销售速度更快、并能够在较少的时间内供货吗？）。总体而言，一致维使用户有可能做下列事情：

- 共享非主维数据
- 保证跨事实表查询的一致性
- 工作在对用户有相同意义的事实和商业主题上

9. 层次

很多时候，星模式中的一个维形成了一种自然的、固定深度的层次。例如地理层次（市场在一个州内、州在一个地区内、地区在一个国家内）和产品层次（产品的包装和大小、成捆的产品、产品组中的捆）。当维表现出层次时，数据库设计者可以有两种基本选择：

1）在一个最精确层次的去规范化维表中，包含每一层次的全部信息，这会带来很大冗余和更新异常。虽然简单，但不是推荐的方法。

2）使用一个 1 : M 的联系将维规范化到一系列嵌套表中。将最低级的层次与事实表关联。这样仍然可以实现在各个层次上对事实表进行聚集，但是用户只需要在层次上进行嵌套连接或被给出一个预连接过的层次视图。

325

当层次深度可以被固定时，每一级层次都是一个独立的维实体。某些层次可能比其他层次更容易使用这种模式。考虑图 9-14 中的产品层次。每种产品都是产品家族的组成部分，产品家族是一个产品分类的组成部分，分类是一个产品组的组成部分。如果每种产品按照这种方式分层，这个模式会很顺利。这样的层次在数据仓库和数据集市里非常常见。

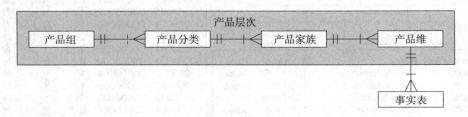

图 9-14　固定的产品层次

现在考虑一个更一般的例子：一个典型的咨询公司在工程某个时间段为客户开发票。这个例子里的收入事实表可能会展示对于特定的时间段、客户、服务、员工、工程，有多少收入已经付款以及每次开发票的时间长度等。由于在同一个组织中咨询服务可能被分成不同部分来做，如果想了解任一客户组织层次的总体咨询情况，就需要一个客户层次。这是一个在组织单位之间递归的层次。如图 4-17 所示的一个管理层次，在规范化数据库中最标准的表示方法是为 company 行添加它的上级部门的 Company 键作为它的一个外键。

使用这种方式来实现递归联系对于一般的终端用户是困难的，因为在任意的层次上进行聚集需要复杂的 SQL 编程。一个解决方案是通过把相邻层次连接到一般的分类上来将这些递归联系转换为一个固定数目的层次。例如，对于一个组织层次，将每个单位上的递归水平分组到企业、分部及部门。每个层次的实体的每个实例获得一个代理主键和用于描述当前层面上进行决策所需求的特征。这些实例会在调和层上格式化并保持。

另外一个简单却更通用的替代见图 9-15。图 9-15a 展示了在数据仓库中如何使用一个帮助表为层次建模（Chisholm，2000；Kimball，1998b）。每个客户组织单位的咨询服务被分配了一个不同的代理客户键和客户维表的一行。客户代理键在收入事实表中作为一个外键。这个外键和帮助表中的子客户键（Sub customer key）相关联，这是因为收入事实在最低水平的组织层次上是关联的。连接任意层次的递归联系问题是用户需要写很多次递归联系连接的代码（每个从属层都要写一次），由于规模很大，在数据仓库中这些连接会非常耗时（除了一些使用并行处理的高性能数据仓库技术）。为了避免这些问题，帮助表通过为每个组织子单位和父组织单位（一直到客户组织的最高层）记录一行将层次抹平。帮助表的每一行都有 3 个描述：这一行来自于其父单位的子单位层数以及这个子单位是否是最低层次或最高层次的标

326

记。图 9-15b 描述了一个客户组织层次帮助表的例子。

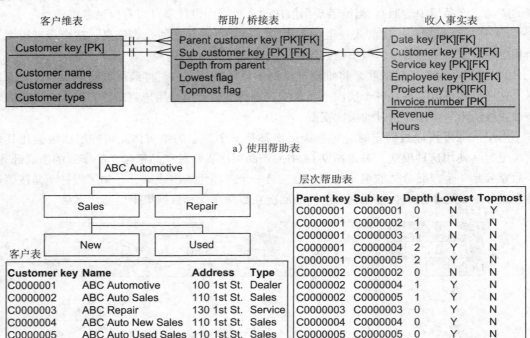

a）使用帮助表

b）有客户表和帮助表的层次示例

图 9-15   在一个维中表现层次联系

图 9-15a 的收入事实表包括了一个主键属性 Invoice number，它是一个退化维的例子，没有有用的维属性。（因此，没有对应维表的存在并且不是表主键的一部分。）Invoice number 也不是一个用于聚集的事实，因为在这个属性上的数学操作没有意义。这个属性被使用在需要探索一个 ODS 或者资源系统来寻找关于发票事务的额外细节或者组合相关的事实行时（例如同一个发票上的全部的收入行）。

当维表被帮助表（有时称为桥表或参考表）更进一步规范化后，简单的星模式变成了**雪花模式**。雪花模式非常像 ODS 或者资源数据库的一个片段，它以事务表为中心，被概括为事实表，全部表直接或间接与事务表相关联。很多数据仓库专家反对使用雪花模式，因为它对用户更加复杂，并且需要更多的连接操作将结果放入一张表中。雪花模式可能在规范化数据库能节约大量存储空间时有用（例如当有非常多的冗余和长文本属性时），或者当用户发现浏览规范化表较为有用时，雪花模式也会适用。

9.4.3 缓变维

回想一下，数据仓库和数据集市经常在数年的时间内跟踪商业活动。这些商业活动并不是一成不变的：产品改变大小和重量、客户地区改变、商店更换布局以及销售人员被分配到不同的地区等。大部分系统只记录当年商业主题的值（如当前客户的住址），一个操作型数据存储只保留很短改变的历史来表明这些改变曾经发生过并用来支持商业过程处理迅速的改变。但是在数据仓库或者数据集市中，我们需要知道历史值来匹配事实发生时正确的维描述。例如，需要将一个销售事实与当时的销售事实周期内相关客户的描述关联起来，而不是那个客户现在的描述。当然，商业主题与大多数事务数据（如库存水平）相比，其改变是十分缓慢的。这就导致维数据也在缓慢改变。

可能需要通过以下方法之一来应对缓变维（Slowly Changing Dimension，SCD）属性（Kimball，1996b，1999）：

1）用新的值覆盖当前值。但这是不可接受的，因为这消除了对历史事实的过去描述。Kimball 称此为 1 号方法。

2）对每个发生变化的维属性，创建一个当前值字段，并保持很多旧值字段（例如为一定范围的历史视图创建固定数量的多值属性）。如果在数据保留在数据仓库期间可以预测它的改变次数，那么这种方法是可行的（如果只保持 24 个月而且属性值每个月一变）。然而这种方法只能运行在这样的强假设前提下而不能泛用到任何缓变维属性。另外，查询会变得非常复杂，因为可能在查询中需要决定哪一列是需要的。Kimball 称此为 3 号方法。

3）每次维对象变化就建立一个新的维表行（带有新的代理键），这个新行包含改变时的全部维特征，新的代理键是一个原始的代理键加上这些维值生效的开始时间。与事实行关联的代理键必须有着事实的时间值（例如，事实时间位于同一原始代理键的维行的开始和结束时间之间）。可能也想把改变停止生效的时间（对每个维对象当前行的最大可能时间或 null）和改变的原因描述存储在维行中。这样的方法允许创建足够需要的维对象改变，然而如果行常常变化或者行本身很长，它就会变得很笨重。Kimball 称此为 2 号方法，这是最经常被使用用的方法。

某些维属性的改变可能并不重要，因此 1 号方法适用于这类属性。2 号方法是最常使用的处理缓变维的方法。在这种模式下，可能也会在维行中存入原对象的代理键值，这样可以涉及同一对象的全部改变。事实上，维表的主键变成了原代理键加上改变的时间的一个复合键，如图 9-16 所示。在这个例子中，Customer 中每次属性变化时，一个新的客户行被写入 Customer 维表，那一行的主键是那个客户的原代理键加上改变的时间。非主键元素是发生改变时全部非主属性的值（例如有些

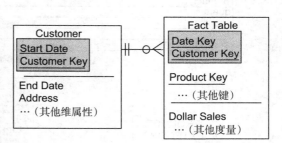

图 9-16　2 号方法的 SCD 客户维表的例子

328

属性在改变中会得到新值，但是可能大部分都保持着相同的值）。

9.4.4　决定维和事实

数据集市中需要怎样的维和事实是受决策环境所驱动的。决定往往基于监视某些重要因素的状态（例如库存周转率）或预测重要事件（例如顾客流失）的具体指标。很多决策基于多重指标、财政平衡、流程效率、客户和商业增长因素的混合。通常决策以问题为起点，例如上个月销售额是多少，为什么能卖出这个数量，下个月销量将如何，如何做才能卖出想卖的数量等。

这些问题的答案经常导致新问题的提出。因此，即使在一个给定的域上已经能预测到人们会问数据集市的起始问题，也不可能完全预测到用户想知道的全部问题。这也就是独立数据集市被反对的原因。使用相关数据集市很容易扩展一个已经存在的数据集市或者访问其他

数据集市或 EDW 从而将新问题需要的数据加入现有数据集市中。

决定在数据集市中放入什么数据的起始点是那些用户最先想要得到回答的问题。每个问题可以被分散成用户想知道的商业信息（事实）和用于访问、排序、分组、概括和表示事实的准则（维属性）。一个简单的描述问题的模型是通过一个像图 9-17a 中那样的矩阵。在图中，行是修饰词（维或维属性），列是指标（事实）。矩阵的元素表明了每个问题有着怎样的修饰词和指标。例如 3 号问题使用了投诉数这一事实以及产品分类、客户区域、年和月这些维属性。任何问题集可以被一个或者多个星模式来回答。例如图 9-17a 中因为事实的粒度不同，所以设计了两个事实表，展示在图 9-17b 中（假设投诉与商店和售货员无关）。同样在产品和产品之间以及客户和客户区域之间创建了层次联系。将季节从月的概念中分离出来，并且让它成为区域相关的。Product、Customer 和 Month 是一致维是因为它们被两个事实表所共享。

329

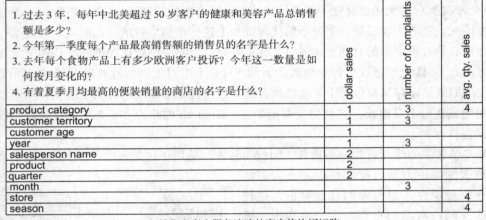

	dollar sales	number of complaints	avg. qty. sales
1. 过去 3 年，每年中北美超过 50 岁客户的健康和美容产品总销售额是多少？ 2. 今年第一季度每个产品最高销售额的销售员的名字是什么？ 3. 去年每个食物产品上有多少欧洲客户投诉？今年这一数量是如何按月变化的？ 4. 有着夏季月均最高的便装销量的商店的名字是什么？			
product category	1	3	
customer territory	1	3	
customer age	1		
year	1	3	
salesperson name	2		
product	2		
quarter	2		
month		3	
store			4
season			4

a）销售和客户服务追踪的事实修饰词矩阵

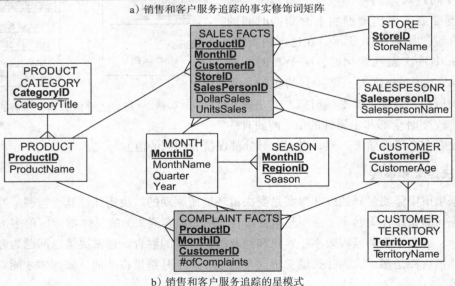

b）销售和客户服务追踪的星模式

图 9-17　决定维和事实

所以，如果图 9-17 描述的分析类型表现了一个决定维模型的维和事实的起始点，你什么时候会知道你完成了呢？我们并不知道这个问题的一个明确答案（希望你实际上从来不会完成，而只是需要继续扩展这个数据模型的覆盖面）。然而，Ross（2009）确定了 Ralph Kimball 和 Kimball 大学所认为的维建模的 10 个必要规则的讨论。表 9-3 总结了这些规则，并认为你会发现这些规则是本章所提出的许多原则的有用合成。当这些规则都满足了，你就（暂时）完成了。

330

表 9-3 维建模的 10 个必要规则

1. **使用原子事实**：用户最终会需要详细数据，即使他们一开始的需求是用于概括的事实
2. **建立单过程事实表**：每个事实表应该只解决一个商业过程的重要度量，例如接收客户订单或下材料采购订单
3. **每个事实表都要包含一个时间维**：事实需要被相关的时间特征所描述
4. **执行一致粒度**：事实表中的每个度量都必须是相同连接键（相同粒度）的原子度量。
5. **不允许空键存在于事实表中**：事实适用于键值的连接，可能需要帮助表来表示一些 M:N 联系
6. **使用层次**：理解维的层次并且谨慎选择雪花模式或去规范化至一维
7. **解码维表**：存储代理键的描述和与维表关联的事实表中所用的代码，可以用于报告标签和查询过滤
8. **使用代理键**：全部维表的行需要被代理键所标识，代理键包括展示关联产品和资源系统键的描述性的列
9. **一致维**：多事表结果中需要用到一致维
10. **平衡需求和实际数据**：很不幸，源数据可能不足够精确来支持全部商业需求，所以必须在技术上将其与用户所需相平衡

来源：Ross（2009）

9.5 大数据和列式数据库

大数据并不是小数据向往成为的东西，也没有校园中的大数据（BDOC）。**大数据**是一个没有明确定义的术语，指的是数据库的容量、速度和多样性无法使用常用的关系数据库在可容忍的时间内来获取、管理和处理数据。同样，大数据的大小也没有被明确定义，在一个数据库中的数据可能小到几十 TB，大到数 PB。大数据包括结构化数据，也包括非结构化的数据，如博客、社交网络内容、网上文本和文件、详细呼叫记录、RFID 信号数据、研究数据、军事侦察和药品记录等。可能你会记得 2010 年 9 月的一个电视游戏秀"Jeopardy"，IBM 的 Watson 击败了 Ken Jennings 和 Brad Rutter。这就是一个有着非常壮观设置的大数据的处理。Bughin、Livingston 和 Marwaha 曾说过（2011）："大规模数据的采集和分析正在快速成为一个新差异化竞争的领域。"例如，药物生产厂商 AstraZeneca 和最大的健康险公司之一的 WellPoint 开始联合开发一个大数据工程来将医疗保险和临床数据结合起来以便寻找改进患者健康护理的方法。

数据仓库和商务智能（BI）查询一般会访问一些列的许多行的通常值，例如根据销售数据来找出西北地区销量排名前 10 的产品。而事务处理任务则是在许多列中寻找一行或相关几行的值，例如某一个客户订单和它相关的客户记录与产品信息。

某些 RDBMS 销售商（如 Oracle、IBM）已经为适应分析查询处理加入了新的特性。另外一些销售商（如 Teradata、Netezza）则已经开发了全新的关系数据库引擎来处理数据仓库和商务智能查询。这些销售商围绕着标准的行和列表的关系数据模型和数据按照行记录存储的物理结构（对行记录将数据存储为文件，在每一记录中将列作为字段）建立了各自的技术。而这些技术都产生在大约 30 年前，远早于大数据的时代。很多新兴的销售商提出需要使用新的存储结构来解决大数据环境下的分析查询——将数据基于列来存储而不是基于行。即将现有的表结构旋转 90 度。目前，大部分传统数据仓库技术销售商都提供两种产品：标准关

331

系表和面向列的产品。使用者可以按照自己的情形来选择使用。

列式产品的销售商提出使用这样的结构可以减小存储空间（因为使用了数据压缩技术，例如相同数据只存储一次）并可加速查询处理速度（因为数据是物理上为支持分析查询而组织的）。数据仓库的概念和逻辑数据模型并没有改变。SQL 仍然是查询语言，没有为查询代码的书写增加其他困难。该 DBMS 与传统的面向行的 RDBMS 相比，只是简单改变了存储和访问数据的方式。数据压缩和存储依赖于数据和查询，例如 Vertica（HP 的一个部门）是列式数据库管理系统提供商的先驱者之一，其逻辑关系数据库在 SQL 中的定义与其他 RDBMS 的相同。随后一个样例查询和数据的集合被提供到数据库设计工具中。这个工具分析查询的谓词（WHERE 子句）和样本数据中的冗余后，给出数据压缩模式和列数据存储方式的建议。对于不同的谓词数据（数值、文本、受限范围还是广范围等）使用不同的数据压缩技术。数据库管理员可以改写这个设计工具提供的推荐。

列式数据库技术折中了计算时间和存储空间（正常情况下有超过 70% 的数据被压缩）。例如，一个客户 ID 在数据库中只存储一次，无论是在客户数据标识中还是作为外键存在的客户订单、支付、产品退货、访问服务等其他活动中。其他列的数据也与此相同，例如性别、城市名、街道名、团体名等。使用内部数据编码来关联整个数据库中的商业数据的值和物理数据库引用的值。这样一个查询可以迅速地在简明的存储空间中查找与该查询中使用的列值相关的代码。相对于基于行的关系数据库而言，列式数据库的优势是基于如下的假设：磁盘存储空间和访问磁盘存储的带宽的代价要比从压缩存储中重构商业数据到 SQL 的关系表结果格式的 CPU 计算时间高。在这种情况下，使用压缩存储可以减少全部查询的处理时间。

物理列式数据库的详细技术超出了本书的范围，这方面的讨论更着重于 DBMS 和物理数据结构的设计而不是数据库的设计。然而，你需要知道新的从底层开始为分析查询来设计的 DBMS 技术正在兴起并且应该被数据仓库环境的总体体系结构设计所考虑。主要的列式数据库销售商包括 Sybase 和 Vertica，Infobright 也有一个在 MySQL 上运行的开源选择。Teradata 在它们的数据仓库 DBMS 中为客户提供了使用列式或传统表结构的选项。

9.6 NoSQL

并不是所有数据都能轻易被结构化放入关系表中，再被 SQL 语言来查找、排序和按列聚集。电子邮件、网站、文本信息和其他一些文本元素是大数据的一大组成部分，它们包含着潜在的见解。例如，非结构化数据（例如对新产品的反应、对政治事件的观点、研究总结、外交公文和客户投诉）都可以被用来进行趋势挖掘。

NoSQL 是"Not only SQL"的简称，是一类使用比行列形式的关系数据库更灵活结构的用于存储和访问文本及其他非结构化数据的数据库技术。NoSQL 适用于用户不确定要使用怎样的数据结构的情形，它的普遍物理结构是键值对的字符串。NoSQL 技术在 SQL 上增加了一种特殊的应用程序接口或者 API 来允许 SQL 处理未以传统关系数据库格式存储的数据。NoSQL 的强大之处在于可以比传统关系 DBMS 更快更有效地处理大容量的非结构化数据。

很多数据仓库销售商（如 Oracle，IBM）已经在他们的产品中增加了某些形式的 NoSQL 功能来支持存储和分析超大规模（如 10^{18}）的文本和图形数据。Oracle 的产品基于 Java 和由加州大学伯克利分校开发的开源数据库管理系统 Berkeley DB。IBM 的 NoSQL 产品使用 IBM DBMSs DB2 和 Informix。总而言之，NoSQL 的实现需要在 SQL 或者特定查询语言（如

UnQL（非结构化查询语言））上进行扩展。和 XML 文件的标签和存储结构有关的 XQuery（见第 8 章）是另一种 NoSQL 查询语言。主要产品与传统数据仓库和关系数据库系统无关的销售商包括 MongoDB、CouchDB 和 OrientDB。IBM 的 Lotus Notes 也被认为是一种早期的 NoSQL 技术。一些人认为面向对象的数据库系统和它们相关联的查询语言也是一种 NoSQL。许多 NoSQL 系统并没有涵盖全部的 DBMS 功能。事实上，一些 NoSQL 技术只对内存数据库有意义，即数据不存储在磁盘存储设备上。

Apache Cassandra 是一个广泛应用的 NoSQL 技术，它是由 Facebook 开发的，用于存储和访问 Facebook 用户带来的巨大数量的状态更新和内容。Cassandra 是一种典型的 NoSQL 技术，因为它存在于分布式数据库环境中。Wayner（2011）给出了 Cassandra 的解释和许多领先的 NoSQL 数据库系统的总览。来自于 Apache Software Foundation 的 Hadoop 和其相关的来自于 Google 的 MapReduce 数据过滤算法被很多的搜索引擎以及其他软件所使用，以搜索存储在网络上极为庞大的非结构化数据仓库。这些技术的并行和分布式的性质加上使用灵活的数据存储结构允许进行快速的文本数据的关键词搜索。Hadoop 和 MapReduce 支持有效的索引和搜索广泛的非结构化数据。许多数据仓库技术在它们的结构化数据分析服务以外，还提供了 Hadoop 和 MapReduce 接口。

9.7　用户接口

虽然已经介绍了需要用来开始设计数据仓库的大部分知识，你可能仍然在怀疑"我能用它做什么？"。即使是一个载入了相关数据的精心设计的数据集市或企业数据仓库，可能也不会被很好使用，除非它为用户提供了强力而直观的界面来使他们很容易地访问和分析那些数据。在这一小节中给出了一个现代数据仓库和集市接口的详细介绍。

有很多工具可以用来查询和分析存储在数据仓库和数据集市中的数据。这些工具可以如下进行分类：

- 传统查询和报表工具
- OLAP、MOLAP 和 ROLAP 工具
- 数据可视化工具
- 商业成果管理和仪表盘工具
- 数据挖掘工具

传统查询和报表工具包括电子表格、个人电脑数据库以及报表撰写器和生成器。由于篇幅的缘故（以及在其他地方进行了介绍），本章中不讨论这些工具。本节主要描述剩下的 4 类工具，在此之前，首先讨论一下元数据的作用。

333

9.7.1　元数据的作用

建立一个用户友好界面的首要需求是提供一个让用户容易理解的商业术语来描述数据集市中数据的元数据的集合。图 9-5 曾经展示了元数据和数据集市在 3 层数据体系结构中的关联。

与数据集市相关联的元数据常被称为"数据目录"或其他相似术语。元数据相当于数据集市中数据的一种"黄页"目录。它应该使用户容易回答下列问题：

1）数据集市中描述的是什么主题？（典型的主题如客户、患者、学生、产品、课程等。）

2）数据集市中有怎样的维和事实？事实表的粒度如何？

3）数据集市中的数据是如何从企业数据仓库的数据中派生出的？派生过程中使用了什么规则？

4）企业数据仓库中的数据是如何从操作型数据中派生出的？派生过程中使用了什么规则？

5）什么样的报表和预定义查询对这些数据是可用的？

6）怎样的下钻和其他分析技术是可用的？

7）谁对数据集市中的数据质量负责？应该向谁请求修改？

9.7.2　SQL OLAP 查询

最广泛使用的数据库查询语言 SQL（见第 6 章和第 7 章）正在被扩展为支持数据仓库环境下某些类型的计算和查询。大体来说，SQL 并不是一种分析型语言（Mundy，2001）。分析型查询的核心是进行分类（如按照维特征分组数据）、聚集（如创建每个类别的平均值）和排序（如在某些类别中找出有最高平均月销量的客户）的能力。考虑如下商业问题：

对于销售的每个产品，哪个客户是最大的购买者？给出产品 ID 和描述、客户 ID 和姓名、该客户购买那个产品的总数，按照产品 ID 的顺序给出。

即使标准 SQL 面临着诸多限制，这样的分析型查询也可以不需要 OLAP 扩展就能写出。使用本书提供的 Pine Valley 家具公司数据库，可以这样写出这个查询：

```
SELECT P1.ProductId, ProductDescription, C1.CustomerId,
    CustomerName,SUM(OL1.OrderedQuantity) AS TotOrdered
  FROM Customer_T AS C1, Product_T AS P1, OrderLine_T
    AS OL1, Order_T AS O1
  WHERE C1.CustomerId = O1.CustomerId
    AND O1.OrderId = OL1.OrderId
    AND OL1.ProductId = P1.ProductId
  GROUP BY P1.ProductId, ProductDescription,
    C1.CustomerId, CustomerName
  HAVING TotOrdered >= ALL
  (SELECT SUM(OL2.OrderedQuantity)
  FROM OrderLine_T AS OL2, Order_T AS O2
  WHERE OL2.ProductId = P1.ProductId
    AND OL2.OrderId = O2.OrderId
    AND O2.CustomerId <> C1.CustomerId
  GROUP BY O2.CustomerId)
  ORDER BY P1.ProductId;
```

这个方法使用了一个关联子查询来对每个产品在全部客户中找到了它们的总数量集合，然后外层的查询选择出哪个客户购买的总量比这个值高或相等。除非你写过很多类似的查询，否则它开发起来很困难并且经常超出了即使是训练有素的终端用户的能力。而且这个查询是相当简单的，因为它没有多类别，没有要求根据时间改变，没有想按照图表的格式给出结果。找出销量排在第二的结果甚至要难一些。

某些版本的 SQL 支持特殊的子句可以简单地书写排序问题。例如 Microsoft SQL Server 和其他一些 RDBMS 支持 FIRST n、TOP n、LAST n 和 BOTTOM n 等子句。这样，前面所述的查询可以被大大简化：在外层查询的 SUM 之前加上 TOP1 从而消除 HAVING 及子查询。

9.7.3　联机分析处理工具

一种专门类别的工具被开发出来为用户提供数据的多维视图。这些工具经常也为用户提供一个图形界面从而使得用户能更容易地分析数据。在最简单的例子中，数据可以看作一个简单的三维立方体。

联机分析处理（OLAP）是一组查询与报表工具，为用户提供多维数据视图并允许用户用简单的窗口技术分析数据。术语联机分析处理意在与更传统的术语联机事务处理（OLTP）做对比。这两种处理的差异列举在表 9-1 中。术语多维分析常用作 OLAP 的同义词。

一个典型 OLAP 的"数据立方体"（或多维视图）的例子见图 9-18。这个三维视图与图 9-10 中的星模式十分接近。图 9-18 中的两个维对应于图 9-10 的维表（PRODUCT 和 PERIOD），第三个维（measures）)对应于图 9-10 中事实表（SALES）中的数据。

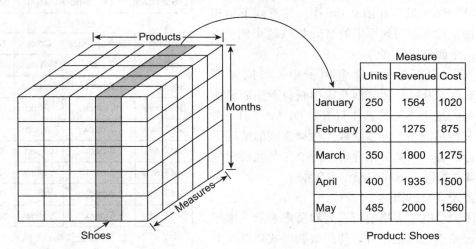

图 9-18　数据立方体切片

OLAP 实际上是对许多数据仓库和数据集市访问工具的一般称呼（Dyché，2000）。**关系 OLAP**（ROLAP）使用 SQL 的变种，将使用星模式或者其他规范化或去规范化的表集合的数据库看作传统关系数据库。ROLAP 可以直接访问数据仓库或数据集市。**多维 OLAP**（MOLAP）工具将数据载入一个中间结构，通常是三维或多维数组（超立方体）。由于它十分流行，因此将在之后的几个小节介绍 MOLAP。需要注意的是，在 MOLAP 中，数据不是简单地被看成一个多维超立方体，而是一个 MOLAP 数据集市。这个数据集市从数据仓库或数据集市中提取数据，并存储到一个专门的独立的数据存储中，其中数据只能通过一个多维的结构被查看。其他一些不常见的 OLAP 工具类型如数据库 OLAP（DOLAP），它在 DBMS 查询语言中包括了 OLAP 功能，还有混合 OLAP（HOLAP），它允许通过多维立方体和关系查询语言两种方式进行访问。

1. 立方体切片

图 9-18 展示了一个典型的 MOLAP 操作：对数据立方体切片来获取一个简单的二维表或视图。图 9-18 中是一个 shoes 产品的切片。结果表中按照时期（月）给出了这个产品的 3 个度量参数（数量、收入、成本）。其他视图也可以被用户使用简单的"拖放"操作来轻易创建。这类操作常被称为立方体切片和切块。

一个和立方体切片和切块很相近的操作是**数据旋转**（类似于 Microsoft Excel 中的旋转）。这个术语指的是通过旋转一个特定的数据点的视图来获得其他视角。例如图 9-18 展示了 shoes 在 4 月的销量是 400 单位。分析者可以旋转这个视图来获得同一个月内每间商店的 shoes 销量。

2. 下钻

另一种在多维分析中常用的操作是下钻——在更细的精度水平上分析一个给定的数据集合。图 9-19 给出了一个下钻的例子。图 9-19a 给出了一个给定品牌的 3 种规格（2 包、3 包和 6 包）纸巾（towel）销量的概括报表。然而纸巾有不同的颜色，分析师想知道这 3 种包装规格下每种颜色的纸巾的销量分别是多少。使用一个 OLAP 工具，通过鼠标的点击可以很容易地获取这个数据。

下钻的结果显示在图 9-19b 中。注意到下钻相当于增加了一个新列到原来的结果中。（这个例子中增加了一个颜色属性列。）

执行一次下钻（如这个例子中）可能需要 OLAP 工具"返回"到数据仓库中获得下钻需要的详细数据。这个类型的操作只有在 OLAP 工具（没有用户参与情况下）可以获取元数据集成的情况下才能执行。有些工具甚至允许 OLAP 工具在给定的查询需要的情况下返回到操作型数据。

3. 多于 3 维的概括

使用一个电子表格的行、列和页来表示三维超立方体很简单。但是，可以使用级联行或列以及下拉列表来展示更多维数据的不同切片。图 9-20 展示了来自 Microsoft Excel 数据透视表的一部分，它表示了 4 个维，将 travel method 和 number of days 级联到了列中。OLAP 查询和报表工具常常允许这种方式来处理受到二维表达（打印或显示空间）限制的共享维。下一节要讨论的数据可视化工具允许用户使用形状、颜色和其他图形性质来同时展示多于 3 维的数据。

Brand	Package size	Sales
SofTowel	2-pack	$75
SofTowel	3-pack	$100
SofTowel	6-pack	$50

a）概括报表

Brand	Package size	Color	Sales
SofTowel	2-pack	White	$30
SofTowel	2-pack	Yellow	$25
SofTowel	2-pack	Pink	$20
SofTowel	3-pack	White	$50
SofTowel	3-pack	Green	$25
SofTowel	3-pack	Yellow	$25
SofTowel	6-pack	White	$30
SofTowel	6-pack	Yellow	$20

b）加入了颜色属性的下钻

图 9-19　下钻示例

Country	(All)

Average of Price	Travel Method				No. of Days									
	Coach			Coach Total	Plane									Plane Total
Resort Name	4	5	7		6	7	8	10	14	16	21	32	60	
Aviemore			135	135										
Barcelona														
Black Forest	69			69										
Cork							269							269
Grand Canyon													1128	1128
Great Barrier Reef												750		750
Lake Geneva							699							699
London														
Los Angeles						295			375					335
Lyon									399					399
Malaga										234				234
Nerja					198				255					226.5
Nice						289								289
Paris–Euro Disney														
Prague		95		95										
Seville								199						199
Skiathos											429			429
Grand Total	69	95	135	99.66666667	198	292	484	199	343	234	429	750	1128	424.5384615

图 9-20　四维数据透视表的例子：Country（页）、Resort Name（行）、Traval Method 和 No. of Days（列）

9.7.4 数据可视化

当数据被以图表的形式展现出来后，人类的视觉常常能辨识模式。**数据可视化**是指为了人类分析而将数据用图形或多媒体的形式表现出来。数据可视化的优点包括更好的发现趋势和模式的能力以及发现相关性和聚簇的能力。数据可视化常常与数据挖掘和其他分析技术一同使用。

本质上，数据可视化是一种以图像而非数字或文本展示多维数据的方法。所以精确值常常不会显示，更需要被显示的是数据之间的联系。随着 OLAP 工具的使用，图中的数据通常由 SQL 查询数据库（或电子表格）的结果计算得来。SQL 查询由 OLAP 或数据可视化软件根据用户的指示自动生成。

图 9-21 给出了一个使用数据可视化工具 Tableau 得到的销售数据的可视化例子。这个可视化使用了一种简单的 small multiples 技术，它将很多图放到了一个页面来支持比较。每个小图中，横轴是 SUM(Sales Total)，纵轴是 SUM(Gross Profit)。根据区域和时间（年）划分出了不同的图，不同的市场片段在图中用不同的标记给出。用户简单地拖放菜单中这些度量和维，然后选择一种可视化形式或者让工具自己找出一种合适的形式。用户只需要说明他想要以何种形式看到哪些数据，而不需要关心数据是如何从数据集市或数据仓库中获得的。

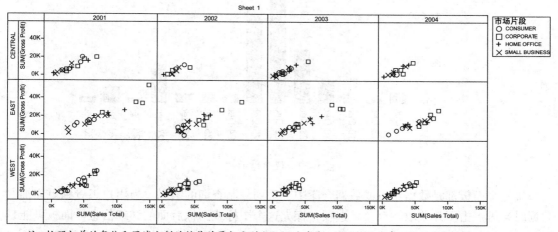

注：按照订单的年份和区域分割的销售总量与毛利润之间的关系，不同形状代表不同的市场片段。

图 9-21 使用 small multiples 技术的数据可视化示例

9.7.5 商业成果管理和仪表盘

商业成果管理（BPM）系统允许管理员测量、监控和管理完成组织目标的关键活动和处理。仪表盘常用于提供一个在 BPM 支持下的信息系统。正如像那些在汽车和飞机驾驶室中的仪表盘一样，它包括显示组织不同方面的各种展示。最高级的仪表盘是执行仪表盘，基于一个平衡的计分卡，不同的展示了不同处理和方向（如操作效率、金融状态、客户服务、销量和人力资源）的不同指标。仪表盘的每个显示都用不同的方式强调不同的区域。例如一个显示可能会提醒关键客户和他们的购买。另一个显示可能使用红绿灯符号（红黄绿）来表明关键的生产性能指标是否位于可容忍的限制内。组织的每个区域都可能有其各自的仪表盘来决定这部分工作的健康度。例如图 9-22 是一个简单的财政指标和收入的仪表盘。左边的面板显示了最近 3 年的收入刻度，用指针表示指标落在范围内的哪个位置。其他仪表盘显示了更详细的数据来帮助管理者找出不能容忍的指标的来源。

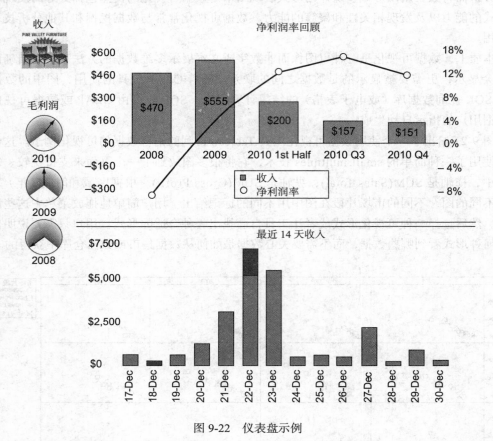

图 9-22　仪表盘示例

每一个面板都是数据集市或数据仓库中一系列复制查询的结果。当用户想看到更详细的数据时，可点击图片获取一个菜单选项，探究这个图标或图像后面的详细信息。面板可能是对数据仓库中的数据运行某些预测模型后的结果，用于预测将来的状态（所谓的预测建模）。

综合仪表盘显示只有当数据在每个显示中是一致的才可能，这需要数据仓库和相关数据集市的支持。独立数据集市的独立仪表盘是可开发的，但是在解决跨区域问题时有困难（例如比预测高的销量导致了生产瓶颈）。

9.7.6　数据挖掘工具

用户在用 OLAP 查找这样问题的答案："健康保障对单身或已婚的人来说开销在增大吗？"使用数据挖掘，用户在事实或观察结果的集合中寻找模式或趋势。**数据挖掘**是使用传统策略、人工智能和计算机图形学等复杂混合技术来进行知识发现（Weldon，1996）。

数据挖掘的目标有以下 3 方面：

1）**解释**　为了解释某些观察到的事件或者情况，例如为什么科罗拉多州的拉货卡车销量增加了。

2）**验证** 为了确认假设，例如是否双收入家庭比单收入家庭更倾向于购买家庭医疗保险。

3）**探索** 为了分析新的或者没有预想到的数据联系，例如哪一种消费方式更容易引起信用卡诈骗。

1. 数据挖掘技术

数据挖掘使用很多不同的技术，表 9-4 是对这些技术中最常用技术的总结。选择合适的技术取决于需要被分析的数据的性质和数据集的大小。数据挖掘既可以在数据集市上进行，也可以在企业数据仓库上进行。

表 9-4 数据挖掘技术

技术	功能	技术	功能
回归	从历史数据中测试或发现联系	基于案例推理	从真实世界的案例中推导出规则
决策树归纳	为决策倾向测试或发现因果规则	规则发现	在大数据集中寻找模式和相关性
聚类和信号处理	发现子集或片段	分形	无损压缩大数据库
近似	发现强相互联系	神经网络	基于模仿人脑的原则来开发预测模型
序列关联	发现事件和行为的周期		

2. 数据挖掘应用

数据挖掘技术已经成功地在真实世界的应用中被广泛使用。表 9-5 中总结了一些典型的应用类型与它们的例子。由于以下原因，数据挖掘应用增长迅速：

- 数据集市和数据仓库中的数据总量正在指数级增长。用户需要数据挖掘工具提供的自动技术来挖掘这些数据中的知识。
- 有着扩展能力的新数据挖掘工具正在持续地出现。
- 增长的竞争压力迫使公司更有效地使用他们数据中蕴含的知识和信息。

从数据仓库的角度体现数据挖掘的全面覆盖和商务智能的全部分析方面，参见 Turban 等（2008）。

表 9-5 典型的数据挖掘应用

数据挖掘应用	例子
人群分析	建立高价值客户、信用风险和信用卡欺诈的资料
商业趋势分析	找出高于（或低于）平均增长的市场
目标营销	为客户或客户群提供合适的促销活动
使用分析	对产品和服务的使用模式进行标识
活动效果	比较活动策略的有效性
产品亲和力	标识同时被购买的产品或标识某个产品组的购买者特征
客户保留和流失	检查前往竞争对手处的客户的行为来避免客户流失
盈利能力分析	找出哪些客户是有利可图的，给出这些客户与组织的全部活动集
客户价值分析	找出哪个年龄段的客户是有价值的
追加销售	基于关键事件和生活模式改变来找出新的销售给客户的产品或服务

来源：Dyché（2000）

9.8 数据治理与数据质量

数据的治理和质量对数据管理的各个领域都是极为重要的，尤其对数据仓库的管理和组织更是如此。因此，下面给出关于组织中数据治理和数据质量管理的简要介绍来结束本章。

9.8.1 数据治理

数据治理（data governance）是一系列处理和程序的集合，旨在着眼于高水平目标（例如可用性、可信度和符合规定）来管理组织内的数据。数据治理通过测量安全风险来监督数据访问政策（Leon，2007）。数据治理提供了一种处理数据问题的授权。根据 TDWI（The Data Warehousing Institute）2005（Russom，2006）的一篇调查显示，只有 25%~28% 的受调查组织有数据治理的功能。当然，广泛的数据治理程序仍在不断涌现。数据治理是一种需要被 IT 和商业共同拥有的功能。成功的数据治理需要公司上层管理的支持。在组织中，使数据治理成功的一个关键角色是数据管家。

2002 年的 Sarbanes-Oxley 法案使得组织迫切需要采取行动来保证数据精确、及时和一致（Laurent，2005）。虽然没有经过法规的授权，很多组织需要 CIO 像 CEO 和 CFO 一样，在财务报表上签字，这是因为认识到了 IT 在保证数据质量上的作用。成立一个由每个具有作出商业政策决定权威的主要商业单位派代表所组成的商业信息咨询委员会会有利于高数据质量的树立（Carlson，2002；Moriarty，1996）。委员会中的成员相当于 IT 和他们自己的商业单位之间的联络员，不仅要考虑自己功能单元的数据需求，还要考虑企业范围的数据需求。这些成员是他们各自管理的数据上的主题专家，因此需要对以下几方面有强烈的兴趣信息作为企业资源那样管理、对组织的业务有着深入理解以及良好的交涉技巧。这样的成员（通常是高层管理者）有时被称为**数据管家**，即有责任保证组织型应用能正确支持组织的企业目标的人。

数据治理程序需要包含下列要素：

- 来自高级管理人员和商业单位的支持。
- 一个数据管家经理来支持、训练、协调数据管家们。
- 不同商业单位、数据主题、资源系统和这些元素之间联系的数据管家。
- 治理委员会，以一人牵头，由数据管家经理、总经理和高级副总裁、IT 领导（如数据管理员）以及其他商业领导所组成，可以设置策略目标、协调活动、为全部企业数据管理活动提供指导和标准。

340
~
341

数据治理的目标是对于组织内部和外部的监管透明以及提高组织拥有的数据的价值。数据治理委员会衡量数据质量和可用性，决定质量和可用性的目标，指导克服与坏数据或不安全数据相关联的风险，复审数据审核过程的结果。数据治理最好由组织的最高层领导来包办。

9.8.2 管理数据质量

高质量数据的重要性绝不言过其实。根据 Brauer（2002）：

重要的商业决策和资源分配是基于数据所决定的。价格的变化、促销活动的发生、与客户的交流以及每天的操作都是围绕组织中各系统的数据来发展的。作为这些系统基础的数据必须是好数据。否则还没开始就已经失败了。无论屏幕有多么漂亮、界面有多么直观、效果有怎样高的提升、程序有多么自动化、方法有多么创新、对系统的访问有多么深远，这些在数据是坏数据时都不重要——因为系统会失败。如果系统失败了，或者至少是提供了不精确的信息，那么每一个处理、决定、资源分配、交流以及与系统的交互都会有损害，或者会对商业本身有惨重的影响。

以上的引用实际上是对一条古老的 IT 谚语的重述："输入是垃圾，输出也是垃圾（GIGO）"，并且进一步强调了当今环境下显著的高风险。

高质量数据——数据是精确的、一致的和及时可用的——如今对组织的管理是非常必要的。组织必须努力保证与他们用来决策开发商业政策和实践相关的数据是精确和完整的，并且促进企业范围的数据共享。管理数据质量是整个企业的责任，而数据管理常在规划和协调这些努力中扮演一个领导者的角色。

你的数据质量 ROI 是什么？这个 ROI 并不代表 return on investment（投资回报率），而是 risk of incarceration（禁闭风险）。根据 Yugay 和 Klimchenko（2004）："在 IT 中实现 SOX（Sarbanes-Oxley）承诺的关键在于建立有效的报告机制，提供必要的数据集成和管理系统，保证数据质量和及时传输所需的信息。"差的数据质量会使总经理入狱。具体来说，SOX 需要组织衡量和改进元数据的质量；保证数据安全；衡量和改进数据可访问性和易用性；衡量和改进数据可用性、及时性和关联性；衡量和改进一般账务数据的准确性、完整性和易读性；标识和消除数据重复和不一致性。根据 Informatica（2005），数据质量和集成的一个领先技术提供者表示，数据质量在以下方面很重要：

- **减少 IT 工程的风险** 脏数据会导致信息系统工程的延时和额外工作，尤其是那些与现有系统的重用数据相关的工程。
- **及时做出商业决策** 当管理者没有高质量数据或对他们的数据缺少信心时，迅速做出商业决策的能力就会被妥协。
- **确保监管承诺** 数据质量不只对 SOX 和 BaseII（欧洲）承诺是必要的，而且也能帮助组织进行公平、智能和反欺诈的活动。
- **扩大客户基础**能够精确拼出一名客户的姓名或者知道他各方面的活动，这会帮助组织进行追加销售和交叉销售新的业务。

9.8.3 数据质量的特征

那么，什么样的数据是有质量的呢？ Redman（2004）将数据质量总结为："对于它们在操作、决策和计划上的使用是合适的。"换句话说，这意味着这样的数据没有缺陷且有着理想的特性（相关、全面、有着适当的精细程度、易读和易于理解）。Loshin（2006）和 Russom（2006）进一步描述了有质量数据的特征：

- **唯一性** 唯一性指的是在数据库中每个实体只存在不超过一次，并且有键可以唯一地访问到每个实体。这个特征需要身份匹配（寻找有着相同实体的数据）和定位及消除冗余实体的措施。
- **准确性** 准确性与表示真实生活中物品的正确基准有关。准确性一般由一些被认可的权威数据资源（如一个资源系统或一些外部数据提供者）所衡量。数据必须准确和足够精确。例如，准确地知道销售额非常重要，但是在很多应用中，只需要知道每个产品的以千元为单位的每月销售额就足够了。数据也可以是有效的（如在一个特定的值域内）但不是准确的。
- **一致性** 一致性指的是在一个数据集（数据库）中，数据的值与另一个数据集（数据库）中的相关数据的值是相一致的。一致性可以体现在一个表的行中（例如产品的重量应该是与它的大小和材料相关联的），或在表的各行之间（如两个有着相似特征的产品应该有着相同的价格，或者被认为是冗余的数据应该有着相同的值），或在关于时间的相同属性上（如连续两个月的产品价格应该是一样的，除非有价格改变发生），或在可容忍的范围内（如从订单计算得到的总销量和订单的总收费应该大致相同）。一致性也和继承自超类型和子类型的属性有关。例如，一个子类型实例需要存在与其对应的超类型，执行重叠或者不相交的子类型规则。

- **完整性**　完整性指的是需要被赋值的数据都被分配了值。这个特征不仅包括了 SQL 的不为空（NOT NULL）和外键约束，还可能有一些更复杂的规则（如男性员工不需要一个婚前姓氏，而女性可能需要）。完整性同样意味着所需的全部数据当前都有效（如果想知道总销售额，可能需要知道总销售量和单价；如果一条员工记录显示某员工已经退休，则需要一个退休日期的记录）。有时，完整性需要被优先考虑。例如，如果一个员工在员工表中却不在求职表中，这可能会标志着一个数据质量问题。

- **及时性**　及时性指的是从数据被需要到数据可用这段时间可以符合预期。当组织尝试减少从商业活动发生到组织对该活动采取行动的延迟时间，及时性就变成了一个更重要的数据质量特征（如果不知道及时采取行动，那么就没有有质量的数据）。及时性的一个相关方面是保存期，即数据表示真实世界的时间跨度。有些数据需要被加上时间戳来标志它们应用的时间段，丢失了起始或者结束时间可能导致一个数据质量问题。

- **流通性**　流通性指的是当前数据可用的程度。例如，可能需要保持客户电话号码的更新以便可以随时呼叫他们，但是员工的号码可能不需要实时更新。数据间不同程度的流通性可能导致一个数据质量问题（如不同员工的工资有着许多不同的更新日期）。

- **连贯性**　连贯性指的是数据存储、交换和表现的格式都是由它们的元数据所指定的。元数据包括域完整性规则（从一个有效集合或值域中得到的属性值）和具体格式（特殊字符的具体位置、文本的精确混合、数字和特殊符号）。

- **参照完整性**　参照完整性是指代表其他数据的数据需要是唯一的且满足需求的（如满足全部的强制性或选择性基数）。

这些就是高级的标准。数据质量需要的不仅仅是消除缺陷，而且还需要保护和报告。因为数据是频繁更新的，所以获取质量数据需要持续地监控、度量和改进。同样，在某些情形下，数据质量并不需要那么完美，"恰好足够的质量"可能是权衡代价和回报后最好的商业决定。

总结

如今，尽管各种组织收集了庞大数量的数据，但大部分管理者很难从中获得他们需要的决策信息。这个"信息差距"主要由两方面所导致。首先，通常使用的零碎的系统开发方法导致了数据的异质和不一致。其次，系统主要用于满足操作型目标而开发，很少考虑到管理者的信息需求。

操作型系统和信息型系统以及它们各自的数据间有着很多差别。操作型系统一般用于运行一些基于当前的业务，主要设计目标是为处理事务和更新数据库的用户提供高效的服务。信息型系统用于支持管理者决策，主要设计目标是为信息工作者提供容易的访问和使用方法。

数据仓库的目标是巩固和集成来自许多资源的数据，并将这些数据格式化用于精确的商业决策。数据仓库是面向主题数据的一个集成和一致存储，这些数据是从很多资源中获取的，并格式化成为有意义的上下文来支持组织的决策。

现在大部分的数据仓库使用 3 层体系结构。第一层由来自各个操作型系统中的分布式数据组成。第二层是企业数据仓库，是一个中心的、集成的数据仓库，作为全部数据的控制点和唯一资源用于终端用户的决策支持应用。第三层是一系列数据集市。数据集市是针对特定用户群的决策需求而在数据规模上受到限制的数据仓库。数据集市可以独立于企业数据仓库（EDW），或者由 EDW 派生，或者是一个 EDW 的逻辑子集。

企业数据仓库的数据层被称为调和数据层。这一层的特征（理想情况下）有：详细的、历史的、规范化的、完整的和质量可控的。调和层数据是对企业数据仓库或操作型系统的操作型数据存储填充数据得到。调和数据需要 4 个步骤：从资源系统获得数据、清洗数据（以消除不一致性）、转化数据（将其转换成数据仓库所需的格式）和在数据仓库中加载和索引数据。一般调和数据不会被终端用户直接访问。

数据集市中的数据层是派生数据层。这些数据被终端用户访问并用于其决策支持应用。

数据集市中一般使用星模式（或叫维模型）这种关系模型的变种来存储数据。星模式是一种简单的数据库设计，其中维数据和事实数据或事件数据互相分开。星模式中包括两种表：维表和事实表。事实表的大小部分取决于该表的粒度（精细水平）。如今一般数据仓库应用的事实表有着超过 10 亿行的规模。星模式有很多变形模式，包括雪花模式等，雪花模式用于一维或多个维有层次结构的情形。新兴的列式数据库技术为数据仓库和数据集市中数据的存储和访问提供了新的选项。

许多终端用户接口可以用来访问和分析决策支持数据。联机分析处理（OLAP）使用一系列图形工具来为用户提供数据的多维视图（常常是立方体视图）。不断增长的数据可视化工具让多维数据更容易被理解。OLAP 提供了有助于分析数据的操作，例如切片和切块、数据旋转和下钻。仪表盘和商业性能监控提供了高级视图来辅助管理者确定哪些地方需要下钻或旋转数据。数据挖掘是使用传统策略、人工智能和计算机图形学等复杂混合技术来进行知识发现的技术。

344

关键术语

Big data（大数据）

Conformed dimension（一致维）

Data governance（数据治理）

Data mart（数据集市）

Data mining（数据挖掘）

Data steward（数据管家）

Data visualization（数据可视化）

Data warehouse（数据仓库）

Dependent data mart（相关数据集市）

Derived data（派生数据）

Enterprise data warehouse（EDW，企业数据仓库）

Grain（粒度）

Independent data mart（独立数据集市）

Informational system（信息系统）

Logical data mart（逻辑数据集市）

Multidimensional OLAP（MOLAP，多维 OLAP）

Online analytical processing（OLAP，联机分析处理）

Operational data store（ODS，操作型数据存储）

Operational system（操作型系统）

Periodic data（定期数据）

Real-time data warehouse（实时数据仓库）

Reconciled data（调和数据）

Relational OLAP（ROLAP，关系 OLAP）

Snowflake schema（雪花模式）　　　　　　　　Transient data（临时数据）

Star schema（星模式）

复习题

1. 定义下列术语：

   a. 数据仓库　　　　　　b. 数据集市　　　　　c. 调和数据　　　　　d. 派生数据

   e. 联机分析处理　　　　f. 大数据　　　　　　g. 星模式　　　　　　h. 雪花模式

   i. 粒度　　　　　　　　j. 一致维

2. 将下列术语与合适的定义相匹配：

   _____ 定期数据　　　　a. 失去了以前的数据内容

   _____ 数据集市　　　　b. 详细的历史数据

   _____ 星模式　　　　　c. 不会被改变和删除的数据

   _____ 数据挖掘　　　　d. 有着受限规模的数据仓库

   _____ 调和数据　　　　e. 维和事实表

   _____ 相关数据集市　　f. 知识发现的形式

   _____ 数据可视化　　　g. 从数据仓库中填充的数据

   _____ 临时数据　　　　h. 维分层的结构

   _____ 雪花模式　　　　i. 用图表的形式表现数据

3. 比较下列术语：

   a. 临时数据；定期数据　　　　b. 数据仓库；数据集市；操作型数据存储

   c. 调和数据；派生数据　　　　d. 事实表；维表

   e. 星模式；雪花模式　　　　　f. 独立数据集市；相关数据集市；逻辑数据集市

   g. SQL；NoSQL

4. 列出现今许多组织需要数据仓库的 5 个主要趋势。

5. 简要描述数据仓库体系结构中的主要组成部分。

6. 列出 3 种在数据仓库三层体系结构中出现的元数据，并简要描述其各自的目的。

7. 列出数据仓库的 4 个特征。

8. 列出独立数据集市的 5 个局限性。

9. 列出独立数据集市的两个优点。

10. 简要描述 3 种可以被 OLAP 工具轻易实现的操作类型。

11. 列出派生数据的 4 个目标。

12. 星模式是一种关系数据模型吗？为什么？

13. 解释数据仓库和操作型信息系统数据库在波动性上有何不同。

14. 解释逻辑数据集市的优缺点。

15. 什么是帮助表？为什么能用于帮助派生数据的组织？

16. 描述数据仓库或数据集市中使用的代理键的特征。

17. 为什么时间总是数据集市或数据仓库中的一个维？

18. 在相同数据仓库环境下，不同的星模式使用一致维的目的是什么？

19. NoSQL 技术扩展了 SQL 怎样的能力？

20. 在什么情况下，维表常常不规范化？

21. 什么是维表的层次？

22. "缓变维"的意义是什么？

23. 解释用于处理缓变维的最常用方法。

24. 数据仓库的一个特征是不可更新，这是什么意思？

25. 企业数据仓库和数据存储区在哪些方面不同？

问题与练习

1. 回顾图 9-1 中的 3 个学生数据表。设计一个表来放入这三个表中的全部数据（没有冗余）。为这些数据选择你认为最合适的列名。

2. 右表展示了 2010 年 6 月 20 日的一些简单的学生数据。

   在 2010 年 6 月 21 日，发生了以下事务：

Key	Name	Major
001	Amy	Music
002	Tom	Business
003	Sue	Art
004	Joe	Math
005	Ann	Engineering

   - 学生 004 的 Major 从 Math 变成了 Business。
   - 学生 005 从文件中被删除了。
   - 新学生 006 被加入到文件中：Name 是 Jim，Major 是 Phys Ed。

   在 2010 年 6 月 22 日，发生了以下事务：

   - 学生 003 的 Major 从 Art 变成了 History。
   - 学生 006 的 Major 从 Phys Ed 变成了 Basket Weaving。

   你的任务有以下两部分：

   a. 假设数据是临时的，建立 6 月 21 日和 6 月 22 日的表格来反映上述事务（如图 9-7 所示）。

   b. 假设数据是定期的，建立 6 月 21 日和 6 月 22 日的表格来反映上述事务（如图 9-8 所示）。

3. Millennium 学院想让你帮忙设计一个星模式，用于记录学生们的课程成绩。一共有 4 个维表，属性如下：

CourseSection	属性：CourseID、SectionNumber、CourseName、Units、RoomID 和 RoomCapacity。一个学期内，平均有 500 节课
Professor	属性：ProfID、ProfName、Title、DepartmentID 和 DepartmentName。给定时间内，学校有 200 个教授
Student	属性：StudentID、StudentName 和 Major。平均每节课有 40 个学生，每个学生每学期平均上 5 门课
Period	属性：SemesterID 和 Year。数据库中要存有 30 个学期的数据（总共 10 年）

   事实表中唯一记录的事实是 CourseGrade。

   a. 为这个问题设计一个星模式。按照图 9-10 的格式。

   b. 使用之前的假设估算事实表的行数。

   c. 估算事实表的大小（用字节表示），假设每个字段平均 5 字节。

   d. 如果不想或不需要为这个数据集市设计一个严格的星模式，你会怎样改变这个设计？为什么？

   e. 课程、教授、学生的许多特征随着时间而改变。你在设计星模式时怎样允许这些变化产生？为什么？

4. 根据第 4 章关于非规范化的原则，你发现问题与练习 3 中建立的星模式不属于第三范式。使用这些原则，将星模式转换为雪花模式。这个问题对于事实表的大小有怎样的影响？

5. 你要为 Simplified Automobile Insurance Company 建立一个星模式（Kimball（1996b）给出了一个更实际的例子）。相关的维、维属性和维大小如下：

InsuredParty	属性：InsuredPartyID 和 Name。平均每个保险单和覆盖项目有两个投保人
CoverageItem	属性：CoverageKey 和 Description。平均每个保险单有 10 个覆盖项目
Agent	属性：AgentID 和 AgentName。每个保险单和覆盖项目有一个代理人
Policy	属性：PolicyID 和 Type。公司目前大概有 100 万的保险单
Period	属性：DateKey 和 FiscalPeriod

对于这些维的每个组合需要记录的事实有 PolicyPremium、Deductible 和 NumberOf Transactions。

a. 为这个问题设计一个星模式。按照图 9-10 的格式。

b. 估算事实表的行数，使用之前的假设。

c. 估算事实表的大小（用字节表示），假设每个字段平均 5 字节。

6. 第 5 题中，该公司想要增加一个 Claims 维到星模式中，属性有 ClaimID、ClaimDescription 和 ClaimType。现在事实表的属性是 PolicyPremium、Deductible 和 MonthlyClaimTotal。

a. 扩展第 5 题中的星模式来包括这些新数据。

b. 估算事实表中的行数，假设这个公司平均每个月收到 2000 条投诉。

7. 问题与练习 3 中 Millennium 学院现在想加入新的关于课程的数据：提供课程的系、系报告的学术单位、分配给系的预算单位。修改问题与练习 3 的答案来适应这些新的数据需求。解释在星模式中做出改变的地方。

346

8. 本章中提到，Kimball（1997）、Inmon（1997，2000）和 Armstrong（2000）曾经争论过独立和相关数据集市、规范化和去规范化数据集市各自的优点。从图书馆或者在线资源中获取这些文章，总结出其中某一方的论点。

9. 一家食品加工厂需要一个数据集市来总结运货订单。有些订单是在内部运输，有些是卖给顾客，有些是从销售商处采购，有些是顾客的退货。需要将顾客、销售商、工厂和存储地点作为不同的维来和运输事件关联起来。对于每一种类型的目的地或产地，公司想知道位置类型（如顾客、销售商等）、名字、城市和州。每次运输的事实包括运输的总价值、成本和收益（如果有的话，产品退货是负收益）。设计一个星模式来表示这个数据集市。提示：在设计了一个传统类型的星模式之后，考虑一下如何用概括来简化设计。

10. 访问 www.kimballgroup.com，找到 Kimball University Design Tip 37。研究这个设计提示并为学校招生的"管道"应用设计维模型。

11. 访问 www.teradatauniversitynetwork.com，并在软件下载页面中下载维建模工具（你的导师应当给你这个站点的当前访问密码）。使用这个工具画出第 3、5、6 和 9 题的结果。写一个关于这个建模工具用途的报告。你想要这个工具加入什么其他特性吗？这个工具比起你使用过的其他数据库图表工具（如 Visio、SmartDraw、ERWin 等）是好还是坏？为什么？

12. Pine Valley 家具公司想让你帮忙设计一个数据集市来分析销量。数据集市的主题如下：

Salesperson	属性：SalespersonID、Years with PVFC、SalespersonName 和 SupervisorRating
Product	属性：ProductID、Category、Weight 和 YearReleasedToMarket
Customer	属性：CustomerID、CustomerName、CustomerSize 和 Location。位置是一个聚集数据的层次。每个位置包括属性 LocationID、AverageIncome、PopulationSize 和 NumberOfRetailers。对于给定的顾客，在位置层次中有一个任意等级的数字
Period	属性：DayID、FullDate、WeekdayFlag 和 LastDay of MonthFlag

这个数据集市的数据来自一个企业数据仓库，但是这数据仓库的数据是由很多记录系统所提供的。唯一要在事实表中记录的事实是 Dollar Sales。

a. 设计一个传统的多维模式来表示这个数据集市。

b. Customer 这个维常常会变化。实际上，顾客会随着时间改变他们的 CustomerSize 和 Location。重新设计你的 a 部分的答案来适应这些改变，从而使得 DollarSales 的历史记录可以与销售时精确的顾客特征相匹配。

c. Product 的一个特征是 Category。现在产品分类进行了层次划分，管理者希望能在任何级别的类上对销量进行概括。改变你的数据集市的设计来适应产品层次。

第 13 ~ 18 题基于接下来要介绍的 Fitchwood 保险公司案例研究：

Fitchwood 保险公司是一家主营年金产品的公司，想要为其销售和营销组织设计一个数据集市。目前有一个 Novell 网络上遗留下来的 OLTP 系统，这个网络包括大概 600 个不同的平面文件。为了案例研究的目的，假设其中 30 个不同的平面文件将用于这个数据集市。这些文件中有一些事务文件是不断变化的。OLTP 系统在星期五下午 6 点会关机备份。在这段时间内，文件会被复制到另外的服务器上，提取处理开始运行，将提取结果通过 FTP 发送到一个 UNIX 服务器上。在 UNIX 服务器上运行的程序载入这些数据到 Oracle 并重构星模式。数据集市一开始载入了全部 30 个文件的信息。之后每周这些提取结果只会包括新增添的或者更新的数据。

尽管 OTLP 系统中包括的数据很广泛，但销售和营销组织只会着重于销售数据。在经过大量的分析后，图 9-23 所展示的 ERD 是数据集市增加过程中数据的描述。

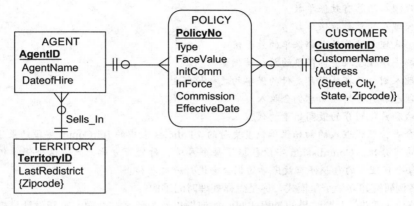

图 9-23　Fitchwood 保险公司的 ERD

从这个 ERD 中，可以获取一些关系，如图 9-24 所示。对于销售和营销感兴趣的是查看全部的关于区域、有效日期、保单类型和面值的销售数据。此外，数据集市应该能够提供个别代理人在销售和佣金收入上的报表。偶尔，销售区域会被修改（如邮政编码的增加或删除）。表 Territory 的属性 Last Redistrict 用于存储最近一个版本的日期。一些样例查询和报表如下：

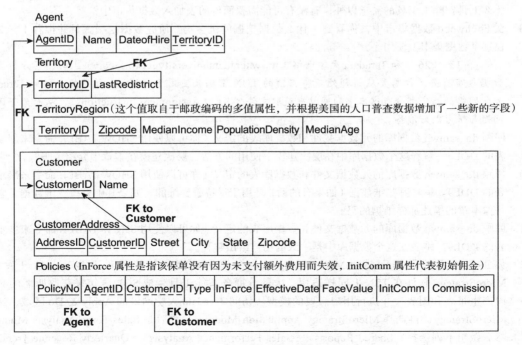

图 9-24　Fitchwood 保险公司的关系

- 按照区域和保单类型划分的月销量
- 按照区域和保单类型划分的季度销量
- 按照代理人和保单类型划分的月销量
- 按照代理人和邮政编码划分的月销量
- 按照月有效日期划分的保单总面值
- 按照月有效日期和代理人划分的保单总面值
- 按照季度有效日期划分的保单总面值
- 每个代理人的总有效保单数
- 每个代理人的总无效保单数
- 由一个代理人销售的全部保单的总面值
- 支付给一个代理人全部保单的总初始佣金
- 按代理人划分的在给定月支付的保单的总初始佣金
- 按代理人和月份划分的总佣金收入
- 按区域和月份划分的最高销量的代理人

　　佣金是按照代理人的初始保单销量支付的。Policies 表中的 InitComm 字段约束了初始佣金所占面值的百分比。Commission 字段包括了每个月所支付的百分比，只要这个保单仍然有效。每个月，每个代理人的每一件有效保单的佣金会进行一次求和。

13. 为这个案例研究建立一个星模式。你是怎样处理时间维的？

14. 你想规范化（雪花）上题结果的星模式吗？如何做以及为什么这么做？重新设计星模式来适应你所建议的改变。

15. 代理人随着时间会改变负责区域。如果需要，重新设计上题的答案来处理这个维数据的变化。

16. 顾客可能与其他顾客有联系（配偶、父母、孩子）。重新设计上题的答案来适应这些联系。

17. 管理可能想使用这个数据仓库来进行在线下钻。例如一个销售经理可能想查看某个代理人月度总销售报告，之后下钻到保单类型来查看在不同类型的保单上销售是如何分布的。你为此推荐使用什么工具？除了工具的需求以外，有没有可能需要额外的表加入数据集市中？

18. 在 Fitchwood 数据集市中，你看到了什么数据挖掘的机会吗？研究数据挖掘工具并推荐 1 ～ 2 个在这个数据集市上使用。

　　第 19 ～ 26 题和 Teradata 大学网络（www.teradatauniversitynetwork.com）上的销售分析模块数据集市有关。你需要从讲师处获得当前的 TUN 密码来使用 Teradata 大学网络。访问 Teradata 大学网络的指定部分或这本书的网站来获取文件 " SAM Assignment Instructions"，从而为下面的问题与练习做好准备。

19. 回顾 db_samwh 数据库的元数据文件和数据库表的定义（你可以使用 SHOW TABLE 命令来展示出表的 DDL）。解释这个数据库中在层次建模上使用的方法。层次建模在本章中介绍了吗？

20. 回顾 db_samwh 数据库的元数据文件和数据库表的定义（你可以使用 SHOW TABLE 命令来展示出表的 DDL）。解释哪些维数据（如果有的话）是用于支持缓变维的。如果其中有缓变维数据，它们是像本章的描述那样维护的吗？

21. 回顾 db_samwh 数据库的元数据文件和数据库表的定义（你可以使用 SHOW TABLE 命令来展示出表的 DDL）。维表在这个数据库中是一致的吗？给出解释。

22. 你正在使用的数据库是由 MicroStrategy（一个领先的商务智能软件开发商）所开发的。MicroStrategy 软件在 TSN 上同样适用。大部分商务智能工具生成 SQL 语句来获取所需的数据以产生报表和图表，并执行用户想要的模型。访问 Teradata 大学网络的 Apply & Do 区域，选择 MicroStrategy，再选择 MicroStrategy Application Modules，之后是 Sales Force Analysis Module。然后做出下列选择：Shared Reports → Sales Performance Analysis → Quarterly Revenue Trend by Sales Region → 2005 → Run Report。在文件菜单中选择 Report Details 选项。你就可以看到使用

了怎样的 SQL 语句和一些用于产生报告中图表的 MicroStrategy 功能。剪切并粘贴这段 SQL 代码到 SQL Assistant 并在其中运行。（其间可能需要保存这些代码到一个 Word 文件以防丢失。）为你的讲师产生一个文件，包括代码和 SQL Assistant 的查询结果。创建超出一个商务智能包能力的分析数据经常是必要的。

23．改变你在上题中获得的查询，使其只按照季度来展示 U.S. 地区，并且不只是 2005 年，而是全部年份按季度排序。在结果中使用标题 TOTAL 和区域 ID 作为 ID 来按季度标记总订单。给出你修改后的 SQL 代码和结果集。

24．使用 Teradata SQL 中的 MDIFF "ordered analytical function"（参见功能与操作手册），展示每个季度之间 TOTAL（上题计算出的结果）的不同。提示：可能需要创建一个导出表，它基于之前的查询，类似于功能与操作手册给出的那样。当这么做了之后，需要给那个导出表一个别名，并将这个别名用在外部的选择语句中。保存你的查询代码和结果集并提交给讲师。（顺便一提，MDIFF 并不是标准的 SQL，而是 Teradata 私有的分析型 SQL 功能。）

25．因为数据仓库和数据集市可能会增长到非常大的规模，所以它们的一个子集可能就足够用来进行某些分析。使用 SAMPLE SQL 命令（标准的 SQL）创建一个 2004 年的订单的例子。随机分出 10% 的行给这个样例。其中包括 order ID、product ID、sales rep region ID、month description 和 order amount。按月排序结果并展示。运行查询两次以确保样本是随机抽取。提交你的 SQL 查询和两次结果集的一部分（足够展示它们的不同）给讲师。

347
∼
349

26．GROUP BY 自身按照类别建立了子目标，ROLLUP 扩展了 GROUP BY 来为子目标建立了更多的类别。使用所有订单进行一个 ROLLUP 操作，来获得按产品、销售区域、月份和其他全部连接划分的总订单数。显示按产品、区域和月份排序的结果。将你的查询以及结果集的第一部分（包括产品 1 的全部行和产品 2 的一些行）放入一个文件中提交给讲师。同样，进行一个常规的 GROUP BY 操作，将查询和相似结果放入之前的文件中，并且解释 GROUP BY 与混合了 ROLLUP 的 GROUP BY 之间的不同之处。

参考文献

Armstrong, R. 1997. "A Rebuttal to the Dimensional Modeling Manifesto." A white paper produced by NCR Corporation.

Armstrong, R. 2000. "Avoiding Data Mart Traps." *Teradata Review* (Summer): 32–37.

Brauer, B. 2002. "Data Quality—Spinning Straw into Gold," **www2.sas.com/proceedings/sugi26/p117-26.pdf**.

Bughin, J., J. Livingston, and S. Marwaha. 2011. "Seizing the Potential of 'Big Data'." *McKinsey Quarterly* (October).

Carlson, D. 2002. "Data Stewardship Action," *DM Review* 12,5 (May): 37, 62.

Chisholm, M. 2000. "A New Understanding of Reference Data." *DM Review* 10,10 (October): 60, 84–85.

Devlin, B., and P. Murphy. 1988. "An Architecture for a Business Information System." *IBM Systems Journal* 27,1 (March): 60–80.

Dyché, J. 2000. *e-Data: Turning Data into Information with Data Warehousing.* Reading, MA: Addison-Wesley.

Dumbill, E. 2012. "What is Big Data?" *Planning for Big Data*, Sebastopol, CA: O'Reilly, 2012.

Hackathorn, R. 1993. *Enterprise Database Connectivity.* New York: Wiley.

Hackathorn, R. 2002. "Current Practices in Active Data Warehousing," available at **www.teradata.com** under White Papers.

Hays, C. 2004. "What They Know About You." *New York Times.* November 14: section 3, page 1.

Informatica. 2005. "Addressing Data Quality at the Enterprise Level." (October).

Imhoff, C. 1998. "The Operational Data Store: Hammering Away." *DM Review* 8,7 (July) available at **www.dmreview .com/article_sub.cfm?articleID=470**.

Imhoff, C. 1999. "The Corporate Information Factory." *DM Review* 9,12 (December), available at **www.dmreview .com/article_sub.cfm?articleID=1667**.

Inmon, W. 1992. *Building the Data Warehouse.* New York: Wiley.

Inmon, W. 1997. "Iterative Development in the Data Warehouse." *DM Review* 7,11 (November): 16, 17.

Inmon, W. 1998. "The Operational Data Store: Designing the Operational Data Store." *DM Review* 8,7 (July), available at **www.dmreview.com/article_sub.cfm?article ID=469.**

Inmon, W. 1999. "What Happens When You Have Built the Data Mart First?" *TDAN* accessed at **www.tdan.com/i012fe02 .htm** (no longer available as of June, 2009).

Inmon, W. 2000. "The Problem with Dimensional Modeling." *DM Review* 10,5 (May): 68–70.

Inmon, W. 2006. "Granularity of Data: Lowest Level of Usefulness." *B-Eye Network* (December 14) available at **www.b-eye-network.com/view/3276.**

Inmon, W., and R. D. Hackathorn. 1994. *Using the Data Warehouse.* New York: Wiley.

Kimball, R. 1996a. *The Data Warehouse Toolkit.* New York: Wiley.

Kimball, R. 1996b. "Slowly Changing Dimensions." *DBMS* 9,4 (April): 18–20.

Kimball, R. 1997. "A Dimensional Modeling Manifesto." *DBMS* 10,9 (August): 59.

Kimball, R. 1998a. "Pipelining Your Surrogates." *DBMS* 11,6 (June): 18–22.

Kimball, R. 1998b. "Help for Hierarchies." *DBMS* 11,9 (September) 12–16.

Kimball, R. 1999. "When a Slowly Changing Dimension Speeds

Up." *Intelligent Enterprise* 2,8 (August 3): 60–62.

Kimball, R. 2001. "Declaring the Grain." from Kimball University, Design Tip 21, available at **www.kimballgroup.com.**

Laurent, W. 2005. "The Case for Data Stewardship." *DM Review* 15,2 (February): 26–28.

Leon, M. 2007. "Escaping Information Anarchy." *DB2 Magazine* 12,1: 23–26.

Loshin, D. 2001. "The Cost of Poor Data Quality." *DM Review* (June 29) available at **www.information-management.com /infodirect/20010629/3605-1.html.**

Marco, D. 2000. *Building and Managing the Meta Data Repository: A Full Life-Cycle Guide.* New York: Wiley.

Marco, D. 2003. "Independent Data Marts: Stranded on Islands of Data, Part 1." *DM Review* 13,4 (April): 30, 32, 63.

Meyer, A. 1997. "The Case for Dependent Data Marts." *DM Review* 7,7 (July–August): 17–24.

Moriarty, T. 1996. "Better Business Practices." *Database Programming & Design* 9,7 (September): 59–61.

Mundy, J. 2001. "Smarter Data Warehouses." *Intelligent*

Enterprise 4,2 (February 16): 24–29.

Redman, T. 2004. "Data: An Unfolding Quality Disaster." *DM Review* 14,8 (August): 21–23, 57.

Ross, M. 2009. "Kimball University: The 10 Essential Rules of Dimensional Modeling." (May 29), available at **www.intelligententerprise.com/showArticle .jhtml?articleID=217700810.**

Russom, P. 2006. "Taking Data Quality to the Enterprise through Data Governance." *TDWI Report Series* (March).

Turban, E., R. Sharda, J. Aronson, and D. King 2008. *Business Intelligence.* Upper Saddle River, NJ: Prentice Hall.

Wayner, P. 2011. "NoSQL Standouts: New Databases for New Applications." Available from **www.infoworld.com** (posted July 21, 2011).

Weldon, J. L. 1996. "Data Mining and Visualization." *Database Programming & Design* 9,5 (May): 21–24.

Yugay, I., and V. Klimchenko. 2004. "SOX Mandates Focus on Data Quality & Integration." *DM Review* 14,2 (February): 38–42.

扩展阅读

Gallo, J. 2002. "Operations and Maintenance in a Data Warehouse Environment." *DM Review* 12,12 (2003 Resource Guide): 12–16.

Goodhue, D., M. Mybo, and L. Kirsch. 1992. "The Impact of Data Integration on the Costs and Benefits of Information Systems." *MIS Quarterly* 16,3 (September): 293–311.

Jenks, B. 1997. "Tiered Data Warehouse." *DM Review* 7,10 (October): 54–57.

Kimball, R. 2002. "What Changed?" *Intelligent Enterprise* 5,8 (August 12): 22, 24, 52.

Kimball, R. 2006. "Adding a Row Change Reason Attribute." from Kimball University, Design Tip 80, available at **www .kimballgroup.com.**

Mundy, J., W. Thornthwaite, and R. Kimball. 2006. *The Microsoft Data Warehouse Toolkit: With SQL Server 2005 and the Microsoft Business Intelligence Toolset.* Hoboken, NJ: Wiley.

Poe, V. 1996. *Building a Data Warehouse for Decision Support.* Upper Saddle River, NJ: Prentice Hall.

Web 资源

www.teradata.com/tdmo 杂志 Teradata 的网址，包括了 Teradata 数据仓库系统的技术和应用的文章。（这本杂志现已更名，在新名称与老名称下的文章参见 www.teradatamagazine.com。）

www.information-management.com 杂志 Information Management 的网址，这是一本月刊杂志，包含着有关数据仓库的文章和专栏。

www.tdan.com 一本关于数据仓库的电子期刊。

www.inmoncif.com Bill Inmon 的个人网站，他是一位在数据管理与数据仓库领域的权威。

www.kimballgroup.com Ralph Kimball 的个人网站，他是一位数据仓库领域的权威。

www.tdwi.org 数据仓库协会的网址，它是一个关注数据仓库方法和应用的行业群体。

www.datawarehousing.org 数据仓库知识中心，包含很多供应商的链接。

www.information-quality.com Larry English 的网站，他是一位数据质量管理领域的先驱。

www.teradatauniversitynetwork.com 一个数据库、数据仓库和商务智能的资源入口。这本书的数据集就存放在该网站中，你可以在这里使用 SQL、数据挖掘、维建模以及其他工具。另外这个网站中还有一些源自于阿肯色大学的大型数据仓库数据库。新的文章和在线研讨会也会及时添加到该网站中，所以经常访问它或者订阅它的 RSS 源来获取最新的信息。你需要从讲师那里获得一个密码来使用该网站。

缩 略 词

ACM 美国计算机学会

ANSI 美国国家标准学会

API 应用编程接口

ASP 动态服务器页面

ATM 自动取款机

BOM 物料清单

BPM 商业成果管理

B2B 企业对企业网络交易平台

B2C 企业对客户网络交易平台

CAD/CAM 计算机辅助设计 / 计算机辅助制造

CASE 计算机辅助软件工程

CD-ROM 只读光盘

CEO 首席执行官

CFO 首席财务官

CGI 通用网关接口

CIF 公司信息工厂

CIO 首席信息官

COO 首席运营官

CPU 中央处理器

CRM 客户关系管理

C/S 客户 / 服务器

CSF 关键成功因子

DA 数据管理员

DBA 数据库管理员

DBD 数据库描述

DBMS 数据库管理系统

DB2 IBM 的关系数据库管理系统

DCL 数据控制语言

DDL 数据定义语言

DFD 数据流图

DML 数据操作语言

DSS 决策支持系统

DTD 文档类型定义

DVD 数字多功能光盘

EAI 企业应用集成

EDI 电子数据交换

EDW 企业数据仓库

EER 增强的实体 – 联系模型

EFT 电子资金转账

EII 企业信息集成

E-R 实体 – 联系

ERD 实体 – 联系图

ERP 企业资源计划

ETL 抽取 – 转换 – 装载

FDA 食品药品监督管理局

FK 外键

FTC 联邦贸易委员会

FTP 文件传输协议

GPA 平均绩点

GUI 图形用户界面

HIPAA 健康保险携带和责任法案

HTML 超文本标记语言

HTTP 超文本传输协议

IBM 国际商业机器公司

ID 标识符

IDE 集成开发环境

IE 信息工程

INCITS 信息技术标准国际协会

I/O 输入 / 输出

IP 因特网协议

IS 信息系统

ISO 国际标准化组织

IT 信息技术

JDBC Java 数据库连接

JSP Java 服务器页面

LAN 局域网

LDB 逻辑数据库

MB 兆字节

MIS 管理信息系统

$M:N$ 多对多联系

$M:1$ 多对 1 联系

MOLAP 多维联机分析处理

MRP 物料需求计划

MS 微软

NIST 国家标准与技术研究所

ODBC 开放数据库连接

ODS　操作数据存储
OLAP　联机分析处理
OLTP　联机事务处理
PC　个人电脑
PDA　掌上电脑
PIN　个人识别号
PK　主键
PVFC　Pine Valley 家具公司
RAD　快速应用开发
RAID　独立磁盘冗余阵列
RAM　随机存取存储器
RDBMS　关系数据库管理系统
ROI　投资回报
ROLAP　关系联机分析处理
SCD　缓变维
SCM　供应链管理
SDLC　系统开发生命周期
SOA　面向服务的体系结构
SOAP　简单对象访问协议
SOX　萨班斯法案
SPL　结构化的产品标签
SQL　结构化查询语言
SQL/CLI　SQL/ 调用级接口
SQL/DS　SQL/ 数据系统

SQL/PSM　SQL/ 持久存储模块
SSL　安全套接层
TCP/IP　传输控制协议 / 因特网协议
TDWI　数据仓库协会
TQM　全面质量管理
UDDI　通用描述、发现与集成
UDT　用户定义数据类型
UML　统一建模语言
URI　统一资源标识符
URL　统一资源定位符
WSDL　Web 服务描述语言
WWW　万维网
W3C　万维网联盟
XBRL　可扩展商业报告语言
XML　可扩展标记语言
XSL　可扩展样式表语言
XSLT　可扩展样式表语言转换
1：1　1 对 1 联系
1：M　1 对多联系
1NF　第一范式
2NF　第二范式
3GL　第三代语言
3NF　第三范式

术 语 表

Agile software development（敏捷软件开发） 数据库和软件开发的一种方法。该方法强调"过程和工具的个性化和交互性，综合文档上的工作软件，合同协商的客户协作以及跟踪规划的改变响应"。

Alias（别名） 属性的其他可选名称。

Anomaly（异常） 当用户试图更新那些含有冗余数据的表时可能会产生错误或不一致。有三种类型：插入异常、删除异常和更新异常。

Application partitioning（应用分区） 如果希望写入有更好的性能和互操作性，那么可以将应用代码部分分配在客户端或服务器部分（组件在不同平台上的能力）。

Application Programming Interface（API，应用程序编程接口） 具备计算机操作系统引导程序功能的一组应用程序集。

Associative entity（关联实体） 与一个或多个实体实例关联且具有不同于其关联实体实例的特有属性的实体类型。

Attribute inheritance（属性继承） 子类型实体会继承相应超类型的所有属性值和所有联系的实例的性质。

Attribute（属性） 一个组织所关心的实体或联系类型的性质或特征。

Backward recovery (rollback)（向后恢复（回滚）） 对数据库不想要的修改的撤销或取消。在对记录修改的图像应用到数据库之前，数据库返回到一个更早的状态。回滚是逆转非正常撤销或终止事务的修改。

Base table（基本表） 在关系数据模型中，包含原始插入数据的表。基本表对应于数据库概念模式所确定的关系。

Big data（大数据） 没有明确定义的术语，指的是由于数据库的容量、速度和多样性，无法使用常用关系数据库在可容忍的时间内来获取、管理和处理的数据。

Binary relationship（二元联系） 两个实体类型实例之间的联系。

Business rule（业务规则） 一个为了维护业务结构、控制或影响业务行为而定义或约束业务某些方面的语句。

Candidate key（候选键） 能唯一确定关系中一行的一个或一组属性。

Cardinality constraint（基数约束） 确定一个实体能够（或必须）与另一个实体的每个实例关联的实例个数的规则。

Catalog（目录） 由一系列模式组成，构成了对数据库的描述。

Client/server system（客户端 / 服务器系统） 客户端和服务器之间分布处理的网络计算模型，它提供请求的服务。在数据库系统中，数据库通常位于 DBMS 处理服务器上。客户端处理应用系统或来自于另一个包含应用程序的服务器的服务请求。

Completeness constraint（完全性约束） 针对一个超类型实例是否一定至少是一个子类型实例的问题的约束。

Composite attribute（复合属性） 由若干个有意义的成分（属性）组合成的属性。

Composite identifier（复合标识符） 由复合属性构成的标识符。

Composite key（组合键） 由多个属性组成的主键。

Computer-Aided Software Engineering tool（计算机辅助软件工程（CASE）工具） 对系统开发过程的某些部分提供自动支持的软件工具。

Conceptual schema（概念模式） 详细的并且是技术无关的有关组织的数据的全局结构的声明。

Conformed dimension（一致维） 关联两个或两个以上事实表的一个或多个维表，这些维表与每个事实表有着相同的商业含义和主键。

Constraint（约束） 不能被数据库用户侵犯的规则。

Correlated subquery（关联子查询） 在 SQL 中，处理内查询时需要用到外查询数据的子查询。

Data administration（数据管理） 负责整个组织中数据资源管理的高层功能，包括维护全公司范围的数据定义和标准。

Data control language（DCL，数据控制语言） 用于控制数据库，包括管理权限和提交（保存）数据。

Data definition language（DDL，数据定义语言） 用于定义数据库，包括创建、修改和删除表及建立约束。

Data governance（数据治理） 监督整个组织高水平的数据管理的组织型团体和处理，通常指导数据质量的措施、数据结构、数据集成和熟练的数据管理、数据仓库和商务智能以及其他数据相关的事项。

Data independence（数据独立） 将数据描述与使用该数据的应用程序分离。

Data manipulation language（DML，数据操作语言） 用于维护和查询数据库，包括更新、插入、修改及查询数据。

Data mart（数据集市） 一个范围受到限制的数据仓库，其数据来自对一个数据仓库数据的选择和总结，或者来自对分散的资源数据系统进行抽取、转换和载入。

Data mining（数据挖掘） 使用传统策略、人工智能、计算机图形学等复杂混合技术来进行知识发现。

Data model（数据模型） 用于获取数据之间性质和联系的图形系统。

Data steward（数据管家） 有责任保证在数据质量上，组织型应用能正确支持组织的企业目标的人。

Data type（数据类型） 由系统软件组织如 DBMS 识别的详细编码模式，表示组织的数据。

Data visualization（数据可视化） 为了人类分析而将数据用图形或多媒体的形式表现出来。

Data warehouse（数据仓库） 一个面向主题的、集成的、时变的和不可更新的数据集合，用于支持管理决策程序。

Data warehouse（数据仓库） 综合决策支持数据库，其数据是从各种可操作型数据库导出的。

Data（数据） 在用户环境中有意义和重要性的对象和事件的存储表示。

Database administration（数据库管理） 负责物理数据库设计和处理技术问题的技术功能，如增强安全性、数据库性能以及备份和恢复等。

Database application（数据库应用） 用于执行数据库用户行为的一系列数据库活动（创建、读、更新和删除）的应用程序（或一组相关的程序）。

Database Management System（DBMS，数据库管理系统） 用于创建和维护用户数据库并对用户数据库提供受控访问的软件系统。

Database server(数据库服务器） 在客户端/服务器环境下负责数据库的存储、访问和处理的计算机。有人也把该术语用作描述一个二层客户端/服务器应用。

Database（数据库） 组织的逻辑相关数据集合。

Degree（度） 参与联系的实体类型的数量。

Denormalization（去规范化） 转换规范化关系到非规范化物理记录说明的过程。

Dependent data mart（相关数据集市） 一个数据只来自企业数据仓库及其调和数据的数据集市。

Derived attribute（推导属性） 其值可以通过其他相关的属性值计算得出的属性。

Derived data（派生数据） 经过筛选、格式化和聚集后用于终端用户决策支持应用的数据。

Determinant（决定因子） 函数依赖中箭头左边的属性。

Disjoint rule（分离法则） 声明一个超类型实例不能同时是两个或更多子类型的成员。

Disjointness constraint（分离性约束） 针对超类型的实例是否可以同时是两个或者更多子类型成员的问题的约束。

Dynamic SQL（动态 SQL） 当应用执行时生成的特定 SQL 代码。

Dynamic view（动态视图） 由用户按需动态创建的虚表。动态视图不是临时表，它的定义存储在系统目录中，并且该视图的内容物化为使用该视图的 SQL 查询的结果。

Embedded SQL（嵌入式 SQL） 在用另一种语言（如 C 或 Java）写的程序中包含的硬编码的 SQL 语句。

Enhanced Entity-Relationship（EER）model（增强实体 - 联系（EER）模型） 一个从原始 E-R 模型扩展而来的具有新的建模结构的模型。

Enterprise data modeling（企业数据建模） 这是数据库开发的第一步，这里将声明组织数据库的范围和一般内容。

Enterprise Data Warehouse（EDW，企业数据仓库） 一个核心的、集成的数据仓库，它是支持终端用户辅助决策应用的控制点和唯一的真实版本。

Enterprise Resource Planning（ERP，企业资源规划） 综合了企业所有功能的业务管理系统，包括制造、销售、财务、市场、库存、会计以及人力资源。ERP 系统是为企业检测和管理其业务活动提供必要数据的软件应用。

Entity instance（实体实例） 一个实体类型的单个值。

Entity integrity rule（实体完整性规则） 表明主键属性（或主键属性的一部分）不能为空值。

Entity type（实体类型） 一个有共同性质或特征的实体的集合。

Entity（实体） 用户环境中的个人、地点、对象、事件或概念等，这些是组织想要维护的数据。

Entity（实体） 在用户环境中组织希望维护的数据，可以是人物、地点、对象、事件或者某个概念等。

Entity-Relationship diagram（实体 - 联系图（E-R 图，或者 ERD）） 一种 E-R 模型的图形化表示方法。

Entity-Relationship model（实体 - 联系模型（E-R 模型）） 一种通过数据的实体类别及实体间的联系对组织的数据或者业务领域的数据进行逻辑表示的方法。

Equi-join（等值连接） 基于公共列值相同条件的连接。公共列（多余的）都显示在结果表中。

eXtensible Markup Language（XML，可扩展标记语言） 基于文本的脚本语言，采用类似于 HTML 的标签描述数据的结构层次。

eXtensible Stylesheet Language Transformation（XSLT，可扩展样式表语言转换） 一种语言，可以用于复杂 XML 文档转换，也可以用于从 XML 文档创建 HTML 页面。

Extent（块） 磁盘存储空间中一段连续的部分。

Fat client（胖客户端） 客户端 PC，主要负责处理表示逻辑、扩展应用、业务规则逻辑和一部分数据库管理系统功能。

Field（字段） 系统软件识别的应用数据的最小单位。

File organization（文件组织） 在二级存储设备上物理地安排文件记录的技术。

First Normal Form（1NF，第一范式） 含有主键且无重复分组的关系。

Foreign key（外键） 同一数据库中，关系中的一个属性，同时也作为另一个关系的主键。

Function（函数） 返回一个值且只有一个输入参数的存储子过程。

Functional dependency（函数依赖） 两个属性间的约束，其中一个属性的值由另一个属性的值来确定。

Generalization（泛化） 从一个特化的实体类型集合中定义一个更加通用的实体类型的过程。

Grain（粒度） 事实表中的精确水平，由主键的全部组件（包括全部外键和其他主键元素）的相交所决定。

Hash index table（哈希索引表） 使用哈希将键映射到索引位置的文件组织，其中有一个指针指向与该哈希键匹配的实际数据记录。

Hashed file organization（哈希文件组织） 通过哈希算法确定每个记录地址的存储系统。

Hashing algorithm（哈希算法） 转换主键值到相关记录数或相关文件地址的程序。

Homonym（多义词） 含有多重意义的属性。

Identifier（标识符） 其值能够识别不同实体类型实例的某个属性（或联合属性）。

Identifying owner（标识主体） 弱实体类型所依赖的实体类型。

Identifying relationship（关联标识） 弱实体类型和它所依赖的主实体类型之间的联系。

Independent data mart（独立数据集市） 一个数据集市中的数据只抽取于操作型环境，而不来自数据仓库。

Index（索引）　用于确定文件中满足某个条件的记录的位置的表或其他形式的数据结构。

Indexed file organization（索引文件组织）　使用索引顺序地或非顺序地存储记录，索引可以使软件定位单个记录。

Information（信息）　以某种方式处理过的数据，这种处理为使用该数据的用户增加了知识。

Informational system（信息型系统）　基于历史数据和预测数据来支持决策，用于复杂的查询或数据挖掘应用。

Java servlet　一种存储在服务器上，并且包含基于 Java 的应用的业务和数据库逻辑的 Java 程序。

Join index（连接索引）　来自两个或多个表上的列的索引，这些列具有相同的值域。

Join（连接）　导致两个有相同域的表结合到一个单独表或视图中的关系操作。

Logical data mart（逻辑数据集市）　由一个数据仓库的关系视图建立的数据集市。

Logical schema（逻辑模式）　特定数据管理技术的数据库表示。

Maximum cardinality（最大基数）　一个实体实例与另一个实体实例关联的最大实例个数。

Metadata（元数据）　描述终端用户数据性质和特征的数据以及这些数据的上下文。

Middleware（中间件）　一种可以使不同的软件组和应用相互操作的软件，无须用户了解和编写低层代码即可实现互通操作。

Minimum cardinality（最小基数）　一个实体实例与另一个实体实例关联的最小实例个数。

Multidimensional OLAP（MOLAP，多维 OLAP）　一种 OLAP 工具，将数据载入一个中间结构，通常是三维或多维数组。

Multivalued attribute（多值属性）　实体（或联系）实例中可以对应多个值的属性。

Natural join（自然连接）　除了重复的列在结果中被去除外，其他的与等值连接相同的连接。

Normal form（范式）　关系的一种状态，要求属性间的联系满足一定的条件。

Normalization（规范化）　将含有异常的关系分解，以产生更小的、结构完整的关系的过程。

NoSQL　是"Not only SQL"的简称，是一类使用比行列形式的关系数据库更灵活结构的用于存储和访问文本及其他非结构化数据的数据库技术。

Null（空值）　当没有其他值适合或合适的值未知时，分配给属性的值。

OnLine Analytical Processing（OLAP，联机分析处理）　使用一组查询与报表工具来提供多维数据视图并允许用户使用简单的窗口技术分析数据。

Open DataBase Connectivity（ODBC，开放式数据库连接）　应用程序编程接口，为应用程序提供通用语言，以便独立于特定 DBMS 访问和处理 SQL 数据库。

Operational Data Store（ODS，操作型数据存储）　一个集成的、面向主题的、可连续更新的、当前值的（伴有最近历史）、组织范围的、详细的数据库，为操作型用户决策支持过程提供服务。

Operational system（操作型系统）　一个基于当前数据运行实时商业活动的系统。也叫作记录系统。

Optional attribute（可选属性）　每个实体（或联系）实例中可以为空值的属性。

Outer join（外连接）　在共有列中没有匹配值的行也出现在结果表中的连接。

Overlap rule（重叠法则）　声明一个超类型实例可以同时是两个或者更多子类型的成员。

Partial functional dependency（部分函数依赖）　函数依赖中一个或多个非主属性函数依赖于主键的一部分（而非全部）。

Partial specialization rule（部分特化法则）　声明一个超类型的实例可以不属于任何子类型。

Periodic data（定期数据）　存储后从来不会被物理改变或删除的数据。

Physical file（物理文件）　为了存储物理记录的目的，在二级存储器（如磁带或硬盘）上分配的一个命名部分。

Physical schema（物理模式）　声明来自逻辑模式的数据如何通过数据库管理系统被存储在计算机二级存储器中。

Pointer（指针） 能够定位相关数据字段或数据记录的目标地址的数据字段。

Primary key（主键） 关系中能唯一识别每一行的一个属性或一组属性。

Procedure（过程） 在模式中被分配了特定名称并存储在数据库中的程序化 SQL 语句的集合。

Prototyping（原型方法） 系统开发的迭代过程，在这个过程中将需求转换为工作系统，并且要通过用户和分析人员的紧密合作以持续地修正这个系统。

Real-time data warehouse（实时数据仓库） 一个企业数据仓库，收到来自记录系统的近实时事务数据，分析仓库数据，向数据仓库和记录系统传递近实时的业务规则，从而可以对商业事件做出快速反应。

Reconciled data（调和数据） 详细的当前数据，是决策支持应用的唯一、权威性资源。

Recursive foreign key（递归外键） 参照同一关系中主键值的外键。

Referential integrity constraint（参照完整性约束） 规定外键值必须与另一个关系中的主键值对应或外键值为空。

Relation（关系） 有名称的二维表格数据。

Relational database（关系数据库） 将数据用表的集合表示的数据库，该数据库中所有数据之间的联系通过相关表中的共同值来表示。

Relational DBMS（RDBMS，关系 DBMS） 数据库管理系统（DBMS）管理表集合数据，所有的数据联系由相关表中共同的值表示。

Relational OLAP（ROLAP，关系 OLAP） 一种 OLAP 工具，将使用星模式或者其他规范化或去规范化的表集合的数据库看作传统关系数据库。

Relationship instance（联系实例） 实体实例之间的关联，每个联系实例都与其参与的实体实例关联。

Relationship type（联系类型） 实体类型之间有意义的关联。

Repository（知识库） 所有数据定义、数据联系、显示和报告格式以及其他系统组成成分的集中的知识库。

Required attribute（必要属性） 每个实体（或联系）实例必须存在与其关联的值的属性。

Scalar aggregate（标量聚集） 包含聚集函数的 SQL 查询返回的单值。

Schema（模式） 用于描述用户创建的对象，比如数据库的基本表、视图及约束。

Second Normal Form（2NF，第二范式） 每个非主属性都完全函数依赖于主键的 1NF 关系。

Secondary key（二级键） 有多个记录有相同字段（组合）值的一个字段或字段组合，也记作非唯一性键。

Sequential file organization（顺序文件组织） 根据主键值的顺序存储文件中的记录。

Service-Oriented Architecture（SOA，面向服务的体系结构） 以某种方式进行相互通信的服务的集合，通常是传递数据或协调商业活动。

Simple (or atomic) attribute（简单（或原子）属性） 一个在组织中有意义且不能被分解成更小成分的属性。

Simple Object Access Protocol（SOAP，简单对象访问协议） 基于 XML 的通信协议，用于互联网上应用之间的消息发送。

Snowflake schema（雪花模式） 一种扩展版本的星模式，其中的维表被规范化成许多相关表。

Specialization（特化） 给超类型定义一个或者多个子类型和建立超类型 / 子类型联系的过程。

Star schema（星模式） 一种维数据与事实或事件数据相分开的简单数据库设计。维模型是星模式的另一名称。

Strong entity type（强实体类型） 一种独立于其他实体类型而存在的实体类型。

Subtype discriminator（子类型鉴别子） 一个超类型的属性，其属性的值决定了子类型的类别。

Subtype（子类型） 在某个实体类型中对组织有意义的实体分组，通常组内这些实体共享相同的属性或者联系，而和其他组不同。

Supertype（超类型） 与一个或多个子类型有联系的一般实体类型。

Supertype/subtype hierarchy（超类型/子类型层次结构） 超类型和子类型的层次性排列，其中每一个子类型只能有一个超类型。

Surrogate primary key（代理主键） 关系的序列号或其他指定系统的主键。

Synonyms（同义词） 名字不同而意义相同的两个（或更多）属性。

System Development Life Cycle（SDLC，系统开发生命周期） 用于开发、维护、置换信息系统的传统方法。

Tablespace（表空间） 命名的逻辑存储单元，存储来自一个或多个数据库表、视图或其他数据库对象的数据。

Ternary relationship（三元联系） 三个实体类型实例之间的并发联系。

Thin client（瘦客户端） 一种客户端（PC）的应用，主要提供用户接口和对部分应用进行处理，通常不提供或提供有限的本地数据存储。

Third Normal Form（3NF，第三范式） 不含传递依赖的 2NF 关系。

Three-tier architecture（三层体系结构） 包含三层的客户端/服务器结构：一个客户端层和两个服务器层。虽然服务器层的性质不同，但配置都包含应用服务器和数据库服务器。

Time stamp（时间戳） 一个关联事情件发生而受到影响的数据值的时间值。

Total specialization rule（全部特化法则） 声明每一个超类型实例都必须是其子类型的一个实例。

Transaction（事务） 在计算机系统中，必须完全处理或完全不处理的一个独立工作单元。输入客户订单是事务的一个样例。

Transient data（临时数据） 现有的记录覆盖了之前的记录导致之前的数据内容损坏的数据。

Transitive dependency（传递依赖） 主键与一个或多个非主属性间的函数依赖，这些非主属性通过其他非主属性依赖于主键。

Trigger（触发器） 当数据修改（即 INSERT、UPDATE 或 DELETE）发生或遇到特定的数据定义时，会被考虑（触发）的一组命名的 SQL 语句集合。如果在触发器中描述的条件出现，会采取规定的行动。

Unary relationship（一元联系） 只有一个实体实例参与的联系。

Universal data model（通用数据模型） 一种通用的或者模板式的数据模型，可以被重新使用作为数据建模工程的一个起点。

Universal Description, Discovery, and Integration（UDDI，通用描述、发现与集成） 在企业和 Web 服务之间建立一种基于 Web 服务进行通信的分布式注册规范。

User view（用户视图） 用户执行某些任务需要的部分数据库的逻辑描述。

Vector aggregate（矢量聚集） 包含聚集函数的 SQL 查询返回的多值。

Virtual table（虚表） 由 DBMS 按需自动构建的表。虚表里不包含实际数据。

Weak entity type（弱实体类型） 一种依赖于其他实体类型而存在的实体类型。

Web Service Description Language（WSDL，Web 服务描述语言） 一种基于 XML 的语法或语言，用来描述 Web 服务和说明如何通过公共接口使用 Web 服务。

Web service（Web 服务） 一套新标准，定义了 Web 上软件程序之间的自动通信协议。Web 服务基于 XML，通常在后台运行，为计算机之间建立透明的通信。

Well-structured relation（完整结构化关系） 包含最少的冗余，并且允许用户插入、修改和删除表中的数据行而不产生错误与不一致。

XML Schema Definition（XSD，XML 模式定义） W3C 推荐的用于定义 XML 数据库的语言。

XPath 一组支持 XQuery 开发的 XML 技术集合。用 XPath 表达式查找 XML 文档中的数据。

XQuery 一种 XML 转换语言，允许应用程序查询关系数据库和 XML 数据。

索　引

索引中的页码为英文原书页码，与书中页边标注的页码一致。

注：黑体字指关键术语。

推荐阅读

数据库系统概念（原书第6版）

作者：Abraham Silberschatz 等 译者：杨冬青 等
中文版：ISBN：978-7-111-37529-6，99.00元
中文精编版：978-7-111-40085-1，59.00元

数据集成原理

作者：AnHai Doan 等 译者：孟小峰 等
ISBN：978-7-111-47166-0 定价：85.00元

数据库系统：数据库与数据仓库导论

作者：内纳德·尤基克 等 译者：李川 等
ISBN：978-7-111-48698-5 定价：79.00元

分布式数据库系统：大数据时代新型数据库技术 第2版

作者：于戈 申德荣 等
ISBN：978-7-111-51831-0 定价：55.00元

推荐阅读

数据挖掘：概念与技术（第3版）

作者：Jiawei Han 等 译者：范明 等 ISBN：978-7-111-39140-1 定价：79.00元

数据挖掘与R语言

作者：Luis Torgo 译者：李洪成 等 ISBN：978-7-111-40700-3 定价：49.00元

R语言与数据挖掘最佳实践和经典案例

作者：Yanchang Zhao 译者：陈健 等 ISBN：978-7-111-47541-5 定价：49.00元

商务智能：数据分析的管理视角（原书第3版）

作者：Ramesh Sharda 等 ISBN：978-7-111-49439-3 定价：69.00元